ÉLÉMENTS

DE

CHIMIE ORGANIQUE

DE L'IMPRIMERIE DE CRAPELET
RUE DE VAUGIRARD, N° 9

ÉLÉMENTS

DE

CHIMIE ORGANIQUE

COMPRENANT

LES APPLICATIONS DE CETTE SCIENCE

A LA PHYSIOLOGIE ANIMALE

PAR E. MILLON

PROFESSEUR DE CHIMIE A L'HÔPITAL MILITAIRE DE PERFECTIONNEMENT
DU VAL-DE-GRACE, ETC.

TOME PREMIER

A PARIS

CHEZ J.-B. BAILLIÈRE

LIBRAIRE DE L'ACADÉMIE ROYALE DE MÉDECINE

7, RUE DE L'ÉCOLE-DE-MÉDECINE

A LONDRES, CHEZ A. BAILLIÈRE, 219, REGENT-STREET

1845

ÉLÉMENTS

DE

CHIMIE ORGANIQUE.

DE LA CHIMIE ORGANIQUE.

La chimie repose sur un principe aussi simple qu'ancien, qui établit que tous les êtres, animaux, végétaux et minéraux, sont composés de molécules matérielles et indestructibles. Ces molécules sont désignées sous le nom d'élément ou de corps simple, lorsqu'elles sont amenées à leur état d'isolement le plus parfait.

Ainsi un corps qu'on parvient à dédoubler se compose au moins de deux corps simples.

La chimie étudie les éléments isolés ou combinés entre eux, et les suit dans toutes leurs transformations.

Envisagé dans son rôle chimique, un élément ne peut se modifier qu'en s'associant à d'autres substances, soit simples, soit composées; tandis qu'un corps composé se modifie aussi bien en abandonnant les diverses molécules qui le constituent qu'en s'adjoignant des molécules nouvelles.

La chimie organique borne ses recherches aux corps simples qui entrent dans la composition des êtres organisés; elle s'attache à toutes les formes matérielles qui ont pris part au jeu de la vie et les classe en produits nombreux qu'elle caractérise. Peu importe, d'ailleurs, que ces produits d'une composition très-variable soient obtenus par l'art ou bien se trouvent tout formés dans la nature.

Les questions qui se posent ici sont du même genre que celles qui ont été abordées dans la chimie minérale. Fixer le nombre des éléments qui entrent dans la composition des substances organiques; rechercher suivant quel mode d'affinité ces éléments se groupent, s'enchaînent, se métamorphosent, et supportent ainsi le passage de la vie : ou bien encore, partir des êtres organiques de la constitution la plus complexe, en démêler tous les principes, en provoquer la destruction de mille façons, et, dans ces opérations vraiment innombrables de la matière, arriver à des lois simples, à des règles faciles, à un rapprochement convenable des phénomènes du même ordre; tel est le but général et classique, presque atteint dans l'étude des substances minérales, que se propose la chimie au sujet des substances organiques.

Il n'y a pas pour le moment de limites à tracer dans ce champ immense et nouveau, où la chimie s'est frayé des voies pleines de hardiesse. Cette science ne reconnaît d'autres limites que les conditions de la matière elle-même : partout où la matière se produit, elle a le droit d'en compter et d'en peser les molécules; elle a le droit d'en séparer les principes, de les soumettre à l'épreuve de ses réactions et d'y porter le contrôle de ses méthodes.

Les éléments qui concourent à la formation des substances organiques sont déjà d'un usage familier dans les recherches de chimie minérale. Quatre d'entre eux, le carbone, l'azote, l'hydrogène et l'oxygène, contribuent pour une part si forte qu'on les considère comme les véritables éléments organiques. On ajoute encore assez ordinairement le soufre, le phosphore, et quelques autres. Mais, pour rendre la liste complète, il ne faudrait peut-être exclure aucun des éléments connus jusqu'ici. Sans doute ils n'entrent pas tous dans la composition normale des êtres organisés; mais il n'en est aucun qui, par une association factice, par des rapprochements curieux que l'art apprend à déterminer, n'aide puissamment à éclairer l'histoire des substances organiques. Dans les plus beaux travaux de la chimie moderne, on trouve nombre de produits d'un caractère organique incontestable, dans lesquels le chlore, l'iode, l'arsenic, le platine, figurent à côté du carbone et de l'azote. C'est même à l'aide de ces créations purement artificielles que la chimie est parvenue à établir les principes les plus remarquables. En un mot, en chimie organique aussi bien qu'en chimie minérale, chaque réactif peut fournir un trait de lumière, et il n'est pas de corps simple ou composé qui ne puisse réagir.

Le rôle considérable qui se trouve dévolu aux quatre principaux éléments, carbone, azote, hydrogène et oxygène, doit fixer l'attention sur eux.

Ces corps interviennent si fréquemment, par eux-mêmes et par leurs composés, dans toutes les affinités, qu'on doit les étudier dès le début de la chimie minérale elle-même.

Il serait inutile de reprendre ici leur histoire élémentaire; mais, parmi les propriétés de ces corps, il en est quelques-unes qui, à peine aperçues dans le principe des faits chimiques, prennent, au milieu des phénomènes organiques, une sorte de prépondérance ; on trouve ici seulement leur raison et leur destination véritable. Ces propriétés, d'un aspect à peu près nouveau, ne se montrent guère dans l'état simple des corps, à moins qu'ils ne doivent entrer en jeu sous cette forme élémentaire. Tel est le cas de l'oxygène. Pour le carbone, l'azote et l'hydrogène, c'est surtout à l'état de combinaison qu'ils commencent vraiment leur fonction. Mais dès que la combinaison s'est faite, si simple qu'elle soit, le rôle commence. Ainsi, la combinaison de l'hydrogène avec l'azote ou avec l'oxygène, l'ammoniaque et l'eau manifestent déjà à un très-haut degré tous les caractères organiques.

DE LA DIVISION DE LA CHIMIE ORGANIQUE.

La manifestation graduelle des fonctions chimiques sert très-bien d'introduction à l'étude des substances organiques; en y joignant l'examen des formes les plus simples, sous lesquelles ces dernières se produisent, on compose une première partie tout à fait élémentaire.

La deuxième partie comprend la classification des principes organiques, autant qu'on peut l'établir à une époque où les faits nouveaux se produisent avec abondance, et où les faits anciens ne sont pas toujours définis avec toute la précision désirable.

Une troisième partie sera consacrée à l'examen des êtres organisés, tels qu'ils se présentent durant la vie ou bien lorsque la vie les abandonne. Nous tâcherons d'y démêler encore les principes chimiques et d'y suivre l'influence des réactifs. C'est là que se trouve l'application naturelle de la chimie aux phénomènes physiologiques.

Enfin, dans une quatrième partie, nous discuterons les acquisitions purement théoriques. On s'est efforcé, surtout dans ces dernières années, d'établir des relations aussi étendues que possible entre les substances organiques, dont le nombre s'accroissait considérablement, et dont la dissémination et la variété offraient et offrent encore de grandes difficultés à l'étude. On a ainsi recouru à plusieurs suppositions dont nous tâcherons d'apprécier la valeur et le fondement. Jusqu'à cette partie que nous croyons devoir placer après toutes les autres, nous nous astreindrons surtout au côté pratique et expérimental; lorsque nous rencontrerons un phénomène dont on peut soupçonner la généralité, nous nous contenterons de le signaler et de le définir brièvement en présence même des exemples que nous fourniront les faits.

LIVRE PREMIER.

DES ÉLÉMENTS ORGANIQUES ET DES PRODUITS SIMPLES QUI EN DÉRIVENT.

CHAPITRE PREMIER.

DE L'ACTION GÉNÉRALE DE L'OXYGÈNE ET DE LA DÉTERMINATION DES ÉLÉMENTS ET DES PRINCIPES ORGANIQUES.

§ I. — Action de l'oxygène sur les substances organiques.

Dans cette première partie, il ne peut être question de reprendre l'histoire détaillée de l'oxygène, de l'hydrogène ni de l'azote.

Mais l'étude générale de l'oxygène, dans son action sur les substances organiques, peut conduire à des considérations préliminaires d'une grande simplicité, et fournit d'ailleurs la solution d'un problème très-important, qui est l'analyse et le dosage exact des éléments.

Il est possible de saisir, dans le carbone, l'hydrogène et l'azote, un côté essentiellement organique qui montre d'avance comment ils servent à la construction des êtres doués de la vie. Quelques-unes de leurs combinaisons principales sont dans le même cas, et seront placées au premier rang. Ainsi, à côté du carbone, l'oxyde de carbone et l'acide carbonique devront être rappelés d'une manière succincte; l'acide oxalique et l'acide formique seront étudiés dans toutes leurs propriétés: à côté de l'hydrogène se placera l'eau, dont on a généralement omis de faire connaître l'importance et le rôle caractéristique dans le jeu des phénomènes organiques. A l'histoire de l'azote s'ajoutera celle de l'ammoniaque, du cyanogène et des composés qui en dérivent.

Les combinaisons qui viennent d'être signalées sont peu nombreuses, leur constitution est simple, leur notion appartient déjà à la chimie minérale; néanmoins, on peut affirmer que ce sont des termes organiques. Bien plus, à l'aide de ces termes simples, les êtres vivants exécutent leurs principales métamorphoses. Ils constituent un véritable lien entre la chimie minérale et la chimie organique. Une exposition convenable de leurs propriétés permettra d'établir de suite les règles remarquables qui reçoivent plus tard, dans la revue de tous les produits végétaux et animaux, un complet développement.

Ces raisons paraîtront sans doute suffisantes pour justifier la place que nous avons assignée à ces combinaisons primordiales et l'importance que nous y avons attachée.

Nous ne devons comprendre dans ce premier paragraphe que le mode général d'action de l'oxygène.

Ce qui se passe entre le carbone et l'oxygène, suivant les différents états du carbone et suivant le degré de température, donne une idée assez exacte du rôle de l'oxygène à l'égard de toutes les matières organiques.

Le carbone est-il à l'état de diamant ou de graphite, c'est une substance inaltérable; il faut une haute température pour que l'oxygène parvienne à se fixer sur lui et à le convertir en acide carbonique. Il en est généralement ainsi des substances organiques qui présentent une forme cristalline bien définie, et sont douées d'une certaine cohésion. Le sucre et l'acide tartrique sont dans ce cas; ils se conservent très-bien sous leur forme cristalline au contact permanent de l'air : leur combustion ne s'accomplit qu'à l'aide de la chaleur. Mais la matière organique est-elle liquide, à la manière des huiles et des essences, ou bien spongieuse, comme dans le bois, alors l'oxygène se combine à la température même de l'atmosphère, et tantôt une partie du carbone de ces substances se sépare à l'état d'acide carbonique; tantôt l'oxygène se fixe simplement sur ces corps, et donne naissance à des produits nouveaux. C'est ainsi que le charbon de bois, à la température ordinaire, absorbe l'oxygène et donne naissance à l'acide carbonique.

Sous toutes ses formes, le charbon se combine à l'oxygène si la température est suffisante. Toutes les substances organiques aussi, sans exception, s'oxydent au contact de l'air ou de l'oxygène, pourvu que la chaleur initiale soit assez forte. L'oxydation s'opère presque toujours avec dégagement de chaleur et de lumière, et se propage avec une telle facilité qu'il suffit qu'elle soit commencée en un seul point de la substance pour qu'elle gagne ensuite toute la masse. Ce phénomène, très-remarquable, s'accomplit tous les jours sous nos yeux, dans la combustion des foyers: c'est l'ignition du bois dans la cheminée.

On peut, à l'aide des substances organiques, réaliser des combustions aussi brillantes que celles qu'on a l'habitude de choisir en chimie minérale, pour donner un exemple frappant du phénomène. C'est ainsi que la cire ou l'acide stéarique brûlent dans un courant d'oxygène avec autant d'éclat que le phosphore.

Lorsque l'oxydation s'accomplit sourdement et d'une manière pour ainsi dire latente, il arrive toujours un moment où le phénomène se ralentit et devient imperceptible, s'il n'est tout à fait nul; chaque substance aboutit ainsi à un produit différent dont l'histoire se rattache naturellement à la substance d'origine. La marche générale de ce phénomène, bien simple, comme on vient de le voir, et qui présente l'analogie la plus parfaite avec l'oxydation lente de plusieurs métaux, avec l'oxydation lente du charbon lui-même, a été désignée, dans ces derniers temps, sous le non d'*érémacausie*. Ce mot est donc simplement un synonyme qui exprime l'action lente de l'oxygène sur les substances organiques.

Au lieu de la variété presque infinie des produits qui résultent de la combustion lente, on trouve dans les produits qui naissent d'une combustion effectuée à une haute température, en présence d'un excès d'oxygène, une grande simplicité de composition. Quelles que soient la forme, la composition ou l'origine d'une substance organique, elle convertit tout son carbone en acide carbonique et tout son hydrogène en eau. On n'a pas trouvé jusqu'ici une seule exception à cette règle. Quant à l'azote, il se sépare libre à l'état de gaz, ou bien combiné à l'oxygène.

Ce principe ouvre l'histoire des substances organiques par une généralité bien remarquable; mais les applications sont encore venues en accroître le prix.

On conçoit, en effet, que si une substance organique peut fournir tout son carbone sous une forme constante et appréciable, tout son hydrogène sous une forme analogue, on peut arriver, sans peine, à doser son hydrogène et son carbone, en un mot, à l'analyser. Or, rien de plus facile que de recueillir et de peser l'acide carbonique et l'eau. On peut dire qu'on est arrivé aujourd'hui à résoudre ce problème de la manière la plus précise.

Lorsque la substance contient seulement du carbone et de l'hydrogène, on retrouve la totalité de son poids dans le carbone de l'acide carbonique et dans l'hydrogène de l'eau.

Lorsqu'elle contient en outre de l'oxygène, le poids de ce dernier se trouve en retranchant de la substance tout le carbone et tout l'hydrogène qu'elle a fournis. Le reste représente l'oxygène.

Lorsque la matière contient en outre de l'azote, le même principe reste applicable au dosage du carbone et de l'hydrogène. Mais la détermination de l'azote doit se faire à part.

On est ainsi forcé de faire deux chapitres pour l'analyse des substances organiques . le premier pour celles qui ne contiennent point d'azote ; le second pour celles qui sont azotées. Ce dernier chapitre se rattachera à l'histoire de l'azote.

§ II. — Analyse des substances organiques composées de carbone, hydrogène et oxygène.

Il faut considérer dans l'analyse des substances organiques :

1° La matière à analyser ;

2° La substance comburante destinée à fournir l'oxygène ;

3° L'appareil dans lequel s'opère la combustion ;

4° L'appareil dans lequel se recueillent les produits de la combustion.

Le produit à analyser doit être pur. C'est un principe qu'il suffit d'énoncer pour en faire comprendre toute la valeur. Mais il n'est pas aussi facile d'indiquer les signes à l'aide desquels on reconnaît cette pureté. On a l'habitude d'exprimer sur ce point des règles trop absolues ou bien des considérations fort abstraites. C'est dans l'étude particulière de chaque substance organique qu'on trouve les véritables caractères de sa pureté. Les indications qu'il faudrait poser pour interroger ainsi une substance sont tellement nombreuses qu'elles ne sauraient trouver leur place dans un traité élémentaire ; on est obligé sur cette question de recourir aux traités spéciaux d'analyse.

C'est l'oxyde de cuivre qu'on emploie ordinairement comme agent de combustion. L'oxyde de cuivre isolé ne cède son oxygène qu'à une température très-haute qu'on n'atteint presque jamais dans les analyses ; mais, à une chaleur rouge, les substances organiques lui enlèvent tout l'oxygène qui leur est nécessaire pour se convertir en eau et en acide carbonique. Il n'est pourtant pas impossible que quelques parties de la substance échappent ainsi à la combustion, et, pour éviter cet inconvénient, on complète l'action de l'oxyde de cuivre par un courant d'oxygène que l'on fait passer sur l'oxyde de cuivre et la substance. L'oxyde de cuivre doit être préparé à l'aide du nitrate que l'on décompose en le chauffant au rouge. Il vaut mieux prolonger l'action de la chaleur durant plusieurs heures sans atteindre le rouge blanc que de porter subitement et moins longtemps à une température rouge.

On peut aussi précipiter l'oxyde de cuivre à l'aide du sulfate de cuivre qu'on verse dans une dissolution de carbonate de potasse; il se précipite un carbonate de cuivre que l'on fait bouillir ensuite avec une grande quantité d'eau et qu'on lave avec soin. On le sèche et le calcine avec le même ménagement que le nitrate.

Dans quelques cas, on met aussi en usage des planures de cuivre que l'on a oxydées en les chauffant dans un creuset percé de plusieurs trous.

Enfin on peut encore substituer le chromate de plomb fondu et finement pulvérisé à l'oxyde de cuivre. Ce sel n'attire point l'humidité de l'air et offre en ce sens plus d'avantages que l'oxyde de cuivre doué d'une propriété hygrométrique très-active contre laquelle on doit prendre des précautions.

L'appareil dans lequel on introduit la substance à analyser ainsi que l'oxyde de cuivre consiste en un simple tube de verre réfractaire, que l'on recouvre d'une feuille de clinquant pour qu'il supporte plus facilement l'action de la chaleur. Ce tube, long de 50 centimètres environ, et d'un diamètre de 9 à 10 millimètres, est ouvert à une extrémité dont les bords sont adoucis par la fusion du verre, tandis que l'autre extrémité est effilée en pointe et fermée à son sommet.

Ce tube doit être supporté par une grille en tôle, longue de 6 à 7 décimètres et haute de 9 centimètres, laquelle offre de distance en distance de petits supports en tôle fixés perpendiculairement sur le fond de la grille et surmontés d'une échancrure sur laquelle repose le tube à analyse.

Fig. 1.

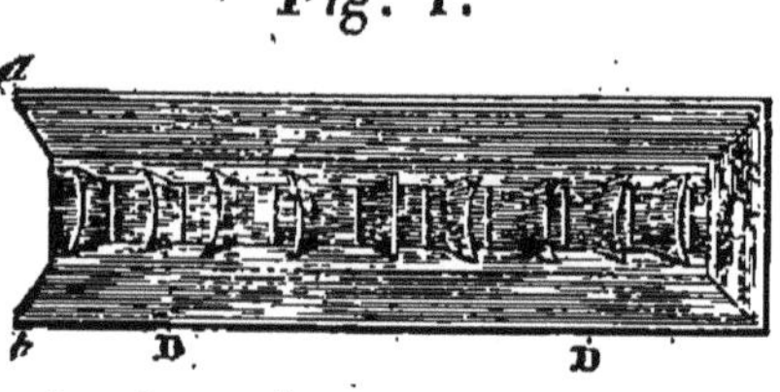

Fig. 2.

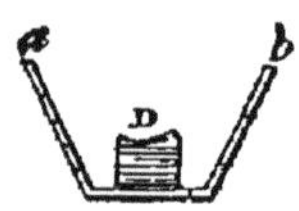

La grille doit reposer elle-même sur deux briques, afin que l'air ait un libre accès par les ouvertures inférieures.

Quant à l'appareil dans lequel doivent être reçus les produits de la combustion, l'acide carbonique et l'eau, il se compose de différentes pièces assez souvent modifiées par les chimistes qui se sont le plus occupés d'analyse organique.

M. Liebig reçoit l'eau dans un petit tube rempli de chlorure de calcium, dont le poids a été pris avec soin avant de commencer l'opération : à ce tube, d'un diamètre à peu près égal à celui du tube à combustion, s'adapte un petit appareil en verre composé de cinq boules toutes unies entre elles, dont nous donnerons la figure plus bas. Cet appareil, qui porte le nom de M. Liebig, est rempli d'une solution de potasse caustique marquant 40 à 45° de l'aréomètre de Baumé. Ce petit appareil se joint au tube de chlorure de calcium, à l'aide d'un tube de caoutchouc. Parmi les boules qui le composent, la plus grosse doit être tournée du côté du tube à combustion, et celle par laquelle le gaz s'échappe doit être un peu relevée. Ce tube est destiné à recueillir l'acide carbonique et à doser ainsi le carbone. Il doit être exactement pesé avant l'opération.

M. Dumas préfère absorber l'humidité à l'aide d'un

Fig. 1. Grille en tôle, offrant dans son fond de petits supports perpendiculaires.

Fig. 2. *a, b,* section transversale de la grille avec le petit support perpendiculaire D.

tube en U qui contient de la pierre ponce, légèrement mouillée d'acide sulfurique. Dans une branche de ce tube en U on peut introduire un petit tube fermé par une extrémité, dans lequel se rend et se condense, à l'aide du tube de communication, la plus grande partie de l'eau produite. Enfin il est bon d'adapter, à l'extrémité du tube de Liebig, un tube semblable à celui qui contient le chlorure de calcium; seulement on y dépose des fragments de potasse caustique. Ce tube additionnel a pour objet de retenir tout à la fois l'acide carbonique, qui échapperait à l'action de la potasse liquide, et l'eau qu'entraîneraient les gaz échauffés qui, dans le courant et à la fin de l'opération, traversent l'appareil à boules. Ce dernier tube doit être pesé comme les deux autres.

Mode opératoire. — Lorsque toutes les pièces de l'appareil ont été disposées, il faut se mettre en mesure d'introduire l'oxyde de cuivre et la substance dans le tube à combustion, de réunir entre elles toutes les parties qui doivent concourir à l'opération, enfin d'accomplir la conversion de la substance en eau et en acide carbonique.

Le tube à combustion est d'abord séché avec un grand soin; d'un autre côté on fait calciner l'oxyde de cuivre au moment même de l'opération, et, tandis qu'il est encore très-chaud, on le porte au-dessus d'une capsule d'acide sulfurique, que recouvre exactement une cloche de verre. Lorsque cet oxyde est refroidi, on en introduit une petite quantité dans le tube, de manière à y faire une première colonne de 2 centimètres environ; puis on mêle l'oxyde à la substance, en les broyant ensemble dans un mortier de verre bien sec; on fait pénétrer le mélange dans le tube, on passe une nouvelle quantité d'oxyde dans le mortier qui se trouve lavé, et cette seconde quantité est ajoutée à la première; on remplit ainsi le tube jusqu'à 2 ou 3 centimètres de son ouverture, en prenant garde de ne point tasser trop fortement l'oxyde. Il convient alors d'enlever l'humidité que l'oxyde a absorbée dans le premier temps de l'opération, ainsi que celle qui était retenue par les parois du tube. On adapte, à cet effet, la petite pompe pneumatique de M. Gay-Lussac au tube à combustion, par l'intermédiaire d'un tube rempli de chlorure de calcium ou de pierre ponce imprégnée d'acide sulfurique.

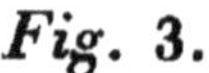

Fig. 3.

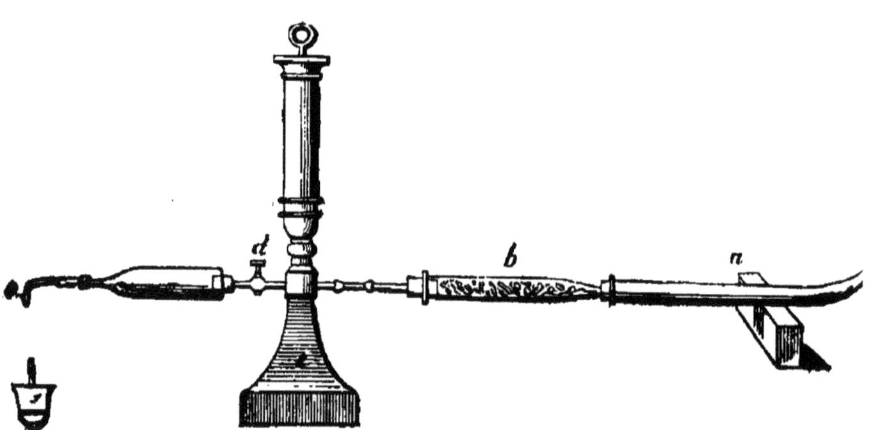

On vide ainsi huit ou dix fois le tube à analyse de l'air qu'il contient, et l'on remplace cet air par celui qui passe sur le chlorure de calcium, et qui se trouve ainsi desséché.

On démonte ensuite cette petite pompe et l'on réunit entre elles toutes les pièces de l'appareil : le bouchon qui fixe le chlorure de calcium au tube à combustion doit être de première qualité. Le tube à combustion est alors couché le long de la grille sur laquelle il doit être chauffé.

Fig. 3. *a*, tube à analyser contenant la substance et l'oxyde de cuivre. — *b*, tube rempli de chlorure de calcium ou de ponce sulfurique. — *e*, petite pompe pneumatique de M. Gay-Lussac. — *d*, robinet pour faire rentrer l'air. — *c*, tube long de plus de 76 centimètres, plongeant dans le mercure.

Fig. 4.

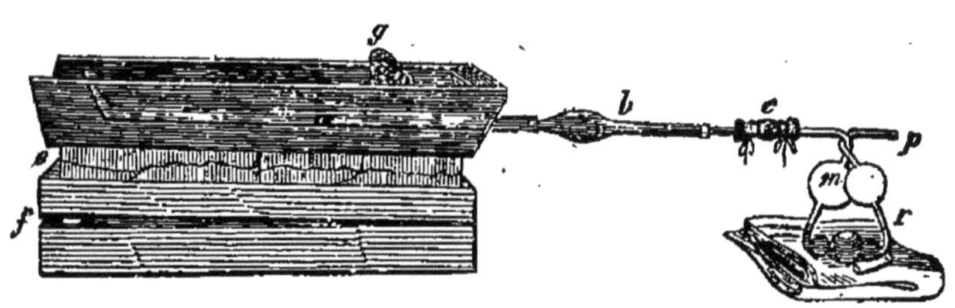

Pour s'assurer que l'air ne peut s'échapper que par l'extrémité du tube additionnel, on chauffe un peu la première boule, de manière à dilater l'air intérieur qui s'échauffe en partie, mais qui, se refroidissant ensuite, fait monter le liquide dans la boule qui a été chauffée, et le maintient ainsi à un niveau supérieur.

Tout étant ainsi disposé, on porte des charbons allumés sur la partie extrême du tube, par laquelle l'oxyde et la substance ont été introduits; au moyen d'un diaphragme en tôle, on limite l'action de la chaleur et on ne la porte qu'avec lenteur vers l'extrémité du tube où se trouve la substance. On doit, dès le début, entretenir quelques charbons vers la partie effilée du tube, de peur que l'eau et les produits de décomposition, fournis par la substance, ne viennent à s'y condenser.

Dans l'application de la chaleur, l'air commence à se dilater et s'échappe à travers l'appareil à boules; puis vient l'acide carbonique qui s'absorbe : le gaz doit passer assez lentement, pour que chaque bulle soit isolée, par un très-court espace de temps, de celle qui la précède et de celle qui la suit. On reconnaît que l'opération, qui dure près d'une heure, est à son terme, lorsque le dégagement cesse

Fig. 4. *c*, *f*, *g*, grille à analyse supportée par des briques. — *b*, tube de chlorure de calcium. — *m*, *r*, *p*, tube de Liebig contenant la potasse. — *c*, petit tube de caoutchouc unissant le tube de Liebig au tube de chlorure de calcium. — *g*, diaphragme de tôle destiné à limiter la chaleur.

brusquement. C'est en outre un signe que l'opération a été bien menée. On casse alors l'extrémité effilée du tube, on adapte à cette pointe un long tube rempli de fragments de potasse caustique et on aspire par l'extrémité opposée. On fait ainsi passer dans le tube à combustion un courant d'air, privé d'eau et d'acide carbonique, qui achève d'entraîner tous les produits qui se trouvaient remplir encore le tube à combustion.

Lorsque la substance est difficile à brûler, on peut mettre au fond du tube, avant l'oxyde de cuivre, une certaine quantité de chlorate de potasse, que l'on chauffe lorsque l'opération touche à sa fin. Si ce chlorate est mêlé à de l'oxyde de cuivre, on facilite le dégagement d'oxygène. On peut aussi adapter un gazomètre qui fournit de l'oxygène très-sec, et achever ainsi la combustion.

Nous avons supposé que la substance se mêlait facilement à l'oxyde de cuivre. Si elle était liquide ou volatile, ou bien propre à adhérer aux parois du mortier, comme pourraient le faire des corps gras, il faudrait prendre quelques précautions particulières. Volatile, on évite de la pulvériser, et on l'introduit tout entière, après la première couche d'oxyde de cuivre; liquide et très-volatile, on la fait pénétrer dans de petites ampoules qui se ferment à la lampe à esprit-de-vin; liquide, à la manière des huiles, elle est pesée dans un petit tube que l'on fait entrer en entier dans le tube à combustion; enfin solide, mais trop adhésive pour être mêlée dans le mortier, on la porte dans le tube à combustion sur une feuille d'étain qui ne peut nuire à la marche de l'opération.

Lorsque la substance organique est d'une combustion difficile, on substitue avec avantage le chromate de plomb à l'oxyde de cuivre. Ce remplacement doit toujours avoir lieu lorsque la substance organique renferme du chlore. Il convient même, dans ce cas, d'ajouter de la litharge au mélange comburant. L'oxyde de cuivre donnerait naissance à un chlorure volatil qui serait entraîné avec les produits gazeux de la décomposition. Le chlorure de plomb résiste, au contraire, à la volatilisation, surtout en présence de la litharge. Quant au chlore, il doit être l'objet d'un dosage fait à part. On mélange la substance à la chaux ou à la baryte caustiques, et l'on chauffe fortement. Les éléments organiques s'échappent en produits volatils indéterminés. Tout le chlore passe à l'état de chlorure de calcium ou de baryum, dans lequel on dose facilement le chlore avec une solution de nitrate d'argent.

La présence du soufre dans une substance organique, soumise à l'analyse, exige aussi quelques précautions particulières. Comme il se trouve converti en acide sulfureux, on retient complétement ce gaz dans un tube rempli d'oxyde puce; le peroxyde de plomb est réduit par l'acide sulfureux et converti en sulfate de plomb. Le tube d'oxyde puce doit être placé à la suite du chlorure de calcium, qui ne retient pas l'acide sulfureux, même après avoir été humecté par l'eau provenant de la combustion.

Les substances organiques peuvent encore contenir du phosphore, de l'arsenic, du platine; elles peuvent être combinées à différentes bases métalliques : tous ces cas donnent lieu à des indications spéciales, mais leur discussion appartient aux traités d'analyse chimique.

Lorsque la combustion d'une substance organique a été complète, on retire les différentes parties de l'appareil qui vient d'être décrit, on les laisse refroidir, puis on les pèse.

Si la combustion de la substance a été terminée à la faveur d'un courant d'oxygène, il convient de chasser ce gaz des tubes destinés à être pesés par un courant d'air bien sec. L'oxygène, plus lourd que l'air, augmenterait le poids des tubes où il resterait enfermé.

Lorsque la différence des deux pesées, qui portent sur le tube de chlorure de calcium et sur le tube à boule de Liebig, a fourni le poids de l'eau et celui de l'acide carbonique, on détermine facilement le poids du carbone et de l'hydrogène. On arrive au poids du carbone en établissant la proportion suivante :

275 : 75 : : le poids de l'acide carbonique obtenu : x.

275 exprime le poids en équivalents de l'acide carbonique; 75 exprime le poids de l'équivalent du carbone.

On trouve le poids de l'hydrogène à l'aide d'une autre proportion que voici :

112,5 : 12,5 : : le poids de l'eau obtenu : x.

112,5 exprime le poids de l'eau en équivalents; 12,5 exprime le poids de l'équivalent d'hydrogène.

Quant à l'oxygène, on trouve son poids en retranchant du poids de la substance celui du carbone et de l'hydrogène déterminés par l'analyse.

Lorsque les proportions de carbone d'hydrogène et d'oxygène qui composent la substance organique ont été fixées, on a l'habitude de les exprimer en centièmes, afin de rendre les diverses analyses d'une même substance plus facilement comparables entre elles. Il suffit, pour cela, de diviser successivement la quantité de carbone, d'hydrogène et d'oxygène par le poids total de la matière analysée.

Mais on ne se borne pas à exprimer la composition de la substance en centièmes; on la traduit presque toujours en une formule qui indique le nombre d'équivalents élémentaires; c'est ainsi que l'acide carbonique s'exprime par CO^2; l'oxyde de carbone par CO; l'éther par C^4H^5O; l'acétate d'oxyde d'argent par $C^4H^3O^3$, AgO, etc. En d'autres termes, on s'efforce toujours d'exprimer par une formule la quantité de substance organique qui s'associe aux autres substances organiques ou aux substances minérales. C'est ce qu'on appelle déterminer l'équivalent de la substance.

Pour arriver à ce résultat très-important, sans lequel

l'étude d'un produit n'est jamais complète, il faut une purification parfaite et plusieurs combinaisons régulières, soit avec les acides minéraux, soit avec les bases métalliques ou alcalines. Lorsqu'on est arrivé à produire ces combinaisons d'une manière certaine, on fixe l'équivalent avec facilité. Pour cela, on établit d'abord le poids équivalent de la substance combinée à l'oxyde ou à l'acide. En supposant qu'on veuille déterminer la constitution moléculaire de l'acide acétique par la constitution de l'acétate d'argent, on trouve d'abord que, dans la composition du sel, la somme de carbone, d'hydrogène et d'oxygène qui se combine à l'oxyde d'argent, exprimé par son poids équivalent 1451,6, est de 37,5 qui se divise ainsi :

Carbone....	300
Hydrogène..	37,5
Oxygène....	300
	637,5

Pour exprimer ces différentes quantités en équivalents élémentaires, on divise successivement chacune d'elles par le poids de son équivalent.

L'équivalent de carbone = 75
— d'hydrogène = 12,5
d'oxygène = 100

On a par conséquent :

$\frac{300}{75}$ = 4 équival. de carbone C^4
$\frac{37,5}{12,5}$ = 3 équiv. d'hydrogène H^3
$\frac{300}{100}$ = 3 équiv. d'oxygène O^3

De ces trois opérations on conclut que, dans l'acétate d'argent, pour 1 équivalent d'oxyde d'argent, AgO, il existe 4 équivalents de carbone, 3 équivalents d'hydrogène et 3 équivalents d'oxygène, ce qui s'exprime par la formule :

$$C^4 H^3 O^3, AgO.$$

L'analyse de l'acide acétique amené à son plus grand état de pureté prouve, d'une autre part, que ce composé renferme, au lieu d'un équivalent d'oxyde d'argent, 1 équiv. d'eau, HO.

L'acide acétique s'exprime alors par :

$$C^4 H^3 O^3, HO.$$

La position particulière de l'équivalent d'eau indique qu'il peut être remplacé par l'oxyde d'argent ou par d'autres bases, ainsi que l'a prouvé l'examen des acétates.

Mais il n'est pas toujours facile de combiner une substance organique aux acides ou aux bases. Son origine, son mode de production ou de destruction peuvent alors fournir d'excellents indices.

Lorsque la substance organique est volatile sans décomposition, on peut tirer du poids spécifique de sa vapeur des indications précieuses. M. Dumas a réduit cette opération à une grande simplicité par un appareil de son invention. Il a en outre démontré, par plusieurs déterminations expérimentales, l'avantage que présentait la pesanteur spécifique des vapeurs pour contrôler l'équivalent des substances minérales et organiques.

Malgré ces ressources, l'équivalent d'une substance organique reste quelquefois indéterminé, soit que la substance résiste entièrement aux différentes épreuves qui viennent d'être indiquées, soit qu'elle n'y réponde pas d'une manière nette et satisfaisante.

On ne saurait exposer tous les détails de cette question délicate sans s'éloigner beaucoup des considérations élémentaires de la chimie organique. Aussi nous bornerons-nous à cette indication sommaire, nous proposant de revenir, dans la deuxième partie de cet ouvrage, sur les considérations théoriques qui touchent à la détermination des équivalents.

Pour le moment, constatons que la composition d'une

substance organique la caractérise fortement, qu'elle facilite l'étude de toutes ses propriétés, et que la détermination de son équivalent établit très-clairement ses rapports les plus généraux avec tous les autres corps, simples ou composés, organiques ou minéraux.

Dans toutes les formules qui seront employées par la suite, les symboles du carbone, de l'hydrogène et de l'oxygène représenteront des valeurs semblables à celles qui viennent de leur être affectées, c'est-à-dire que :

Oxygène	O	=	100
Carbone	C	=	75
Hydrogène	H	=	12,50
Azote	Az	=	177,04

On trouvera d'ailleurs à la fin de ce chapitre une table des équivalents qui seront adoptés pour tous les éléments, métaux ou métalloïdes, qui peuvent entrer en combinaison avec les substances organiques.

Les chimistes sont en dissidence sur la valeur numérique de plusieurs équivalents; et les mêmes signes s'emploient comme expression de quantités différentes. Cette valeur attribuée aux signes ne change rien au poids réel des éléments qui entrent dans une substance organique. On peut dire que c'est une écriture différente pour tracer un même mot. Aussi ces variations, plus ou moins bien appuyées, sont-elles assez regrettables, et nous croyons que, sans prononcer sur le fond, il faut repousser comme prématurées toutes les innovations de cette nature. Nous sommes loin de rejeter les méditations certainement très-élevées qui portent sur ce sujet; mais jusqu'ici, à n'envisager que les intérêts de l'enseignement élémentaire, la confusion est le seul résultat évident.

Lavoisier avait compris toute l'importance de l'analyse organique, il avait même fait quelques tentatives qui montrent qu'il ne s'était pas trompé sur la voie à suivre. Fatalement interrompu dans ses travaux, il semblait avoir légué cette tâche aux chimistes français qui l'ont en effet dignement remplie. MM. Thénard, Gay-Lussac et Chevreul ont exécuté les premiers des analyses organiques irréprochables; MM. Berzélius et Th. de Saussure ont aussi contribué au succès de l'œuvre; et depuis quelques années M. Liebig en Allemagne, M. Dumas en France, ont apporté aux différentes parties de l'analyse organique une grande facilité d'exécution et une précision extrême.

§ IV. — Équivalents chimiques.

OXYGÈNE $O = 100$.

Aluminium..	Al.	171,17	Al^2O^5, alumine. Al^2Cl^3, chlorure d'aluminium. Al^2O^3, $(SO^3)^3$, sulfate d'alumine.
Antimoine...	Sb.	1612,90	SbO^3, oxyde d'antimoine. SbO^5, acide antimonique.
Argent.....	Ag.	1351,61	AgO, oxyde d'argent. $AgCl$, chlorure d'argent.
Arsenic.....	As.	940,08	AsO^3, acide arsénieux. AsO^5, acide arsénique.
Baryum....	Ba.	856,93	BaO, baryte. $BaCl$, chlorure de baryum.
Bismuth.....	Bi.	1330,38	Bi^2O^3, oxyde de bismuth. Bi^2Cl^3, chlorure de bismuth.
Bore.......	B.	136,20	BO^3, acide borique. BF^3, acide fluoborique.
Brome......	Br.	978,30	BrO^5, acide bromique. BrH, acide hydrobromique.
Cadmium...	Cd.	696,77	CdO, oxyde de cadmium. CdS, sulfure de cadmium.
Calcium [1]...	Ca.	250,00	CaO, chaux. $CaCl$, chlorure de calcium.
Carbone....	C.	75,00	CO, oxyde de carbone. CO^2, acide carbonique. CS^2, sulfure de carbone.

[1] L'équivalent du calcium est de 250 d'après M. Dumas: MM. Erdmann et Marchand ont confirmé cet équivalent; M. Berzélius a lui-même réduit son premier nombre 256,02 à 251,94.

Élément	Symbole	Équivalent	Composés
Cérium......	Ce.	575	CeO, oxyde de cérium.
Chlore......	Cl.	442,64	ClO^5, acide chlorique. ClO^7, acide perchlorique.
Chrome.....	Cr.	351,82	CrO^3, acide chromique. Cr^2O^3, oxyde de chrome. $Cr^2O^3(SO^3)^3$, sulfate de chrome
Cobalt......	Co.	368,99	CoO, oxyde de cobalt. Co^2O^3, peroxyde de cobalt.
Cuivre	Cu.	395,70	Cu^2O, protoxyde de cuivre. CuO, bioxyde de cuivre. CuO, SO^3, sulfate de cuivre.
Didyme......			....
Étain.......	Sn.	735,29	SnO, protoxyde d'étain. SnO^2, peroxyde d'étain.
Fer........	Fe.	339,21	FeO, protoxyde de fer. Fe^2O^3, peroxyde de fer. Fe^2O^3, $(SO^3)^3$, sulfate de fer.
Fluor	F.	233,80	FH, acide hydrofluorique. BF^3, acide fluoborique.
Glucinium...	Gl.	662,52	GlO^3, glucine. $GlCl^3$, chlorure de glucinium.
Hydrogène..	H.	12,50	HO, eau. HO^2, eau oxygénée.
Iode.......	I.	1579,50	IO^5, acide iodique. IH, acide hydriodique.
Iridium.....	Ir.	1233,50	IrO, protoxyde d'iridium. Ir^2O^3, sesquioxyde d'iridium.
Lenthane....	La	600	LaO, oxyde de lenthane.
Lithium.....	Li.	80,37	LiO, lithine. LiCl, chlorure de lithium.
Magnésium..	Mg.	158,35	MgO, magnésie. MgCl, chlorure de magnésium.
Manganèse..	Mn.	345,90	MnO^2, peroxyde de manganèse. MnO^3, acide manganique. Mn^2O^7, acide permanganique.
Mercure....	Hg.	1265,92	Hg^2O, protoxyde de mercure. HgO, peroxyde de mercure.
Molybdène..	Mo.	598,52	MoO^3, acide molybdique.
Nickel......	Ni.	369,67	NiO, protoxyde de nickel. Ni^2O^3, peroxyde de nickel.

Nitrogène... ou azote....	N. Az.	177,04	NO^5, acide nitrique. NO^2, deutoxyde d'azote. NH^3, ammoniaque.
Or..........	Au.	2486,02	Au^2O, protoxyde d'or. Au^2O^3, peroxyde d'or.
Osmium.....	Os.	1244,48	OsO^4, acide osmique.
Palladium...	Pd.	665,90	PdO, protoxyde de palladium. PdO^2, peroxyde de palladium.
Phosphore...	Ph.	392,32	PhO^5, acide phosphorique. PhO^3, acide phosphoreux. PhH^3, hydrogène phosphoré.
Platine.....	Pt.	1233,50	PttpO, protoxyde de platine. PtO^2, peroxyde de platine.
Plomb......	Pb.	1294,50	PbO, oxyde de plomb. PbCl, chlorure de plomb.
Potassium..	K.	489,92	Ko, potasse. KClcL, chlorure de potassium.
Rhodium....	R.	651,36	Ro, protoxyde de rhodium. R^2O^3, peroxyde de rhodium.
Sélénium....	Se.	494,58	SeO^3, acide sélénique. SeH, acide sélénhydrique.
Silicium. ...	Si.	277,47	SiO^3, acide silicique. $SiFl^3$, acide fluosilicique.
Sodium.....	Na.	290,90	NaO soude. NaCl, chlorure de sodium.
Soufre......	S.	201,16	So^3, acide sulfurique. Sh, acide sulfhydrique.
Strontium...	Sr.	547,20	SrO, strontiane. SrCl, chlorure de strontium.
Tantale.....	Ta.	1153,72	TaO, oxyde tantalique. TaO^3, acide tantalique.
Tellure.....	Te.	801,74	TeO^3, acide tellurique. TeH, acide tellurhydrique.
Thorium....	Th.	744,90	ThO, oxyde de thorium. ThCl, chlorure de thorium.
Titane......	Ti.	303,66	TiO^2, acide titanique. $TiCl^2$, chlorure de titane.
Tungstène...	W.	1183,00	Wo^3, acide tungstique.
Uranium....	U.	750,00	Uo, oxyde d'uranium. — Urane. U^2O^9, acide uranique.
Vanadium...	Va.	856,84	VaO, acide vanadique.

Yttrium.	Y.	402,50	{ YO, yttria. YCL, chlorure d'yttrium.
Zinc[1].	ZN.	403,23	{ ZNO, oxyde de zinc. ZNCL, chlorure de zinc.
Zirconium. . .	ZR.	280,13	ZRO, zircone.

CHAPITRE II.

DU CARBONE.

§ I. — Nature organique du carbone.

Dans son histoire minérale, le carbone échappe réellement à tous les efforts de classification. Ce n'est qu'en saisissant des analogies rares et éloignées qu'on parvient à établir quelques rapports avec le bore et le silicium ; il n'y a là aucun de ces rapprochements si naturels qui mettent l'iode à côté du chlore, la chaux et la strontiane à côté de la baryte.

Placé entre l'azote, l'oxygène et l'hydrogène, le carbone occupe simplement la position que lui assigne son rôle organique. Les analogies qui unissent ces éléments se produiront plus tard. Pour le moment, ces trois satellites du carbone sont également ignorés dans leurs fonctions organiques ; ils ne peuvent aider à en saisir le caractère véritable : c'est de lui qu'ils doivent recevoir leur lumière.

Mais en renonçant à cette louable intention de saisir des rapports plus ou moins éloignés, si l'on envisage le carbone en lui-même, on est tout à coup frappé de sa permanence dans le règne organique et de l'ascendant de sa présence dans toutes les créations de cet ordre. Il était impossible de prendre l'idée d'une prédominance aussi grande en chimie minérale : elle n'appartient à aucun corps. L'oxy-

[1] L'équivalent du zinc serait de 412,63 suivant M. Favre, et 414 suivant M. Jacquelain.

gène trouve en effet un congénère dans le soufre ; le chlore lutte avec l'oxygène et le soufre par la variété de ses productions ; et l'on peut dire, à la rigueur, qu'en supprimant l'un ou l'autre de ces éléments, le système chimique des combinaisons minérales resterait intact. Le carbone, au contraire, présente un fondement nécessaire à l'existence matérielle des végétaux et des animaux. Qu'on retranche le carbone, et aussitôt on abolit le monde organique.

En réfléchissant à cette destination du carbone, qu'on serait tenté d'appeler vitale, on arrive à comprendre l'isolement de ce corps au milieu des substances minérales et son dénûment d'analogies avec ce qui l'entoure. Il semble, en effet, n'exister dans le règne minéral que pour rappeler des productions organiques qui se sont effacées de la surface du globe ; la tourbe, les lignites, les houilles, l'anthracite marquent le passage de végétations ensevelies par les révolutions géologiques. Le graphite cristallise et se forme sous nos yeux par la dissolution du charbon dans une masse de fer en fusion, ou par la réunion de grandes quantités d'électricité à travers du charbon d'origine organique. Le diamant lui-même paraît, d'après les recherches les plus récentes, remonter à la même source. Sa combustion laisse des cendres, et le microscope y découvre des traces d'organisation végétale. Les masses calcaires enfin, représentées par les bancs de marbre ou de craie et de pierres meulières, ne portent-elles pas l'empreinte de la vie ? ne constituent-elles pas de vastes agglomérations de coquillages, c'est-à-dire d'espèces animales qui, sous nous yeux, se caractérisent par une abondante sécrétion de carbonate de chaux presque pur ?

Nous n'essayerons pas de suivre ces démonstrations plus loin. Si le carbone n'est pas exclusivement organique, au moins trouve-t-il dans la constitution des êtres organisés l'application et le développement de toutes les propriétés qui lui appartiennent.

C'est à l'examen de ces propriétés spéciales que nous allons nous attacher. Ce sont elles qui font entrer véritablement dans le domaine de la chimie organique.

§ II. — État physique du carbone; polymorphisme; isomérie.

L'idée la plus simple qu'on puisse se faire de la nature physique des éléments, celle qui est justement établie par les faits vulgaires, c'est qu'ils sont tous doués de propriétés physiques différentes : ainsi, le cuivre se distingue sans peine du fer, l'or de l'argent; mais il ne faudrait pas en conclure que chaque élément se présente avec des propriétés physiques toujours identiques. Il est bien reconnu aujourd'hui qu'un même corps peut posséder plusieurs états dans lesquels il se trouve au même degré de pureté, et qui possèdent néanmoins entre eux des différences assez grandes. Il existe souvent autant de distance entre deux états d'un même corps qu'entre deux éléments différents.

Ces états physiques d'un même corps simple commencent à se montrer dans le soufre et dans le phosphore; mais ils atteignent le degré le plus évident lorsqu'on les considère dans le carbone. On peut dire qu'entre deux états du carbone il y a autant d'éloignement qu'entre deux métaux. Il suffit de nommer le charbon, le graphite, le noir de fumée et le diamant pour donner une idée des distances. Certes, rien ne diffère davantage par l'aspect; même variation dans les propriétés chimiques. Certain charbon s'enflammera spontanément au contact de l'air, tandis que le diamant et le graphite résistent si opiniâtrément à la combustion qu'il faut l'intervention de la plus haute température et de l'oxygène pur pour les brûler.

Voici maintenant l'importance de cette propriété dans le rôle que le charbon joue à l'égard des substances organiques. On possède, en réalité, dans le carbone plusieurs corps simples. Il en offre la ressource pour la construction des êtres animés. Quand on rapproche le petit nombre des éléments de la variété des créations organiques, des formes infinies qu'elles peuvent prendre, on se demande avec surprise comment quatre corps simples peuvent y suffire, tandis que les productions minérales, beaucoup moins nombreuses, en emploient cinquante au moins.

L'étonnement diminue lorsqu'on voit un seul élément, l'élément indispensable, fournir à lui seul plusieurs éléments. C'était à coup sûr l'artifice le plus simple pour multiplier les êtres à l'aide d'un petit nombre de principes élémentaires.

Nous sommes sans doute encore loin de connaître toutes les formes que peut prendre le carbone. Ce qu'il y a de certain, c'est qu'il nous suffit de varier son origine ou sa production pour aboutir à un corps doué de propriétés très-différentes.

Nous aurons lieu de rappeler ces états du charbon qui fournissent le meilleur exemple du polymorphisme d'un corps simple, lorsque nous rencontrerons les combinaisons curieuses dans lesquelles, en se combinant à un ou deux éléments dans des proportions qui restent les mêmes, il arrive néanmoins à produire des composés très-nombreux.

On peut en prendre de suite une idée par certaines combinaisons du carbone avec l'hydrogène : un équivalent de carbone uni à un équivalent d'hydrogène CH forme, dans les mêmes conditions de température et de pression, des gaz, des liquides et des solides : parmi les liquides ainsi constitués se trouvent l'essence de rose, ainsi que plusieurs liquides d'une odeur peu agréable qui proviennent, soit de la distillation du caoutchouc, soit de la distillation des huiles.

Les corps organiques qui se trouvent dans un semblable rapport de composition ont été désignés sous le nom de corps isomères. Ce sont, on le voit, des corps différents de propriétés malgré leur composition identique. Tout porte à croire que l'état isomérique des combinaisons est la continuation de l'état polymorphique d'un des éléments constitutifs. Ainsi le gaz, qui a pour composition CH, est sans doute la combinaison de l'hydrogène avec un état particulier de charbon, le charbon de bois par exemple : l'essence de rose, qui a pour composition C H, est peut-être la combinaison du carbone constituant le diamant; et ainsi des autres carbures d'hydrogène qui se représentent par une formule identique CH.

§ III. — Affinités particulières du carbone; propriétés décolorantes et désinfectantes; force catalytique.

Dans l'examen des propriétés du carbone, on remarque certaines affinités qui semblent, au premier aspect, n'appartenir qu'à lui et qui le mettent, dès le commencement de l'étude de la chimie, dans une position exceptionnelle. Le charbon manifeste ces propriétés spéciales, d'une part, dans la décoloration des liquides qui tiennent en dissolution une matière tinctoriale, le vin, par exemple, ou la solution de tournesol, et, d'une autre part, dans la désinfection des matières putrides.

La désinfection des matières putrides tient à la propriété très-remarquable que possède le charbon de condenser les gaz dans ses pores. Le charbon de bois, et plus particulièrement le charbon des bois denses, tel que celui de buis, absorbe pour 1 volume 90 volumes de gaz ammoniaque; 85 volumes de gaz chlorhydrique; 9,25 de gaz oxygène; 55 d'hydrogène sulfuré, etc. Cette condensation des gaz masque la putréfaction qui se décèle en effet par un développement de gaz infects que le charbon arrête au milieu de ses pores. Le charbon peut même, en vertu de cette propriété, prévenir la putréfaction qui ne saurait se développer sans le contact de l'air atmosphérique. Il condense et enlève l'oxygène qui est l'élément nécessaire au mouvement putride.

Quant à la faculté décolorante, elle n'est pas sans analogie avec les propriétés précédentes, et probablement elle se rattache au même principe. Les matières colorantes ne sont-elles pas des matières solides disséminées dans l'eau, que le charbon amène à son contact, et absorbe, en quelque sorte, comme il le fait des substances gazeuses?

Ces propriétés caractérisent le charbon et intéressent au plus haut degré. Elles constituent, comme on va le voir, toute une face particulière des rapports que contractent les corps et à la suite desquels ils se modifient. Il est intéressant de trouver en raccourci, dans le charbon même, dans l'élément organique par excellence, une force puissante qui prend un développement considérable dans le cours des phénomènes organiques et y provoque les transformations les plus curieuses.

Pour suivre cette série de relations qui s'étendent du charbon à un très-grand nombre de substances organiques, il faut envisager la faculté qu'il possède de condenser et d'amener à son contact des corps solides, liquides ou gazeux, non plus dans ses applications pratiques telles que la décoloration ou la désinfection, mais bien dans les phénomènes chimiques qui en sont la conséquence évidente.

Lorsque le charbon condense un gaz, il le fait entrer aussitôt dans une sphère d'activité toute nouvelle; c'est là le point essentiel. Le caractère le plus général de cette disposition consiste en une aptitude plus grande aux transformations chimiques, quel que soit le sens dans lequel elles s'exécutent. Ainsi, pour donner des exemples, fait-on un mélange d'hydrogène sulfuré et d'oxygène, les deux gaz restent, au contact, sans aucune action sensible : mais si l'on introduit dans le mélange un charbon dont les pores sont vides, les deux gaz se condensent aussitôt, réagissent l'un sur l'autre; il se fait un dépôt de soufre, avec formation d'eau. L'action peut être assez vive pour s'accompagner de lumière.

Lorsqu'on mêle du charbon de bois à du nitrate d'ammoniaque, à peine ce dernier est-il fondu qu'il se décompose avec une sorte d'explosion : le charbon concourt peut-être à cette dernière réaction par ses propres éléments. C'est ce qui s'observe, lorsque le charbon s'enflamme spontanément au contact de l'air, ou bien dans l'action de l'eau et dans celle du gaz ammoniaque qui sera décrite plus loin.

Les cas dans lesquels le charbon transporte une grande activité chimique seraient certainement beaucoup plus nombreux si les recherches s'étaient portées dans cette direction. Mais si l'on veut éclairer l'étude de cette influence, par quelques exemples pris dans des cas analogues, on arrive facilement à en comprendre toute l'extension.

On trouve une grande variété de faits, en examinant l'action des corps poreux, qui condensent les gaz à la manière du charbon; ainsi, les oxydes métalliques, les métaux en poudre, la pierre ponce, et surtout la mousse de platine.

Ces phénomènes se produisirent pour la première fois dans l'étude de corps très-instables. M. Thénard, après avoir découvert l'eau oxygénée, reconnut que les poudres métalliques en opéraient la décomposition instantanée. Comme les métaux les moins oxydables opéraient la destruction la plus énergique, on ne pouvait attribuer cette action à l'affinité du métal pour l'oxygène. Et, d'ailleurs, M. Thénard avait reconnu que des oxydes saturés d'oxygène, ceux de manganèse et d'argent, amenaient le même résultat. L'oxyde d'argent lui-même était réduit. Il y avait là un fait considérable, que les expériences de M. Thénard mirent hors de doute, à savoir : *l'activité d'une substance qui ne concourt point par ses propres éléments aux réactions qu'elle détermine.*

A une époque très-voisine de la découverte de l'eau oxygénée, Davy reconnut la propriété que possèdent certains métaux d'opérer la combinaison de quelques gaz qui, en l'absence du métal, devenaient indifférents à l'égard l'un de l'autre. Dœbereiner étendit ce phénomène à la transformation de l'alcool en acide acétique, sous l'influence de la mousse de platine. MM. Dulong et Thénard firent voir que la mousse de platine n'était pas uniquement en possession de ce privilége, mais que l'iridium, l'or, l'argent, la pierre ponce, les fragments de porcelaine renfermaient une force analogue. Il fut dès lors établi, par un nouvel ordre de phénomènes, que les mêmes corps, indifférents par leur nature chimique, qui avaient pu par le contact seul opérer la décomposition de l'eau oxygénée, pouvaient aussi par leur contact opérer des réunions insolites. La force qui préside à ces actions particulières est aujourd'hui désignée sous le nom de *force catalytique*.

Dans un travail récent, nous avons cherché, M. Reiset et moi, si cette force, à l'aide de laquelle on n'avait encore effectué qu'un petit nombre de décompositions, ne pourrait pas s'étendre et s'appliquer surtout aux phénomènes de transformation organique. Nous n'avons pas tardé à reconnaître que la mousse de platine, le charbon et la pierre ponce, accéléraient et changeaient parfois, de la manière la plus complète, la décomposition de plusieurs substances organiques : ainsi le nitrate d'ammoniaque, l'alcool, l'éther, les acides oxalique, citrique et acétique, abandonnent le rhythme suivant lequel ils se décomposent ordinairement.

Nous avons pu constater que plusieurs substances organiques, et notamment celles qui servent d'aliments, peuvent, sous l'influence des corps catalytiques, s'oxyder à de basses températures.

On comprend ainsi quel est le caractère de la force du contact et quelle extension elle peut recevoir, dans l'étude des phénomènes organiques. On peut caractériser cette force en disant qu'elle s'exerce dans deux directions distinctes : elle détruit ou bien elle associe; elle trouble les combinaisons ou bien les provoque. Or, associer et dissocier, créer et détruire, constituent les deux termes simples auxquels se rattachent, en définitive, toutes les opérations du laboratoire et toutes celles de la nature vivante. La force catalytique doit donc intervenir incessamment dans les actions organiques, il faut s'attacher à en comprendre le jeu partout où elle intervient, et à en démêler la part de celle qui revient aux autres forces.

L'action dissolvante de l'eau permettra plus loin d'établir quelques rapprochements, à la suite desquels nous insisterons de nouveau sur la force catalytique; pour le moment, nous nous bornons à constater qu'elle réside dans le charbon.

C'est en vertu de la force catalytique que le charbon condense les gaz et qu'il détermine ensuite, dans leurs éléments, une activité chimique particulière.

Si l'on pense, comme nous en avons exprimé l'opinion plus haut, que c'est la même force qui préside à la séparation des matières tinctoriales dissoutes dans l'eau, on trouvera dans cette faculté du carbone une extension remarquable des actions de contact. Que l'on admette, en effet, que les substances de contact condensent et arrêtent les substances dissoutes, et qu'on se rappelle l'activité particulière que communique en même temps le contact aux substances organiques, on comprendra aussitôt l'application de ces rapports aux lois de l'économie végétale et animale. Une masse énorme de liquide y circule incessamment; ce liquide, que ce soit la sève ou le sang, charrie des matériaux qui ont besoin d'être retenus et qui sont destinés au service de la vie. Les substances réparatrices qui s'engagent ainsi, dans la longue série de leurs métamorphoses, ne sauraient se fixer par des combinaisons énergiques dont on ne concevrait plus le dérangement, une fois qu'elles se seraient produites. Qu'elles s'engagent simplement par voie de dissolution, les appareils de contact les séparent, les retiennent par une sorte d'interposition moléculaire, qui n'a pas les conditions définitives de la combinaison, et qui, en vertu de la force catalytique qu'elle exerce, facilite la réaction ultérieure.

En d'autres termes, les substances qui servent à l'entretien des êtres organisés pénètrent à l'état de dissolution, séjournent jusqu'à leur transformation définitive dans les corps catalytiques qui se représentent par le tissu intime des organes, et s'échappent ensuite par la voie des dissolvants.

Le charbon qui est un corps éminemment catalytique, nous donne une image du phénomène, lorsqu'il sépare d'un liquide une matière dissoute qui peut être incolore, mais qui le plus ordinairement est colorée.

§ IV. — Influence du carbone sur les combinaisons dans lesquelles il s'engage; combinaison par juxtaposition; combinaison par pénétration.

Lorsqu'on envisage le carbone dans ses combinaisons, on découvre sans peine qu'elles sont affectées d'un caractère bien simple, mais d'une puissance immense pour l'accomplissement des fonctions qui lui sont dévolues. Ce caractère du carbone se produit dans presque toutes les alliances qu'il contracte; il est inscrit sur les produits organiques les plus simples, comme sur les plus complexes, et pourtant il n'est reporté nulle part à sa source véritable. C'est ce caractère qui paraît avoir à lui seul engendré toutes les hypothèses secondaires, à l'aide desquelles on s'est efforcé d'expliquer la constitution des substances organiques.

On peut exprimer cette propriété du carbone en disant qu'il s'unit intimement avec les autres éléments organiques, et même avec le plus grand nombre des éléments minéraux. Le rapprochement des combinaisons minérales et des combinaisons organiques fait comprendre bien vite ce que signifie cette intimité de l'union du carbone.

Chaque métalloïde, chaque métal se trouve, en chimie

minérale, marqué par quelques traits qui reparaissent partout où se fixent le métal et le métalloïde. C'est ainsi que partout où se combine le chlore, on le déplace sans peine sous forme d'acide chlorhydrique, ou bien on le précipite par le nitrate d'argent à l'état de chlorure insoluble, ou bien encore on le met en liberté par l'action combinée d'un peroxyde et d'un acide. On peut en dire autant du soufre, de l'iode. Les acides minéraux se retrouvent facilement, au sein des dissolvants, quels que soient les liens dans lesquels ils se trouvent engagés. Les bases aussi conservent en présence des acides des réactions invariables.

Mais que l'on cherche à faire l'application de règles analogues au carbone, elles se trouvent presque toutes en défaut. C'est ainsi qu'on tourmentera vainement le chlorure de carbone par les réactifs ordinaires pour y reconnaître le chlore ; le sulfure de carbone est inutilement mêlé aux solutions les plus propres à déceler l'hydrogène sulfuré. Les carbures d'hydrogène peuvent se dissoudre dans les solutions métalliques sans que l'hydrogène uni au carbone sollicite l'oxygène de la base, tandis que le carbone se porterait sur le métal. Tous les carbures métalliques connus jusqu'ici sont pourtant insolubles, et quelle que soit la combinaison de l'hydrogène elle obéit à cette règle de double échange. Le chlore, l'iode, le soufre, le sélénium, le tellure, le phosphore, l'arsenic, l'antimoine suivent cette règle uniforme dans leur union à l'hydrogène. Le carbone s'en affranchit.

Cette disposition particulière du carbone se retrouve partout où il est associé aux autres éléments qu'il force ainsi de concourir aux mêmes fonctions que lui. C'est de cette façon que le chlore, le brome, l'iode, l'arsenic, le platine abandonnent leurs réactions caractéristiques lorsqu'ils s'unissent aux principes organiques.

Pour représenter autant qu'on peut le faire par des mots cette spécialité du carbone, on peut dire que dans les combinaisons minérales, les éléments sont *juxtaposés,* tandis qu'ils se *pénètrent* dans les combinaisons organiques.

Voici maintenant les conséquences de la pénétration intime du carbone. Cet élément, associé aux autres éléments, forme avec eux un composé qui n'agit plus par les différentes pièces qui le constituent, mais par leur ensemble; c'est comme un corps nouveau qui offre ses ressources à la production des êtres organiques. On comprend que, par un abus de cette disposition, quelques chimistes aient été portés à construire une multitude de corps hypothétiques, formés par l'union du carbone avec l'azote, l'hydrogène et l'oxygène. On a donné à ces êtres, imaginaires pour la plupart, le nom de *radicaux,* et on leur a fait ainsi jouer, en dépit des réactions, un rôle fort étrange, tandis qu'il eût suffi, dans ces différents cas, de signaler l'union parfaite de plusieurs éléments organiques, et d'indiquer, au gré des phénomènes, leurs tendances générales de combinaison ou de décomposition.

L'influence du carbone s'exerce avec une énergie que les faits seuls pouvaient faire apprécier; il forme ainsi des groupements si bien constitués que certaines dispositions moléculaires y persistent malgré les changements les plus marqués dans la nature des molécules. M. Régnault a établi ce principe par un travail considérable sur les éthers. M. Laurent, en poursuivant, avec une rare persévérance, un ordre d'idées qui lui appartient, a reconnu que le chlore et l'hydrogène pouvaient être isomorphes, en présence du carbone; ce qui est loin d'établir que ces deux corps aient des analogies étendues, et qu'ils soient isomorphes d'une manière absolue. Le carbone imprime, dans ces circonstances, un caractère si puissant au composé auquel il préside, que le remplacement d'un corps tel que l'hydrogène par un autre de nature très-opposée, tel que le chlore, ne change pas une des conditions essentielles du composé, celle qui se traduit par la forme. Il serait impossible de suivre plus loin cet ordre de considérations, sans entrer dans des discussions qui appartiennent à la quatrième partie de cet ouvrage.

Concluons simplement que le carbone offre un mode de combinaison qui lui appartient en propre; qu'il fait en quelque sorte passer à l'état latent les éléments auxquels il s'associe; qu'il leur impose sa loi; qu'il les groupe dans un certain ordre où il les retient par sa présence. Ce groupement est si fort, tant que le carbone le domine, que les éléments de la nature la plus contraire se placent l'un à côté de l'autre, se substituent et semblent établis dans l'alliance la plus naturelle, lorsqu'ils sont peut-être enchaînés par un lien violent.

L'azote seul approche du carbone sur cette ligne d'affinité organique où les éléments s'unissent, s'effacent, et satisfont, par un ensemble parfait, par un groupement intime, aux besoins de l'organisation végétale et animale.

CHAPITRE III.

DES PRODUITS SIMPLES QUI DÉRIVENT DU CARBONE.

Parmi les produits simples qui dérivent du carbone et qui sont propres à initier à l'étude des phénomènes organiques, on doit placer l'acide carbonique, l'oxyde de carbone, l'acide oxalique et l'acide formique. L'acide carbonique est toujours, en chimie minérale, l'objet d'un examen très-complet qu'il serait inutile de renouveler ici. L'oxyde de carbone donne naissance à plusieurs combinaisons particulières de nature à fixer l'attention: il réclame à ce titre une exposition plus étendue. Quant aux acides oxalique et formique, ils constituent deux formes franchement organiques, dignes du plus grand intérêt: rien ne sera négligé pour tracer leur histoire tout entière.

§ I. Acide carbonique. — CO^2.

L'acide carbonique se présente toujours dans la nature sous la même forme. Qu'il soit le résultat de l'oxydation lente des substances organiques, ou de la combustion la plus active ; qu'il se sépare des végétaux en décomposition par leur destruction spontanée, ou bien qu'il soit un produit des sécrétions animales, il est toujours le même. Il se caractérise toujours par les mêmes propriétés chimiques ; il paraît également propre au rôle physiologique qu'il exerce à l'égard des végétaux.

Ce n'est que par l'emploi de moyens mécaniques d'une puissance extrême qu'on est parvenu à le liquéfier et même à le solidifier. Mais les considérations intéressantes que la physique peut tirer de ces différents états de l'acide carbonique, sous des pressions variables, ne paraissent pas applicables aux relations organiques de ce gaz.

L'affinité de l'acide carbonique ne s'exerce qu'à l'égard des bases. Il forme avec elles des carbonates. Est-ce ainsi qu'il se fixe sur les plantes, dans le travail de la végétation ? on ne saurait l'affirmer ; mais on est certain qu'il possède la faculté d'être condensé par les corps poreux et de se dissoudre dans l'eau en proportion notable ; c'est sans doute en observant l'acide carbonique dans ces dernières conditions qu'on arriverait à découvrir la voie par laquelle il s'engage dans les végétaux où il remplit un rôle si considérable.

Un fait très-important qu'il ne faut pas oublier de noter au sujet de l'acide carbonique, c'est qu'il constitue le plus haut degré d'oxydation des matières organiques. Lorsqu'on fait la somme des équivalents de carbone contenus dans une substance organique quelconque et qu'on met en regard la somme des équivalents d'oxygène, on trouve que l'acide carbonique offre toujours en oxygène une proportion relative plus forte.

§ II. — Oxyde de carbone. — CO.

Lorsque l'acide carbonique est mis en présence du charbon à une haute température, il enlève à l'état de combinaison une quantité de carbone égale à celle qu'il contenait déjà ($CO^2 + C = 2CO$). Cette nouvelle combinaison est gazeuse : elle constitue l'oxyde de carbone.

Cette réaction est très-curieuse du point de vue théorique. On y voit en présence l'acide carbonique et le charbon, c'est-à-dire, d'une part, le gaz indispensable à la végétation, et, d'une autre part, le corps qui retient visiblement l'empreinte de toutes les forces organiques. Dans cette réaction, l'acide carbonique, au contact du charbon, se désoxyde et redevient apte à contracter une oxydation nouvelle. Dans l'acte de la végétation, c'est aussi une désoxydation qui s'effectue aux dépens de l'oxygène de l'acide carbonique; il y a donc dans cette conversion de l'acide carbonique en oxyde de carbone une grande analogie avec les opérations organiques.

L'oxyde de carbone s'engage dans une direction d'affinité toute particulière, très-différente de celle qui appartient à l'acide carbonique. Il est entièrement inerte à l'égard des bases énergiques et de tous les acides; mais il réduit les bases qui n'ont qu'une affinité modérée pour l'oxygène ; il ramène ainsi l'oxyde de fer à l'état métallique.

L'oxyde de carbone se combine au chlore, et en prend en équivalent autant que d'oxygène pour former l'acide carbonique. Le composé, qui est gazeux, s'exprime par CO, Cl, et porte le nom de *gaz chloroxycarbonique*. Davy, qui l'a découvert, l'avait nommé phosgène, parce qu'il se produit très-promptement lorsque le mélange de chlore et d'oxyde de carbone est exposé à la lumière solaire. Mais ce composé se forme aussi à la lumière diffuse, en plusieurs heures.

Ce composé se détruit au contact de l'eau en acides carbonique et hydrochlorique. Les bases se comportent avec lui comme l'eau et donnent naissance à un chlorure métallique et à de l'acide carbonique.

$$CO, Cl + Ho = CO^2 + Cl\,H$$
$$CO, Cl + Mo = CO^2 - Cl\,M$$

Il se comporte, à l'égard de l'alcool et de l'ammoniaque, comme les acides anhydres.

L'oxyde de carbone se combine encore au potassium.

Cette réaction, sans analogie avec celles qui sont offertes par la chimie minérale, est presque aussi sans correspondance avec les réactions organiques qu'on a l'habitude de solliciter.

Le potassium est un réactif qu'on a fait intervenir rarement. Il est certain, néanmoins, qu'on possède dans ce métal un des agents les plus propres à modifier profondément la constitution des substances organiques dans un sens où la chimie synthétique ne possède que de faibles ressources.

Les transformations excitées ordinairement par les chimistes consistent en oxydations dont les résultats ont produit les plus curieuses rencontres avec les opérations ordinaires de la vie. Mais les végétaux reconstituent les produits détruits par l'oxydation animale; pour cela, ils opèrent d'une manière inverse, ils reportent de l'hydrogène et du carbone là où les animaux ont fixé de l'oxygène. Il est évident qu'en soumettant les produits organiques aux forces de réduction, on se trouverait sur la ligne même que parcourent les substances organiques. Or, le potassium se trouve certainement à la tête des agents propres à réduire, c'est-à-dire à enlever de l'oxygène.

L'oxyde de carbone, en se combinant au potassium, continue, en réalité, la voie de réduction dans laquelle l'acide carbonique s'est engagé, en se constituant oxyde de carbone.

Cette combinaison se détruit au contact de l'eau en une matière colorante d'un rouge très-foncé, qui consiste en un acide combiné à la potasse. Cet acide, appelé *rhodizonique*, forme des sels colorés qui ont pour formule :

$$C^7 O^7, 3 Ko$$

mais en même temps que le rhodizonate de potasse se produit, il se développe un gaz composé d'hydrogène et de carbone, gaz qui s'enflamme à la température ordinaire, et dont l'examen n'a pas été fait d'une manière satisfaisante. On doit remarquer que l'acide rhodizonique représente un isomère de l'oxyde de carbone.

La dissolution rouge du rhodizonate de potasse devient jaune lorsqu'on la porte à l'ébullition ; elle se décompose ainsi, et donne naissance à de l'acide oxalique et à un acide particulier appelé *croconique*, dont des sels de couleur jaune ont pour formule C^5O^4, KO.

L'acide croconique qui n'a pas été isolé à l'état anhydre contiendrait un corps moins oxydé que l'oxyde de carbone.

Les produits curieux qui dérivent de l'oxyde de carbone et du potassium ont été découverts par M. L. Gmelin, et plus tard étudiés par MM. Heller et Thaulow.

La production de l'oxyde de carbone a lieu dans un grand nombre de circonstances. Ainsi, toutes les fois que l'acide carbonique se trouve en présence d'un excès de carbone, ce gaz prend naissance : c'est ce qui se passe dans nos foyers. Lorsque l'acide carbonique est mis en présence d'un métal très-oxydable à une haute température, l'oxyde de carbone se forme encore : tel est le cas d'un mélange de fer et de craie convenablement chauffé. Le fer enlève de l'oxygène à l'acide carbonique que la chaleur sépare du carbonate de chaux.

L'oxyde de carbone accompagne presque constamment la décomposition des substances organiques, soit par la chaleur, soit par les réactifs qui, tels que l'acide sulfurique, apportent une grande perturbation dans les arrangements organiques. L'oxyde de carbone, envisagé comme produit de ces dernières actions, est un corps du plus haut intérêt.

L'oxyde de carbone existe certainement dans l'atmosphère où doit le répandre la décomposition spontanée des végétaux. La combustion en laisse échapper aussi des quantités notables, et pourtant il est démontré que l'oxyde de carbone est un gaz éminemment délétère. Il suffit d'en mêler 4 à 5 centièmes à l'air atmosphérique pour faire périr instantanément un moineau ; 1 centième détermine la mort d'un oiseau au bout d'une minute.

C'est sans doute l'étincelle électrique, s'échappant des nuages dans les temps orageux, qui vient en purger l'atmosphère. L'oxyde de carbone produit en effet une vive explosion par son mélange à l'oxygène.

§ III. — Acide oxalique.

$C^2O^3, 3HO$ = acide déposé d'une dissolution.
C^2O^3, HO = acide déshydraté par la chaleur.

Sources de l'acide oxalique. — Cet acide, découvert par Schéele dans l'oseille, et probablement quelques années auparavant par Bergmann dans l'action de l'acide nitrique sur le sucre, est un des corps qui se rencontrent le plus fréquemment, soit dans l'oxydation des substances organiques, soit parmi les produits tout formés qu'on parvient à retirer de celles-ci.

On le trouve également dans les trois règnes de la nature : ainsi il se présente, au milieu de quelques lignites, dans un minéral connu sous le nom de humboldtite. Il est là combiné au peroxyde de fer. Il existe combiné à la potasse dans la tige des rumex, des oxalis, dans les racines de rhubarbe, de tormentille, de bistorte, de gentiane, de saponaire ; combiné à la soude, dans les varechs ; à la chaux, dans les lichens. Il existe encore à l'état de sel dans les écorces de cannelle, de chêne, de frêne, d'orme et de sureau. Il est libre et en solution dans les vésicules des pois chiches. Enfin dans l'économie animale, il s'unit à la chaux et constitue des concrétions particulières qui s'arrêtent soit dans les reins, soit dans la vessie, et qui sont désignées sous le nom de calculs muraux.

L'acide oxalique se produit très-bien d'une manière artificielle en oxydant un grand nombre de matières organiques. Ainsi, lorsqu'on parvient à fixer l'oxygène sur l'amidon, le sucre, le ligneux, les essences, les résines, sur un grand nombre de produits azotés, tels que la soie, l'acide urique, et plusieurs autres, on obtient l'acide oxalique au nombre des produits de cette oxydation.

L'acide oxalique est encore le résultat de circonstances moins générales qui se présenteront plus tard dans l'histoire particulière des composés organiques.

Envisagé dans son mode de production le plus général, l'acide oxalique doit être considéré comme une oxydation des substances organiques effectuée à une température peu élevée. On sait combien les circonstances de l'oxydation d'un corps influent sur le produit qui prend naissance; le phosphore, le chlore, le soufre, l'azote, fournissent des exemples remarquables de ces oxydations infiniment variées.

Lorsqu'on part du carbone pur, l'acide carbonique et l'oxyde de carbone sont les seuls produits qui se manifestent, suivant les proportions relatives du carbone et de l'oxygène. Mais lorsqu'on a pour point de départ des substances organiques complexes, on voit apparaître un grand nombre de produits. En tête de tous se place encore l'acide carbonique, qui est toujours la forme ultime d'une oxydation complète : mais immédiatement après vient l'acide oxalique.

On ne saurait dire encore si l'acide oxalique est en rapport avec la constitution des substances organiques d'où il dérive ; tout porte à le croire, malgré le nombre et la diversité de celles qui lui donnent naissance. Il est en effet d'observation que les substances organiques de composition très-différente forment des corps oxydés également différents entre eux ; mais, bien qu'on puisse établir certains rapports entre plusieurs des substances qui procurent l'acide oxalique, on est loin de pouvoir établir entre toutes des rapprochements convenables.

Dans tous les cas, la production de l'acide oxalique fait passer en revue les agents d'oxydation dont l'emploi est le plus fréquent dans le traitement des substances organiques ; et, sous ce rapport, l'histoire de cet acide offre encore une généralité très-remarquable.

La source d'oxygène à laquelle on puise le plus ordinairement réside dans l'acide nitrique. C'est un moyen d'oxydation puissant à l'égard des substances organiques, aussi bien qu'à l'égard des substances minérales. Cet acide cède une partie de son oxygène et se volatilise ensuite à l'état d'acides nitreux et hyponitrique ; il se forme en même temps de l'acide carbonique qui s'échappe.

Un autre moyen dont la ressource n'est peut-être ni moins active, ni moins générale, réside dans l'emploi de la potasse caustique chauffée à 200°. A une température plus haute, la susbtance organique passerait à l'état d'acide carbonique qui se combinerait à la potasse. Dans cette réaction, il se dégage de l'hydrogène en abondance.

La potasse caustique contient plusieurs équivalents d'eau, qui cèdent leur oxygène à l'hydrogène de la substance ou plutôt à son carbone, tandis que l'hydrogène se sépare à l'état gazeux.

L'hypermanganate de potasse, chauffé avec le sucre, produit du peroxyde de manganèse, de l'eau et de l'oxalate de potasse. C'est sans doute la combinaison de l'acide oxalique avec la potasse qui le soustrait à l'action ultérieure de l'hypermanganate alcalin. Il faut en effet qu'un produit d'oxydation incomplète, tel que l'acide oxalique, en recevant de l'oxygène, n'en prenne pas trop ; il faut, en un mot, qu'il puisse résister à l'oxydation qui lui a donné naissance. C'est ainsi que l'acide iodique ne saurait produire de l'acide oxalique avec les substances organiques, parce qu'il détruit rapidement l'acide oxalique lui-même.

Préparation de l'acide oxalique.—On introduit dans une cornue 3 parties de sucre et 30 parties d'acide nitrique d'une densité de 1,12; on adapte un ballon, puis on distille à un feu doux, jusqu'à ce que la liqueur soit en consistance sirupeuse : on retire ainsi une partie d'acide oxalique.

On peut encore employer 24 parties de fécule et 144 parties d'acide nitrique, formé par un mélange d'acide concentré, tel qu'il est fourni par le commerce, avec 10 parties d'eau; mais on doit fractionner l'addition de l'acide. On en emploie d'abord la moitié, puis on ajoute l'autre moitié par tiers. On obtient ainsi 12 parties d'acide oxalique.

Dans certaines fabriques d'acide oxalique, on trouve avantageux de faire subir à l'amidon une première transformation, sous l'influence des ferments; c'est après cette première altération qu'on recourt à l'acide nitrique.

Dans tous les cas, les premiers cristaux fournis par la liqueur concentrée sont souillés par la présence de l'acide nitrique; on les obtient plus purs par des cristallisations successives, ou bien en chauffant ces cristaux à une température de $+ 120°$; on doit faire cristalliser de nouveau, mais l'acide n'est pas encore d'une pureté irréprochable.

On peut puiser l'acide oxalique à une autre source, en le retirant des végétaux qui le renferment à l'état de sel; on donne la préférence à certains rumex. L'opération à l'aide de laquelle on arrive à cette extraction, a été décrite avec soin par Bayen, dans ses opuscules de chimie. Elle s'effectuait alors dans la Souabe et principalement dans un canton désigné sous le nom de Forêt-Noire. La plante était pilée dans des auges, puis on en exprimait le jus; la partie corticale était délayée dans de l'eau, puis exprimée de nouveau. On clarifiait ensuite la liqueur à l'aide de l'argile, et, après avoir décanté, on évaporait jusqu'à pellicule. On obtient de la sorte un mélange de bioxalate et de quadroxalate de potasse.

Pour arriver à l'acide oxalique, il faut décomposer le sel de potasse, par un sel de plomb ou de baryte. L'oxalate, qui se forme par double décomposition, peut ensuite être décomposé soit par l'acide sulfurique dans les deux cas, soit par l'hydrogène sulfuré, si l'on a eu recours à un sel de plomb.

Propriétés de l'acide oxalique. — Quel que soit le mode de préparation de l'acide oxalique, il cristallise sous forme de prismes quadrilatères, obliques, incolores et transparents, terminés par des sommets dièdres. Leur densité est de 1,50. Ces cristaux ont toujours la même composition, quelle que soit la température à laquelle cristallise l'acide. Ils ont alors pour formule $C^2 O^3$, 3HO. Mais ils perdent complétement 2HO, sans décomposition, à une température de + 100°. — Cette eau peut même s'échapper dans une atmosphère sèche de + 40° à + 50°.

Lorsqu'on porte la température de l'acide à + 130°, il commence à se volatiliser, mais non sans décomposition; il se dégage en même temps de l'oxyde de carbone, de l'acide carbonique et un acide nouveau, appelé acide formique. L'acide oxalique perd son eau avec une telle lenteur, qu'il se décompose et se déshydrate en même temps, lorsqu'on porte brusquement sa température à + 150°, ou même plus haut.

Les cristaux qui se volatilisent sont constitués en grande partie par de l'acide déshydraté, C^2O^3, HO. Ces cristaux redissous et mis à cristalliser offrent de l'acide parfaitement pur. Il peut alors être volatilisé, sans laisser de résidu; ce qui est un indice de sa pureté.

L'acide oxalique est soluble dans l'eau, qui en prend à

froid le 1/8 de son poids; la solubilité est beaucoup plus grande à chaud : il est aussi soluble dans 4 parties d'alcool.

Sa saveur acide est très-forte, et il rougit vivement la teinture de tournesol.

L'oxygène de l'air n'agit pas sur lui. Doebereiner prétend que l'acide déshydraté forme, avec le chlore sec, une masse blanche qui se décomposerait au contact de l'eau en acides hydrochlorique et carbonique, ce qui indiquerait sa combinaison avec 1 équivalent de chlore. Cette combinaison ne paraît pas avoir été reconnue par tous les chimistes. M. Dumas assure que le chlore sec est sans action sur l'acide oxalique. Dans tous les cas, le chlore humide opère sa conversion en acides carbonique et hydrochlorique. L'action des autres métalloïdes est nulle ou n'a pas fixé l'attention.

Les métaux, si l'on en excepte ceux des classes inférieures, s'oxydent fortement lorsqu'ils ont tout à la fois le contact de l'oxygène ou de l'air et de l'acide oxalique.

Mais le fer est le seul qui décompose sensiblement l'eau sous son influence, et donne lieu à un dégagement d'hydrogène.

Lorsque le zinc fournit aussi ce gaz, on doit attribuer l'action à la présence de l'acide sulfurique.

Les bases se combinent à l'acide oxalique et forment des sels bien définis dans lesquels l'affinité de l'acide oxalique est assez grande pour l'emporter, dans quelque cas, sur celle de l'acide sulfurique lui-même.

L'acide nitrique, même le plus concentré, est sans action sur l'acide oxalique qu'il dissout très-bien à froid; mais à chaud l'acide se transforme en acide carbonique.

L'acide sulfurique pur à 1 équivalent dissout aussi l'acide oxalique sans le colorer, et reste quelque temps sans agir sur lui; mais il ne tarde pas à donner naissance à quelques bulles de gaz. Si l'on élève fortement la température et que la quantité d'acide sulfurique soit huit ou dix fois en poids celle de l'acide oxalique, celui-ci est entièrement détruit de la manière la plus remarquable. Il fournit de l'acide carbonique et de l'oxyde de carbone, en volumes égaux. Si l'acide sulfurique était en quantité insuffisante, ou bien si la chaleur était modérée et d'une application prolongée, il se volatiliserait de l'acide déshydraté, C^2O^3, HO.

L'acide phosphorique concentré agit de la même manière que l'acide sulfurique.

L'acide oxalique possède encore la propriété très-remarquable d'enlever l'oxygène aux combinaisons qui le cèdent avec quelque facilité. Ainsi les peroxydes métalliques, tels que ceux de plomb et de manganèse; les acides métalliques, comme ceux du chrome et du manganèse, passent à un degré d'oxydation inférieur. Les acides iodique et chlorique sont entièrement détruits; les sels d'or se réduisent par l'ébullition et laissent déposer de l'or métallique. Les sels de platine résistent au contraire, et l'on possède ainsi un moyen de séparer l'or du platine. Enfin la potasse en fusion l'oxyde complétement à une température supérieure à 200° et donne lieu à un dégagement d'hydrogène.

La soude et la baryte hydratée agissent de même. Toutes ces propriétés sont propres à distinguer l'acide oxalique; mais la décomposition effectuée par l'acide sulfurique est vraiment caractéristique : elle n'appartient qu'à l'acide oxalique, et l'acide sulfurique la produit toujours; il faut seulement qu'il atteigne un certain degré de concentration pour qu'elle ait lieu.

Quant aux propriétés qui servent plus particulièrement à établir la pureté de l'acide oxalique, il faut mettre en première ligne sa volatilisation sans résidu. L'acide oxalique doit en outre ne donner aucune trace d'acide nitrique par les réactifs les plus sensibles, et fournir par la baryte un précipité entièrement soluble dans l'acide nitrique.

L'étude des oxalates fournit encore des caractères essentiels pour reconnaître la présence de l'acide oxalique.

Oxalates.

Oxalates. — Les oxalates sont tous solides; ils sont peu solubles; ceux de potasse, de soude, d'ammoniaque et de lithine jouissent pourtant de quelque solubilité.

Plusieurs oxalates dont l'oxyde a pour formule M^2O^3, sont aussi assez solubles; de ce nombre sont la glucine, l'alumine et l'oxyde de chrome.

Trois oxalates, ceux de soude, d'argent et de plomb sont constitués par la réunion de C^2O^3 à l'oxyde anhydre, MO.

Les autres oxalates contiennent en outre 1, 2 ou 3 équivalents d'eau.

Les oxalates neutres de potasse, de soude et d'ammoniaque peuvent prendre une nouvelle proportion d'acide et former ainsi réellement des oxalates acides.

Il existe des oxalates doubles dans lesquels l'association paraît se faire surtout entre un oxalate alcalin et un oxalate dont l'oxyde a pour formule M^2O^3. Ainsi on connaît les oxalates doubles suivants dont nous nous contenterons de donner les formules :

$$Fe^2O^3, 3C^2O^3 + 3(KO, C^2O^3) + 6HO.$$
$$Fe^2O^3, 3C^2O^3 + 3(NaO, C^2O^3) + 6HO.$$
$$Cr^2O^3, 3C^2O^3 + 3(KO, C^2O^3) + 6HO.$$
$$Al^2O^3, 3C^2O^3 + 3(NaO, C^2O^3) + 6HO.$$
$$Sb\ O^3, 3C^2O^3 + 3(KO, C^2O^3) + 6HO.$$
$$Fe^2O^3, 3C^2O^3 + 3(AzH^3, C^2O^3) + 3HO.$$

Ces oxalates ont été analysés tant par M. Bussy que par M. Grégory.

M. Malaguti a fait connaître aussi des oxalates doubles dont la constitution sera discutée avec celle des acides organiques.

On connaît un oxalate double de cuivre et de potasse de la formule suivante :

$$C^2O^3, KO + C^2O^3, CuO + 4HO.$$

Ce dernier sel peut ne contenir que deux équivalents d'eau.

M. Fritsche a fait connaître encore une combinaison d'oxalate de chaux et de chlorure de calcium qui a, d'après son analyse, la composition suivante :

$$C^2O^3, CaO + CaCl + 7HO.$$

On l'obtient en faisant bouillir l'oxalate de chaux dans l'acide hydrochlorique d'une densité d'environ 1,13.

Enfin, il existe quelques combinaisons particulières de l'acide oxalique avec les bases. Elles seront indiquées pour chaque oxalate.

Tous les oxalates se caractérisent par l'acide sulfurique, qui les décompose par la chaleur, en développant volumes égaux d'acide carbonique et d'oxyde de carbone.

Ils sont tous décomposés par la chaleur. Les oxalates alcalins laissent un résidu de carbonate et de charbon ; les oxalates de chaux et de baryte laissent dégager l'acide carbonique en même temps que l'oxyde de carbone ; mais il paraît se former en outre un peu de matière charbonneuse.

Quelques oxalates laissent du métal pur, d'autres fournissent des oxydes inférieurs ou bien des mélanges de métal et d'oxyde.

Les oxalates insolubles se préparent par l'addition de l'acide oxalique à un sel soluble, ou bien par double décomposition. Ils peuvent tous se préparer par l'action de l'acide sur l'oxyde ou sur le carbonate.

Oxalates de potasse.

Oxalate neutre. — C^2O^3, KO, HO.

Il perd son eau à + 160°. Il est soluble dans 3 parties d'eau et insoluble dans l'alcool ; il cristallise en tables ou en prismes rhomboïdaux. On l'obtient en neutralisant l'acide oxalique par le carbonate de potasse.

Bioxalate. — $C^2O^3, KO + C^2O^3, HO, 2HO$.

Ce sel exige une proportion d'acide double de celle qui est contenue dans le sel précédent ; il cristallise en prismes rhomboïdaux, obliques, diaphanes, insolubles dans l'alcool.

Il perd 2 équiv. d'eau sans se décomposer ; il entre dans la constitution des oxalis et des rumex.

$$\text{Quadroxalate.} = (C^2O^3, KO + C^2O^3, HO, 2HO). \\ + (C^2O^3, HO + C^2O^3, HO, 2HO).$$

Il prend quatre fois plus d'acide que le sel neutre ; il peut perdre quatre atomes d'eau par l'action de la chaleur à + 128°.

Il est moins soluble dans l'eau que les deux précédents, de telle façon que l'acide oxalique précipite l'oxalate neutre et même le bioxalate dissous. Ce sel se trouve également dans les rumex et dans les oxalis.

Ce fut en étudiant les oxalates de potasse que Wollaston établit le premier exemple bien constaté de combinaisons en proportions multiples. Il fit sa démonstration d'une manière très-ingénieuse ; il calcina la moitié du bioxalate, et montra que cette quantité, convertie en carbonate, fournissait un oxalate neutre lorsqu'on le réunissait à la première moitié, restée intacte. Pour le quadroxalate, il en convertit les trois quarts en carbonate et la réunit à l'autre quart, qui fournit encore ainsi de l'oxalate neutre.

Oxalate de soude. C'est un des sels les moins solubles que forme la soude. Il est, en outre, anhydre ; ce qui le distingue autant comme sel de soude que comme oxalate. ; il a pour formule C^2O^3, NaO.

L'oxalate neutre peut prendre un second équivalent d'acide oxalique ; mais le quadroxalate de soude ne paraît pas exister. Le bioxalate de soude a pour formule :

$$C^2O^3 NaO + C^2O^3, HO, 2HO.$$

Il perd 2 équiv. d'eau à 160°.

L'oxalate de soude neutre paraîtrait, en raison de sa composition, devoir se détruire nettement en carbonate de soude et en oxyde de carbone, lorsqu'on le soumet à l'action de la chaleur.

$$C^2O^3, NaO = CO^2, NaO + CO.$$

Mais il n'en est rien; le sel résiste d'abord à l'action d'une chaleur bien supérieure au point d'ébullition du mercure, et se détruit enfin en donnant naissance à un mélange gazeux, qui renferme 1 volume d'acide carbonique et 2 volumes d'oxyde de carbone. Le huitième du carbone contenu dans l'oxalate reste à l'état de charbon, mêlé au carbonate de soude.

L'*oxalate d'argent* se place par sa composition à côté de l'oxalate de soude: c'est une poudre blanche, insoluble, qui a pour formule $C^2 O^3$, AgO. Lorsqu'on le chauffe, il se décompose avec une petite explosion, et se convertit en acide carbonique pur et en argent métallique.

$$C^2O^3, AgO = C^2O^4, + Ag.$$

Lorsqu'on fait bouillir du bioxalate de potasse avec du carbonate d'argent, l'acide carbonique se dégage, et il se forme un oxalate double, soluble et cristallisable.

L'*oxalate de baryte* est insoluble; il a pour formule $C^2 O^3$, BaO, HO. M. Graham assure n'avoir pu obtenir du sel acide avec le baryte.

L'*oxalate de strontiane* est insoluble; sa composition n'a pas été examinée: on n'a que des doutes sur l'existence d'un sel acide. Thomson a signalé un sous-sel qui réclamerait un examen nouveau.

Oxalate de chaux. Ce sel est insoluble. Il se forme toutes les fois qu'on verse l'acide oxalique ou un oxalate soluble dans un sel de chaux. Il a pour formule $C^2 O^3$, CaO, 2 HO. Il peut perdre ses deux équivalents d'eau, d'après M. Graham.

Bien que l'acide oxalique enlève la chaux à une solution de sulfate de chaux, on parvient à décomposer l'oxalate de chaux à l'aide d'un excès d'acide sulfurique. M. Braconnot a même montré qu'on pouvait extraire ainsi l'acide oxalique contenu dans les lichens à l'état d'oxalate de chaux.

Le précipité formé par l'acide oxalique sert à caractériser les sels de chaux; ce précipité est insoluble dans l'eau et l'acide acétique, mais soluble dans les acides nitrique et hydrochlorique.

L'oxalate d'ammoniaque sert à séparer la chaux de la magnésie; il ne précipite pas cette dernière base dans une solution étendue, ni même concentrée, à moins qu'on ne chauffe. L'acide oxalique étant propre à faire reconnaître la chaux, les sels de chaux servent réciproquement à caractériser l'acide oxalique; mais l'acide n'est précipité qu'imparfaitement, lorsqu'il est en combinaison avec un oxyde qui a pour formule M^2O^3, comme sesqui-oxydes de fer, de chrome ou de manganèse.

L'*oxalate de magnésie* a la même formule que celui de chaux, C^2O^3, MgO, 2HO, mais cette eau ne saurait s'enlever.

L'*oxalate de protoxyde de fer* se conserve très-bien à l'état de protosel; il possède une belle couleur jaune et a pour formule

$$C^2O^3, FeO, 2HO.$$

Les *oxalates de zinc, de cobalt, de nikel, de manganèse et de cuivre* auraient besoin d'une étude nouvelle.

L'*oxalate de cuivre* forme avec l'ammoniaque plusieurs sels doubles.

L'oxalate d'urane se précipite de toutes les dissolutions du peroxyde d'urane auxquelles on ajoute de l'acide oxalique. Il a pour formule $C^2O^3, U^2O^3, + 3HO$; à 100 il devient $C^2O^3, U^2O^3, + HO$.

L'*oxalate de plomb* est anhydre et insoluble. Sa décomposition par la chaleur offre des phénomènes très-remarquables, qui, entrevus par M. Dulong et par M. Boussingault, mais niés par d'autres chimistes, ont été analysés et décrits avec le plus grand soin par M. Pelouze.

Lorsque l'oxalate de plomb est chauffé dans une cornue à une température de 300°, il se fait un dégagement d'acide carbonique et d'oxyde de carbone dans la proportion constante de 75 en volume de CO^2 pour 25 de CO : ce qui indique que, sur deux équivalents d'oxalate de plomb, il se dégage les $\frac{7}{8}$ de l'oxygène du sel à l'état d'acide carbonique et d'oxyde de carbone — $2(C^2O^3, PbO)$, $= Pb^2O + C^3O^6 + CO$. Il reste un sous-oxyde de plomb doué de propriétés très-curieuses.

M. Pelouze a produit encore plusieurs combinaisons de l'acide oxalique avec le plomb. Ainsi, en précipitant une solution bouillante d'oxamide ammoniacale par l'acétate ou le nitrate de plomb, il obtient un oxalate de plomb tribasique, d'un aspect cristallin.

$$C^2O^3 + 3PbO.$$

Le même sel s'obtient à l'état amorphe en versant de l'oxalate d'ammoniaque dans l'acétate de plomb tribasique.

Lorsque les dissolutions bouillantes d'oxamide ammoniacale et de nitrate de plomb sont très-concentrées, on obtient des cristaux grenus et brillants formés par la combinaison du sel précédent avec le nitrate neutre de plomb.

$$C^2O^3, 3PbO + 3(AzO^5, PbO, HO).$$

Les cristaux précédents maintenus dans la liqueur bouillante en présence d'un excès de nitrate de plomb, cèdent à celui-ci leur excès de base, et se convertissent en un nouveau sel double composé de

$$C^2O^3, PbO + AzO^5, PbO, 2HO.$$

Le bioxyde de mercure, obtenu par précipitation, donne à froid un oxalate insoluble, lorsqu'il est traité par une solution d'acide oxalique; le bioxyde obtenu par calcination n'est pas sensiblement attaqué, même à l'aide de l'ébullition.

Le protoxyde forme un sel blanc, tout à fait insoluble, qui noircit à la lumière; il se dissout dans le bioxalate de potasse et fournit un sel double.

Les oxalates d'étain sont mal définis.

L'oxalate double de chrome ou de potasse, composé de $3C^2O^3, + Cr^2O^3 + C^2O^3,KO + 6HO$, s'obtient en dissolvant dans l'eau chaude un mélange de 1 de bichromate de potasse, 2 de bioxalate de potasse, et 2 d'acide oxalique cristallisé. De l'acide carbonique se dégage, et le sel reste en dissolution; il se dépose par le refroidissement sous forme de cristaux noirs par transmission, et d'un beau bleu par réflexion. Le carbonate de potasse et la potasse caustique ne précipitent pas complétement l'oxyde de chrome de la solution de ce sel. Nous avons rappelé plus haut qu'un sel de chaux n'en précipitait pas non plus entièrement l'acide oxalique.

Usages de l'acide oxalique. — On l'emploie comme rongeant dans les fabriques d'indienne; il sert aussi pour aviver quelques couleurs; pour nettoyer les ustensiles de cuivre oxydés et pour faire disparaître les taches d'encre et de rouille; il est bon dans ce dernier cas d'associer l'acide oxalique à de l'acide hydrochlorique et à du protochlorure d'étain. On fait, en outre, agir la liqueur à chaud.

Les oxalates de potasse agissent, dans ce dernier cas, comme l'acide oxalique lui-même.

On a aussi administré l'acide oxalique sous forme de limonade, ou de pastilles, désignées sous le nom de *pastilles contre la soif*.

Mais l'acide oxalique doit être donné à faible dose; autrement, il agit comme un poison énergique. Les oxalates de potasse ne sont pas moins vénéneux que l'acide oxalique, et provoquent des accidents analogues. L'acide tue les animaux dans un espace de temps très-court qui varie de 2 à

20 minutes. Solide, et à la dose de 15 grammes, il attaque les organes à la manière des poisons corrosifs.

Lorsqu'il est en solution étendue, il ne possède plus l'action des poisons irritants; mais il agit plus particulièrement sur le cerveau, la moelle épinière et le cœur, et varie ses effets suivant la dose.

Si la dose est forte, on observe des palpitations du cœur qui perd ses propriétés contractiles après la mort, et dont les cavités gauches se trouvent renfermer du sang.

Si la dose est moindre, l'animal périt dans des convulsions, dans des spasmes qui affectent surtout les muscles de la poitrine et semblent provoquer l'asphyxie.

Enfin, à dose plus faible encore, il produit des effets analogues au narcotisme de l'opium.

On cite plusieurs exemples d'empoisonnement par l'acide oxalique et le sel d'oseille, en Angleterre surtout, où ce sel paraît avoir été en outre administré plusieurs fois pour du sulfate de magnésie.

§ IV. Acide formique au maximum de concentration. — C^2HO^3, HO. acide formique distillé. — C^2HO^3, 2HO.

L'acide formique présente des rapports de constitution très-intimes avec des groupements organiques qui seront examinés plus tard; mais il est en même temps d'une production si fréquente dans l'oxydation des substances organiques, qu'il trouve aussi une place toute naturelle à côté de l'acide oxalique. C'est en outre un des produits qui prennent le plus souvent naissance dans les transformations de quelques substances simples dont l'examen doit se faire au début même de l'étude des êtres organiques, sous ce rapport encore, l'acide formique occupe ici une place convenable.

Il existe une espèce de fourmi qui, lorsqu'elle marche sur du papier de tournesol humide, laisse une trace rouge. Cette réaction est due à une sécrétion particulière à ces insectes, dans le produit de laquelle on retrouve les acides malique et formique. Ces acides sont d'une saveur fraîche et agréable. Le dernier de ces acides est en outre le produit de l'oxydation des substances organiques.

Si, dans cette oxydation, au lieu d'examiner le produit fixe, on porte son attention sur le produit volatil, on trouve ordinairement que la partie qui a distillé à une température peu élevée consiste en acide formique.

Un mélange d'acide sulfurique et de peroxyde de manganèse fournit le meilleur moyen d'oxydation; et, dans cette circonstance, presque toutes les substances qui ont donné de l'acide oxalique peuvent produire de l'acide formique: ainsi le sucre, l'amidon et le ligneux; il faut ajouter les acides citrique et tartrique; la salicine, la pectine, l'alcool, l'esprit de bois.

L'acide oxalique, lorsqu'on le décompose par la chaleur, produit une quantité notable d'acide formique.

Cet acide se forme encore dans un grand nombre de circonstances qui seront signalées plus loin.

Pour obtenir l'acide formique à l'aide des fourmis, on prend une partie de fourmis rouges pour deux parties d'eau, on introduit le tout dans un alambic, puis l'on distille jusqu'à ce que le liquide distillé commence à devenir empyreumatique. On obtient un produit plus abondant en jetant l'eau bouillante sur les fourmis, et en les pilant avant de les introduire dans l'appareil distillatoire.

Il reste dans l'alambic un mélange d'acide formique concentré et d'acide malique que l'on peut séparer l'un de l'autre en saturant le tout avec du carbonate de plomb dont le malate reste seul dissous.

On peut encore se contenter d'arroser les fourmis, d'exprimer la masse et de la saturer par du carbonate de potasse. On précipite ensuite par du persulfate de fer qui entraîne toutes les matières étrangères. On termine en saturant par du carbonate de potasse et l'on arrive ainsi à du formiate de potasse qui est facilement décomposé par l'acide sulfurique.

Mais on possède, dans les moyens artificiels, une source abondante d'acide formique.

On distille ensemble sucre 1 p., peroxyde de manganèse 3 p., acide sulfurique 3 p., eau 5 p. — ou bien, amidon 1, peroxyde de manganèse 4, acide sulfurique 4, eau 4. Doebereiner, qui le produisit le premier d'une manière artificielle, employait l'acide tartrique. On peut au peroxyde de manganèse substituer l'acide chromique. Dans tous les cas la cornue doit pouvoir contenir quinze ou vingt fois le volume du mélange; il se fait un dégagement considérable d'acide carbonique au milieu duquel l'acide distille.

L'acide qu'on obtient ainsi est très-faible, mais on peut l'obtenir beaucoup plus concentré en le saturant par du carbonate de soude ou de chaux et en décomposant ensuite le formiate obtenu par de l'acide sulfurique. On peut aussi verser l'acide obtenu dans de l'acétate de plomb qui donne un précipité très-abondant de formiate de plomb, qu'on lave à l'alcool et qu'on redissout ensuite à chaud pour le laisser cristalliser.

M. Wohler a fait connaître un moyen très-simple d'obtenir des quantités considérables d'éther formique, à l'aide duquel on obtient sans peine l'acide formique lui-même. On emploie :

amidon	80	peroxyde de manganèse	304
alcool à 36 B.	120	acide sulfurique	240
eau	120		

Il faut avoir soin d'opérer dans une grande cornue, de la retirer du feu et même de la refroidir avec des linges humides, dès que la réaction a commencé.

On décompose ensuite l'éther par une dissolution alcoolique de potasse ou de soude; on obtient ainsi un formiate facile à décomposer.

Pour décomposer un formiate par l'acide sulfurique, il faut étendre celui-ci de la moitié de son poids d'eau et employer une partie et demie d'acide ainsi affaibli pour une partie de formiate sec.

On obtient l'acide formique au maximum de concentration en introduisant du formiate de plomb sec, bien pulvérisé, dans un tube de verre assez long qui reçoit un courant d'hydrogène sulfuré. On distille ensuite à une douce chaleur.

L'acide formique est alors à son plus haut degré de concentration, mais il contient encore un équivalent d'eau dont il est inséparable.

C'est un liquide limpide, fumant légèrement et attirant l'humidité de l'air : son odeur est pénétrante; il cristallise au-dessous de 0° et bout à + 100, sa densité est de 1,2353; sa vapeur est inflammable et brûle avec une flamme bleue.

En se combinant à 20 pour cent d'eau, il forme un second hydrate qui ne bout plus qu'à +106° et ne cristallise plus par le froid : il s'exprime par $C^2 HO^3$, 2HO. Son poids spécifique n'est plus que 1,1104.

L'acide formique offre des caractères très-remarquables avec l'acide sulfurique et les oxydes de mercure et d'argent.

Un grand excès d'acide sulfurique le décompose à chaud en oxyde de carbone pur et en eau.

Les oxydes de mercure et d'argent mis en ébullition avec lui le convertissent entièrement en acide carbonique, tandis qu'ils passent à l'état métallique.

Les sels d'argent et de mercure donnent lieu à une réaction semblable. Il faut en excepter le bichlorure de mercure qui donne seulement du calomel, et le chlorure d'argent qui n'est pas attaqué.

Les sels d'or, de platine, de palladium et de tous les métaux analogues se trouvent réduits et se séparent ainsi très-nettement des solutions métalliques.

L'action des métalloïdes et des métaux est ignorée.

L'acide formique combiné à 1 et 2 équivalents d'eau est un véritable caustique. Il attaque la peau comme le ferait une brûlure, et la plaie suppure en causant de vives douleurs.

Formiates.

Formiates. — Ces sels sont tous solubles. Ils se décomposent par la chaleur en donnant naissance à plusieurs produits mal analysés.

Au contact de l'acide sulfurique en excès ils se convertissent tous en sulfates purs, avec dégagement d'oxyde de carbone, par suite de la décomposition de l'acide.

Ils réduisent les sels des métaux des sections inférieures, aussi bien que l'acide, et colorent les persels de fer en rouge jaunâtre très-foncé.

Formiate de potasse. — Ce sel, très-soluble, ne s'obtient que difficilement sous forme régulière.

Formiate de soude. — C^2HO^3, NaO, 2HO. C'est un sel de saveur amère et salée; très-soluble dans l'eau, insoluble dans l'alcool et déliquescent à l'air humide. La chaleur lui enlève d'abord son eau et le décompose ensuite, à une température peu élevée.

La solution de ce sel est très-propre à réduire les solutions d'argent, de mercure, de platine, de palladium, et à séparer ces métaux du fer, du cuivre, du manganèse, du plomb, etc.

Formiate de baryte. — C^2HO^3, BaO. Soluble dans 4 parties d'eau; insoluble dans l'alcool.

Formiate de strontiane. — C^2HO^3, SrO, + 4HO. Il cristallise en prismes à six pans, transparents, incolores, éclatants, inaltérables à l'air. Les 4 équivalents d'eau sont enlevés par la chaleur.

Formiate de chaux. — C^2HO^3, CaO + aq. La quantité d'eau contenue dans ce sel n'a pas été déterminée; il est soluble dans 10 parties d'eau froide, et à peu près aussi soluble à froid qu'à chaud; il est insoluble dans l'alcool.

Formiate de magnésie.— C^2HO^3, MgO. Ce sel cristallise en aiguilles déliées, éclatantes, inaltérables à l'air, anhydres, solubles dans 13 parties d'eau et insolubles dans l'alcool.

Formiate d'alumine.— C'est une masse gommeuse, non cristalline. Sa dissolution est inaltérable à la température de l'ébullition ; mais l'addition d'un peu d'alun ou de sulfate de potasse et de quelques autres sels fait que la liqueur se trouble lorsqu'on la chauffe.

Les *formiates* de manganèse, de protoxyde de fer, de zinc, de cadmium, de nikel, de cobalt, sont des sels très-solubles et cristallisables.

Formiate de plomb.— C^2HO^3, PbO. L'acide formique précipite une solution saturée d'acétate de plomb basique, ou d'acétate neutre. Il se fait un premier dépôt cristallin, et plus tard de nouvelles aiguilles de formiate de plomb se déposent encore du mélange acide. C'est un sel anhydre ; soluble à froid dans 36 ou 40 parties d'eau, plus soluble à chaud, et tout à fait insoluble dans l'alcool. Ces deux dernières propriétés permettent de le purifier, soit par des cristallisations répétées dans l'eau bouillante, soit par des lavages à l'aide de l'alcool. On peut très-bien l'obtenir en faisant bouillir l'acide formique brut avec la litharge ; la liqueur prend une réaction alcaline, mais il ne se dissout ainsi qu'une petite quantité d'oxyde de plomb qui n'est pas comparable à celle qui se dissout dans l'acétate neutre.

Formiate de cuivre.— C^2HO^3, CuO + AQ. La quantité d'eau n'est pas déterminée : elle s'enlève très-bien par la chaleur. Ce sel même s'effleurit dans un air sec, il cristallise en beaux prismes rhomboïdaux, très-réguliers, transparents, d'un bleu clair.

Formiate de cérium.— C^2HO^3, CeO + AQ. Il perd à $+120^\circ$ une quantité d'eau indéterminée, à $+200^\circ$ il se convertit en carbonate de cérium, avec une sorte d'ébullition ; c'est le formiate le moins soluble : il peut servir ainsi pour séparer le cérium d'autres bases.

Formiate d'argent. — Ce sel, peu soluble, s'obtient par double décomposition; la simple ébullition de l'eau le détruit en argent et acide carbonique.

Formiate de bioxyde de mercure. — $C^2 HO^3$, HgO. Le bioxyde de mercure se dissout à froid dans l'acide formique, et donne une liqueur sirupeuse qui abandonne l'eau dans l'air sec, et se prend en masse cristalline. Mais, en chauffant le sel desséché ou en dissolution, il est aussitôt décomposé; et il se dégage de l'acide carbonique. Il se forme tout à la fois un dépôt de mercure métallique et un formiate de protoxyde de mercure. Ce dernier sel cristallise en petites lamelles d'un éclat soyeux et brillant.

§ V. Rapports de l'oxydation du carbone avec les végétaux et les animaux.

En résumant les produits organiques de constitution simple formés par le carbone, on trouve d'abord :

CO^2 acide carbonique
CO oxyde de carbone.

Ces deux produits, bien distincts, ouvrent deux colonnes d'oxydation qu'on peut établir de la manière suivante :

CO^2	CO
C^2O^3, HO acide oxalique.	C^7O^7, 3HO acide rhodizonique.
C^2HO^3, HO acide formique.	C^5O^4, HO acide croconique.

Du côté de l'oxyde de carbone l'oxygène se maintient dans une moindre proportion; du côté de l'acide carbonique la proportion d'oxygène est forte : on peut considérer qu'elle est constante, si l'on admet que l'eau appartient à la constitution même des acides oxalique et formique; mais alors il se fait une addition croissante d'hydrogène.

La première remarque qui doive se faire à l'égard de cette double série porte sur la constitution des acides. On n'éprouve aucun embarras sans doute pour les classer, du moment où on les envisage dans leur ensemble : ce sont des acides énergiques. Leur combinaison avec les bases trouve l'analogie la plus parfaite avec les sels minéraux. Mais si on examine ces acides en eux-mêmes, on voit d'une part un composé inerte, tel que l'oxyde de carbone, donner naissance à des acides énergiques, bien que la proportion d'oxygène soit semblable ou décroissante. Ce sont là des faits en dehors de toutes les données actuelles de la chimie minérale. On voit du côté de l'acide carbonique l'hydrogène se fixer d'une manière inséparable dans certains oxalates, et dans tous les formiates : ce n'est plus un élément réuni à l'oxygène qui constitue l'acide, ce sont trois éléments si intimement unis qu'il est impossible d'y trouver des rôles distincts. Ils sont décidément groupés et si bien associés qu'ils n'agissent plus que par leur ensemble. Sous ce rapport, les acides rhodizonique, croconique, oxalique et formique présentent déjà, au plus haut degré, le caractère organique.

En laissant de côté la série de l'oxyde de carbone, qui n'a guère reçu jusqu'ici qu'un intérêt de curiosité scientifique, et en s'attachant à la série de l'acide carbonique, on peut faire sur elle une première remarque très-importante, c'est qu'elle comprend les trois composés organiques les plus oxydés. En rapprochant ces trois produits d'oxydation des composés principaux qui leur donnent naissance, à savoir, le sucre et l'amidon, on construit une échelle d'oxydation croissante, qui se termine très-bien par l'acide carbonique. Le sucre et l'amidon représentent le carbone intact, car ils ne contiennent que du carbone et de l'eau. Ils se placent ainsi en tête; puis viennent successivement l'acide formique, l'acide oxalique et enfin l'acide carbonique.

En reconstruisant la même série avec les mêmes termes, mais dans un ordre inverse, on arrive par le rapprochement des deux séries à une sorte de représentation générale des transformations du carbone dans le règne végétal et dans le règne animal.

La série qui commence au carbone, c'est-à-dire au sucre et à l'amidon, représente l'aliment qui, par des oxydations successives, se convertit en acide carbonique, puis s'échappe par les poumons et par la peau.

La série qui commence par l'acide carbonique et se termine au carbone alimentaire donne une image du travail de la végétation qui, par une accumulation progressive d'hydrogène, par l'élimination complète de l'oxygène, aboutit à l'amidon et reconstruit l'aliment.

Ce rapprochement qui confond en quelque sorte la production artificielle et la production spontanée des acides oxalique et formique, en explique les sources diverses.

Si, en effet, les animaux exécutent l'oxydation des aliments, rien de plus naturel que de passer, dans les transformations alimentaires, par des produits d'oxydation intermédiaires à l'acide carbonique et aux aliments, à savoir, par les acides oxalique et formique; rien de plus naturel que de rencontrer dans la vessie, dans les reins, à la surface du péritoine, des concrétions d'oxalate calcaire : rien de plus simple que de rencontrer l'acide formique chez certains animaux.

Quand, au contraire, les végétaux reforment le carbone alimentaire, à l'aide de l'acide carbonique, avant d'arriver à une élimination complète de l'oxygène, ne doivent-ils pas s'arrêter à plusieurs termes de transition, parmi lesquels se trouvera l'acide oxalique?

Ainsi l'amidon et le sucre se brûlent dans nos organes comme par nos réactifs, et le même produit, l'acide oxalique, peut représenter chez les animaux un résultat d'oxydation, tandis que dans les plantes il procède d'une réduction véritable.

CHAPITRE IV.

HYDROGÈNE ET EAU.

L'hydrogène existe sans doute, bien qu'en petite proportion, à l'état de liberté dans l'air, puisque certaines substances organiques se décomposent en donnant naissance à ce gaz. Mais on ne saurait raisonnablement lui attribuer un rôle de quelque importance, tant qu'il demeure à l'état gazeux. Il disparaît sans doute, ainsi que l'oxyde de carbone, au sein des commotions électriques qui doivent saisir les moindres traces d'éléments combustibles, accidentellement répandus dans l'atmosphère.

Mais lorsque l'hydrogène est associé aux autres éléments organiques, il se prête si bien au jeu de leurs transformations, qu'on est porté à croire qu'il se trouve là dans toute son essence.

Combiné à l'azote, il constitue l'ammoniaque, dont les affinités infiniment variées font pressentir le plus grand nombre des affinités organiques. Combiné au carbone, il donne naissance à des produits nombreux, dont le caractère organique n'est pas équivoque ; mais ces carbures d'hydrogène diffèrent tellement par leur origine, par leur composition, par leurs propriétés physiques et chimiques, qu'on ne saurait en placer l'histoire au milieu des notions élémentaires de la chimie organique.

En se bornant aux combinaisons simples, que l'hydrogène peut contracter avec les éléments organiques, on trouve l'eau. C'est à l'étude de cette combinaison, envisagée surtout du point de vue organique, que nous allons nous arrêter.

§ I. — De l'eau.

L'eau intervient dans les réactions organiques d'une manière plus générale encore que dans les réactions minérales. Dans les conditions ordinaires des êtres organiques, l'eau est inséparable des métamorphoses qu'ils subissent; ce n'est que dans des circonstances factices, provoquées par l'art du chimiste, et qu'on serait tenté d'appeler violentes, qu'on s'isole du contact de l'eau.

Dans cette participation à tous les actes de la vie végétale et animale, l'eau se comporte de deux façons bien distinctes; tantôt elle entre pour son propre compte dans le mécanisme des actions chimiques, elle y participe par ses éléments; tantôt elle semble y assister simplement, elle constitue une sorte de milieu paisible, dans lequel s'accomplit la métamorphose. Dans le premier cas, l'eau se combine ou se sépare, ou bien éprouve une dissociation de ses éléments; dans le second, elle se contente de dissoudre. L'idée de dissolution entraîne presque toujours une idée d'inertie : il faut le dire de suite, cela est inexact. Nous discuterons plus loin les propriétés de la dissolution. Examinons l'eau dans les circonstances où elle remplit un rôle éminemment actif.

§ II. — Eau de réaction.

Lorsque l'eau se combine aux corps organiques ou inorganiques, elle ne les modifie pas toujours bien profondément. On observe alors quelques changements dans les propriétés physiques, la forme, la couleur, la consistance; ces différences très-simples, très-faciles à constater, ont été aussi observées les premières. Et l'on a cru pendant longtemps que l'eau était un corps neutre, indifférent, qui pouvait s'ajouter ou se retrancher sans qu'on dût y attribuer une grande importance.

Proust appela l'attention sur la combinaison de l'eau avec

les acides et les bases; il remarqua qu'on pouvait la considérer comme une base dans son union avec les acides, et comme acide dans son union avec les bases.

M. Graham poussa cette idée plus loin : il admit que dans certaines combinaisons, l'eau prenait exactement la place d'une base; et il parvint à donner ainsi une explication fort ingénieuse des différences qu'on avait observées entre certains états d'hydratation d'un même acide.

Aujourd'hui l'étude de l'eau de combinaison a pris une extension toute nouvelle. Il ne suffit plus de considérer que l'eau peut occuper, équivalent pour équivalent, la même place qu'une base; il faut ajouter que l'eau combinée aux corps en modifie complétement l'état, les caractères et les propriétés. Un équivalent d'eau ajouté ou retranché à un même acide ou à une même base peut en faire deux acides ou deux bases de propriétés très-éloignées.

Il arrive presque toujours que les acides et les bases sont susceptibles de former un grand nombre de combinaisons avec l'eau, et de constituer ainsi plusieurs hydrates, qu'on peut considérer comme autant de groupements distincts.

Lorsque ces différents hydrates acides ou basiques entrent en combinaison, ils peuvent rester intacts de part et d'autre, et se combiner ainsi de toutes pièces, ou bien se séparer d'un certain nombre d'équivalents d'eau. Ce dernier cas s'observe le plus ordinairement. Ainsi lorsqu'on dissout séparément dans l'eau de l'acide sulfurique concentré et de l'hydrate de potasse, il est bien certain que l'oxyde de potassium, déjà uni à un équivalent d'eau, s'en associe encore quelques autres; de même l'acide sulfurique ne se borne pas au seul équivalent d'eau qui est entré déjà dans sa constitution; il en ajoute plusieurs à son groupement primitif. Mais mélange-t-on la solution de l'hydrate acide et de l'hydrate alcalin, il se produit du sulfate de potasse anhydre : acide et alcali abandonnent dans cette réaction toute l'eau qui leur était combinée.

Il est quelquefois aisé de reconnaître que la base transporte, dans le plus grand nombre des sels qu'elle constitue, une certaine proportion d'eau. Ainsi lorsque la baryte ne forme pas des sels anhydres, elle retient un seul équivalent d'eau. Il en est de même de la chaux, et dans le cas de son union à l'équivalent d'eau, elle diffère complétement comme base de la chaux anhydre. L'oxyde de cuivre, à l'état de $\dot{Cu}\ \dot{O}$, $\dot{H}\dot{O}$, forme une base tout autre que l'oxyde anhydre.

Il faut s'attendre, du côté des acides, à des modifications analogues; et lorsqu'on aura fait l'application de ce point de vue, nombre d'anomalies apparentes disparaîtront. La constitution des oxalates permet très-bien de comprendre comment un acide peut se combiner ainsi sous des états très-différents.

Il existe deux acides oxaliques :

$$C^2O^3, HO \text{ et } C^2O^3, 3HO.$$

L'acide à trois équivalents est toujours celui qui existe en dissolution dans l'eau; lorsqu'on le combine à la potasse hydratée, celle-ci perd toute son eau; mais l'acide oxalique en perd seulement deux équivalents; il devient $C^2O^3\,HO$, et se combine sous cette forme à l'oxyde de potassium.

$C^2\ O^3$, HO, KO oxalate neutre de potasse.

Lorsqu'on chauffe cet oxalate à + 160°, il perd un équivalent d'eau; l'acide oxalique se sépare alors d'un équivalent d'eau, qu'il n'abandonne jamais à l'état de liberté. Cette élimination d'une partie des éléments constitutifs de l'acide s'effectue immédiatement pour plusieurs oxalates. Ainsi ceux de soude et d'argent ont pour formule :

C^2O^3, Ag O. oxalate d'argent.
C^2O^3, Na O. oxalate de soude.

Elle s'effectue encore pour l'oxalate de potasse, lorsque ce sel se combine à une nouvelle quantité d'acide oxalique, mais alors ce second équivalent d'acide entre en totalité dans la combinaison.

$$C^2O^3 KO + C^2O^3, 3HO$$ — bioxalate de potasse.

Une nouvelle quantité d'acide oxalique s'ajoute-t-elle au bioxalate, le second équivalent d'acide oxalique perd les deux équivalents d'eau, qu'il cède sans peine, soit par l'effet de la chaleur, soit par le résultat ordinaire de la combinaison ; on a alors :

$$C^2O^3, KO + C^2O^3, HO + 2C^2O^3, 3HO$$ — quadroxalate de potasse.

Dans le bioxalate de soude, un second équivalent d'acide oxalique s'ajoute simplement et de toutes pièces à l'oxalate neutre.

$$C^2O^3, NaO + C^2O^3, 3HO$$ — bioxalate de soude.

Dans l'oxalate de baryte on trouve pour formule

$$C^2O^3, BaO, HO.$$

On ne saurait affirmer ici, d'après la combinaison fréquente de la baryte à un équivalent d'eau, si celui qui se trouve ici appartient à la base ou à l'acide. Une étude convenable de la combinaison permettrait peut-être de prononcer.

Dans l'oxalate de chaux on trouve deux équivalents d'eau qui se partagent également entre l'acide et la base, et que l'on doit représenter ainsi :

$$C^2O^3, HO + CaO, HO.$$

Quant aux oxalates doubles, ils ne peuvent s'interpréter qu'à l'aide des considérations générales qui s'appliquent à la constitution des acides organiques. Ce n'est pas ici le lieu d'y insister.

Indépendamment de l'eau dont on peut concevoir la préexistence dans les acides ou dans les bases, et que l'acte de la combinaison élimine presque toujours, il s'échappe encore, dans plusieurs combinaisons organiques, de l'eau qui se forme au moment même de la réaction.

Ce cas est important à considérer ; il se présente fréquemment dans l'union des acides sulfurique et nitrique aux substances organiques. On comprend qu'il faut alors que la substance organique fournisse l'hydrogène. Quelquefois pourtant c'est une substance organique, telle que l'acide oxalique ou tout autre, qui fait les frais de l'élément oxydant.

Quelques exemples feront comprendre ce mode de réaction.

L'acide sulfurique anhydre, en réagissant sur la benzine, qui est un hydrogène carboné représenté par $C^{12}H^{6}$, produit un équivalent d'eau, et donne naissance à un composé nommé sulfobenzide qui se représente par $C^{12}H^{5}, SO^{2}$.

$$\underset{\text{benzine.}}{C^{12}H^{6}+So^{3}} = \underset{\text{sulfo-benzide.}}{C^{12}H^{5}, So^{2}} + HO$$

L'acide nitrique fumant forme avec la benzine un composé analogue qui a pour formule $C^{12}H^{5}$, AzO^{4}, et qu'on a désigné sous le nom de nitrobenzide. Il se forme par la séparation de deux équivalents d'eau.

$$\underset{\text{benzine.}}{C^{12}H^{6}} + AzO^{5}, HO = \underset{\text{nitrobenzide.}}{C^{12}H^{5}, AzO^{4}} + 2HO,$$

L'acide carbonique supporte souvent une perte de même nature, lorsqu'il se produit, en même temps qu'un composé très-hydrogéné; ainsi, dans la distillation d'un benzoate alcalin, on obtient la benzone $Cc^{13}H^{5}O$, qui dérive de l'acide carbonique et de la benzine.

$$\underset{\text{benzine.}}{C^{12}H^{6}} + CO^{2} = \underset{\text{benzone.}}{C^{13}H^{5}O} + HO$$

Cet acte de séparation peut s'effectuer au sein même d'un composé organique constitué. M. Dumas a découvert dans les produits de la distillation de l'oxalate d'ammoniaque une substance qui fournit le meilleur exemple de cette forme particulière de la réaction, et qui témoigne en même temps que l'oxygène peut être pris aux dépens d'une substance organique, car c'est ici l'acide oxalique qui le fournit.

Cette substance est connue sous le nom d'oxamide, elle se représente par C^2O^2, AzH^2.

$$\underset{\text{oxalate d'ammoniaque}}{C^2O^3, AzH^4, HO} = \underset{\text{oxamide.}}{C^2O^2, AzH^2} + 2HO$$

Lorsqu'on chauffe l'émétique à + 220°, l'oxyde d'antimoine cède les deux tiers de son oxygène et amène ainsi une élimination d'eau que l'acide tartrique ne perd dans aucune autre circonstance.

L'acide borique supporte la même élimination d'eau lorsqu'il remplace l'oxyde d'antimoine dans la combinaison tartrique.

Le gaz ammoniac AzH^3 est de tous les composés organiques celui qui se prête le mieux à ce mode de réaction : il peut se séparer successivement de deux équivalents d'hydrogène ; il peut même l'abandonner en entier.

C'est ainsi qu'en réagissant sur l'oxyde de mercure à +120° +140°, il donne naissance à un azoture de mercure Hg^3Az et à trois équivalents d'eau.

$$AzH^3 + 3HgO = Hg^3Az + 3HO.$$

Ce mode de réaction est, en définitive, analogue à celui des hydracides ClH, BrH, IH, lorsqu'ils s'unissent aux bases KO, NaO, BaO,

$$ClH + KO = ClK + HO$$
$$IH + HgO = IHg + HO$$

Ce qui fait la nouveauté de la plupart des combinaisons qui ont été signalées, ce qui a conduit les chimistes à un grand nombre d'hypothèses sur la nature de quelques-unes, c'est que les caractères réguliers de l'acide sulfurique, du gaz ammoniac, de l'acide nitrique sont effacés. Le signe caractéristique disparaît de part et d'autre : l'acide sulfurique ne précipite plus par la baryte, l'acide nitrique ne se transporte plus par le double échange des éléments de la substance organique sur une autre base, et l'oxamide forme aussi un tout homogène, où l'acide oxalique et l'ammoniaque ne se décèlent plus que par des artifices particuliers.

La loi qui préside à ces combinaisons particulières est d'une grande simplicité : elle se trouve inscrite, ainsi que nous l'avons montré, dans toutes les combinaisons du carbone. Dans les différentes circonstances qui viennent d'être passées en revue, l'union des principes constituants s'est faite d'une manière intime. Les molécules ne se sont plus juxtaposées ; leur pénétration réciproque a été parfaite. En d'autres termes, entre la benzine et les acides sulfurique, carbonique et nitrique, entre l'acide oxalique et le gaz ammoniac unis dans l'oxamide, la combinaison est organique. Ajoutons que l'élimination de l'eau est toujours l'indice d'une union profonde, soit entre deux substances organiques, soit entre une substance minérale et une substance organique.

L'eau peut encore concourir aux phénomènes organiques par la disjonction de ses éléments qui se portent de deux côtés opposés ; mais il n'y a là, jusqu'ici du moins, aucun phénomène spécial à considérer. Lorsqu'une substance organique se dédouble en deux autres, chaque moitié nouvelle peut s'assimiler un des éléments de l'eau, absolument comme le ferait un chlorure d'antimoine

$$SbCl^5 + 5HO = SbO^5 + 5ClH.$$

Les dédoublements organiques qui s'effectuent avec un pareil transport des éléments de l'eau donnent ordinairement naissance à des produits très-éloignés de ceux qui leur servent d'origine ; mais lorsqu'on suit le fil des métamorphoses organiques, le rapprochement doit encore s'établir à travers des changements profonds.

Ainsi l'addition de l'eau, la séparation de ses éléments, sa production au moment où s'unissent plusieurs principes, constituent toujours autant de faits importants qu'il n'est pas permis de négliger. Quant à l'eau envisagée en elle-même, elle conduit à des unions intimes; elle provoque des groupements complexes; en un mot, elle porte le caractère d'une substance éminemment organique.

Les circonstances dans lesquelles l'eau se sépare tant aux dépens des acides sulfurique, nitrique et oxalique, qu'aux dépens de l'hydrogène de l'ammoniaque, ont fortement fixé l'attention dans le principe, parce qu'on s'était habitué aux arrangements par juxtaposition. On s'étonnait de ne plus les retrouver dans des combinaisons où prédominait la disposition organique. Maintenant il faut admettre comme un fait très-général la pénétration des éléments qui s'unissent sous l'empire des lois organiques : il faut user de ce principe pour suivre par la pensée les évolutions du règne végétal et du règne animal. Si les acides sulfurique et nitrique s'absorbent dans leur alliance organique, combien de substances essentiellement organiques doivent enfermer dans leur molécule complexe des principes contractés par l'élimination de l'eau, effacés par leur pénétration chimique!

§ III. De l'eau comme dissolvant; de la dissolution.

Il n'entre point dans notre plan de discourir sur la nature de la dissolution. Nous nous contenterons de mettre en évidence les phénomènes qui s'y rattachent.

Lorsque l'eau exerce sa force dissolvante, indépendamment de toute réaction chimique, elle a pour premier effet d'abolir les propriétés physiques du corps dissous. Un corps solide, tel que le sucre, se dissout-il? quelle que soit l'addition du sucre, la masse demeurera liquide. Lorsque la dissolution porte sur un gaz, celui-ci s'absorbe et disparaît, pour se disséminer et se cacher en quelque sorte dans tout l'espace occupé par les molécules de l'eau. Lorsque deux liquides de densité différente se dissolvent, l'éther et l'eau, par exemple, malgré la différence de densité, ils se confondent si bien que le plus léger se trouve en même proportion au fond de l'eau et à sa surface.

Ce qu'il importe au chimiste de savoir, ce n'est pas le secret à l'aide duquel des molécules hétérogènes peuvent, dans la dissolution, se répartir également partout, quelles que soient les proportions relatives du dissolvant et du corps dissous. Une question de cette nature est purement spéculative, et ne paraît avoir été traitée nulle part avec quelque profit pour la science. Mais il est de l'intérêt le plus urgent de connaître dans quelle disposition se trouvent les corps dissous. Comme la dissolution intervient dans toutes les réactions et dans tous les actes de la vie végétale et animale, il faut s'inquiéter de rechercher si un corps solide conserve ses propriétés, lorsqu'il est dissous, si les tendances de son affinité sont les mêmes; s'il n'en contracte point de nouvelles; il faut, au sujet des liquides, s'adresser la même question, et y revenir au sujet des gaz.

L'expérience répond de la manière la plus nette: *les corps dissous entrent dans une sphère d'activité toute nouvelle.* Chaque dissolvant provoque des phénomènes particuliers dans l'accomplissement desquels on ne saurait le considérer comme un témoin impassible, puisqu'en son absence les mêmes phénomènes n'auraient pas lieu; puisqu'en présence de tout autre dissolvant, ils seraient le plus souvent modifiés.

Il faut nécessairement recourir à des faits pour rendre ces propositions sensibles. Examinons d'abord la dissolution des gaz, puis celle des liquides et des solides.

On ne peut étudier l'action isolée d'un gaz sur l'eau qu'en mettant en jeu les forces directes de l'affinité. C'est ainsi que le chlore sépare les éléments de l'eau et s'unit à eux; l'iode sous l'influence de la lumière, le cyanogène, à l'aide du temps, opèrent une décomposition pareille. Mais ce sont les forces de l'affinité plutôt que celles de la dissolution qui se manifestent ainsi.

Pour apprécier les influences de l'eau comme dissolvant,

il convient de mettre en présence deux gaz propres à réagir l'un sur l'autre : ici les faits rendent la conclusion bien facile. Ainsi le gaz acide sulfureux et l'oxygène peuvent se mêler, sans réaction aucune, tant qu'ils sont bien desséchés. L'eau intervient-elle, aussitôt ils se combinent pour produire l'acide sulfurique. Il en est de même de l'hydrogène sulfuré et de l'oxygène, qui n'agissent pas l'un sur l'autre, lorsqu'ils sont à l'état gazeux, mais qui, dissous dans l'eau, produisent un dépôt de soufre avec formation d'eau.

$$SH + O = HO + S.$$

L'oxygène est dans le même cas à l'égard du gaz hydriodique et même du gaz hydrochlorique ; ils ne réagissent pas tant qu'ils conservent la forme gazeuse. Mais l'eau s'ajoute-t-elle au mélange, l'oxygène s'empare de l'hydrogène, déplace l'iode et même le chlore.

La dissolution ne développe pas seulement l'activité des gaz entre eux, elle la provoque encore de la part des gaz sur les substances solides. C'est ainsi que l'eau et l'oxygène, pris chacun isolément, laissent le fer, le zinc, le plomb tout à fait intacts. Mais l'oxygène se trouve-t-il préalablement dissous dans l'eau, aussitôt le fer, le zinc, le plomb se combinent à lui.

Il en est de même des substances organiques. Le bois, qui se conserve dans une atmosphère sèche, ne tarde pas à absorber l'oxygène au contact d'une atmosphère humide, et bientôt il arrive ainsi à se transformer et à se détruire.

Les exemples dans lesquels l'eau employée comme dissolvant réagirait sur les éléments d'un autre liquide, ou bien amènerait deux liquides indifférents à réagir l'un sur l'autre, ne se présentent guère en chimie minérale. Ils sont nombreux au contraire en chimie organique, où ils seront signalés avec soin.

Dans tous les cas, ces exemples diffèrent peu des réactions que l'eau provoque entre les éléments d'un corps solide qui se trouve dissous, ou bien entre deux corps solides, tous deux à l'état de dissolution ; ici les faits sont nombreux et d'une grande importance.

Le cas le plus simple se présente dans les sels de bismuth et de mercure.

Lorsqu'un nitrate de bismuth ou de mercure se trouve dissous dans l'eau, il suffit d'y ajouter une quantité d'eau nouvelle pour qu'il se forme un précipité qui consiste principalement en oxyde de bismuth ou de mercure. Ici l'eau opère une séparation évidente entre les principes du sel, l'acide et la base[1].

Mais comme les circonstances dans lesquelles la séparation se traduit d'une manière visible sont rares, il est d'un grand intérêt de se demander si l'eau, en dissolvant des corps composés qui ne donnent lieu à aucun précipité, n'en sépare pas moins les principes, ne les amène pas à un état d'*écartement*, invisible dans la dissolution, mais qu'un artifice chimique peut révéler. Ici le problème est d'une délicatesse extrême ; mais quelques faits qu'on a négligé d'interpréter et de rapprocher jusqu'ici autorisent à conclure d'une manière affirmative. Parmi ces faits, le plus remarquable, sans contredit, est offert par le borate de soude, et par tous les borates alcalins. Lorsqu'on traite une solution concentrée de borate de soude neutre par le nitrate d'argent, il se forme un précipité blanc soluble dans une grande quantité d'eau : c'est du borate d'argent. Mais lorsqu'on emploie le même borate de soude et qu'on l'étend préalablement de trente fois son poids d'eau, au lieu d'un précipité blanc, on obtient un précipité olivâtre ; ce précipité consiste en oxyde d'argent. Ainsi deux liqueurs semblables, mêlées l'une à l'autre, donnent des précipités différents, lorsque la quantité d'eau en présence de laquelle le phénomène s'accomplit

[1] M. Fristche vient de signaler un tétrasulfure d'ammonium qui se dissout très-bien dans une petite quantité d'eau, mais qui est décomposé par l'addition d'une quantité d'eau plus considérable.

est elle-même variable. Un excès d'eau amène les réactions de la soude caustique. Il est évident que cet excès d'eau a eu pour effet d'amener un *écartement* entre la soude et l'acide borique, de les isoler en quelque sorte l'un de l'autre. Et comme l'acide borique est sans action sur le nitrate d'argent, tandis que la soude en précipite l'oxyde, la soude seule manifeste sa réaction.

Dans la dissolution du soufre par les borates alcalins, M. Barreswill a observé un phénomène du même ordre. 10 grammes de borate de soude, dissous dans 100 grammes d'eau, dissolvent la même quantité de soufre que 15, 20 ou 40 grammes du même sel, pourvu qu'on emploie toujours la même quantité d'eau. En doublant la quantité d'eau, on dissout deux fois plus de soufre avec la même proportion de borate. La soude écartée de l'acide borique, par l'intermède de l'eau, est la seule qui porte son action dissolvante sur le soufre.

Les chlorures d'oxyde, les hypochlorites et les bicarbonates alcalins présentent plusieurs réactions qui ne sauraient s'expliquer sans cette intervention particulière de l'eau.

C'est bien certainement cet écartement des principes constituants des corps solides au moment de leur dissolution, qui amène les phénomènes si remarquables et si généraux que Berthollet a formulés dans ses lois de double décomposition. Deux sels dissous se trouvent amenés à un état d'*écartement* qui permet à leurs principes de réagir librement l'un sur l'autre : ces principes sont sortis de la sphère d'attraction où ils se trouvaient à l'état solide, et s'ils peuvent donner naissance à quelque composé insoluble, c'est-à-dire à un composé que l'eau n'écarte pas, celui-ci prend naissance. Lorsqu'on représente la réaction du sulfate de soude sur le nitrate de baryte, en inscrivant séparément,

Acide nitrique   baryte

×

Acide sulfurique   soude.

on trace une image du phénomène bien plus rapprochée de la réalité qu'on ne le pense.

On sait que ces mêmes sels, à l'état solide, ne réagissent pas l'un sur l'autre; la quantité d'eau n'est pas indifférente non plus à la rapidité de la réaction. Une solution concentrée de carbonate de potasse paraît très-propre, de prime abord, à réagir promptement sur une solution concentrée de chlorure de calcium. Les deux sels ne réagissent bien, au contraire, qu'autant que les deux dissolutions sont un peu éloignées de ce maximum de concentration.

Ainsi la dissolution développe des forces d'affinité toutes nouvelles; deux gaz indifférents réagissent l'un sur l'autre à la faveur de la dissolution : elle permet à un gaz d'attaquer fortement le métal qui lui résistait; elle éloigne les molécules d'un sel; ou bien elle provoque des échanges instantanés entre deux sels qu'un contact permanent ne fe-fait point sortir de leur inertie. En un mot, la dissolution possède le privilége de provoquer ou de détruire les combinaisons minérales et organiques. Les effets chimiques qui viennent d'être rapportés à l'eau employée comme dissolvant conduisent à un rapprochement bien simple des phénomènes de la dissolution et des phénomènes du contact.

L'eau, comme le charbon, le platine, la pierre ponce, unit des gaz indifférents, ou provoque entre leurs éléments une activité chimique particulière.

L'eau amène entre les liquides et les solides des réactions étrangères aux corps anhydres. On sait que l'acide nitrique nitreux n'attaque pas le carbonate de chaux, que l'acide sulfurique anhydre peut être liquéfié et distillé sur le carbonate de potasse sans dégager l'acide carbonique. On sait aussi quelle énergique décomposition un peu d'eau détermine entre ces différentes substances.

L'eau peut amener ainsi des dissociations manifestes : l'altération d'un grand nombre de composés minéraux; la disposition particulière, inaperçue jusqu'ici, de plusieurs sels dissous, tels que le borate de soude, établissent l'action décomposante de l'eau. Cette action est analogue à celle qui est exercée par la mousse de platine, la pierre ponce, les oxydes et les poudres métalliques à l'égard de l'eau oxygénée, du chlorate de potasse, des nitrates d'ammoniaque et d'argent, et d'un grand nombre de produits organiques.

Jusqu'ici nous n'avons envisagé que l'eau comme dissolvant; mais l'acide sulfurique, l'acide hydrochlorique, l'alcool, l'éther peuvent dissoudre aussi et par conséquent provoquer des effets analogues à ceux de la dissolution aqueuse. Dans tous ces liquides qui peuvent se combiner comme l'eau et disparaître avec toutes leurs propriétés, il faut s'attendre aussi à rencontrer une influence de dissolution qui tendra soit à unir, soit à écarter les molécules organiques; en un mot, à transformer des substances pour lesquelles ces liquides n'auront pourtant pas d'affinité sensible. Sans attendre les exemples nombreux et incontestables d'actions de cette nature qui se rencontreront plus tard, ne peut-on pas rattacher déjà à cette action catalytique des acides la décomposition de l'acide oxalique en acide carbonique et en oxyde de carbone, au contact de l'acide sulfurique, ainsi que le dégagement d'oxyde de carbone produit dans le même cas par l'acide formique?

Les effets catalytiques exercés sur les corps solides ou liquides ont certainement besoin d'être étudiés avec soin dans tous les sens où ils tendent à se produire : il faut discuter leurs différences et marquer leurs analogies.

Mais lorsqu'on voit des substances aussi diverses que la mousse de platine, la pierre ponce, le marbre, les poudres et les oxydes métalliques, le coton, le linge, le vieux bois, le terreau déterminer des actions incontestablement analogues[1]; lorsque des effets de même nature s'exercent de

[1] M. de Saussure a démontré que le coton, le linge, le vieux bois, l'humus combinaient l'oxygène et l'hydrogène comme le fait la

la part de l'eau ; lorsque ces actions s'étendent des substances minérales aux substances organiques, lorsqu'elles passent de l'eau oxygénée et du bisulfure d'hydrogène, au chlorate de potasse, au nitrate d'ammoniaque, aux acides nitrique et tartrique, au sucre et au beurre, il faut se décider à reconnaître, à côté de l'affinité directe, telle qu'elle a été connue jusqu'ici, des influences de contact, de dissolvant et de milieu : il faut compter avec ces phénomènes, les définir, les classer, les étendre, en faire la mesure partout où ils se révèlent, sous peine de rester étranger à la partie la plus intime, la plus délicate, on serait tenté de dire la plus physiologique, des phénomènes naturels.

CHAPITRE V.

DE L'AZOTE ET DE SA DÉTERMINATION ANALYTIQUE.

§ I. — Azote.

Lorsqu'on examine le rôle de l'azote à l'égard des combinaisons minérales, on y remarque un trait qui domine toute son histoire : c'est l'inertie de son affinité. On essaie en vain de mettre en jeu un métalloïde de l'affinité la plus vive, le soufre ou le phosphore, par exemple, ou bien un métal tel que le potassium doué de l'activité chimique la plus étendue ; l'azote y résiste. L'azote libre se tient en dehors du cercle des métamorphoses que parcourent les substances minérales. Si, par quelque voie détournée on arrive à l'y engager, il s'en sépare presque toujours avec facilité.

Bien qu'on ne puisse affirmer que cette inertie soit absolue, elle domine au moins l'azote à l'état de liberté, tel qu'il se trouve versé dans l'atmosphère.

mousse de platine, mais avec moins d'éclat : lentement, insensiblement, suivant une marche organique, pour ainsi dire.

Mais aussitôt qu'on cesse de solliciter l'azote a l'état élémentaire ; dès qu'on s'adresse à l'azote fixé dans l'une des nombreuses combinaisons organiques qu'il peut contracter, on est surpris de rencontrer un caractère entièrement opposé au précédent ; on est frappé de la variété infinie des réactions qu'il provoque ; on le voit incessamment passer d'une forme à une autre ; l'azote, en un mot, est actif, il se trouve d'une aptitude remarquable pour toutes les alliances chimiques. On serait tenté de dire qu'il s'est fait deux parts de l'azote, qu'il en existe deux sommes bien distinctes ; que l'une, immobile, assiste avec indifférence aux opérations minérales et organiques, et n'a d'autre objet que de s'interposer aux molécules de l'oxygène contenu dans l'atmosphère ; tandis que l'autre, toujours agitée, est liée à la circulation même de la vie dont elle est en quelque sorte le signe mobile. On n'oserait certainement plus affirmer, depuis les recherches de M. Boussingault, qu'entre ces deux sources de l'azote, il n'existe jamais le moindre mélange, qu'elles n'échangent pas une seule molécule. Mais les deux destinées manifestement contraires de l'azote et les cas encore bien rares dans lesquels il s'échappe d'une sphère pour passer dans une autre, appellent bien fortement l'attention de tous les observateurs. Aussi sent-on le besoin d'établir avec rigueur le compte d'entrée et le compte de sortie, partout où les corps organisés touchent à l'atmosphère, partout où ils peuvent recevoir ou perdre de l'azote.

On comprend ainsi tout l'intérêt qui s'attache à la recherche et au dosage de cet élément.

L'azote libre constitue une des dépendances atmosphériques ; son histoire se rattache à celle de l'air. On ne peut que signaler ici sa condensation dans les corps poreux et sa dissolution dans l'eau. Bien que ces propriétés n'existent qu'à un faible degré, c'est par elles que se révéleront les liaisons de l'azote avec la végétation, si elles s'établissent d'une manière générale. Inerte, comme l'acide carbonique, l'azote pénètre sans doute dans les plantes par les mêmes voies que lui.

Dès que l'azote a été fixé, engagé dans une combinaison, il devient très-facile de le recueillir sous des formes déterminées, de l'amener à un état caractéristique et d'en établir ainsi la présence.

§ II. — Réactifs de l'azote.

Lorsqu'on détruit par l'oxyde de cuivre une substance organique azotée, le carbone et l'hydrogène passent toujours à l'état d'acide carbonique et d'eau. Quant à l'azote, il tend manifestement à s'échapper sous forme de combinaison oxygénée, lorsque la source d'oxygène est abondante; mais si en même temps une certaine portion de l'oxyde de cuivre a été réduite, le métal décompose l'oxyde d'azote qui s'était formé, et alors de l'azote se dégage à l'état de liberté.

Ainsi une substance organique qu'on détruit par un agent d'oxydation à une température élevée fournit, en même temps que l'eau et l'acide carbonique, de l'azote et un oxyde d'azote qui est ordinairement le deutoxyde. De sorte qu'on peut reconnaître la présence de l'azote dans une substance organique lorsque les gaz qu'elle fournit par son oxydation complète ne sont pas entièrement absorbables par la potasse.

C'est là un des premiers indices de la présence de l'azote dans les substances organiques; mais il existe deux caractères plus faciles à manier.

Le premier consiste à pulvériser finement la matière organique avec quinze ou vingt fois son poids d'hydrate de potasse. Ou mieux, avec même proportion d'un mélange composé de soude et de chaux caustique, et dont la préparation sera indiquée plus loin pour le dosage de l'azote. On introduit le mélange dans un tube et l'on chauffe. Si la substance contient de l'azote, celui-ci se dégage à l'état d'ammoniaque, c'est-à-dire en combinaison avec l'hydrogène. Cette production d'une combinaison hydrogénée de l'azote se rapproche très-bien de l'action oxydante de la potasse hydratée qui s'accompagne toujours d'un dégagement abondant d'hydrogène. L'azote s'échappe en même temps que l'hydrogène, en combinaison avec lui.

M. Lassaigne a encore fait connaître une réaction intéressante qui signale jusqu'aux moindres traces d'azote dans la plus petite quantité possible de substance.

On écrase au fond d'un tube étroit, fermé à son extrémité, un morceau de potassium de la grosseur d'un grain de millet, puis on tasse sur lui la matière à essayer. On chauffe jusqu'à volatilisation du potassium, puis on coupe la partie inférieure du tube refroidi, et l'on y ajoute quelques gouttes d'eau : on décante l'eau du résidu charbonneux et on y ajoute une seule goutte d'un sel ferroso-ferrique; il se produit un précipité d'un vert sale, qui devient bleu par l'action d'une goutte d'acide hydrochlorique. Dans cette réaction, l'azote se combine au charbon, forme un composé qu'on nomme cyanogène, et celui-ci s'unissant au potassium fournit du cyanure de potassium. Les autres caractères dérivent des propriétés du cyanure de potassium et des cyanures doubles.

Le dernier des moyens qui viennent d'être indiqués n'a été employé jusqu'ici que pour déceler la présence de l'azote; mais les deux précédents ont servi à le doser.

Quant aux deux combinaisons qui viennent d'être indiquées, celle de l'hydrogène avec l'azote constituant l'ammoniaque, celle du carbone avec l'azote constituant le cyanogène, elles représentent les deux combinaisons les plus simples de l'azote, les plus propres à ouvrir son histoire organique; elles seront étudiées avec détail. Mais, avant de les aborder, il convient d'examiner les moyens de doser l'azote.

Dosage de l'azote.

On peut amener tout l'azote contenu dans une substance organique à l'état de gaz pur; on apprécie alors sa proportion en mesurant son volume et en calculant le poids que ce volume représente. C'est le dosage de l'azote par le volume. On peut dégager tout l'azote à l'état de gaz ammoniac. On fait alors passer ce gaz dans des combinaisons solides dont la composition est parfaitement déterminée, et dont le poids permet d'arriver à celui de l'azote : on dose alors l'azote par le poids.

§ III. — Dosage de l'azote par le volume.

Volume relatif.

Lorsqu'on introduit une substance organique azotée dans un tube à analyse, après son mélange avec de l'oxyde de cuivre, l'azote s'échappe tant à l'état de gaz pur qu'à l'état de bioxyde. Mais si ce dernier, au lieu de cheminer jusqu'au bout, sur de l'oxyde, rencontre du cuivre métallique, le métal enlève l'oxygène à l'azote et l'on recueille un mélange gazeux formé par de l'acide carbonique et de l'azote, l'un et l'autre à l'état de pureté. On peut déterminer ainsi la proportion de l'azote, sans même peser la substance, lorsque celle-ci contient une quantité d'azote assez forte. Il faut que le volume de l'azote soit au moins le huitième de l'acide carbonique. Pour cela, on introduit le mélange de matière organique et d'oxyde dans le tube à analyse auquel on adapte un simple tube recourbé; on chasse d'abord tout l'air de l'appareil en brûlant une partie de la substance, et lorsqu'on suppose le tube bien rempli des gaz qui proviennent de l'oxydation de la substance, on recueille les gaz dans de petits tubes gradués. Le mélange gazeux est mesuré, puis on absorbe l'acide carbonique par la potasse. Les volumes sont toujours dans des rapports simples, et l'on se rappelle que 2 volumes d'acide carbonique représentent 1 équivalent de carbone, et que 2 vol. d'azote représentent aussi 1 équivalent d'azote; ce qui fait en poids 75,00 pour le carbone, et 177,03 pour l'azote.

Comme on a eu soin de déterminer, dans des analyses antérieures, le carbone et l'hydrogène de la substance, on arrive très-facilement de la proportion relative du carbone et de l'azote à la proportion absolue de ce dernier.

Au reste, cette recherche du carbone et de l'hydrogène doit toujours précéder celle de l'azote; et dans ce premier dosage on doit éviter déjà la production du deutoxyde d'azote en ajoutant du cuivre métallique à la suite de l'oxyde.

Volume absolu de l'azote.

On peut, en employant la méthode d'oxydation, obtenir exactement tout l'azote contenu dans un poids fixe de matière organique; il suffit d'une construction particulière dans les appareils:

1° On plonge dans une éprouvette remplie de mercure un tube recourbé qui, par une extrémité, doit monter au sommet d'une cloche graduée, tandis que par l'autre il s'adapte au tube dans lequel la combustion s'opère.

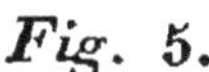

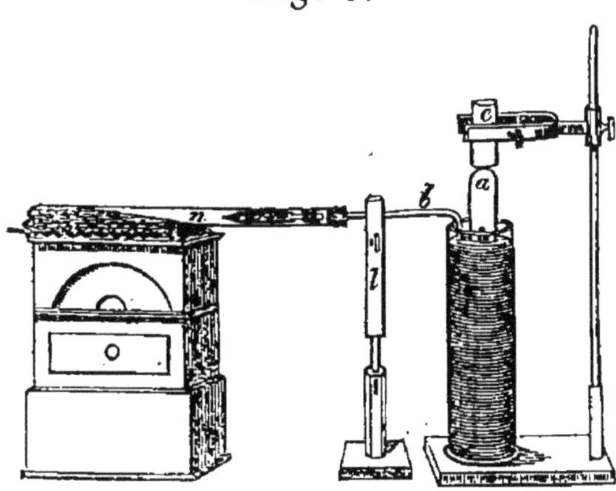

Fig. 5. *n*, tube à combustion; *b*, tube par lequel s'échappent les gaz; *a*, cloche plongeant dans le mercure pour recueillir le gaz; *l*, petit support pour maintenir l'appareil; *c*, autre support.

La cloche ne doit pas être entièrement vidée d'air ; mais on détermine exactement le volume de celui-ci avant de commencer l'opération, en tenant compte de la pression et de la température. On a soin d'ajouter à l'entrée du tube à combustion un tube de chlorure de calcium sur lequel s'arrête l'eau fournie par la combustion de la substance ; on parvient ainsi à opérer sur des gaz secs. On chauffe alors, et l'on obtient dans la cloche et dans le tube un mélange gazeux qui représente exactement tout le carbone à l'état d'acide carbonique et tout l'azote à l'état de liberté. On retranche de ce volume le volume primitif de l'air contenu dans l'appareil ; puis, comme on sait ce que la substance peut fournir d'acide carbonique, on retranche encore celui-ci ; le reste représente l'azote.

Mais cette opération n'échappe pas à une cause d'erreur qui réside dans la présence de l'oxygène de l'air que contient primitivement l'appareil : cet oxygène sert à la combustion de la substance, disparaît, et toute cette perte retombe sur l'azote dont l'évaluation devient trop faible. Il faut ajouter aussi qu'il est difficile d'amener la destructiom complète de la substance dans un tube ainsi disposé : si l'on chauffe fortement pour échapper à cet inconvénient, on tombe dans un autre, car alors le tube se ramollit et ne présente plus, à la fin de l'opération, la même capacité qu'au commencement.

2° *Autre procédé.* — On introduit d'abord dans le tube à combustion une colonne, soit de carbonate de cuivre, soit de bicarbonate de potasse ou de soude, dans une longueur de 10 centimètres environ ; à la suite de cette colonne on introduit un peu d'oxyde de cuivre, puis le mélange de la substance avec l'oxyde ; on achève de remplir le tube avec du cuivre métallique. A l'extrémité du tube s'adapte un tube à dégagement qui se rend sur le mercure. L'appareil se trouve disposé comme dans la planche ci-jointe.

Fig. 6.

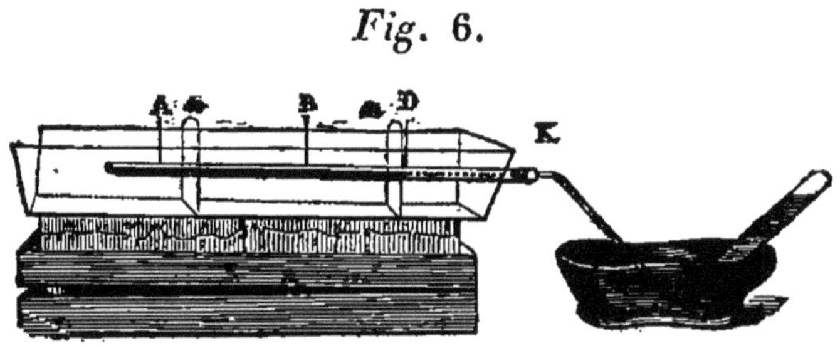

On commence par appliquer la chaleur à l'extrémité fermée, sur une partie du carbonate employé ; on chasse ainsi tout l'air de l'appareil qui se trouve exactement rempli d'acide carbonique, même avant que tout le carbonate soit décomposé. On commence alors la décomposition de la substance : son azote et son acide carbonique se dégagent, mais ces gaz sont reçus dans une éprouvette graduée dont le sommet est rempli d'une solution de potasse caustique ; l'acide carbonique s'absorbe, l'azote seul remplit l'éprouvette. Lorsque la substance est détruite, on achève la décomposition du carbonate et tout l'azote provenant de la matière organique est expulsé. On mesure alors le gaz obtenu ; il représente l'azote contenu dans le poids de la substance employée. On passe facilement du volume au poids.

Dans ce procédé, il est très-difficile d'expulser complétement l'air au commencement de l'analyse et d'expulser l'azote à la fin. On obvie à cet inconvénient par la modification suivante.

Autre procédé. — Après avoir disposé les tubes à analyse comme précédemment, on y adapte le tube ci-dessous.

Fig. 7.

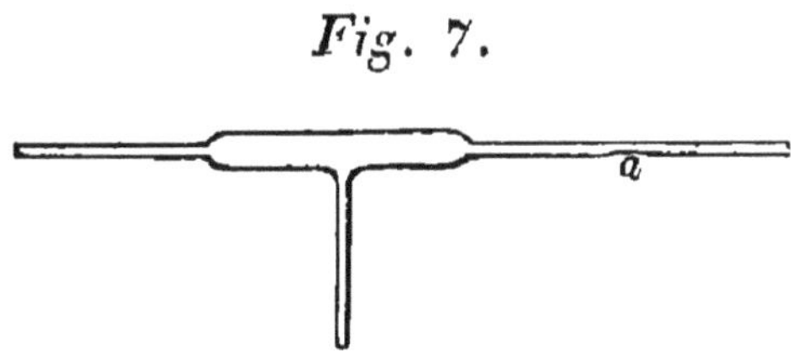

Fig. 6, A, colonne de carbonate ; — AB, mélange de la substance avec l'oxyde. — BD, oxyde de cuivre. — DK, cuivre métallique.

L'extrémité *a* est fixée au tube à combustion; l'extrémité opposée communique avec une petite pompe pneumatique, et la troisième branche perpendiculaire se joint à un tube long de 80 centimètres qui plonge dans du mercure. L'appareil se trouve tout monté dans la figure ci-jointe.

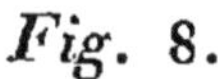

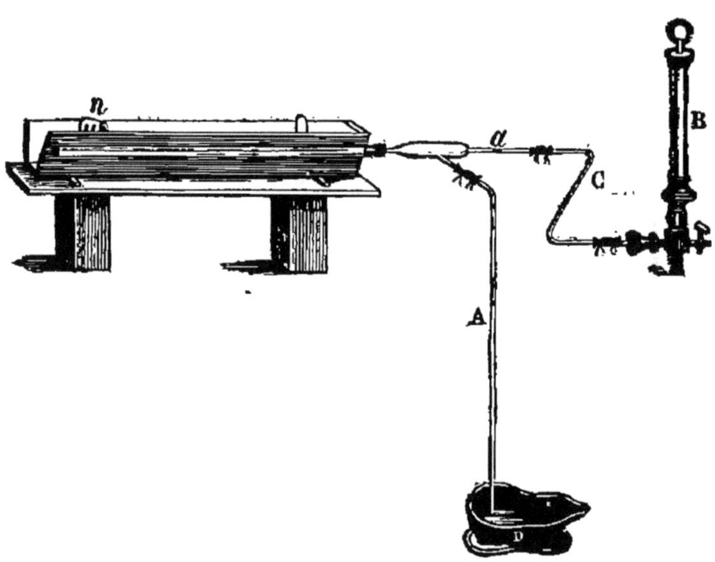

Au moyen de la pompe on retire l'air autant que possible, en sorte que le mercure monte dans le long tube, presque à la hauteur ordinaire du baromètre. On remplit l'appareil d'acide carbonique, en chauffant le carbonate contenu dans le tube à combustion, ce qui fait descendre le mercure; puis on pratique de nouveau le vide. On recommence ainsi quatre ou cinq fois, jusqu'à ce que le gaz qui s'échappe disparaisse entièrement dans un tube rempli de potasse caustique. Alors on fond dans la flamme d'une lampe à alcool la branche du tube qui communique avec la pompe, et l'on commence la décomposition de la substance, en fixant

Fig. 8. *a*, tube à trois branches. — B, petite pompe pour faire le vide. — C, tube de jonction du tube *a* avec la pompe B. — A, tube long de 80 centimètres, plongeant dans une petite cuve à mercure D. — *n*, petit écran à cheval sur le tube à analyser déposé dans la grille.

à l'extrémité du tube de dégagement une cloche qui contient à son sommet une solution de potasse. On opère ensuite comme dans le cas précédent.

Comme la plus grande partie du carbonate a été tenue en réserve, on arrive beaucoup plus vite à vider le tube à la fin de l'opération.

Dans les procédés qui viennent d'être examinés, on se trouve resserré entre deux écueils. Si le cuivre n'est pas chauffé d'une manière suffisante, il s'échappe, avec l'azote, une certaine quantité de deutoxyde dont la présence trouble le rapport des gaz. Si la chaleur est trop forte, l'eau qui provient du carbonate employé ou de la substance se trouve décomposée et fournit de l'hydrogène qui augmente ainsi la dose du gaz et y porte une perturbation complète. Il est préférable, dans la conduite de l'opération, de chauffer autant que le permet la résistance des tubes, munis de leur enveloppe de clinquant. La décomposition de l'eau par le cuivre se produit alors presque inévitablement; mais on y obvie en terminant le tube à combustion par une colonne d'oxyde de cuivre. On fait ainsi disparaître tout l'hydrogène qui repasse à l'état d'eau.

Il est possible, par une modification simple des appareils précédents, de doser simultanément l'hydrogène et l'azote de la substance organique. On met ainsi en rapport les deux opérations auxquelles on est forcé d'avoir recours pour doser tous les éléments d'une substance azotée.

Dans ce procédé, on effectue la combustion dans un tube ouvert à ses deux extrémités : par la partie postérieure, on fait arriver un courant d'acide carbonique pur et sec, dont on peut modérer ou arrêter le courant à l'aide d'un robinet; à l'autre extrémité du tube à combustion s'adapte un petit tube de chlorure de calcium propre à condenser l'eau provenant de la combustion de la substance. Au tube de chlorure de calcium s'adapte un tube recourbé, mis en rapport, comme dans les opérations précédentes, avec une cuve de mercure et une cloche remplie en partie de potasse caustique en solution.

On commence par balayer l'intérieur de l'appareil par un courant d'acide carbonique ; lorsque l'air est entièrement chassé on arrête le courant de gaz carbonique et l'on commence la combustion. Les gaz qui en proviennent se rendent du côté du mercure, dans la cloche disposée pour les recevoir. L'eau s'arrête sur le chlorure de calcium. A la fin de la combustion, on expulse tous les produits du tube par un nouveau courant d'acide carbonique.

Le poids de l'eau qui s'est ajoutée au chlorure de calcium donne le poids de l'hydrogène ; le volume de l'azote rassemblé dans la cloche conduit au poids.

La conversion du volume du gaz en poids, se fait en notant avec soin le volume et la température du gaz, ainsi que la pression atmosphérique qu'il supporte ; il faut tenir compte aussi de son état hygrométrique. Nous renvoyons pour le détail des précautions à prendre et pour les calculs de correction, aux ouvrages de physique et aux traités spéciaux d'analyse.

§ IV. — Dosage de l'azote par le poids.

Cette méthode, qui avait été indiquée par M. Berzélius, a été appliquée par MM. Will et Varentrapp. Elle repose sur la conversion de l'azote des substances organiques en ammoniaque sous l'influence des hydrates alcalins.

On fait éteindre de la chaux dans une dissolution de soude caustique, de manière à avoir une partie de soude contre deux de chaux vive, puis on évapore, on sèche, on calcine et pulvérise le tout. La poudre ainsi obtenue est très-caustique et ne fond qu'à une très-haute température. On la mêle à la substance à analyser comme on le ferait en employant l'oxyde de cuivre, puis on introduit le mélange dans un tube d'un calibre un peu plus fort. On décompose ensuite de la même façon en commençant à chauffer par l'extrémité ouverte du tube. Il se dégage du gaz ammoniac et, en même temps, plusieurs produits volatils. Le tout est reçu dans un tube dont la forme est ci-jointe.

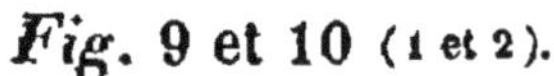

Fig. 9 et 10 (1 et 2).

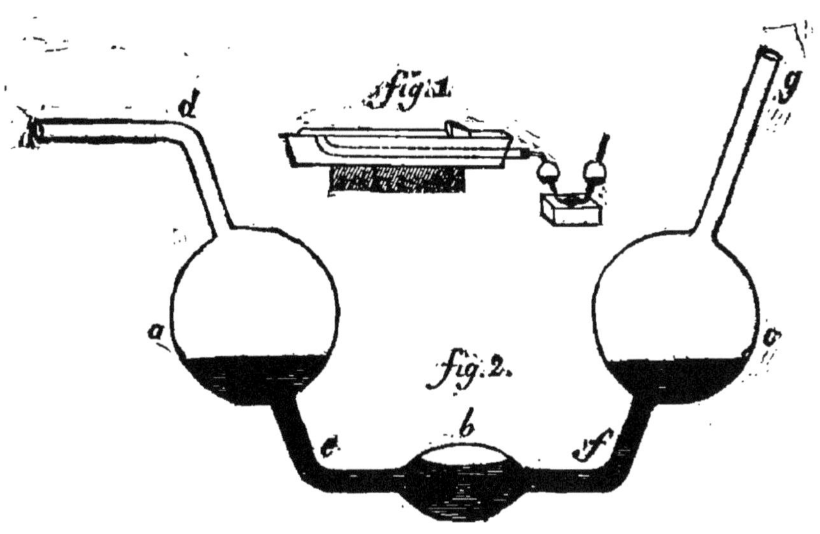

Le tube est rempli d'acide hydrochlorique d'une force ordinaire (1,13 de densité). Tout le gaz ammoniac s'y trouve fixé, quelle que soit la rapidité du dégagement.

A la fin de l'opération, on brise la pointe du tube et l'on aspire l'air, afin de dégager tout le gaz ammoniac restant dans le tube à combustion. On vide alors le tube contenant l'acide chlorhydrique dans une capsule de porcelaine; on le lave à l'aide d'un liquide fait avec un mélange de deux parties d'alcool et d'une partie d'éther; puis on y ajoute du bichlorure de platine. Il se fait un précipité de chlorure double d'ammoniaque et de platine; on évapore le tout à siccité avec ménagement, et l'on reprend le résidu par le même mélange d'alcool et d'éther: tout le bichlorure de platine en excès se dissout. La partie non dissoute est pesée

Fig. 1. Appareil complet destiné au dosage de l'azote par le poids.

Fig. 2. *a, b, c, d, f, g,* tube contenant l'acide hydrochlorique, rempli jusqu'au niveau *a, c*.

et desséchée avec soin; elle contient pour cent parties 6,349 d'azote.

On peut confirmer ce résultat en décomposant le chlorure double par la chaleur. Il ne reste que du platine.

Cent de platine équivalent à 14,354 d'azote.

Ce procédé n'est point applicable aux substances qui contiennent l'azote à l'état de combinaison nitreuse.

M. Reiset a fait voir qu'il fallait craindre la présence de l'azote dans la soude et la chaux qu'on employait; il a constaté aussi qu'une petite quantité de bichlorure platinique pouvait se réduire à l'état de protochlorure, rester ainsi indissoute et augmenter le poids du résidu.

Lorsque la substance est très-azotée, il convient d'ajouter un peu de sucre; on en prend un poids à peu près égal à celui de la substance: on obtient ainsi des gaz qui empêchent la rétrocession de l'acide hydrochlorique, laquelle pourrait avoir lieu, tant le dégagement est rapide.

CHAPITRE VI.

DE L'AMMONIAQUE ET DE SES COMBINAISONS.

L'histoire des composés ammoniacaux est souverainement propre à montrer comment les substances organiques primitives se constituent en produits complexes. Nulle part on n'assiste mieux à la transition du caractère minéral au caractère organique; nulle part on ne suit aussi facilement les embranchements innombrables d'une combinaison simple. Mais pour comprendre ces développements, il est essentiel de ne laisser échapper aucune des parties qui composent le vaste ensemble des combinaisons ammoniacales. C'est à ce titre que nous leur avons consacré une exposition étendue.

§ I. — Ammoniaque.

L'azoture d'hydrogène, désigné sous le nom d'ammoniaque et composé d'un équivalent d'azote et de trois équivalents d'hydrogène, est, jusqu'ici, la seule combinaison hydrogénée de l'azote dont l'existence soit un fait toujours facile à produire et à démontrer par l'expérience.

Les autres combinaisons de l'azote et de l'hydrogène désignées sous le nom d'amide, d'imide et d'ammonium sont des produits purement hypothétiques qu'on a cherché vainement à isoler. Ils n'existent que pour les théories : les faits peuvent s'en passer. Nous essayerons de les classer sans faire usage de ces suppositions.

Sources de l'ammoniaque.— C'est à l'état d'ammoniaque que l'azote se sépare des matières organiques azotées livrées à la putréfaction ; les mêmes matières produisent ce composé lorsqu'elles sont soumises à l'action de la chaleur. C'est à l'état d'ammoniaque que les animaux rejettent sinon en totalité, du moins en grande partie, l'azote des aliments. C'est encore une forme sous laquelle la végétation reprend l'azote pour reconstituer les produits azotés et le faire servir à la fabrication des substances alimentaires ; de sorte que le rôle physiologique de l'ammoniaque n'est pas moins important, pas moins étendu que celui de l'eau ou de l'acide carbonique. Ce gaz constitue un terme constant des métamorphoses organiques ; c'est une station nécessaire à deux des principaux éléments qui concourent à tous les actes de la vie.

Le gaz ammoniac se produit dans un grand nombre de circonstances moins générales ; lorsqu'on détruit, par exemple, les substances organiques azotées par les hydrates alcalins ; on a vu que cette réaction avait trouvé une application utile dans l'analyse organique ; lorsqu'on oxyde le fer, le zinc ou l'étain par l'acide nitrique affaibli ; lorsque l'hydrogène sulfuré se trouve en présence de l'acide hypoazotique ; les combinaisons cyanurées reproduisent aussi l'ammoniaque avec une extrême facilité par un jeu moléculaire très-simple.

Les substances catalytiques telles que la mousse de platine peuvent aussi déterminer la production de l'ammoniaque dans des circonstances remarquables. Ainsi tous les composés oxygénés de l'azote, acides nitrique, nitreux et hyponitrique, protoxyde et bioxyde d'azote, produisent des torrents d'ammoniaque, lorsqu'on les dirige sur de la mousse de platine préalablement chauffée, et qu'on amène en même temps un courant d'hydrogène qui doit être en excès. Ces phénomènes, qui fournissent à l'étude de la chimie des expériences très-brillantes, ont été examinés par M. Kulhmann qui les a mis dans toute leur évidence. Ils fournissent en outre des rapprochements du plus grand intérêt pour l'intelligence de la nitrification, qui était restée fort obscure avant les belles recherches de M. Kulhmann.

M. Reiset a vu que l'oxyde de fer pouvait remplacer la mousse de platine et produire des résultats semblables.

Dans toutes ces circonstances générales ou particulières, l'ammoniaque se trouve libre ou bien engagée dans des combinaisons simples qui dérivent manifestement du produit primitif, AzH^3.

Préparation du gaz ammoniac.

On obtient le gaz ammoniac en faisant un mélange intime de deux parties de chaux éteinte et d'une partie de sel ammoniac. Ce sel, dont la préparation sera indiquée plus loin, a pour formule :

$$\underbrace{AzH^4Cl}_{\text{Sel ammoniac.}} + CaO + Aq = AzH^3 + ClCa + 2Aq$$

On introduit le mélange dans une petite cornue ou dans un petit ballon de verre et l'on chauffe modérément : il se dégage avec le gaz une quantité d'eau très-notable qui absorbe une partie du gaz en se refroidissant, mais qu'on peut enlever en faisant passer le gaz sur de la chaux vive ou sur des fragments de potasse caustique. Le chlorure de calcium aurait l'inconvénient d'absorber le gaz AzH^3 en même temps que l'eau.

On peut encore obtenir le gaz ammoniac en chauffant à une douce chaleur le produit qu'on trouve dans le commerce sous le nom d'alcali volatil et dont il sera question plus loin. Mais alors le gaz est très-humide. On peut, comme précédemment, le dessécher sur de la chaux.

Le gaz ainsi obtenu est très-soluble dans l'eau et doit être recueilli sur le mercure. M. Bussy a montré qu'on pouvait le liquéfier à l'aide du froid que produit la volatilisation rapide de l'acide sulfureux. M. Faraday le liquéfie par la compression à une température de + 10°. Le gaz ammoniac est incolore; il ne fume point à l'air, mais il y répand une odeur vive et repoussante. Une bougie allumée qu'on y plonge s'y éteint, mais avant elle jette une flamme jaunâtre due à la combustion d'une partie du gaz. Sa densité est de 0,5912.

L'étincelle électrique décompose le gaz ammoniac en ses éléments; on trouve qu'il est formé de 1 vol. d'azote et 3 vol. d'hydrogène, condensés en 2 vol. On observe le même mode de décomposition en faisant passer le gaz dans un tube fortement chauffé sur des corps inertes, des morceaux de verre ou de porcelaine.

Le gaz ammoniac réagit à la manière des alcalis : bleuit le papier rouge de tournesol et verdit le sirop de violette. C'est le seul gaz alcalin répandant des vapeurs blanches épaisses au contact de l'acide hydrochlorique liquide.

En parcourant les propriétés chimiques du gaz ammoniac, on rencontre les réactions de la nature la plus diverse. C'est un corps doué au plus haut degré de la faculté de s'associer et de se combiner. Mais on serait loin de trouver une explication suffisante des combinaisons qu'il contracte en l'envisageant comme une base. Il faut, pour entrer dans l'intelligence de son affinité la plus générale, considérer qu'en s'alliant aux autres corps, il tend à perdre les propriétés qui le caractérisent et en même temps à enlever à ceux-ci leurs réactions fondamentales ; il s'unit presque toujours avec une telle intensité que les éléments d'association se confondent malgré leur nombre et leur diversité, et fonctionnent ensuite, comme s'ils constituaient un tout homogène. En un mot, le gaz ammoniac tend au groupement et à la pénétration intime, absolument comme le fait le carbone.

Toutefois, avant de s'engager dans l'histoire organique du gaz ammoniac qui est de beaucoup la plus étendue, on peut en détacher un certain nombre de faits simples, dans lesquels on voit prédominer la constitution primitive du gaz ammoniac. Cette constitution est celle d'un azoture d'hydrogène, ainsi que le démontre sa formule, AzH^3.

§ II. — Gaz ammoniac envisagé comme azoture d'hydrogène.

Métalloïdes et gaz ammoniac.—Lorsqu'on mêle 100 vol. de gaz ammoniac à 75 vol. d'oxygène, et qu'on introduit ensuite les deux gaz dans un flacon de quelques onces, on peut enflammer le mélange soit directement, soit à l'aide de l'étincelle électrique. La réaction se fait avec explosion. Il se forme de l'eau, et de l'azote est mis à nu. Si l'oxygène est en excès, il se forme de l'acide nitrique. Bischoff assure qu'il s'en forme toujours lorsqu'on brûle un mélange d'ammoniaque et d'oxygène.

Le chlore décompose le gaz ammoniac avec production de lumière : de l'azote est mis à nu, et l'acide chlorhydrique produit s'unit à une partie du gaz ammoniac.

Le brome se comporte de même.

L'iode absorbe le gaz ammoniac et se fluidifie en formant un liquide noir à reflet métallique découvert par M. Colin. Si on évite l'élévation de température qui tend à se produire, l'iode absorbe le gaz ammoniac sans dégager une seule bulle d'azote. Mais si l'on néglige d'entourer d'un mélange réfrigérant le vase où se fait la réaction, la décomposition tend à s'effectuer comme avec le chlore et le brome. L'ammoniure d'iode abandonne insensiblement l'ammoniaque au contact de l'air; l'eau le détruit instantanément en donnant naissance à une combinaison d'ammoniaque avec l'acide hydriodique et à un composé noir, détonant, insoluble dans l'eau et qui sera étudié plus tard sous le nom d'iodure d'azote. L'ammoniure d'iode formé par l'union complète du gaz ammoniac et de l'iode, sans aucune élimination, ne correspond à aucune autre combinaison dans la nombreuse série des composés ammoniacaux. Si l'on cherche des analogies dans un autre ordre de composés, on trouve que ce produit n'est pas sans quelque ressemblance avec les combinaisons du chlore et du brome avec l'eau.

Le soufre n'agit pas à froid sur le gaz ammoniac; mais à chaud, il se dégage de l'azote, et l'acide hydrosulfurique qui se forme se combine au gaz ammoniac, non décomposé.

Le phosphore paraît décomposer le gaz ammoniac, à l'aide de la chaleur, et former des produits qui mériteraient d'être examinés.

Métaux et gaz ammoniac. — L'action des métaux varie avec leur degré d'affinité.

Le potassium devient rouge de feu dans un courant de gaz ammoniac sec : il se trouve converti, lorsque la réaction est accomplie, en une masse d'un gris verdâtre qui s'est produite avec dégagement d'hydrogène ; un peu d'ammoniaque se décompose en même temps.

Au moment du contact, $AzH^3 + K$ paraît devenir $AzH^2K + H$: à une température élevée, le composé AzH^2K perd de l'ammoniaque, ou les éléments de l'ammoniaque, et comme on peut le représenter par :

$$2AzH^3 + AzK^3 = 3AzH^2K$$

il est probable que la chaleur élimine le gaz ammoniac et laisse intact l'azoture de potassium AzK^3.

Ainsi le potassium formerait d'abord avec le gaz ammoniac, un azoture double d'hydrogène et de potassium, et cette combinaison détruite par la chaleur laisserait pour résidu un azoture de potassium.

Le sodium se comporte exactement comme le potassium.

Tous ces composés se détruisent dans l'eau et à l'air humide, en potasse ou en soude caustique et en ammoniaque.

La découverte de ces faits est due à MM. Gay-Lussac et Thénard ; Davy en a fait aussi l'étude et se trouve sur quelques points en désaccord avec les chimistes français.

Le fer et le cuivre décomposent le gaz ammoniac à une température inférieure à celle qu'exigerait le gaz s'il passait sur des morceaux de verre ou de porcelaine. En même temps, les métaux sont modifiés dans quelques-unes de leurs propriétés physiques. Ils blanchissent et deviennent cassants, bien que leur poids demeure invariable. Comme le fer et le cuivre peuvent former des azotures instables, il semblerait possible que cette modification physique fût due à une sorte de passage instantané par la combinaison de l'azote avec le métal. L'or, l'argent et le platine paraissent abaisser aussi la température à laquelle l'ammoniaque se décompose. Ils agissent sans doute alors comme corps catalytiques.

Gaz ammoniac et oxydes. — Les oxydes alcalins et terreux passent pour être inertes à l'égard du gaz ammoniac. Mais les oxydes réductibles par l'hydrogène tendent à abandonner leur oxygène pour former de l'eau, et à s'unir à l'azote. Il se forme ainsi des azotures de fer, de cobalt, de nikel, de cuivre et de mercure.

Ce sont des composés destructibles par la chaleur. Aussi faut-il modérer la température nécessaire à la réaction qui les produit.

Pour l'oxyde de cuivre, on le chauffe dans un tube jusqu'au point d'ébullition de l'huile de lin. On s'arrête à ce degré et l'on maintient quelque temps le courant de gaz ammoniac; mais, si prolongé que soit le contact, on ne parvient jamais à convertir tout l'oxyde en azoture. Une petite partie reste à l'état d'oxyde. On enlève très-bien ce dernier, suivant M. Berzélius, à l'aide de l'ammoniaque liquide qui laisse l'azoture intact.

Cet azoture se présente sous forme d'une poudre grise : la composition se représente Cu^6Az. Il détone par la chaleur, ainsi que par le contact de l'acide sulfurique.

Cet azoture ainsi que ceux de fer, de cobalt et de nikel ont été obtenus par M. Schrœtter. M. Plantamour a obtenu l'azoture de mercure. Ce dernier chimiste fait observer qu'il faut prendre de l'oxyde de mercure obtenu par précipitation, le bien sécher et le maintenir durant vingt-quatre heures dans une atmosphère de gaz ammoniac; on chauffe ensuite l'oxyde à une température de $+ 121°$ $+ 140°$, dans un courant gazeux d'ammoniaque.

L'azoture de mercure est une poudre d'un brun de noisette; il détone avec violence à $+ 200°$.

Il a pour formule Hg^3Az.

En présence du deutoxyde d'azote, l'ammoniaque se décompose, d'après M. Gay-Lussac, en protoxyde et en eau.

$$4AzO^2 + AzH^3 = 5AzO + 3HO.$$

En présence de l'acide hyponitrique, il se produit, d'après Dulong, de l'azote, de l'eau et du deutoxyde d'azote.

Dans les réactions qui viennent d'être passées en revue le gaz ammoniac s'est réellement comporté comme un azoture d'hydrogène, conformément à sa composition, AzH^3. On aurait pu pressentir le plus grand nombre des faits auxquels il a donné naissance, en se rappelant l'ordre habituel des affinités chimiques, et particulièrement l'affinité des composés hydrogénés formés par les principaux métalloïdes.

Ainsi l'azote se retire et devient libre en présence de l'oxygène, du chlore, du brome, de l'iode ou du soufre, qui le déplacent et s'emparent de l'hydrogène, auquel ils s'unissent, en toute circonstance, avec énergie.

Le potassium et le sodium déplacent l'hydrogène et retiennent l'azote, absolument comme ils le feraient à l'égard des acides chlorhydrique, bromhydrique, sulfhydrique et de l'eau elle-même.

Le gaz ammoniaque agit sur les oxydes métalliques, lorsqu'on provoque l'action dans des conditions convenables, exactement comme les hydracides, en formant de l'eau et en donnant naissance à un azoture métallique correspondant.

L'acide hydrochlorique, au contact d'un oxyde métallique, amène un double échange qu'on se représente ainsi :

Chlorure métallique Cl H acide hydrochlorique
×
Eau O M oxyde métallique.

De même pour l'ammoniaque, au contact d'un oxyde réductible par l'hydrogène, on a l'échange suivant :

Azoture métallique Az H^3 ammoniaque.
×
Eau O^3 M^3 oxyde métallique.

L'azote devient ainsi l'élément essentiel d'une série d'azotures assez nombreux, qui figurent à côté des oxydes, des chlorures et des sulfures; les combinaisons qui seront étudiées plus loin donneront naissance à des azotures de soufre et de phosphore. L'azote se combine par conséquent à l'hydrogène, aux métaux et aux métalloïdes. Il joue dans ces composés un rôle analogue à celui de l'oxygène, du soufre et du chlore, bien qu'avec une extension moindre.

Une remarque importante à faire sur les combinaisons régulières de l'azote, c'est que ce métalloïde prend trois fois plus de métal ou d'hydrogène que l'oxygène, le chlore et le soufre : lorsqu'on met le gaz ammoniac en relation avec les oxydes, il faut trois équivalents de ces derniers pour que la réaction s'accomplisse ; cette correspondance de Az avec O^3, S^3, Cl^3, se présente avec une fréquence extrême, et dans certaines combinaisons organiques on est forcé d'exprimer l'azote par des fractions d'un ou de deux tiers de Az. L'équivalent de l'azote est sans doute représenté par un poids trois fois trop fort. On peut lui conserver son signe ordinaire ; mais il ne faut pas oublier que dès qu'on veut établir la correspondance d'une combinaison azotée avec une combinaison oxygénée, du même ordre, il faut rétablir la véritable valeur de l'équivalent d'azote.

Ainsi il faut s'habituer à reconnaître que :

$AzHg^3$ correspond à O^3Hg^3

exactement comme :

HgO correspond à HgS.

Avant d'entrer dans l'histoire réellement organique du gaz ammoniac, il convient d'annexer aux réactions qui viennent d'être exposées l'action de ce gaz sur le charbon, et la transformation qu'il éprouve lorsqu'il se mêle à l'oxygène sous l'influence d'un corps catalytique. Ce sont deux faits élémentaires dans lesquels on retrouve l'activité propre aux principes azotés ; activité toute organique qui s'est déjà manifestée dans la production de l'ammoniaque, à l'aide de l'hydrogène et des combinaisons oxygénées de l'azote.

Charbon et gaz ammoniac. — En disposant du charbon de bois dans un tube en porcelaine chauffé au rouge, et en faisant arriver par une extrémité du gaz ammoniac bien sec, on recueille à l'extrémité opposée des produits gazeux et une substance blanche, volatile, vénéneuse au même degré que l'acide prussique, et qui sera étudiée plus tard sous le nom d'hydrocyanate d'ammoniaque. Par un contraste assez curieux avec les autres métalloïdes, c'est l'azote qui se fixe sur le charbon, tandis que l'hydrogène se dégage; la réaction se représente de la manière suivante :

$$2AzH^3 + C^2 = (C^2Az, H^3, Az\,H) \quad + H$$

cyanure d'ammonium.

Il paraît cependant que l'hydrogène qui se forme n'est pas pur et que la réaction n'est pas aussi simple que l'indique l'équation précédente.

Oxygène et gaz ammoniac en présence des corps de contact.—M. Kulhmann a fait voir que si l'on fait arriver sur de la mousse de platine fortement chauffée, un mélange d'oxygène et de gaz ammoniac, la décomposition ne s'opère plus avec violence et l'azote n'est pas mis en liberté. Il se combine à l'oxygène, forme des acides nitrique ou hyponitrique, suivant la vivacité de la réaction; et si le gaz ammoniac est en excès, il se combine aux acides de l'azote. Les circonstances dans lesquelles se produit le salpêtre composé surtout de nitrate, de potasse, chaux, magnésie et ammoniaque, offrent une analogie évidente avec l'action de la mousse de platine, sur un courant gazeux d'oxygène et d'ammoniaque.

L'atmosphère fournit l'oxygène; les matières organiques animales en décomposition produisent l'ammoniaque, et en même temps servent d'agent catalytique. M. Th. de Saussure a fait connaître la combinaison lente de l'hydrogène et de l'oxygène sous l'influence de substances organiques, telles que le bois, le coton et l'humus: les phénomènes ne diffèrent que par le mouvement plus ou moins rapide de leur marche. Ici les substances mêmes employées par M. Th. de Saussure, ou d'autres substances analogues agissent, par contact, sur l'oxygène et l'ammoniaque, et les transforment en acide nitrique que saturent aussitôt les carbonates terreux et alcalins, contenus dans les matériaux nécessaires à la salpêtrification.

§ III. — Gaz ammoniac combiné.

Dans les faits nombreux qui vont compléter l'histoire du gaz ammoniac, le caractère organique prédominera d'une manière à peu près constante. L'azoture d'hydrogène ne se montrera plus que rarement; le gaz ammoniac s'unira étroitement aux composés nombreux qui s'offriront à son affinité, la combinaison sera profonde, et de cette pénétration réciproque résulteront des corps de nature bien variée. Ces composés seront très-propres à montrer de nouveau toutes les ressources que possède le chimiste dans un principe qui peut s'incorporer aux autres, par voie d'association intime.

Quant aux règles des combinaisons qui vont être examinées elles sont simples et conformes à celles qui ont été exposées au sujet de l'eau. Ainsi : 1° le gaz ammoniac s'unit de toutes pièces, sans élimination aucune, soit de ses éléments propres, soit des éléments auxquels il s'allie; 2° le gaz ammoniac perd une partie de son hydrogène et élimine de la substance à laquelle il s'associe une quantité correspondante de chlore ou d'oxygène, formant ainsi de l'eau ou de l'acide hydrochlorique.

Les composés qui vont suivre sont tellement nombreux qu'ils ont été divisés en cinq groupes principaux :

1° Combinaisons du gaz ammoniac avec l'eau et les hydracides.

2° Combinaisons du gaz ammoniac avec les acides hydratés.

3° Combinaisons du gaz ammoniac avec les acides anhydres.

4° Combinaisons du gaz ammoniac avec les chlorures volatils.

5° Combinaisons du gaz ammoniac avec les sels anhydres ou dissous.

§ IV. — Combinaisons du gaz ammoniac avec l'eau et avec les hydracides.

Le gaz ammoniac forme tant avec l'eau qu'avec les hydracides une série de composés très-nombreux qui se rapprochent les uns des autres par une ressemblance incontestable.

La combinaison de l'ammoniaque avec l'eau constitue une base énergique dont le chlorure se représente très-bien par la combinaison du gaz ammoniac avec l'acide hydrochlorique ; et par une extension très-simple, la combinaison du gaz ammoniac avec les acides hydrobromique, hydriodique et hydrosulfurique produit le bromure, l'iodure et le sulfure de cette même base.

Dans ces combinaisons, l'azoture d'hydrogène s'efface entièrement; il faut voir des produits d'association dans lesquels AzH^3, HO — AzH^3, HCl, — AzH^3, HI, etc., fonctionnent par l'ensemble de leurs éléments. Ceux-ci ne se montrent que dans des circonstances exceptionnelles qui détruisent le groupement moléculaire faisant fonction de base, de chlorure ou de sulfure.

Gaz ammoniac et eau. — Alcali volatil. — Ammoniaque liquide. — Ammoniaque caustique. — Oxyde d'ammonium.

L'eau absorbe 670 fois son volume de gaz ammoniac : on parvient à le dissoudre à l'aide d'un appareil de Wolff. On doit préférer, pour la production du gaz, une cornue de fer et réduire l'hydrate de chaux en poudre fine. Le mélange consiste en quatre parties de sel ammoniac contre cinq parties de chaux vive. Dans le premier flacon de l'appareil de Wolff, on introduit un lait de chaux destiné à retenir l'acide carbonique qui se dégage ordinairement dans la calcination du mélange. L'eau augmente des deux tiers de son volume, en se saturant de gaz ammoniac. Cette dissolution incolore rappelle les principales propriétés du gaz; sa densité à + 10° est de 0,850.

Elle se congèle de 38° à 41°.

A + 55°, l'eau abandonne le gaz ammoniac; mais malgré cette séparation facile, il ne faut pas moins reconnaître que l'eau et le gaz ammoniac se combinent et constituent une des bases les plus énergiques. AzH^3, HO offre toutes les propriétés d'un oxyde qui ne le cède qu'à la potasse ou à la soude. Si cette combinaison offre peu de stabilité, à l'état de liberté, elle n'en compose pas moins des sels parfaitement définis dans lesquels la base retient énergiquement son acide. La volatilité des éléments se retrouve toujours, il est vrai, dans le mode de décomposition que subissent les combinaisons ammoniacales; mais dans les conditions de température compatibles avec l'existence de cet alcali, son affinité chimique est d'une intensité extrême.

L'ammoniaque liquide que nous désignerons sans y attacher aucune valeur chimique, par tous les synonymes qui lui ont été attribués, présente indépendamment de ses combinaisons salines quelques faits chimiques très-dignes d'intérêt.

Chlore et ammoniaque caustique.—Lorsqu'on fait agir le chlore sec sur l'ammoniaque liquide concentrée, chaque bulle de chlore produit une forte secousse et paraît s'enflammer; il se produit de l'acide hydrochlorique qui se combine avec l'ammoniaque en excès et de l'azote se dégage.

Si le chlore est préalablement dissous, il se dégage encore de l'azote, et la réaction est la même que dans le cas précédent, à l'intensité près.

Dans ces deux circonstances, la réaction se passe surtout entre les éléments du gaz ammoniac et le chlore $2AzH^3 + 3Cl = Az + 3HCl$; mais l'acide hydrochlorique qui se produit trouve un excès de gaz ammoniac, se combine à lui et donne ainsi de l'hydrochlorate d'ammoniaque, AzH^3, HCl. Ce composé constitue, comme nous l'avons dit, le chlorure de la base formée par AzH^3, HO. Si, lorsque l'hydrochlorate d'ammoniaque a pris naissance, ou continue l'action du chlore, on ne tarde pas à obtenir aux dépens des éléments de ce sel un produit connu sous le nom de chlorure d'azote.

Ce composé remarquable a été découvert par Dulong : on l'obtient très-bien en renversant un flacon rempli de chlore gazeux dans une solution d'hydrochlorate d'ammoniaque. Le sel doit être dissous dans 15 ou 20 parties d'eau. A mesure que la solution saline monte dans le flacon, par l'absorption du chlore, il se produit un composé liquide, huileux, jaune, volatil par la chaleur, répandant une odeur forte et irritant vivement les yeux par le produit de son évaporation insensible, insoluble dans l'eau, et se rassemblant au fond du liquide où il se forme. Ce composé est le chlorure d'azote. On le purifie par des lavages à l'eau froide.

Le chlorure d'azote constitue une sorte de corps intactile, détonant avec une force inouïe et brisant tous les vases qui le contiennent. Il suffit de faire vibrer ces derniers pour amener une explosion terrible du chlorure d'azote qu'ils renferment.

Malgré cette instabilité de ses éléments, le liquide de M. Dulong peut se distiller et s'unir à certains corps ou au moins les dissoudre sans que l'équilibre de ses molécules soit rompu. C'est ainsi qne le soufre disparaît dans le chlorure d'azote sans provoquer sa décomposition.

Il suffit au contraire de quelques traces de phosphore pour en amener la destruction violente. Un fragment de cyanure de potassium agit de même. Le sulfo-cyanure, au contraire, réagit sur lui sans secousse.

Ce composé curieux peut se prêter aux décompositions par double échange; si l'on instille, en effet, une solution de bromure de potassium au sein d'une assez grande quantité de chlorure d'azote tenu sous l'eau, on voit la couleur jaune disparaître et prendre une teinte rouge de plus en plus vive et foncée. Lorsque cette coloration ne change plus, on reconnaît par l'examen du nouveau produit que tout le chlore est remplacé par du brome. Dans la liqueur, au contraire, où s'est effectuée la réaction, on trouve que du chlorure de potassium a remplacé le bromure introduit.

Le bromure d'azote ainsi obtenu ne s'était formé dans aucune des réactions nombreuses tentées par Sérullas et par M. Ballard pour le produire. Le chlorure et le bromure d'azote se détruisent sous l'eau en donnant lieu à de l'hydrochlorate ou à de l'hydrobromate d'ammoniaque et à du gaz azote.

Malgré les efforts de Dulong qui a étudié sa découverte de la manière la plus habile, et, on peut le dire aussi, la plus intrépide, la composition du chlorure d'azote est restée inconnue. Se rattache-t-il au gaz ammoniac et doit-il se représenter, comme quelques chimistes le pensent, par AzH^2Cl? ou bien dérive-t-il de l'hydrochlorate d'ammoniaque, dans lequel un certain nombre d'équivalents d'hydrogène seraient soustraits et remplacés par du chlore? Les expériences décisives manquent pour résoudre ce doute.

L'iode décompose aussi l'oxyde d'ammonium, et donne naissance à une poudre noire insoluble dans l'eau et dans l'alcool, qui, par de fréquents lavages, et bien mieux encore par la dessiccation, acquiert la propriété de détoner violemment.

Ce composé, désigné sous le nom d'azoture d'iode, a été découvert par M. Colin : il contient de l'hydrogène, car on y reconnaît des vapeurs blanches d'hydrochlorate d'ammoniaque lorsqu'on le fait détoner. M. Marchand a cherché à en faire l'analyse, et le croit formé de Az, H^2 I. Ce corps perd tout à fait ses propriétés détonantes lorsqu'on le maintient dans une atmosphère de gaz ammoniac; mais dès que l'ammoniaque s'évapore, il redevient fulminant. Il paraît aussi susceptible de se former à une température assez élevée, car on le trouve produit en abondance dans la réaction du gaz ammoniac sur le chlorure d'iode, bien que cette réaction s'opère avec un grand dégagement de chaleur et même avec lumière.

Il serait possible, toutefois, que l'iode fût susceptible de former plusieurs composés détonants.

L'azoture d'iode s'obtient très-bien en faisant digérer quelques instants l'iode en poudre dans l'ammoniaque caustique et en lavant ensuite : il se forme instantanément par le mélange de l'ammoniaque caustique à une solution d'iode dans l'alcool ou dans l'iodure de potassium.

L'ammoniure d'iode lui donne aussi naissance lorsqu'il se décompose au contact de l'eau.

L'azoture d'iode se dissout très-bien dans l'ammoniure d'iode : l'hydriodate d'ammoniaque disparaît aussi dans le même dissolvant : en ajoutant alternativement de l'hydriodate d'ammoniaque et de l'azoture d'iode, on augmente beaucoup la masse primitive d'ammoniure sans en diminuer la fluidité. Il semble qu'il y a là autre chose qu'une dissolution, et que les deux principes dissous reconstituent par leur union le dissolvant lui-même, l'ammoniure d'iode.

Le phosphore paraît indifférent à l'égard de l'ammoniaque liquide.

Quant au soufre, son action n'a pas été étudiée en l'absence de l'acide hydrosulfurique qui donne naissance à plusieurs produits bien caractérisés, soit qu'il agisse seul, soit que le soufre s'associe à son action.

Les métaux ont été peu étudiés.

Le zinc paraît dégager de l'hydrogène par une véritable décomposition de l'eau; il se forme des cristaux d'hydrate d'oxyde. L'oxydation s'effectue très-bien lorsqu'on fixe une lame de zinc sur un morceau de fer et qu'on l'abandonne quelque temps dans une solution d'ammoniaque.

C'est ici que doit se placer l'action très-remarquable qu'exerce le mercure sur une dissolution d'ammoniaque caustique, lorsqu'on rend dans celle-ci les deux pôles d'une pile voltaïque, dont l'électrode négatif plonge dans le mercure.

On voit le mercure prendre un volume considérable et

se transformer en une masse butyreuse d'un blanc d'argent, qui se laisse pétrir dans les mains à la température ordinaire, et que nous nommerons hydrure de mercure ammoniacal. Cet hydrure se détruit promptement si on soustrait l'influence du courant électrique; il se décompose alors en hydrogène, ammoniaque et mercure. M. Grove a vu qu'on pouvait solidifier ce composé particulier à l'aide d'un mélange d'acide carbonique et d'éther. Il se contracte alors et se conserve sans altération sensible. Il est cassant, d'un gris foncé, et assez analogue à de la fonte qui a été quelque temps exposée au contact de l'air. Il a presque entièrement perdu à cette température l'éclat métallique si caractéristique qu'il présente à la température ordinaire. L'hydrure de mercure se décompose dès qu'il fond.

Le contact de l'alcool et de l'éther accélèrent sa décomposition que rien ne peut arrêter, sauf le froid intense appliqué par M. Grove. L'acide sulfurique le décompose en formant du sulfate d'ammoniaque; mais il se trouve lui-même décomposé par l'hydrogène de l'hydrure, car il se fait un dépôt de soufre; il se sépare, en outre, du mercure métallique.

Ce composé se produit encore beaucoup plus facilement, et avec un peu moins d'instabilité, lorsqu'on verse un amalgame de mercure et de potassium ou de sodium sur quelques fragments d'hydrochlorate d'ammoniaque légèrement humectés. L'expérience se fait avec beaucoup d'élégance en creusant dans un morceau de sel ammoniac une petite cavité que l'on humecte avec de l'eau, et dans laquelle on verse ensuite l'amalgame de potassium. L'amalgame se gonfle, devient brillant, et ne tarde pas à déborder.

Ce composé fut découvert par Seebeck; les différentes modifications de sa préparation furent étudiées par Davy, par MM. Berzélius, Pontin, Thénard et Gay-Lussac; plusieurs de ces chimistes éminents se sont occupés de déterminer sa composition, qui, néanmoins, reste encore indécise. Ils s'accordent unanimement à reconnaître que ce composé renferme du mercure, de l'hydrogène et de l'ammoniaque; mais la proportion relative des éléments est loin d'être établie d'une manière aussi certaine. Malgré les dissidences qui existent sur ce point important, la théorie s'est beaucoup exercée sur l'hydrure de mercure ammoniacal. On a vu dans cette combinaison la preuve de l'existence d'un radical métallique non isolé, l'ammonium qui aurait la faculté de se combiner à l'oxygène pour former l'ammoniaque caustique, au chlore pour constituer l'hydrochlorate d'ammoniaque, et au mercure dans l'hydrure ammoniacal; de sorte qu'on devrait représenter ces composés de la manière suivante :

		ammonium.	
AzH^3, HO	$=$	$AzH^4 + O$	oxyde d'ammonium. ammoniaque caustique.
AzH^3, HCl	$=$	$AzH^4 + Cl$	chlorure d'ammonium. hydrochlorate d'ammoniaque
AzH^3, HHg	$=$	$AzH^4 + Hg$	amalgame d'ammonium.

L'aspect métallique de l'hydrure de mercure ammonical, sa dissolution dans le mercure ont semblé des faits sans réplique.

Il est certain, néanmoins, que cet aspect métallique, auquel on attache ici une valeur extrême, est insignifiant lorsqu'il s'agit de classer d'autres produits. Plusieurs métaux ne possèdent point l'aspect métallique, et nombre de substances simples et composées, de sels minéraux et organiques brillent de l'éclat du métal.

D'un autre côté, on est très-ignorant des propriétés chimiques et physiques qui appartiennent tant aux hydrures qu'aux azotures métalliques. Le gaz ammoniac, qui a une affinité générale pour toutes les combinaisons de l'hydrogène, ne peut-il pas maintenir quelque temps la combinaison de l'hydrogène et du mercure dans les circonstances les plus propres à la produire ? Avant de conclure sur la valeur théorique de l'hydrure de mercure ammoniacal, il serait indispensable de fixer les proportions de ses éléments ; avant d'étendre ses analogies, il serait convenable de multiplier les composés qui ont quelque ressemblance avec lui. On doit déjà à M. Grove des expériences importantes qui modifieront sans doute les vues auxquelles on s'était arrêté sur le composé de Seebeck.

M. Grove a reconnu que lorsqu'on soumet à l'action décomposante de la pile électrique des dissolutions de zinc, de cadmium, de cuivre ou d'or mélangés avec un grand excès de sel ammoniacal, il se formait au pôle négatif un précipité métallique peu cohérent, qui est un azoture métallique, et qui dégage de l'azote quand on le chauffe. A l'aide de deux fils de platine épais qui communiquaient avec une forte pile, et dont l'un portait un morceau de zinc distillé, M. Grove a agi sur une dissolution très-concentrée de sel ammoniac renfermant du sel indissous ; le zinc servit d'électrode négatif ; dès que le circuit fut fermé, il se déposa sur ce dernier métal une foule de paillettes qui avaient l'éclat du graphite. Ces paillettes contenaient de l'azote, de l'hydrogène et du zinc. Un semblable composé serait bien rapproché de l'hydrure de mercure ammoniacal, et ne se trouverait pas bien éloigné des azotures indiqués par M. Grove. C'est sans doute de ce côté que se développèrent des analogies plus solides.

L'action de l'ammoniaque liquide sur les oxydes métalliques se lie à son action sur les sels métalliques, qui sera exposée dans le dernier paragraphe de ce chapitre.

Nous compléterons ici l'histoire de l'ammoniaque caustique, c'est-à-dire de la base que forme le gaz ammoniac en s'unissant à l'eau, en mettant cet oxyde énergique en contact avec les différents hydracides.

Acide hydrochlorique et ammoniaque. — Le gaz ammoniac s'unit avec une grande énergie à l'acide hydrochlorique, et donne un produit solide, qui a pour formule $Az\,H^3$, HCl. Le même sel s'obtient en ajoutant de l'acide hydrochlorique liquide à de l'ammoniaque caustique en solution. Cette réaction est conforme à celle que l'acide hydrochlorique exerce sur tous les oxydes ; le chlore prend la place de l'oxygène, qui se combine à l'hydrogène de l'acide hydrochlorique.

$$\begin{array}{ccc} AzH^3, HO + HCl & = & AzH^4, HCl + HO \\ \times & & \times \\ MO + HCl = & & MCl + HO. \end{array}$$

L'hydrochlorate d'ammoniaque était autrefois connu sous le nom de sel ammoniac. On le tirait de l'Égypte, où il provenait de la fiente des chameaux, brûlée et distillée. On obtenait, par la combustion, une suie abondante, qui donnait, lorsqu'on venait à la reprendre et à la chauffer en vase clos, une abondante volatilisation de sel ammoniac Cette production s'explique par la présence des chlorures dans ces excréments, et par la formation des produits ammoniacaux dans la distillation des matières animales.

Maintenant, on prépare l'hydrochlorate d'ammoniaque, en Europe, en séparant les deux temps qui se confondent dans la combustion de la fiente du chameau.

On puise le sel ammoniac à différentes sources que nous ferons connaître plus loin, en exposant la production générale des produits ammoniacaux. On obtient ceux-ci à l'état de carbonate ou de sulfate ; et par double composition, soit à l'aide de chlorure de calcium, soit à l'aide de sel marin, on arrive à la préparation en grand de l'hydrochlorate d'ammoniaque.

Le sel ammoniacal du commerce est plus ou moins blanc, quelquefois brun ; il est cristallisé, fibreux et résiste au pilon ; il cristallise en octaèdre ou en formes qui en dérivent. Il ne se combine point à l'eau ; sa pesanteur spécifique est de 1,45 ; sa saveur est fraîche, piquante et salée ; il se dissout dans 2,72 parties d'eau froide, dans son poids d'eau bouillante et dans 8 parties d'alcool.

Les acides énergiques en dégagent l'acide hydrochlorique. M. H. Rose a montré que l'acide sulfurique anhydre ne le décomposait pas et s'unissait à lui. C'est une combinaison diaphane et compacte qui ne fume pas à l'air et se détruit dans l'eau. L'acide chromique se combine aussi à l'hydrochlorate d'ammoniaque, même en présence de l'eau ; il suffit que la liqueur soit très-acide.

Les métaux alcalins, le fer, le zinc et le manganèse enlèvent le chlore au sel ammoniac, et en dégagent de l'hydrogène, de l'ammoniaque ou ses éléments. Les oxydes de cobalt et de nikel sont réduits ; l'oxyde de cuivre donne du chlorure du cuivre et du métal. L'étain se dissout dans une dissolution de sel ammoniac ; l'argent se dissout aussi, pourvu que l'air ait accès.

L'hydrochlorate d'ammoniaque forme un grand nombre de chlorures doubles et se comporte à ce titre comme les chlorures de potassium et de sodium.

Combinaisons de l'hydrochlorate d'ammoniaque avec les chlorures métalliques.

$$MgCl + AzH^3, HCl.$$

Chlorure de magnésium et hydrochlorate d'ammoniaque. — Ce sel sert à obtenir par calcination le chlorure de magnésium anhydre qui ne se produit par aucun autre procédé : lorsqu'on destine le chlorure double à cet usage, il ne faut pas craindre de mettre un excès de sel ammoniac.

Perchlorure de fer et sel ammoniac. — L'hydrochlorate d'ammoniaque cristallise avec des proportions de perchlorure de fer qui varient de 2 à 5 °/₀. Cette petite quantité, qui semble peu d'accord avec les proportions chimiques, donne des cristaux cubiques qui se forment avec couleur de rubis.

Néanmoins, si l'on mélange une dissolution de chlorure ferrique en excès avec une dissolution d'hydrochlorate d'ammoniaque, on obtient par l'évaporation au-dessus de l'acide sulfurique des cristaux rouges que l'eau décompose de suite et qui ont pour formule :

$$Fe^2Cl^3 + 2AzH^3, HCl + 2HO.$$

Le protochlorure de fer donne un composé qui a pour formule :

$$FeCl + AzA^3, HCl.$$

Le protochlorure de manganèse donne un sel double que l'ammoniaque caustique ne précipite pas.

Le chlorure de zinc donne avec le sel ammoniac un chlorure double qui retient un équivalent d'eau, et qui paraît très-propre à décaper les métaux.

Les chlorures de nikel et de cobalt donnent des composés analogues.

Le bichlorure de cuivre fournit une combinaison qui a pour formule :

$$CuCl, AzH^3, HCl + 2HO.$$

Le protochlorure de mercure se dissout légèrement à chaud, dans une solution aqueuse de sel ammoniac ; il se décompose aussi partiellement dans certaines conditions, en mercure métallique et en bichlorure.

Une dissolution aqueuse saturée de sel ammoniac dissout son propre poids de bichlorure de mercure, et peut redissoudre ensuite de nouveau du sel ammoniac : on obtient ainsi un chlorure double connu anciennnement sous le nom de sel d'Alembroth, qui se représente par :

$$ClHg + AzH^3, HCl + HO.$$

Chlorure de bismuth et hydrochlorate d'ammoniaque.— En prenant ces deux sels, dans la proportion de leurs équivalents, et en les dissolvant dans une eau acidulée par l'acide hydrochlorique, M. Jacquelain a obtenu un sel double cristallisé en dodécaèdre dérivé du prisme hexaèdre à six faces.

Le sel double se représente par :

$$Bi^2Cl^3 + 2AzH^3, HCl.$$

Le protochlorure d'antimoine fournit un chlorure double correspondant au précédent cristallisé aussi en dodécaèdre dérivé du prisme hexaèdre régulier à six faces.

Ce sel a pour formule :

$$SbCl^3 + 2AzH^3, HCl.$$

Le protochlorure de platine donne une combinaison découverte par M. Magnus.

$$PtCl + AzH^3, HCl.$$

C'est un sel rouge assez soluble dans l'eau qu'il colore en rouge jaunâtre.

Le bichlorure de platine se combine aussi et forme un sel dont il importe de connaître les relations avec les sels ammoniacaux. Il se forme toutes les fois que l'on verse le bichlorure de platine dans une dissolution où le gaz ammoniac a pris le caractère salin. Qu'il soit à l'état d'oxyde libre ou combiné aux oxacides, ou bien à l'état de sel haloïde, le bichlorure de platine forme un précipité jaune, grenu, cristallin, insoluble dans l'eau.

C'est un sel double qui a pour formule :

$$PtCl^2, AzH^3, HCl.$$

M. H. Rose a reconnu que ce sel était surtout insoluble dans un mélange d'alcool et d'éther.

Il donne par la calcination un résidu de platine pur dans la proportion de 44,32 pour cent.

La formation du chlorure de platine et d'ammoniaque sert non-seulement à reconnaître la présence de l'ammoniaque, mais encore à constater son état basique. Les autres combinaisons où l'ammoniaque n'est pas combinée de manière à jouer le rôle de base, ne sont pas précipitées comme les sels ammoniacaux proprements dits.

L'or, le palladium, le rhodium, l'osmium et l'iridium donnent des chlorures doubles avec l'hydrochlorate d'ammoniaque.

Le chlorure d'argent se dissout dans le sel ammoniac et donne naissance à un chlorure double.

L'hydrobromate d'ammoniaque est analogue à l'hydrochlorate, et formerait des combinaisons doubles aussi nombreuses.

L'hydriodate se conserve difficilement sans coloration; il prend un second équivalent d'iode pour former un biiodure noir.

L'iodure d'or se dissout dans l'hydriodate d'ammoniaque et donne des prismes carrés noirs.

L'acide hydrofluorique se combine à l'ammoniaque et donne un sel qu'on obtient en faisant un mélange de sel ammoniac et de fluorure de sodium. On sublime ce mélange dans un creuset de platine recouvert d'un couvercle creux contenant de l'eau; l'hydrofluorate d'ammoniaque se condense à la partie convexe et intérieure du creuset qui se trouve maintenue à + 100 par l'évaporation de l'eau; ce sel corrode avec force le verre sur lequel on peut appliquer sa solution pour graver.

L'hydrofluorate d'ammoniaque peut se combiner à un second équivalent d'acide ou de base.

Il peut aussi entrer dans la série des fluorures doubles où M. Berzélius a fait de si importantes découvertes. Ainsi, en ajoutant de l'acide borique à une dissolution d'hydrofluorate d'ammoniaque, on chasse une partie de l'ammoniaque, et l'on obtient une combinaison cristallisée à six faces, que M. Berzélius représente par

$$BFl^3 + AzH^3, HFl.$$

Les fluorures de silicium, de tantale, de titane donnent des combinaisons analogues.

Hydrogène sulfuré, soufre et ammoniaque.

L'hydrogène sulfuré forme deux combinaisons avec le gaz ammoniac. Ces sulfures sont ensuite susceptibles de s'unir de nouveau au soufre et de former plusieurs combinaisons dont quelques-unes ont été récemment découvertes.

Ces combinaisons se représentent par les formules suivantes :

$$AzH^3, HS$$
$$AzH^3, HS, HS$$
$$AzH^3, HS, S$$
$$AzH^3, HS, 3S$$
$$AzH^3, HS, 4S$$
$$AzH^3, HS, 6S.$$

Sulfure d'ammonium. — Hydrosulfate d'ammoniaque AzH^3, HS.

Cette combinaison n'existe qu'en dissolution dans l'eau ; en essayant de la séparer de son dissolvant, elle abandonne de l'ammoniaque, et se convertit en hydrosulfate d'ammoniaque hydrosulfuré, AzH^3, HS, HS.

On l'obtient en séparant en deux parties égales une certaine quantité d'ammoniaque caustique, et en saturant ensuite l'une d'elles par un courant d'hydrogène sulfuré : lorsque le gaz ne se dissout plus, et que la liqueur ammoniacale, agitée dans l'éprouvette qui la contient, repousse l'hydrogène sulfuré au lieu de l'absorber, on arrête le courant et on mêle les deux moitiés. La dissolution saturée d'acide hydrosulfurique renferme AzH^3, HS, HS, qui, se trouvant en présence d'une quantité d'ammoniaque égale à celle qu'il contient, se combine à elle et forme de l'hydrosulfate avec le tout.

La dissolution de sulfure d'ammonium est incolore au moment où on vient de la préparer, mais elle jaunit assez promptement. Cette coloration est due à du soufre qui se trouve séparé par l'oxygène de l'air, dont l'hydrosulfate d'ammoniaque est très-avide.

Hydrosulfate d'ammoniaque hydrosulfuré. — Hydrosulfate de sulfure d'ammonium AzH^3, HS, HS.

Cette combinaison a plus de tendance à se produire que la précédente. Lorsque l'ammoniaque et l'hydrogène sulfuré sont en présence à l'état gazeux, ils se réunissent à volume égal, et donnent toujours naissance à ce sel, sous forme de lames incolores, transparentes et brillantes. Elles sont volatiles sans décomposition; très-solubles dans l'eau et très-altérables à l'air qui les jaunit.

Les cristaux solides et anhydres paraissent pouvoir prendre aussi naissance dans une solution aqueuse très-concentrée.

Hydrosulfate d'ammoniaque sulfuré. — Bi-sulfure d'ammonium AzH^3, HS, S. — Liqueur fumante de Boyle.

Le composé anhydre s'obtient en faisant passer simultanément du soufre et du gaz ammoniac dans un tube de porcelaine chauffé au rouge. Le récipient est fortement refroidi. Il se forme des cristaux jaunes volumineux qui se liquéfient à l'air.

Les acides décomposent la dissolution, en dégageant de l'hydrogène sulfuré, et forment un dépôt de soufre.

On obtient la combinaison hydratée connue sous le nom de *liqueur fumante de Boyle*, en distillant ensemble parties égales d'hydrochlorate d'ammoniaque et de chaux, avec demi-partie de fleurs de soufre. On mélange le tout, puis on distille, en chauffant fortement; le produit est condensé dans des vases entourés d'un mélange réfrigérant.

C'est un liquide jaune, oléagineux, qui abandonne quelquefois des cristaux par le refroidissement; il est très-volatil et très-oxydable. L'oxygénation des vapeurs au contact de l'air produit les fumées blanches que dégage ce produit.

Pentasulfure d'ammonium. — Hydrosulfate d'ammoniaque quadrisulfuré, $AzH^3, HS + 4S$.

Cette combinaison et les suivantes ont été découvertes par M. Fritzsche.

On obtient le pentasulfure d'ammonium en faisant passer un courant de gaz ammoniac tant qu'il s'absorbe dans une dissolution d'hydrosulfate d'ammoniaque ; on fait dissoudre ensuite tout le soufre que cette liqueur peut prendre ; puis on fait absorber de nouveau et successivement du gaz ammoniac, du soufre, de l'hydrogène sulfuré jusqu'à ce que le tout devienne solide. On a soin de refroidir durant ces diverses opérations. Lorsque le tout est solide on bouche le flacon avec soin, et l'on chauffe modérément jusqu'à fusion. On obtient par le refroidissement de longs prismes qui constituent le pentasulfure. Ce composé est décomposé par l'air et par l'eau qui en sépare trois équivalents de soufre à l'état mou. Il est soluble dans l'alcool qui dépose plus tard des cristaux de soufre.

Tétrasulfure d'ammonium. — Hydrosulfate d'ammoniaque trisulfuré $AzH^3, HS + 3S$.

Ce sel s'obtient en faisant arriver alternativement du gaz ammoniac et de l'acide hydrosulfurique dans les eaux mères du sel précédent, jusqu'à ce qu'il se forme de nouveaux cristaux.

En redissolvant par une douce chaleur, comme pour le sel précédent, on obtient des cristaux semblables aux cristaux de soufre naturel. Ces cristaux s'altèrent à l'air par l'oxydation et par la perte de l'hydrosulfate d'ammoniaque.

La solution concentrée dans l'eau ne se détruit pas ; mais par l'addition d'une plus grande quantité d'eau, il se dépose du soufre mou.

L'hydrosulfate d'ammoniaque trisulfuré se dissout dans l'alcool : l'accès de l'air y provoque le dépôt du soufre à l'état cristallisé et en même temps se forme un produit particulier d'une odeur aromatique.

Heptasulfure d'ammonium. — Hydrosulfate d'ammoniaque persulfuré, $AzH^3, HS + 6S$.

Lorsqu'on chasse par l'évaporation l'hydrosulfate d'ammoniaque que l'hydrosolfate d'ammoniaque quadrisulfuré, $AzH^3, HS + 4S$, abandonne avec une grande facilité, il se forme des cristaux rouges qui se représentent par $AzH^3, HS + 6S$. Les cristaux sont d'un rouge rubis, assez stables pour être conservés dans des vases pleins et fermés; mais à l'abri de la lumière et de la chaleur.

L'hydrosulfate d'ammoniaque peut entrer dans la série des sulfures doubles; il se combine aux sulfures d'arsenic, de tellure, de tungstène, de molybdène et de carbone.

Ce dernier s'obtient en mélangeant dix volumes d'alcool anhydre saturé de gaz ammoniac avec un volume de sulfure de carbone; le flacon doit être rempli et refroidi à 0°, c'est tantôt une poudre jaune cristallisée, tantôt une cristallisation en barbe de plume. Ce sel a pour formule :

$$AzH^3, HS + CS^2.$$

Il a été découvert par Zeise.

L'alcool retient en dissolution un sel de constitution différente.

§ V. — Combinaisons de l'ammoniaque caustique avec les acides hydratés.

Dans ces combinaisons, l'ammoniaque se trouve primitivement uni à l'eau, et constitue un groupement intime qui joue le rôle de base : la base ainsi formée, AzH^3, HO, prend ensuite position en face d'un acide à la manière de tous les oxydes. C'est alors une simple juxtaposition qui se prête à toutes les lois de double échange.

Sulfate d'ammoniaque. $So^3, HO + AzH^3, HO$.

Ce sel, qui peut se rencontrer à l'état naturel, se forme

très-bien par l'union directe de l'acide sulfurique du commerce et de l'ammoniaque caustique; il se prépare en grand dans le commerce, par la réaction du carbonate d'ammoniaque sur le sulfate de chaux.

Il cristallise en prismes plats, à quatre pans ou bien en pyramides hexagones doubles : il est efflorescent dans un air sec, soluble dans deux parties d'eau froide, très-soluble dans l'eau chaude, insoluble dans l'alcool. Lorsqu'on le chauffe, il se décompose, abandonne de l'ammoniaque et forme du bi-sulfate d'ammoniaque; ce dernier sel est soluble dans l'alcool.

Le sulfate d'ammoniaque se combine très-bien au sulfate de potasse et ne change pas la forme cristalline de ce sel; mais alors le sulfate d'ammoniaque a perdu un équivalent d'eau et s'exprime par : SO^3, AzH^3, HO. Le sulfate d'ammoniaque hydraté, $SO^3HO + AzH^3$, HO, possède aussi la même forme que le sulfate de potasse.

L'hydrochlorate d'ammoniaque, AzH^3, HCl, est également isomorphe du chlorure de potassium ClK.

Le sulfate d'ammoniaque donne naissance à plusieurs sels doubles.

Avec le sulfate d'alumine il fournit un alun qui se représente par :

$$Al^2O^3, 3SO^3 + AzH^3, HO, SO^3 + 24HO.$$

La calcination de ce sel donne pour résidu de l'alumine pure.

Le sesqui-oxyde de manganèse donne un alun semblable qui se dépose sous forme d'octaèdres d'un rouge foncé : il a pour formule :

$$Mn^2O^3, 3SO^3 + AzH^3, HO, SO^3 + 24HO.$$

L'eau le décompose : il ne se produit qu'avec des liqueurs acides concentrées.

Le peroxyde de fer fournit également un alun avec le sulfate d'ammoniaque : c'est un sel formé de beaux cristaux qui se dissolvent dans 3 parties d'eau : il a pour formule :

$$Fe^2O^3, 3SO^3 + AzH^3, HO, SO^3 + 24HO.$$

Le sulfate d'ammoniaque forme encore la série suivante de sulfates doubles :

Avec le sulfate de magnésie	$AzH^3, HO + SO^3 + MgO, SO^3 + 7HO.$
Avec le sulfate de zinc	$AzH^3, HO, SO^3 + ZnO, SO^3 + 7HO.$
Avec le sulfate de protoxyde de manganèse	$AzH^3, HO, SO^3 + MnO, SO^3 + 7HO.$
Avec le sulfate de protoxyde de fer	$AzH^3, HO, SO^3 + FeO, SO^3 + 7HO.$
Avec le sulfate de nikel	$AzH^3, HO, SO^3 + NiO, SO^3 + 7HO.$
Avec le sulfate de cobalt	$AzH^3, HO, SO^3 + CoO, SO^3 + 7HO.$
Avec le sulfate de cuivre	$AzH^3, HO, SO^3 + CuO, SO^3 + 7HO.$

Le sulfate de plomb peut se combiner au sulfate d'ammoniaque et donner un sel soluble qui a été découvert par M. Wœlher. On précipite l'acétate de plomb par l'acide sulfurique en léger excès. On neutralise ensuite par l'ammoniaque et on fait bouillir : le précipité se redissout et forme par le refroidissement des cristaux transparents, brillants et anhydres qui ont pour formule :

$$AzH^3, HO, SO^3 + PbO, SO^3.$$

Le sulfate de bi-oxyde de mercure forme avec le sulfate d'ammoniaque un sel anhydre analogue au sel de plomb.

$$SO^3, AzH^3, HO + SO^3, HgO.$$

C'est un sel peu soluble, mais susceptible de se dissoudre dans l'eau ; on l'obtient en mêlant le sulfate d'ammoniaque au sulfate de mercure.

L'hyposulfate d'ammoniaque s'obtient par double décomposition avec le sulfate d'ammoniaque et l'hyposulfate de baryte : il contient deux équivalents d'eau.

$$S^2O^5, AzH^3, HO + 2HO.$$

L'hyposulfite se prépare avec le carbonate d'ammoniaque et l'hyposulfite de chaux.

Le sulfite s'obtient directement ; il est soluble dans son poids d'eau froide. Il a pour formule :

$$SO^2, AzH^3, HO.$$

L'hyposulfite d'ammoniaque dissout le chlorure d'argent, et forme une combinaison que l'alcool précipite avec un aspect cristallin.

Nitrate d'ammoniaque. — Ce sel peut s'obtenir par double échange ou par l'action directe de l'acide nitrique sur l'ammoniaque caustique. Si l'on refroidit brusquement sa dissolution concentrée, il cristallise en fils longs, flexibles et élastiques. Il est déliquescent ; sa saveur est âcre et amère : il a pour formule :

$$AzO^5, AzH^3, HO.$$

L'action de la chaleur sur ce sel est très-remarquable. Si on le jette dans un creuset rouge, il brûle avec une flamme jaune en produisant une faible déflagration. Si on le chauffe brusquement à une température de $+300^0$ environ, il donne naissance à un grand nombre de produits parmi lesquels on remarque de l'ammoniaque et du deutoxyde d'azote.

Mais si on procède avec ménagement dans l'application de la chaleur, il se convertit en eau et en protoxyde d'azote : il fond à $+ 150^0$ et ne commence à se décomposer qu'à $+ 230$. Ce mode de décomposition s'explique très-bien par la proportion des éléments du nitrate d'ammoniaque.

$$AzO^6, AzH^3, HO = Az^2O^2 + 4HO.$$

En mêlant le nitrate d'ammoniaque à dix fois son poids de mousse de platine et en le chauffant à $+ 160^0$, on lui fait subir un mode de décomposition tout particulier. Il donne à partir de la température qui vient d'être fixée un dégagement régulier d'azote : il se forme en outre de l'eau et de l'acide nitrique ; l'équation suivante rend compte de cette réaction :

$$5AzO^5, AzH^3, HO = 2AzO^5 + 10HO + 8Az.$$

Ainsi sous l'influence d'un corps de contact, la décomposition du nitrate d'ammoniaque se fait avec un abaissement de 70 degrés, et la nature des produits hydrogénés est complétement changée.

L'acide sulfurique concentré convertit, à l'aide de la chaleur, le nitrate d'ammoniaque en eau et en protoxyde d'azote ; mais pour que ce mode de réaction se détermine, il faut que l'acide soit en grand excès, 1 de nitrate pour 50 d'acide ; il faut aussi qu'on porte la température à $+ 150°$; au-dessous l'acide nitrique distille comme dans la décomposition ordinaire des nitrates.

Le nitrate d'ammoniaque paraît susceptible de former des nitrates doubles : il augmente la solubilité de l'acide stannique, sous sa modification soluble, dans l'acide nitrique. Le nitrate de protoxyde de mercure forme une combinaison analogue qui se représente par

$$AzO^5, Hg^2O + AzO^5, AzH^3, HO.$$

Nitrite d'ammoniaque.—Ce sel peut s'obtenir sous forme solide par son évaporation dans le vide ou au-dessus de l'acide sulfurique : l'ébullition le décomposerait en azote et en eau ; la formule montre en effet que ses éléments peuvent se convertir ainsi :

$$AzO^3 + AzH^3, HO + 2HO = 2Az + 5HO.$$

On le prépare en décomposant du nitrite de plomb par du sulfate d'ammoniaque. Lorsqu'on chauffe le sel solide, on n'obtient point d'azote, mais du protoxyde d'azote, de l'eau et de l'ammoniaque.

L'acide sulfurique concentré le décompose en azote et en eau.

M. Pelouze, qui a observé la décomposition de ce sel, ainsi que la décomposition du nitrate d'ammoniaque en présence de l'acide sulfurique, a vu en outre que la combinaison sulfurique du deutoxyde d'azote se détruisait, dans les mêmes conditions, à la faveur du sulfate d'ammoniaque. Il se fait encore, dans ce dernier cas, un dégagement d'azote. Il résulte de ces différentes décompositions, ainsi que l'a fait remarquer M. Pelouze, qu'on peut purifier l'acide sulfurique de toute combinaison nitrique ou nitreuse à l'aide du sulfate d'ammoniaque.

Perchlorate d'ammoniaque. — L'acide perchlorique forme, avec l'ammoniaque caustique, un sel médiocrement soluble, plus soluble cependant que le perchlorate de potasse. Le perchlorate d'ammoniaque est plus soluble à chaud. La chaleur le décompose brusquement et entièrement en acide hydrochlorique, eau, azote et oxygène : il a pour formule :

$$ClO^7, AzH^3, HO.$$

Chlorate d'ammoniaque. — Le chlorate d'ammoniaque s'obtient, par double échange, avec le carbonate d'ammoniaque et le chlorate de baryte. Il se présente sous forme de cristaux prismatiques, solubles dans l'eau et très-peu solubles dans l'alcool absolu. M. Waechter a vu qu'il n'était pas volatil à + 100° comme on l'avait annoncé, mais qu'il se décomposait à + 102°, avec accompagnement de lumière. Les produits de sa décomposition sont analogues à ceux du perchlorate : il est composé de

$$ClO^5, AzH^3, HO.$$

Iodate d'ammoniaque. — L'iodate neutre d'ammoniaque est très-peu soluble dans l'eau froide ; il n'existe qu'en présence d'un excès d'ammoniaque caustique, car il se décompose incessamment à l'air libre, en répandant une odeur de souris très-prononcée ; il se convertit ainsi en tri-iodate d'ammoniaque :

$$IO^5, AzH^3, HO + 2IO^5, HO.$$

Ce dernier sel se décompose à + 170° en produisant une violente explosion.

La décomposition de l'iodate neutre est d'autant plus rapide qu'on s'élève davantage au-dessus de la température de l'atmosphère. Le tri-iodate est isomorphe du tri-iodate de potasse.

Acide phosphorique et ammoniaque. — L'ammoniaque caustique forme au moins deux phosphates avec l'acide phosphorique. C'est l'acide phosphorique à 3 équivalents d'eau qui se combine à l'ammoniaque.

$$PhO^5 + 3HO.$$

Phosphate mono-ammonique. — Bi-phosphate. —

$$PhO^5 + 3HO + AzH^3, HO.$$

L'acide phosphorique paraît conserver ici ses trois équivalents d'eau, de même que l'acide sulfurique conserve le sien dans le sulfate cristallisé.

On obtient ce sel en versant l'acide phosphorique dans une solution d'ammoniaque jusqu'à ce que la liqueur rougisse le papier de tournesol et ne précipite plus les sels de baryte. Il se forme par une concentration convenable de gros cristaux qui possèdent la composition indiquée ci-dessus.

Ce sel se dissout dans cinq parties d'eau froide et dans une moindre quantité d'eau chaude.

Phosphate bi-ammonique. — Phosphate neutre.

$$PhO^5 + 2AzH^3, HO + HO.$$

On obtient cette seconde combinaison, en ajoutant de l'ammoniaque liquide au sel précédent : la réaction de ce sel est alcaline ; il se dissout dans quatre parties d'eau froide, et est plus soluble dans l'eau chaude.

Les deux combinaisons de l'ammoniaque avec l'acide phosphorique sont décomposées par l'application d'une chaleur suffisante. M. Gay-Lussac a reconnu qu'on rendait un tissu organique incombustible en le plongeant dans la dissolution des phosphates ammoniacaux.

Lorsqu'on dirige un courant de gaz ammoniac dans une solution concentrée de phosphate bi-ammoniacal, il se produit un magma cristallin qui abandonne de l'ammoniaque lorsqu'on le sèche, et reproduit le phosphate bi-ammoniacal.

Les phosphates ammoniacaux forment des sels doubles dans lesquels on peut considérer aussi, comme l'a fait M. Graham, par une interprétation très-ingénieuse de ces combinaisons, que l'ammoniaque caustique et un autre oxyde entrent communément dans la molécule de l'acide phosphorique en remplacement d'une quantité correspondante d'eau.

Phosphate d'ammoniaque et de soude. — Sel fusible des urines. — Sel microcosmique.

$$PhO^5 + NaO + AzH^3, HO + HO + 8Aq.$$

Ce sel, qu'on obtient très-bien par le mélange du phosphate de soude et du phosphate d'ammoniaque, se présente sous forme de gros cristaux transparents qui s'effleurissent à l'air en perdant de l'eau et de l'ammoniaque. On le trouve dans les urines qui ont été fortement réduites par l'évaporation, et qu'on expose ensuite au froid.

Phosphate double de magnésie et d'ammoniaque.

$$PhO^5, 2MgO + AzH^3, HO + 12\ Aq.$$

Ce sel blanc, grenu, se dissout très-sensiblement dans l'eau froide, il se précipite néanmoins dans des dissolutions de magnésie très-affaiblies, pourvu qu'on ajoute un excès de phosphate d'ammoniaque qu'il est bon de rendre alcalin. Cette précipitation est ainsi influencée par la présence d'un autre sel dissous : ce phénomène se rencontre très-fréquemment. Lorsque la précipitation du phosphate ammoniaco-magnésien se fait attendre, on l'accélère beaucoup par l'agitation, et elle se fait de préférence sur les parties du verre que touche la baguette avec laquelle on agite.

Ce sel se dépose dans les urines en putréfaction et dans quelques urines fraîches lorsqu'elles sont primitivement alcalines. Les cristaux ainsi déposés, ont des formes variées qui dérivent toutes du prisme droit : ils sont solubles dans l'acide acétique, et se déposent en très-grande abondance dans une goutte d'urine qui en est saturée, lorsqu'on ajoute à celle-ci un peu d'ammoniaque ; cette observation demande le secours du microscope.

Le phosphate ammoniaco-magnésien se trouve dans plusieurs parties des végétaux, et particulièrement dans les céréales, dans les matières excrémentitielles, dans presque tous les calculs intestinaux du cheval, très-souvent dans les calculs vésicaux de l'homme.

L'acide phosphorique fortement calciné et saturé à froid par de l'ammoniaque caustique, produit dans les sels de magnésie un précipité qui a la propriété de devenir gluant par la chaleur ; l'eau froide en dissout une petite quantité, mais il suffit de faire bouillir la liqueur pour que le sel se précipite avec un aspect résineux. L'acide phosphorique ne paraît pas être tribasique dans cette combinaison. Wach, qui en a fait l'analyse, a établi les proportions suivantes :

$$2\,(PhO^5 + 2MgO) + PhO^5 + AzH^3, HO + MgO + 8Aq.$$

Il existe encore des phosphates doubles d'ammoniaque et de lithine, d'ammoniaque et de protoxyde de fer, d'ammoniaque et de manganèse ; dans ce dernier sel l'oxyde de manganèse n'est pas précipité par les carbonates alcalins. Un pyrophosphate à base triple d'ammoniaque, de soude et de manganèse a été décrit par Otto.

Tous ces phosphates peu solubles dans l'eau sont très-solubles dans les liqueurs acides.

Les phosphites et hypophosphites d'ammoniaque sont très-solubles.

L'acide arsénique forme avec l'ammoniaque des séries analogues à celles que produit l'acide phosphorique.

L'acide arsénieux ne se combine pas à l'ammoniaque caustique, bien qu'il s'y dissolve mieux que dans l'eau.

L'acide borique a peu d'affinité pour l'ammoniaque; néanmoins il forme plusieurs combinaisons étudiées par M. Berzélius.

L'ammoniaque doit toujours être en excès.

La première combinaison a pour formule :

$2Bo^3 + AzH^3, HO + 2Bo^3 + HO + 6Aq$ bi-borate d'ammoniaque.

Six équivalents d'eau sont indiqués par M. Berzélius comme eau de cristallisation. Le sel est cristallisé en prismes transparents inaltérables à l'air, et se dissout dans huit parties d'eau. En dissolvant le sel précédent dans une liqueur ammoniacale on a un sel qui s'exprime par :

$2Bo^3 + HO + AzH^3, HO + HO$ borate neutre d'ammoniaque.

Il cristallise en octaèdres rhombes qui ne sont pas limpides; il s'effleurit à l'air, et exige douze parties d'eau pour se dissoudre.

Lorsqu'on introduit le sel précédent dans un flacon rempli d'ammoniaque caustique et qu'on chauffe en arrêtant le dégagement d'ammoniaque, il se produit par le refroidissement un troisième borate qui se compose de :

$$Bo^3 + AzH^3, HO + HO.$$

Le même produit paraît se former dans l'action du gaz ammoniac sur l'acide borique cristallisé.

Carbonates d'ammoniaque.

Pour se représenter la composition des sels formés par l'ammoniaque et l'acide carbonique, il faut admettre qu'il existe d'abord quatre combinaisons primitives :

1° Co^2, AzH^3, carbonamide, combinaison anhydre de gaz ammoniac et d'acide carbonique qui s'isole très-bien, et dont l'étude sera faite dans un paragraphe suivant;

2° Co^2, AzH^3, Ho. — Carbonate neutre d'ammoniaque, qui ne s'obtient point à l'état solide, mais qui existe en dissolution dans l'alcool et dans l'eau;

3° 2 Co^2+Az H^3, Ho. — Bicarbonate d'ammoniaque, combinaison stable qui s'obtient en combinaison avec plusieurs équivalents d'eau;

4° 3 Co^2+AzH^3, Ho. — Tricarbonate d'ammoniaque inconnu à l'état de liberté, mais d'une existence probable.

Ces différents carbonates ammoniacaux sont remarquables en ce qu'ils s'unissent les uns aux autres avec une extrême facilité; on comprend qu'avec une pareille aptitude, ils pourraient donner naissance à une variété presque infinie, qui se complique encore de l'absence ou de la présence de l'eau, en diverses proportions.

M. H. Rose a mis ce principe curieux dans une entière évidence en décrivant et analysant jusqu'à douze combinaisons, qui peuvent toujours se représenter par de l'acide carbonique, de l'eau et du gaz ammoniac.

Sesquicarbonate. — Carbonate d'ammoniaque du commerce.

Ce produit se présente, dans le commerce, sous forme de masses cristallines, demi-transparentes, volatiles, souvent salies par des matières brunes; ces cristaux exhalent une forte odeur d'ammoniaque, et se dissolvent dans deux fois leur poids d'eau froide. La dissolution est très-alcaline, et ne reproduit plus le sel primitif; l'eau bouillante décompose le sesquicarbonate en dégageant de l'acide carbonique.

Ce sel s'obtient en soumettant à la distillation un mélange de huit parties de sulfate d'ammoniaque et de dix parties de craie, ou bien parties égales de sel ammoniac et de craie, l'un et l'autre bien desséchés. Le récipient doit être refroidi avec soin.

Le produit ainsi préparé consiste en une combinaison de carbonate neutre et de bicarbonate se représentant par :

$$CO^2, AzH^3, HO + 2CO^2 + AzH^3 HO = 3Co^2 + 2AzH^3, HO.$$

C'est par conséquent un sesquicarbonate d'ammoniaque. Une dissolution concentrée dans l'eau, soumise à la température de la glace fondante, fournit des cristaux qui sont des octaèdres à base rhombe; dans ce nouveau sel, le sesquicarbonate volatilisé s'est combiné à trois équivalents d'eau, et se représente ainsi par :

$$3Co^2 + 2AzH^3, HO + 3HO.$$

Le sesquicarbonate d'ammoniaque doit se volatiliser par la chaleur sans laisser de résidu ; il ne doit pas précipiter le nitrate d'argent ni le chlorure de baryum, en présence de l'acide nitrique.

Tous les carbonates suivants sont dérivés du sesquicarbonate.

Bicarbonate d'ammoniaque. — Lorsqu'on lave le sesquicarbonate d'ammoniaque par de l'eau froide, ou mieux encore par de l'alcool, ou bien encore lorsqu'on le laisse dans des flacons mal fermés, on lui enlève du carbonate neutre, et il reste du bicarbonate d'ammoniaque. Le carbonate neutre s'échappe à l'état de carbonamide, Co^2, AzH^3, lorsque l'air est très-sec.

Le bicarbonate d'ammoniaque est isomorphe avec le bicarbonate de potasse; il se dissout dans huit parties d'eau froide, et ne peut être dissous dans l'eau chaude sans abandonner son acide carbonique. Sa dissolution verdit le sirop de violette.

Comme il est très-peu soluble dans l'alcool, le meilleur moyen pour le préparer consiste à laver le sesquicarbonate du commerce avec de l'alcool à 35 B.

Ce sel a pour formule :

$$2CO^2 + AzH^3, HO + HO.$$

Il prend un demi-équivalent d'eau de plus, lorsqu'on verse deux parties d'eau bouillante sur du sesquicarbonate d'ammoniaque contenu dans un flacon que l'on bouche après l'addition de l'eau, de manière que l'acide carbonique ne puisse s'échapper; il se forme par le refroidissement des cristaux larges et transparents qui ont la forme de prismes dérivés d'un octaèdre à base rhombe; ils ont pour composition :

$$2CO^2 + AzH^3, HO + HO\frac{1}{2}.$$

Ou bien en doublant la formule :

$$4CO^2 + 2AzH^3, HO + 3HO.$$

Il se produit encore un bicarbonate plus hydraté dans une circonstance particulière qui sera indiquée plus loin; il contient deux équivalents d'eau.

$$2CO^2 + AzH^3, HO + 2HO.$$

Tricarbonate d'ammoniaque. — La dissolution du sesquicarbonate d'ammoniaque dans l'eau abandonne incessamment du carbonate neutre; si on place une dissolution ainsi saturée au-dessus de l'acide sulfurique, et qu'on recouvre le tout d'une cloche, il se forme des croûtes cristallisées qui ont pour formule brute $9\ Co^2 + 4\ AzH^3,\ Ho + 5\ Ho$, ce qui peut se disposer de manière à représenter quatre équivalents de bicarbonate, et un équivalents de tricarbonate.

$$4(2CO^2 + AzH^3, HO) + 3CO^2 + AzH^3, HO + HO.$$

La formation de ce sel s'explique par la présence d'une atmosphère d'acide carbonique que produit le carbonate neutre d'ammoniaque, incessamment absorbé et décomposé par l'acide sulfurique.

Carbonate neutre d'ammoniaque. — Ce sel reste en dissolution dans l'alcool avec lequel on lave le sesquicarbonate du commerce; il reste aussi dans l'eau, bien que mêlé à une forte proportion de bicarbonate, lorsqu'on a lavé le sesquicarbonate avec ce dernier dissolvant. Il paraît cependant qu'en humectant du sesquicarbonate avec de l'alcool à 35 B, et en chauffant il se volatilise des cristaux de carbonate neutre; mais ces cristaux sont humides et se décomposent en abandonnant de l'ammoniaque dès qu'on veut les sécher.

Une dissolution alcoolique ou aqueuse de carbonate d'ammoniaque neutre laisse dégager de l'ammoniaque dès qu'on la chauffe.

Mais le carbonate neutre d'ammoniaque a une grande tendance à s'unir aux autres combinaisons de l'acide carbonique avec l'ammoniaque : la distillation ménagée du sesquicarbonate donne naissance à plusieurs de ces carbonates complexes.

M. Wœhler a reconnu que l'hydrate ferrique récemment précipité se dissolvait dans une liqueur chargée de carbonate d'ammoniaque; mais en ajoutant de l'eau en quantité, le peroxyde de fer est précipité.

Carbonates d'ammoniaque combinés entre eux.

Lorsqu'on chauffe le sesquicarbonate d'ammoniaque, il se dégage d'abord de l'acide carbonique et des produits inégalement volatils : le sel se fond ensuite.

Le sel le plus volatil est une combinaison carbonamide et de carbonate neutre d'ammoniaque; il a pour formule :

$$CO^2, AzH^3 + CO^2, AzH^3, HO.$$

Ce sel est soluble dans l'alcool; il constitue la majeure partie du produit solide retiré de la distillation des matières animales bien sèches, de la corne de cerf, etc. Dans cette distillation, le produit obtenu est coloré en brun et très-impur. On le traite pour le rendre plus blanc par la craie et le charbon desséchés, en présence desquels on le volatilise.

Le second sel, moins volatil que le précédent, se représente par un équivalent de bicarbonate et trois équivalents de carbonate neutre.

$$2CO^2 + AzH^3, HO + 3CO^2, AzH,HO = 5CO^2 + 4Az\ H^3, HO.$$

Le sesquicarbonate d'ammoniaque, après avoir fourni les sels précédents, s'est liquéfié : si on le laisse refroidir, il se sépare en cristaux et en eaux mères. Les cristaux consistent en sesquicarbonate à trois équivalents d'eau :

$$3CO^2 + 2AzH^3, HO + 3HO.$$

Les eaux mères renferment du carbonate neutre. — Si l'on reprend le sel précédent désigné par B, $5\,CO^2 + 4\,Az\,H^3, HO$, et qu'on le soumette à la distillation, il se sépare comme le sesquicarbonate d'ammoniaque en produits volatils et en un liquide qui reste dans la cornue.

Le liquide laisse déposer, par le refroidissement, des cristaux qui offrent la composition du sel B, combiné à huit équivalents d'eau :

$$5CO^2 + 4AzH^3, HO + 8HO.$$

En continuant la distillation, le sel précédent perd sept équivalents d'eau et devient :

$$5CO^2 + 4AzH^3, HO + HO.$$

Ce sel se montre souvent dans le commerce sous le nom de sesquicarbonate. En distillant ce dernier sel, on obtient du bicarbonate d'ammoniaque à deux équivalents d'eau :

$$2CO^2 + AzH^3, HO + 2HO.$$

Enfin ce bicarbonate lui-même peut perdre par la chaleur le huitième de son acide carbonique, et devient alors :

$$7CO^2 + 4AzH^3, HO + 8HO.$$

En résumé, si l'on exprime les carbonates d'ammoniaque par une sorte de formule brute qui représente séparément l'acide carbonique, le gaz ammoniac et l'eau ; si, en outre, pour rendre les termes plus comparables, on adopte un multiple qui introduise une même quantité d'ammoniaque dans toutes les combinaisons, on obtient la série suivante :

$4CO^2 + 4AzH^3$ carbonamide.
$4CO^2 + 4AzH^3 + 4HO$ carbonate neutre.
$4CO^2 + 4AzH^3 + 2HO$ carbonamide carbonatée.
$6CO^2 + 4AzH^3 + 4HO$ sesquicarbonate.
$6CO^2 + 4AzH^3 + 6HO$ sesquicarbonate hydraté.
$8CO^2 + 4AxH^3 + 8HO$ bicarbonate.
$8CO^2 + 4AzH^3 + 12HO$ bicarbonate hydraté.
$8CO^2 + 4AzH^3 + 10HO$ autre bicarbonate hydraté.
$9CO^2 + 4AzH^3 + 9HO$ tricarbonate.
$5CO^2 + 4AzH^3 + 4HO$ carbonate complexe. A
$5CO^2 + 4AzH^3 + 5HO$ carbonate complexe. B
$5CO^2 + 4AzH^3 + 12HO$ carbonate complexe. C
$7CO^2 + 4AzH^3 + 12HO$ carbonate complexe. D

Les carbonates d'ammoniaque peuvent former des sels doubles aussi bien que les sels ammoniacaux précédents.

On a décrit des combinaisons de cette nature avec les carbonates de zinc, d'urane, de cobalt et de nikel. Les combinaisons dont la constitution n'est pas définie d'une manière certaine appartiennent peut-être à la catégorie des combinaisons ammoniacales, à laquelle nous consacrerons le dernier paragraphe de ce chapitre. Un carbonate double de zinc et d'ammoniaque, analysé par M. Favre, appartient à cette dernière classe. Le même chimiste a donné la formule d'un carbonate double de magnésie et d'ammoniaque qui se range nettement parmi les carbonates doubles.

C'est un composé bien connu, dont M. Guibourt avait dosé très-exactement la magnésie, et qui s'obtient avec facilité en mêlant une dissolution de carbonate d'ammoniaque du commerce et de bicarbonate de magnésie. Il a pour formule:

$$CO^2, AzH^3, HO + CO^2, MgO, 4HO.$$

On connaît encore des carbonates doubles d'ammoniaque

et de nikel, d'ammoniaque et de cobalt. Ces sels sont toutefois très-instables.

M. Ebelmen a décrit un carbonate double d'ammoniaque et d'urane. On l'obtient en précipitant le nitrate de peroxyde d'urane par une dissolution concentrée de carbonate d'ammoniaque. Ce dernier réactif doit être ajouté en excès, de manière à redissoudre le précipité lorsqu'on chauffe à + 60° ou + 80°. Il se fait par le refroidissement de la liqueur filtrée un sel double cristallisé en grains jaunes. Il se compose de

$$2(AzH^3, HO, CO^2) + U^2O^3 + CO^2.$$

Pour compléter l'idée qu'on doit se faire de cette classe innombrable de sels ammoniacaux, il faut ajouter que les acides sélénieux et sélénique, tellurique, vanadique, antimonieux, antimonique, molybdique, chromique, tungstique, tantalique, permanganique, forment avec l'ammoniaque caustique des combinaisons qui ont été décrites.

Les acides organiques forment aussi des sels qui seront étudiés plus loin, lorsque viendra l'étude de chaque acide en particulier. Nous devons nous borner ici aux acides oxalique et formique.

Oxalate d'ammoniaque. — L'oxalate d'ammoniaque s'obtient en neutralisant exactement la solution de l'acide par l'ammoniaque caustique ou inversement. On peut le préparer aussi par la double décomposition de l'hydrosulfate d'ammoniaque et de l'oxalate de plomb.

Il est aussi soluble dans l'eau que l'acide oxalique et tout à fait insoluble dans l'alcool. Il est bien préférable à l'acide oxalique pour déceler la chaux qu'il précipite plus promptement et plus complétement. Sa distillation donne de nombreux produits parmi lesquels se remarque l'oxamide qui sera ultérieurement examinée.

Il a pour formule :

$$C^2O^3, HO + AzH^3, HO.$$

Il est efflorescent dans l'air chaud, et l'acide oxalique perd ainsi l'équivalent d'eau qu'il avait conservé dans la combinaison.

Il existe encore un bioxalate et un quadroxalate d'ammoniaque.

Le bioxalate d'ammoniaque a pour formule :

$$C^2O^3, HO + C^2O^3, HO + AzH^3, HO.$$

Chaque équivalent d'acide oxalique conserve 1 équivalent d'eau.

Il abandonne 1 équivalent d'eau par la chaleur et devient ainsi :

$$C^2O^3, HO + C^2O^3, AzH^3, HO.$$

Oxalates doubles. — M. Péligot a analysé un oxalate double d'ammoniaque et d'urane qui s'obtient en saturant à chaud une solution d'oxalate d'ammoniaque par de l'oxalate d'urane ; il lui a assigné pour composition :

$$C^2O^3, AzH^3, HO + U^2O^3 + C^2O^3, 3HO.$$

M. Ebelmen a décrit un oxalate double correspondant qui a pour formule :

$$C^2O^3, KO + U^2O^3 + C^2O^3, 3HO.$$

La potasse remplace l'ammoniaque caustique.

Il existe des oxalates doubles de cuivre et d'ammoniaque, parmi lesquels on distingue un sel défini qui s'obtient en faisant digérer l'oxalate de cuivre dans l'oxalate d'ammoniaque : il se dépose par le refroidissement de petits cristaux bleus, peu solubles, que la chaleur décompose avec une légère détonation. Ce sel est composé de :

$$AzH^3, HO, C^2O^3 + CuO, HO, C^2O^3.$$

Formiate d'ammoniaque. — C^2HO^3, AzH^3, HO. C'est un sel très-soluble, déliquescent, cristallisé en prismes droits à quatre pans terminés par quatre faces. Il s'obtient directement par l'action de l'acide sur l'ammoniaque caustique ou par la décomposition double du formiate de plomb et du sulfate d'ammoniaque. Sa saveur est fraîche et mordicante : il fond à + 120° et se distille sans résidu ; mais dans cette volatilisation, il abandonne de l'ammoniaque.

Il n'est nullement vénéneux, et pourtant M. Dœbereiner a vu qu'il pouvait se transformer en acide prussique sans autre modification que la séparation de 4 équivalents d'eau :

$$\underset{\text{formiate d'ammoniaque}}{C^2H^2O^3, AzH^3, HO} = \underset{\text{acide prussique.}}{C^2HAz} + 4HO$$

Cette transformation s'opère lorsqu'on dirige la vapeur du formiate d'ammoniaque à travers un tube incandescent.

M. Pelouze a reconnu qu'on pouvait reproduire le formiate d'ammoniaque à l'aide de l'acide prussique.

§ VI. — Combinaisons de l'ammoniaque avec les acides anhydres.

Combinaisons de l'acide sulfurique anhydre avec le gaz ammoniac.

Sulfamide. — Sulfate d'ammoniaque anhydre. — Sulfammone. — Sulfhydramide.

On doit à M. H. Rose la première étude exacte des combinaisons de l'ammoniaque avec les acides anhydres. Ces recherches longues et difficiles ont fourni à leur auteur des résultats curieux.

Lorsqu'on fait arriver un courant de gaz ammoniac sec sur de l'acide sulfurique anhydre, les deux corps se combinent avec une forte élévation de température qu'il faut modérer en refroidissant les vases.

Lorsque l'acide n'est pas entièrement saturé de gaz ammoniac on obtient une masse gommeuse, dure, très-acide, qu'on sépare très-bien de son excès d'acide en saturant la solution par du carbonate de baryte. La liqueur retient la combinaison d'acide sulfurique et de gaz ammoniac $SO^3, Az\ H^3$; cette combinaison se dépose par l'évaporation, soit à l'aide de la chaleur à $+50^0$, soit dans le vide à la température ordinaire.

On trouve dans les eaux mères de la sulfamide une matière saline, déliquescente, qui résulte manifestement de l'altération de la sulfamide dans le courant de l'évaporation et qui se représente par SO^3, Az H^3, $HO + SO^3$, Az H^3. C'est par conséquent une combinaison de sulfamide et de sulfate d'ammoniaque.

Lorsqu'on a obtenu la masse gommeuse indiquée plus haut, il ne faut pas la dissoudre trop rapidement, parce que l'élévation de la température détruirait la sulfamide et la convertirait en sulfate d'ammoniaque; on la laisse s'humecter quelque temps dans une atmosphère humide, à l'abri d'une cloche.

La sulfamide forme des cristaux volumineux qui fournissent le seul exemple connu d'hémiédrie, avec des faces parallèles dans un cuboctaèdre.

La sulfamide se conserve sans altération; elle n'est pas modifiée dans sa composition à $+100^0$. La dissolution ne trouble pas les sels de baryte, et ne forme pas de précipité avec le chlorure de baryum, même lorsque le mélange des deux dissolutions a été fait depuis longtemps.

La solution aqueuse est amère; la sulfamide ne se dissout pas dans l'alcool.

Son mélange avec le carbonate de baryte ou de chaux ne produit pas d'ammoniaque comme cela s'observe avec le sulfate d'ammoniaque; la chaleur la décompose en donnant naissance à du sulfite et à du sulfate d'ammoniaque.

La solution aqueuse se convertit par une ébullition très-prolongée en sulfate d'ammoniaque.

Les alcalis caustiques et les carbonates alcalins chassent l'ammoniaque de la sulfamide; mais la décomposition n'est complète qu'en évaporant la masse à siccité et calcinant le résidu.

Si au lieu d'opérer, comme il vient d'être dit, en laissant

un excès d'acide, on sursature la masse à l'aide d'un grand excès de gaz ammoniac, que l'on chasse ensuite par un courant d'air atmosphérique, on obtient un composé qui diffère du précédent. Sa composition est la même et s'exprime toujours par SO^3, $Az H^3$; mais en examinant le produit au microscope on n'y voit aucune trace cristalline : toutes ses parties sont des boules arrondies et de même grandeur. On remarque, en outre, que la sulfamide, sous cette seconde forme, tend à se transformer beaucoup plus promptement que la sulfamide cristallisée en sulfate d'ammoniaque ordinaire.

Ainsi, en ajoutant du chlorure de baryum à une dissolution de sulfamide globuleuse, il se fait un dépôt incessant de sulfate de baryte, tandis qu'une dissolution de sulfamide cristallisée reste limpide. En ajoutant un excès d'acide tartrique aux deux dissolutions, il se forme comparativement plus de bitartrate dans la sulfamide globuleuse.

Il existerait deux sulfamides isomères dans lesquelles se reproduirait le polymorphisme du soufre : l'une cristalline, plus stable, que M. H. Rose propose de désigner sous le nom de *sulfammone*; l'autre, globuleuse, instable, qu'il désigne sous le nom de *parasulfammone*.

Sulfate de sulfamide $SO^3 + 3(SO^3, AzH^3.)$

M. Jacquelain a fait voir que l'acide sulfurique et le gaz ammoniac anhydres pouvaient encore former des produits différents de ceux qui précèdent, mais qui ne sont pas d'une existence incompatible avec eux, ainsi qu'il est disposé à le croire.

M. Jacquelain a opéré dans des conditions différentes. Il fait arriver peu à peu l'acide sulfurique anhydre dans une atmosphère d'ammoniaque tenue en excès; il obtient ainsi un composé solide, fusible par la chaleur, dans lequel il fait encore passer un courant de gaz ammoniac.

Il arrive ainsi à un produit blanc, solide, cristallisé,

inaltérable à l'air, soluble avec production de froid dans l'eau, d'où il cristallise de nouveau.

La solution rougit le papier de tournesol; elle est troublée par l'alcool : le chlorure de baryum s'y conserve sans précipitation à froid, mais l'ébullition y produit un trouble qui est également provoqué par le chlore ou l'acide hydrochlorique.

La chaleur décompose ce nouveau produit en sulfite et sulfate d'ammoniaque.

L'acide sulfurique concentré paraît dégager aussi de l'acide sulfureux.

La formule de ce composé que nous avons appelé sulfate de sulfamide s'exprime par :

$$4SO^3 + 3AzH^3.$$

Ce qui peut se disposer ainsi :

$$SO^3 + 3(SO^2, AzH^3.)$$

Si l'on traite le sulfate de sulfamide par une solution de baryte caustique, ou ce qui revient au même par une solution ammoniacale de chlorure de baryum, il se fait un précipité blanc qui prend bientôt l'aspect de petits cristaux aiguillés et soyeux, entièrement solubles dans l'acide hydrochlorique. Ce composé qui s'exprime par $3\,SO^3 + AzH^3 + 2\,BaO$, doit être considéré comme une combinaison de sulfamide et de sulfate de baryte.

$$3SO^3 + AzH^3 + 2BaO = SO^2, AzH^3 + 2\,(SO^3, BaO).$$

C'est une combinaison analogue à celle qui a été découverte dans les eaux mères de la sulfammone par M. H. Rose, et aux combinaisons de la carbonamide, Co^2, AzH^3, avec les carbonates ammoniacaux.

Le sulfate de sulfamide donne avec le sous-acétate de plomb un précipité blanc, floconneux, insoluble dans l'eau. L'hydrogène sulfuré sépare de ce produit un composé acide, renfermant de l'ammoniaque et de l'acide sulfurique; susceptible de former une combinaison soluble avec l'eau de baryte.

Sulfimide. — Sulfite anhydre d'ammoniaque. — Bisulfhydramide.

L'acide sulfureux se combine à volume égal avec le gaz ammoniac, quel que soit l'excès de ce dernier; le résultat de la combinaison est un composé jaune et cristallin.

Sa composition se représente par :

$$2SO^2 + AzH^3.$$

La sulfamide ne paraît pas pouvoir se conserver même à l'état sec; elle est déliquescente et se dissout dans l'eau avec une coloration jaune. Elle est alors sans réaction sur les couleurs végétales, mais bientôt elle devient acide et se comporte alors comme une solution mixte de sulfate d'ammoniaque et d'hyposulfite.

Cette tendance particulière de l'acide sulfureux à se décomposer en acide sulfurique et hyposulfureux se manifeste dans toutes les réactions de la sulfimide; elle vient à l'appui des faits déjà nombreux qui portent à croire que l'acide sulfureux est un acide polyatomique qui doit se dédoubler de la manière suivante :

$$\underset{\text{acide sulfureux}}{4SO^2} = \underset{\text{acide sulfurique}}{2SO^3} + \underset{\text{acide hyposulfurique.}}{S^2O^2}$$

La dissolution donne, avec le temps, de l'acide sulfurique, du soufre et de l'acide sulfureux; l'ébullition donne le même résultat; l'acide sulfurique se trouve saturé par l'ammoniaque qui est en proportion insuffisante pour saturer aussi l'acide sulfureux.

L'acide hydrochlorique provoque le même mode de décomposition.

Lorsqu'on décompose la sulfimide par la potasse caustique en solution, l'ammoniaque se dégage, et il se fait en même temps un dépôt de sulfate de potasse, tandis que l'hyposulfite reste en dissolution dans la liqueur. Le sulfate de potasse se dépose tout d'un coup, ce qui n'a pas lieu dans le cas d'un mélange à parties égales de sulfate et d'hyposulfite de potasse.

Carbonamide. — Carbonate d'ammoniaque anhydre.

L'acide carbonique et le gaz ammoniac secs donnent naissance à un composé cristallin qui renferme deux volumes de gaz ammoniac et un volume d'acide carbonique unis sans condensation.

Ce produit se représente par :

$$CO^2, AzH^3.$$

On a vu qu'il prenait aussi naissance dans la distillation des carbonates d'ammoniaque. On l'obtient encore en soumettant à la distillation un mélange de carbonate de soude desséché et de sulfamide. Lorsqu'il résulte de l'union directe des deux gaz, ceux-ci ne se combinent qu'avec lenteur. La chaleur les dissout partiellement, mais ils se réunissent ensuite. La carbonamide est très-soluble dans l'eau, où les acides faibles ne la décomposent point ou ne l'attaquent, au moins, qu'après quelque temps. Les acides hydrochlorique et sulfhydrique ne la décomposent point à l'état sec, à moins qu'on ne chauffe.

L'acide sulfureux la convertit en sulfimide, et l'acide sulfurique en sulfamide de M. H. Rose ; l'acide carbonique se dégage avec lenteur, dans tous les cas où les acides précédents le déplacent.

L'acétate de plomb absorbe la carbonamide et paraît former avec elle une combinaison définie.

Les acides phosphoreux, phosphorique, sélénieux, sélénique, titanique, etc., mis en contact avec le gaz ammoniac à l'état anhydre, produiraient sans doute des réactions intéressantes qui se rangeraient à côté des précédentes.

Le gaz ammoniac n'agit pas à froid sur l'acide iodique

anhydre ; à chaud, la décomposition élémentaire de l'acide est complète.

Il existe encore plusieurs composés analogues aux acides anhydres, dans lesquels on admet ordinairement que le chlore est complémentaire de l'oxygène et le remplace équivalent pour équivalent. Deux de ces composés, SO^2Cl et CO, Cl, fournissent avec le gaz ammoniac des réactions intéressantes, qui se trouvent dans une relation très-naturelle avec celles qui viennent d'être parcourues.

Acide chlorosulfurique et gaz ammoniac.—Sulfimide de M. Régnault.

M. Régnault a obtenu un composé qui s'exprime par SO^2, Cl, et qu'il a nommé acide chloro-sulfurique, à cause de sa relation de composition avec l'acide sulfurique.

Ce composé s'échauffe dans le gaz ammoniac, et forme une vapeur blanche, qui se condense en poudre blanche, amorphe. Si la réaction s'accompagne d'une température élevée, le produit paraît susceptible de fondre, et devient alors légèrement jaunâtre. La saturation n'est complète qu'en abandonnant, durant vingt-quatre heures, l'acide chlorosulfurique, déjà saturé dans une atmosphère de gaz ammoniac sec.

Le produit brut s'exprime dans sa composition par $SO^2, Cl + 2\,Az\,H^3$. Lorsqu'il a été dissous dans l'eau, il se représente certainement par du sel ammoniac et une combinaison particulière, que M. Régnault nomme sulfimide et exprime par la formule suivante :

$$SO^2, AzH^2.$$

Ce serait un produit obtenu par l'élimination d'un équivalent d'acide hydrochlorique, fourni tant par l'acide chlorosulfurique que par le gaz ammoniac.

$$SO^2, Cl + 2AzH^3 = SO^2, AzH^2 + ClH + AzH^3.$$

Dans tous les cas, on ne peut séparer $SO^2, Az\,H^2$ de l'hydrochlorate d'ammoniaque, ces deux corps étant à peu près également solubles dans l'eau et dans l'alcool.

Il ne serait pas impossible que le produit brut SO^2, Cl + 2 Az H^3, en abandonnant du sel ammoniac au contact de l'eau, se fût assimilé un équivalent d'eau et eût alors reproduit la sulfamide de M. H. Rose. Cependant M. Régnault signale une différence : la sulfimide qu'il a obtenue est très-avide d'eau, et diffère, sous ce rapport, de la sulfamide de M. H. Rose.

Cette sulfimide peut rester longtemps en dissolution, en présence du chlorure de baryum sans le troubler; mais à chaud, la transformation en sulfate d'ammoniaque se fait rapidement. L'action des acides amène aussi cette conversion : il n'en est pas de même des alcalis, qui ne réagissent qu'après une longue ébullition.

On voit que les analogies sont bien nombreuses avec la sulfamide de M. H. Rose.

Acide chlorocarbonique et gaz ammoniac. — Acide chlorocarbonique ammoniacal.

M. Régnault a observé, entre le gaz phosgène CO, Cl et l'ammoniaque, des réactions analogues à celles qu'il avait constatées entre l'acide chloro-sulfurique et le gaz ammoniac.

On avait considéré que l'acide chlorocarbonique ammoniacal, qui s'exprime par

$$\mathrm{CO,\ Cl + 2AzH^3}$$

se détruisait au contact de l'eau en sel ammoniac et en carbonate d'ammoniaque.

M. Régnault a reconnu que les acides minéraux concentrés dégageaient en effet l'acide carbonique, comme si la dissolution dans l'eau contenait du carbonate. Mais les acides acétique et oxalique ne produisent aucune effervescence, et les acides hydrochlorique et sulfurique étendus sont aussi sans action.

Le chlorure de baryum n'y produit pas de précipité sensible, et M. Régnault est porté à croire qu'il s'est formé là une carbonamide particulière par l'élimination d'un équivalent d'acide hydrochlorique aux dépens de l'acide chlorocarbonique et du gaz ammoniac.

$$CO, Cl + 2AzH^3 = CO, AzH^2 + ClH + AzH^3.$$

Mais il serait possible que la carbonamide que M. Régnault est disposé à admettre, $CO, Az H^2$, se fût adjoint un équivalent d'eau en se séparant de l'hydrochlorate d'ammoniaque, et eût ainsi reproduit la carbonamide ordinaire $CO^2, Az H^3$.

La carbonamide de M. Régnault, $CO, Az H^2$, serait isomère de l'urée.

Autres combinaisons.

Les combinaisons de l'ammoniaque avec les acides organiques peuvent conduire à des composés analogues à ceux que les acides sulfurique, sulfureux, carbonique et chlorosulfurique viennent de fournir ; seulement, dans ces composés, le produit ammoniacal ne s'obtient point par l'action directe du gaz ammoniac sur l'acide anhydre. Cette dernière condition ne pourrait se réaliser que dans un très-petit nombre de cas, par l'impossibilité où l'on se trouve d'isoler les acides organiques du dernier équivalent d'eau qui fait la différence ordinaire des acides anhydres et des acides hydratés.

Ces composés organiques, correspondant à la sulfamide et à ses annexes, s'obtiennent par une voie de détour. On distille le plus ordinairement le sel ammoniacal contenant l'acide organique qu'on veut obtenir en combinaison avec le gaz ammoniac. Il arrive alors presque toujours qu'une certaine quantité d'eau formée aux dépens de l'ammoniaque et de l'acide se trouve éliminée ; souvent même l'élimination est si complète, que tout l'hydrogène de l'ammoniaque disparaît exactement, comme cela s'est vu avec plusieurs oxydes.

Mais ces composés se rapprochent toujours de la sulfamide : 1° en ce qu'ils absorbent complétement le caractère de l'acide et de la base ; 2° en ce qu'ils peuvent faire reparaître intégralement le double caractère, tant de l'acide que de la base, par l'adjonction d'un ou de plusieurs équivalents d'eau.

Ce qui frappe, dans les produits organiques ainsi dérivés, c'est la diversité des propriétés qu'ils affectent. Les acides qui ont été étudiés suffiront pour en donner des exemples.

Nous placerons ici les produits qui dérivent, 1° de l'acide nitrique ; 2° de l'acide oxalique ; 3° de l'acide formique.

Nitramide. — Protoxyde d'azote. Gaz hilariant. — AzO.

Il suffit de rappeler la préparation du protoxyde d'azote, pour montrer qu'il occuperait ici une place régulière en suivant avec rigueur le principe dont nous faisons l'application. Le nitrate d'ammoniaque se décompose, en effet, en eau, et en protoxyde d'azote.

$$AzO^5, AzH^3, HO = 4HO + A^2O^2$$

Une étude suivie du protoxyde d'azote amènerait sans doute à reconstituer, à l'aide de l'eau et des éléments qui le constituent, le nitrate d'ammoniaque d'où il dérive.

Le protoxyde d'azote forme, par son union à l'acide nitrique $Az\,O^5$, les différents composés, connus sous le nom de bioxyde d'azote, d'acides nitreux et hyponitrique, qu'il faut se représenter par la série suivante :

AzO protoxyde d'azote.
$AzO^5 + AzO = 2AzO^3$ acide nitreux.
$AzO^5 + 3AzO = 4AzO^2$ deutoxyde d'azote.
$3AzO^5 + AzO = 4AzO^4$ acide hypoazotique.

Les différents composés oxygénés de l'azote trouvent dans

tous les traités de chimie minérale une exposition détaillée que nous ne transporterons pas ici. Leur histoire n'a fait aucune acquisition récente qui soit d'une bien grande importance; nous n'y ajouterions aucun éclaircissement, soit en l'annexant à la nitramide, soit en lui consacrant un chapitre à part, dans l'étude générale de l'azote. On a vu, au sujet de la production de l'ammoniaque, quelles relations intimes existaient entre cette combinaison et les composés oxygénés de l'azote; ces faits suffiront pour rappeler la nature tout organique de l'acide nitrique et des autres oxydes ou acides de l'azote.

Acide oxalique et ammoniaque. — Oxamide. — Amides.

La distillation de l'oxalate d'ammoniaque donne naissance à de l'acide carbonique, de l'oxyde de carbone, du cyanogène et de l'ammoniaque; tous ces gaz s'échappent libres ou combinés. Il se produit en même temps des flocons blancs qui se réunissent au dôme et dans le col de la cornue, et constituent l'oxamide mêlée à une grande quantité de carbonate d'ammoniaque. Ce dépôt est détaché des parois de la cornue et délayé dans l'eau; comme l'oxamide est insoluble dans l'eau froide, on jette le tout sur un filtre où on lave.

L'oxamide se représente, dans sa composition, par $C^2 O^2, Az H^2$; c'est de l'oxalate d'ammoniaque qui a perdu 2 équivalent d'eau $C^2O^3, AzH^3, HO = C^2O^2, Az H^2 + 2HO$. Dans cette transformation, une partie de l'oxalate d'ammoniaque éprouve un mode de décomposition différent.

On obtient encore l'oxamide très-pure en décomposant l'éther oxalique par une solution aqueuse d'ammoniaque.

L'oxamide pure est blanche, pulvérulente, grenue et cristalline lorsqu'on la prépare avec l'éther oxalique. Elle n'a ni odeur ni saveur, elle est sans action sur les papiers réactifs.

La chaleur la fond, la boursoufle, la volatilise et la décompose en grande partie ; il se forme du cyanogène, et il reste un charbon brun, volumineux, qui consiste sans doute en paracyanogène. Il se forme, en outre, de l'acide cyanique, de l'acide cyanhydrique et de l'urée.

L'eau froide ne la dissout pas, l'eau bouillante en prend une petite quantité qui se dépose par le refroidissement en flocons cristallins.

Les acides et les alcalis étendus n'altèrent pas l'oxamide à la température ordinaire ; mais quand ils sont concentrés ou quand on fait intervenir l'action de la chaleur, l'oxamide reprend deux équivalents d'eau et reforme de l'oxalate d'ammoniaque.

Il suffit d'un peu d'acide oxalique pour transformer en présence de l'eau une grande quantité d'oxamide en oxalate d'ammoniaque.

M. Dumas, en découvrant l'oxamide, a senti toute l'importance théorique qui s'attachait à son étude, et l'a fait ressortir. L'oxamide définie avec clarté dans ses principales propriétés est devenue le point de départ et comme le type d'une classe nombreuse de produits ammoniacaux ultérieurement découverts. On a fait entrer dans cette catégorie tous les composés dans lesquels on pouvait aussi faire reparaître les réactions de l'acide ou de l'ammoniaque effacées dans la combinaison intime des deux principes.

Plusieurs sels ammonio-métalliques sont venus grossir à la suite d'une étude nouvelle qu'en fit M. R. Kane, la classe ouverte par l'oxamide. On n'a pas tardé à admettre l'existence d'un principe particulier nommé amide ou amidogène, qui aurait pour formule $Az\,H^2$. Ce principe aurait été combiné à l'oxyde de carbone dans l'oxamide Co^2,AzH^2, et à quelques métaux dans les sels ammoniacaux qui seront étudiés dans un paragraphe prochain. Son existence a été admise toutes les fois que dans une combinaison on trouvait un équivalent d'azote uni à deux équivalents d'hydrogène en regard d'un métal ou d'un métalloïde.

Cette hypothèse repose sur un caractère purement artificiel; elle en a eu les avantages dans le début; elle en aurait aujourd'hui tous les inconvénients, si l'on y persistait. Il faudrait pour la maintenir recourir à un grand nombre de suppositions secondaires parfaitement inutiles, et encore serait-on conduit dans cette application à éloigner l'une de l'autre des combinaisons qui offrent une analogie frappante.

C'est ainsi qu'on écarterait de cet ordre de combinaisons l'azoture de soufre et celui de phosphore qui se rattachent pourtant aux mêmes principes, et se confondent avec la sulfamide et les composés analogues par le plus grand nombre de leurs propriétés. Il arrive dans d'autres cas que les éléments restants de l'ammoniaque ne se représentent plus par AzH^2, mais par Az H; l'élimination d'hydrogène s'est opérée plus profondément et porte sur deux équivalents. Il est vrai qu'on a aussitôt imaginé un radical nouveau, l'imide Az H, mais alors se fonde une classe nouvelle de produits dont l'examen ne présente aucune différence essentielle avec la première.

Nous avons exposé le principe simple auquel se rattachent toutes ces combinaisons dérivées de l'ammoniaque; elles se forment suivant le rhythme organique; l'union des principes se fait par pénétration. Dès lors les caractères de l'ammoniaque disparaissent aussi bien que ceux de l'acide, de l'oxyde, du chlorure ou du produit organique auquel elle s'est associée.

Maintenant cette combinaison se fait-elle sans élimination d'eau, tous les éléments constitutifs restent en présence; ainsi l'acide sulfurique anhydre et le gaz ammoniac.

$$SO^3, AzH^3.$$

L'ammoniaque vient-elle à perdre un équivalent d'hydrogène, elle enlève à son antagoniste un équivalent d'oxygène ou de chlore, on arrive alors à la constitution des amides :

$$C^2O^3, AzH^3, HO = C^2O^2, AzH^2 + 2HO.$$

L'ammoniaque se sépare-t-elle de deux équivalents d'hydrogène; soustraction équivalente dans son antagoniste; on est conduit à l'imide :

$$AzH^3 + 2O = AzH + 2HO.$$

L'étude subséquente des produits organiques fournira des exemples.

L'ammoniaque, enfin, perd-elle tout son hydrogène, soustraction équivalente dans son antagoniste; on arrive aux azotures

$$3SCl + AzH^3 = S^3Az + 3ClH.$$

Mais ces quatre catégories restent unies de la manière la plus naturelle. Analogie dans le mode de production, analogie dans la destruction ou dans le retour aux principes qui servent de point de départ, analogie dans tout l'ensemble des propriétés chimiques.

Quant au rôle des principes qui dérivent de l'ammoniaque par voie d'association intime, il ne faut pas espérer le trouver conforme aux règles de la chimie minérale. Les êtres organiques, envisagés suivant leur mode de formation, ne se rapprochent plus par leur fonction chimique; on voit ainsi des acides, des bases et des corps indifférents dériver de l'ammoniaque.

Dans cette première partie de la chimie organique, nous nous sommes attaché surtout au mode de formation, afin de donner, autant que possible, une idée nette de la formation même des substances organiques : dans la seconde partie, nous les prendrons constituées, et nous nous occuperons surtout alors de leur fonction, tout en suivant avec soin la manière dont elles dériveront l'une de l'autre.

En suivant dans toute sa rigueur le principe que nous venons d'exposer et en l'appliquant à l'acide oxalique, on trouve que l'élimination complète de l'hydrogène de l'ammoniaque amènerait à la suite d'une soustraction équivalente de l'oxygène de l'acide oxalique, une combinaison simple de carbone et d'azote.

$$C^2O^3, AzH^3, HO = C^2Az + 4HO.$$

Cette élimination se produit en effet; l'azoture de carbone qui a pour formule C^2 Az existe et prend naissance dans la préparation de l'oxamide. Les produits qui se forment dans la décomposition de cette dernière substance par la chaleur, s'expliquent très-bien par l'intervention d'un azoture de carbone C^2 Az, qui n'est autre que le cyanogène. Ce composé a une importance si grande, qu'il ne peut se traiter ici dans une sorte de corollaire de l'oxamide; mais il était utile peut-être d'en marquer le lien avec la classe des amides.

Acide oxamique.

M. Balard a découvert dans la décomposition du bioxalate d'ammoniaque par la chaleur un acide particulier qui se représente par une combinaison d'acide oxalique et d'oxamide.

$$C^2O^2, AzH^2 + C^2O^3, HO.$$

C'est une combinaison analogue à celle que forme la sulfamide lorsqu'elle s'unit au sulfate d'ammoniaque. Mais l'acide oxamique de M. Balard ne donne en aucune façon les réactions de l'acide oxalique, et forme avec les oxydes des sels particuliers, dans lesquels l'équivalent d'eau se trouve remplacé par un équivalent de base.

C^2O^2, $AzH^2 + C^3O^3$, HO acide oxamique.
C^2O^2, $AzH^2 + C^2O^3$, AgO oxamate d'argent.

Pour obtenir l'acide oxamique on chauffe le bioxalate d'ammoniaque dans un bain d'huile, à + 230 jusqu'à ce que le sel commence à jaunir. Il se dégage plusieurs produits de décomposition, mais la cornue retient une masse jaunâtre, d'où l'eau froide extrait l'acide oxamique qui se trouve ainsi séparé de la matière colorante qui est insoluble. L'acide peut revenir de l'acide oxalique qu'on enlève en précipitant toute la liqueur par un sel de baryte ou de chaux : oxalate et oxamate se précipitent tout à la fois, mais en traitant par l'eau bouillante, l'oxamate seul se dissout.

Si l'on décompose ensuite l'oxamate de baryte par l'acide sulfurique, on obtient une dissolution d'acide oxamique qui se dépose sous forme pulvérente, à l'aide d'une évaporation lente.

L'alcool qui dissout l'acide oxamique le laisse déposer aussi sous forme de poudre.

Les oxamates ne se décomposent pas par l'ébullition, mais l'acide oxamique se convertit en bioxalate d'ammoniaque.

L'acide oxamique possède des relations extrêmement curieuses avec certains produits éthérés, dont M. Balard a fait connaître la vraie constitution. Ces composés se retrouveront au chapitre des éthers.

Formiamide. — Acide prussique ou cyanhydrique.

L'acide formique combiné à l'ammoniaque élimine toute son eau lorsqu'on fait passer sa vapeur à travers un tube incandescent; on obtient ainsi de l'eau et un produit très-remarquable qui consiste en acide prussique.

$$\underset{\text{formiate d'ammoniaque.}}{C^2HO^3 + AzH^3, HO} = \underset{\text{acide prussique.}}{C^2HAz + 4HO}$$

Cette découverte a été faite par Dœbereneir ; l'acide prussique ou cyanhydrique se trouve ainsi rattaché à l'ordre des amides, et pour que rien ne manquât à cette démonstration intéressante, M. Pelouze a fait voir que l'acide hydrocyanique se convertissait en formiate d'ammoniaque par son ébullition dans l'eau.

L'étude de l'acide prussique est inséparable de celle du

cyanogène ; nous n'avons d'autre intention que d'indiquer ici une relation intéressante.

§ VII. — Combinaisons de l'ammoniaque avec les chlorures volatils, et produits qui en dérivent.

Nous comprendrons ici les chlorures de phosphore, de soufre, d'arsenic, d'antimoine, de bore, de titane et d'étain (bichlorure).

Quant aux autres chlorures, il sera plus convenable de les étudier avec les sels des métaux qui entrent dans leur composition.

Chlorure de phosphore. — Les combinaisons de l'ammoniaque avec les chlorures entrevues par Davy ont fourni, entre les mains de M. H. Rose, des résultats d'une grande importance.

Le gaz ammoniac est absorbé par le protochlorure de phosphore, $PhCl^3$, avec une forte élévation de température. Si l'on refroidit avec soin, le composé obtenu est blanc ; lorsque la température s'est élevée, il se forme des points bruns, que M. H. Rose attribue à du phosphore mis en liberté par l'excès de chaleur.

Le chlorure de phosphore ammoniacal a pour formule :

$$PhCl^3, 5AzH^3.$$

Le composé blanc se dissout entièrement dans l'eau en produisant du phosphate et de l'hydrochlorate d'ammoniaque.

Le composé brun laisse un résidu qui consiste en azoture de phosphore impur.

On obtient un résidu analogue en chauffant le chlorure de phosphore ammoniacal ; mais si on a soin de calciner ce dernier produit dans un courant d'acide carbonique desséché, on obtient une poudre blanche, qui consiste en azoture de phosphore.

Cet azoture, qui est blanc, peut être rougeâtre s'il a été produit par calcination au contact de l'air, ou bien si le chlorure de phosphore ammoniacal conservé depuis quelque temps a pu absorber un peu d'humidité.

La teinte rouge disparaît par l'application de la chaleur, mais revient dès que l'azoture de phosphore est refroidi.

Azoture de phosphore. — Ce composé est fixe et infusible tant qu'on le calcine à l'abri du contact de l'air; autrement il se convertit en acide phosphorique. Il se signale par une grande indifférence pour les plus puissants réactifs.

Le chlore et le soufre ne l'attaquent pas.

L'hydrogène reforme de l'ammoniaque, lorsque son contact a lieu au rouge, et met le phosphore en liberté.

L'eau, les solutions acides et alcalines laissent l'azoture de phosphore intact.

L'acide nitrique doit être fumant pour en convertir le phosphore en acide phosphorique, encore l'action a-t-elle besoin d'être prolongée. On sait que le phosphore peut produire une forte explosion lorsqu'il a le contact du même acide.

L'acide sulfurique concentré produit de l'acide sulfureux et de l'acide phosphorique.

Les hydrates alcalins en fusion, ainsi que la baryte à un équivalent d'eau, attaquent l'azoture de phosphore en produisant de l'ammoniaque et du phosphate.

En mélange avec les nitrates, il détone fortement.

L'hydrogène sulfuré, chauffé au rouge sur de l'azoture de phosphore, le volatilise entièrement et donne naissance à une matière d'un blanc jaunâtre, dont M. Rose n'a pas déterminé la composition.

La formule assignée à l'azoture de phosphore le représente par $PhAz^2$; malgré le soin qui a été apporté dans cette détermination, malgré le rapprochement du mode de formation et du mode de destruction fait avec beaucoup d'habileté par M. H. Rose, cette formule paraît propre à inspirer quelques doutes.

Si l'on rend en effet aux deux équivalents d'azote leur

valeur en oxygène, on trouve que cet azoture correspondrait à un acide du phosphore inconnu

$$PhAz^2 \text{ correspond à } PhO^6.$$

Les difficultés rencontrées par M. H. Rose lui ont-elles permis d'échapper à une erreur d'analyse assez forte? le phosphore d'azote retiendrait-il une certaine quantité d'ammoniaque interposée qui aurait élevé le chiffre de l'azote? ou bien faudrait-il rechercher un acide du phosphore qui aurait pour formule $Ph\ O^6$? De nouvelles expériences seraient nécessaires pour prononcer sur ce point très-délicat.

Quand on fait passer des vapeurs de chlorure de phosphore sur du sel ammoniac dans un tube de verre modérément chauffé, il reste de l'azoture de phosphore, tandis qu'il se dégage du phosphore et de l'acide hydrochlorique. On a ainsi une source assez commode pour la préparation de l'azoture de phosphore.

Perchlorure de phosphore ammoniacal. — La quantité de gaz ammoniac absorbée par le perchlorure de phosphore est déterminée avec moins de certitude que pour le protochlorure; elle paraît néanmoins assez voisine de celle que prend le protochlorure : ce composé s'exprimerait ainsi par

$$PhCl^6 + 5AzH^3.$$

Cependant il ne paraît pas que ces deux composés puissent s'unir sans décomposition. M. Liebig qui a examiné cette réaction y signale plusieurs faits intéressants.

Lorsqu'on lave le produit de la combinaison du perchlorure de phosphore avec l'eau, on en sépare de grandes quantités de sel ammoniac, et il reste un produit que M. Liebig est disposé à considérer comme une combinaison d'eau et d'azoture de phosphore, qui succéderait à une combinaison d'azoture de phosphore et de sel ammoniac.

Chloro-azoture de phosphore.—En calcinant le perchlorure de phosphore ammoniacal, à l'abri du contact de l'air, il reste du phosphure d'azote, tandis qu'il se dégage du sel ammoniac, de l'acide chlorhydrique et un autre produit volatil, de composition particulière.

Ce dernier produit s'obtient surtout en faisant arriver du gaz ammoniac non desséché sur le perchlorure de phosphore et en distillant ensuite. Le produit nouveau, qui consiste en un chloro-azoture de phosphore, se condense dans le récipient sous forme de cristaux nacrés que l'eau ne mouille pas.

Ces cristaux se dissolvent dans l'éther et l'alcool d'où ils se déposent en cristaux non altérés. Ils sont au contraire insolubles dans l'eau.

Le chloro-azoture de phosphore est fusible et volatil : il se distingue par une fixité remarquable en présence de tous les réactifs énergiques. L'eau et les alcalis ne l'altèrent pas, mais il est détruit par le fer incandescent.

Son analyse conduit à une formule brute, $Ph^3Cl^6Az^4$, qui peut se traduire ainsi $PhCl^5 + Ph^2Az^2$. L'azoture de phosphore, combiné au perchlorure, serait différent de celui qui a été décrit et correspondrait à l'acide phosphoreux.

Le bromure de phosphore $PhBr^3$ se comporte exactement comme le chlorure et donne naissance par sa décomposition à l'azoture de phosphore de M. H. Rose.

Chlorure de soufre et gaz ammoniac.

Les produits qui résultent de l'action du gaz ammoniac sur le chlorure de soufre, étudiés par plusieurs chimistes, et surtout par MM. Martens, Grégory et Soubeiran, doivent à ce dernier un examen assez étendu.

Le chlorure de soufre qui entre dans les réactions qui sont le mieux connues a pour formule SCl et correspond ainsi à l'acide hyposulfureux.

Ce chlorure se combine à un ou à deux équivalents de gaz ammoniac.

Parmi les produits qui dérivent de ces deux combinaisons

on trouve un composé de soufre et d'azote représenté par S^4Az, et cet azoture de soufre paraît susceptible d'entrer aussi en combinaison. De sorte qu'on connaît jusqu'ici d'une manière à peu près certaine les composés suivants :

1° SCl, AzH^3 chlorure de soufre ammoniacal
2° $SCl, 2AzH^3$ chlorure de soufre biammoniacal.
3° S^3Az azoture de soufre.
4° $S^3Az + SCl$ azochlorure de soufre.
5° $S^3Az, SCl + 2AzH^3$ azochlorure de soufre biammoniacal.

Chlorure de soufre ammoniacal.
$SCl, + AzH^3$.

Ce produit s'obtient en faisant réagir le gaz ammoniac sur le chlore de soufre fortement refroidi. Il faut éviter l'élévation de température qui amènerait des transformations particulières entre les éléments de la combinaison.

Le chlorure de soufre ammoniacal est d'un rouge brun, sans forme cristalline, son odeur est particulière. L'éther et l'alcool le dissolvent : l'eau le décompose, en donnant lieu aux produits qui résultent de la décomposition du chlorure de soufre par l'eau, ces produits acides sont en partie saturés par l'ammoniaque.

A + 100°, par une application maintenue de cette température, la couleur du chlorure de soufre ammoniacal passe au jaune, sans que le poids de la matière change. Le produit est alors devenu insoluble dans l'éther ; on trouve qu'il est converti en sel ammoniac et en une combinaison d'azoture de soufre et de chlorure de soufre (azochlorure de soufre), ClS, S^3Az.

$$4ClS, AzH^3 = \underset{\text{azochlorure de soufre}}{ClS, AzS^3} + \underset{\text{sel ammoniac.}}{3ClH, AzH^3}$$

Chlorure de soufre biammoniacal. — $SCl, 2AzH^3$.

Le chlorure de soufre ammoniacal, maintenu dans une atmosphère de gaz ammoniac, prend un équivalent de gaz ammoniac de plus et devient $SCl, 2AzH^3$. Ce composé peut s'obtenir immédiatement en portant du chlorure de soufre, divisé par petites masses, dans une atmosphère de gaz ammoniac en excès. La réaction est vive et accompagnée de vapeurs épaisses, qui se condensent sur les parois en flocons jaunes et légers.

Le chlorure de soufre biammoniacal est d'un jaune pur, sans odeur. La chaleur le décompose en produisant d'abord de l'ammoniaque, puis un mélange de ce gaz avec l'azote, le soufre, le sel ammoniac et un peu d'azoture de soufre.

L'éther décompose le chlorure de soufre biammoniacal, et laisse déposer, après en avoir dissous les éléments, du soufre et de l'azoture de soufre. L'acide sulfurique enlève une partie de l'ammoniaque et met en liberté du chlorure de soufre, et en même temps du chlorure de soufre ammoniacal.

L'eau pure et l'alcool pour peu qu'il contienne de l'eau, décomposent le chlorure de soufre biammoniacal et donnent naissance à un précipité jaune qui consiste en azoture de soufre, retenant un peu de soufre, lorsqu'on n'a pas évité l'échauffement dans la réaction de l'ammoniaque en excès sur le chlorure de soufre. Aussi convient-il de préparer, pour obtenir l'azoture de soufre, le chlorure biammoniacal, en sursaturant le composé rouge, SCl, AzH^3, par un excès de gaz ammoniac.

La production de l'azoture de soufre s'explique très-bien par l'équation suivante :

$3(SCl, 2AzH^3)$	$=$	S^3Az	$+$	$3Cl^3H, AzH^3$	$+$	$2AzH^3$.
chlorure de soufre biammoniacal.		azoture de soufre.		sel ammoniac.		ammoniaque.

On reconnaît, en effet, ces divers produits dans la liqueur qui contient en outre un composé instable qui la colore en jaune. On trouve encore dans cette eau surnageante les produits de décomposition de l'azoture de soufre.

Azoture de soufre S^3Az.

L'azoture de soufre s'obtient par le procédé qui vient d'être indiqué; le chlorure de soufre biammoniacal est détruit rapidement par l'eau, et comme l'azoture de soufre est insoluble, on le jette sur un filtre où on le lave jusqu'à ce que l'eau passe incolore et ne précipite plus du chlorure par le nitrate d'argent. On jette alors une ou deux fois de l'alcool très-concentré sur le filtre pour le débarrasser de l'eau; on exprime le sulfure d'azote entre du papier sans colle, et l'on en achève la dessiccation dans le vide au-dessus de l'acide sulfurique.

Si l'azoture retient du soufre, on le traite à plusieurs reprises par l'éther pur et bouillant qui enlève le soufre. Si l'azoture est pur, il se détruit complétement en produits solubles lorsqu'on le met en digestion dans l'eau. Il se transforme alors en acide hyposulfureux et en ammoniaque.

Le sulfure d'azote se trouve ainsi correspondre à l'acide hyposulfureux au même titre que les azotures de cuivre et de mercure correspondent aux oxydes. Ce qui se reconnaît très-bien, d'ailleurs, en restituant la valeur réelle de l'équivalent de l'azote $Az = O^3$.

Ainsi $3ClS$, — $3So$ et S^3Az sont trois termes correspondants.

Cette correspondance explique la formation de l'azoture de soufre, aussi bien que sa décomposition ; on a, en effet, d'une part, pour sa formation

$$3ClS + AzH^3 = Cl^3H^3 + AzS^3.$$

Et d'une autre part, pour sa décomposition,

$$AzS^3 + 3HO = S^3O^3 + AzH^3.$$

L'azoture de soufre est tantôt jaune, tantôt vert : l'azoture vert se convertit en azoture jaune sous l'influence de la chaleur ou bien d'un courant de gaz ammoniac. Il est primitivement jaune, lorsque le chlorure de soufre biammoniacal qui le produit a été fait avec une grande élévation de température.

Le sulfure d'azote est inodore, à moins qu'on ne le chauffe; lorsqu'on le frotte légèrement, il adhère aux vases et au papier. Sa saveur nulle, d'abord, devient âcre bientôt. Lorsqu'il touche la peau en un lieu où elle est fine et sensible, comme au voisinage des yeux, il se produit un sentiment de cuisson persistant.

Il se décompose à + 140° en azote et en soufre; en le chauffant brusquement, il produit une vive déflagration; il détone en vase clos, ou bien par un choc vif.

L'eau froide le décompose lentement; la décomposition est prompte à chaud.

Il est peu soluble dans l'alcool et dans l'éther.

Les acides et les alcalis lui font éprouver rapidement le mode de décomposition indiqué plus haut, acide hyposulfureux et ammoniaque. L'acide hyposulfureux peut lui-même éprouver une décomposition secondaire.

L'ammoniaque liquide le décompose avec élévation de température.

Le sulfure de sodium dissout le sulfure d'azote, lorsqu'on emploie, pour milieu, l'alcool anhydre. La liqueur prend une teinte hyacinthe très-foncée, et se détruit ensuite rapidement. La potasse et la soude dissoutes dans l'alcool produisent la même coloration.

Le sulfure d'azote vert devient jaune dans une atmosphère saturée de chlorure de soufre; les deux corps se combinent ensuite pour former l'azochlorure de soufre.

Azochlorure de soufre SCl, AzS^3.

Ce composé, qui se forme directement par l'union des deux principes qui le composent, résulte aussi, comme on l'a vu plus haut, de la décomposition du chlorure de soufre ammoniacal à + 100°.

La décomposition par l'eau est le seul fait sur lequel M. Soubeiran donne quelques détails.

Il se dissout d'abord tout entier dans l'eau, et celle-ci prend une teinte jaune; mais bientôt elle se trouble et laisse déposer une matière brune qui ne se sépare qu'avec une extrême lenteur.

Ce composé brun a été lavé par l'eau, l'alcool et l'éther, puis séché dans le vide. Il se décompose par la chaleur en soufre, azote et ammoniaque; ces deux derniers gaz se forment à volume égal; l'eau le convertit lentement en hyposulfate d'ammoniaque avec dépôt de soufre. Une analyse a donné 1 équiv. d'ammoniaque, 2 équiv. d'azote, et à peu près 7 équivalents de soufre mêlés d'un peu de chlore.

Ce composé pourrait se représenter par $2S^3 Az + Az H^3$ azoture de soufre ammoniacal, qui retiendrait par interposition du soufre et du chlorure de soufre. Sa dissolution dans la potasse alcoolique donne une couleur améthyste instable qui s'accorderait avec l'existence de l'azoture de soufre dans la combinaison.

Azochlorure de soufre biammoniacal.

$S^3Az, ClS + 2AzH^3$

Ce composé, d'une existence éphémère, se produit sous la forme d'une matière rouge lorsqu'on fait tomber peu à peu le chlorure de soufre dans l'ammoniaque caustique un peu affaiblie et maintenue à une basse température.

Cette matière soluble dans l'ammoniaque à laquelle elle communique une couleur lilas se décompose avec une extrême rapidité.

Elle s'échauffe, se boursoufle et laisse dégager de l'ammoniaque : cette décomposition s'effectue même sous l'eau. On parvient à obtenir cette matière durant quelques instants en jetant la liqueur froide où elle s'est formée sur un linge, et en la portant aussitôt dans de l'eau froide où on l'étale en couche mince.

Cette combinaison a fourni à l'analyse des résultats que M. Soubeiran interprète par l'analyse indiquée ci-dessus.

Lorsque la décomposition s'est faite on trouve une matière jaune qui se forme en proportion variable. Cette matière consiste en une grande quantité de soufre qui retient de l'azoture de soufre, et un autre produit blanc, cristallisable qu'on sépare en épuisant la masse jaune par de l'alcool bouillant.

Ces cristaux blancs, signalés par M. Grégory comme de l'azoture de soufre, donnent en se décomposant par la chaleur, du soufre, de l'azote et de l'ammoniaque.

Chlorure d'arsenic ammoniacal.

Le chlorure d'arsenic $Ar\,Cl^3$ forme avec l'ammoniaque un composé blanc dont la formule est indéterminée. Ce composé, entièrement soluble dans l'eau, laisse déposer de sa solution saturée des cristaux blancs et brillants dans lesquels on retrouve de l'arsenic, du chlore et de l'ammoniaque.

Ce chlorure ammoniacal se dissout aussi dans l'alcool, d'où il se sépare en cristaux cubiques et transparents qui semblent reproduire le composé primitif sans altération. L'acide sulfurique s'empare de l'ammoniaque et dégage le chlorure d'arsenic.

Chlorure d'antimoine et gaz ammoniac.

Le protochlorure d'antimoine fondu dans le gaz ammoniac en absorbe un équivalent, et donne la formule :

$$SbCl^3, AzH^3.$$

Le perchlorure d'antimoine $Sb\,Cl^5$ absorbe une grande quantité de gaz ammoniac, et forme un composé brun dont les propriétés, la nature et la composition sont ignorées.

Bichlorure d'étain ammoniacal.

Le bichlorure d'étain se combine au gaz ammoniac, et forme un corps blanc, volatil et susceptible de se dissoudre dans l'eau sans résidu; mais la chaleur décompose la dissolution, et provoque un dépôt d'oxyde d'étain sous forme de gelée.

La combinaison se représente par :

$$SnCl^2, AzH^3.$$

On obtient une combinaison qui a pour formule $2\ SnCl^2 + AzH^3$, en traitant le protochlorure d'étain chargé d'un excès d'acide hydrochlorique par une quantité d'acide nitrique suffisante pour le changer en bichlorure. On obtient par le refroidissement un précipité blanc, soluble dans l'eau bouillante, d'où il se dispose par le refroidissement en octaèdres réguliers.

Chlorure de bore ammoniacal.

Ce composé se représente par $BrCl^3, 3\ AzH^3$; il est blanc, pulvérulent et volatil. L'eau le décompose en borate et hydrochlorate d'ammoniaque.

Les chlorures de silicium et l'aluminium se combinent également au gaz ammoniac, et forment des composés volatils.

Chlorure de titane ammoniacal.

C'est un composé brun qui a pour formule $TiCl^2, 2\ AzH^3$. Il se décompose à la distillation en titane, sel ammoniac et acide hydrochlorique. Il se forme, en outre, un composé jaune, cristallin, qui a pour formule :

$$2TiCl^2 + \underbrace{3(ClH, AzH^3)}_{\text{sel ammoniac}}.$$

Le chlorure d'iode ICl^3 réagit avec une grande énergie sur le gaz ammoniac sec; il se produit souvent de la lumière au moment de la combinaison, et malgré cette élévation de température, on trouve dans les produits de la réaction un composé noir, insoluble dans l'eau, détonant par le moindre choc, et qui rappelle toutes les propriétés de l'iodure d'azote décrit plus haut.

Les fluorures de bore, de silicium, de titane et de tantale peuvent former avec le gaz ammoniac des combinaisons solides.

Peut-être faut-il placer encore ici la combinaison du gaz ammoniac avec quelques sulfures correspondants aux chlorures volatils, les sulfures d'arsenic et de phosphore, par exemple.

Le sulfure d'arsenic désigné sous le nom d'*orpiment* $Az\ S^3$, se combine au gaz ammoniac; il en absorbe 5,6 0/0. La combinaison se représente ainsi par :

$$AzH^3 + 2ArS^3.$$

Le sulfure de phosphore correspondant donne une combinaison qui contient 17,5 0/0 de gaz ammoniac, et s'exprime par :

$$AzH^3, PhS^3.$$

§ VIII. — Combinaisons de l'ammoniaque avec les sels métalliques.

L'action du gaz ammoniac sur les sels anhydres se rapproche évidemment de celle que ce gaz exerce sur le plus grand nombre des composés anhydres qui viennent d'être passés en revue. Mais comme l'étude de ces produits se trouve bien limitée, si on ne les met au contact de l'eau, qui en détruit plusieurs, on se trouve promptement et forcément amené à étudier en même temps l'action de l'ammoniaque caustique sur les sels. Nous avons donc réuni ces deux modes d'action, que nous déclarons très-distincts, afin de ne pas multiplier les divisions à l'infini. Nous aurons soin néanmoins d'établir la séparation du gaz ammoniac et de l'ammoniaque caustique dans l'examen des sels en particulier. Nous parcourrons ceux-ci dans l'ordre où ils sont le plus ordinairement étudiés. Ainsi nous commencerons par les sels de strontiane, de chaux, de magnésie, de zinc, etc., pour terminer aux sels d'or et de platine.

Nous avons encore compris dans ce paragraphe l'action de l'ammoniaque par les oxydes : les oxydes ammoniacaux, en effet, ne sont pas plus séparables des sels ammonio-métalliques, qu'une base ne peut l'être de la série saline qu'elle forme.

Quant à la nature des produits qui résultent de l'action de l'ammoniaque sur les sels, elle est diverse, mais elle ne présente aucun principe nouveau ; elle se rattache toujours à quelques-unes des combinaisons précédemment décrites et subit les mêmes règles. Quelquefois on observe l'union simple du gaz ammoniac comme avec les chlorures volatils et les acides anhydres, sans qu'on puisse suivre, dans la combinaison ainsi obtenue, aucun rôle ultérieur qui soit bien dessiné.

Tel sera le cas des sels anhydres dans lesquels le gaz ammoniac paraît porter son action sur tous les éléments du sel.

Mais le plus souvent l'ammoniaque laisse l'acide en dehors de son action, forme un groupement avec l'oxyde métallique, et aboutit à une combinaison par pénétration.

Il ne faut plus chercher dans le produit constitué les caractères de l'oxyde métallique : ils ont disparu ; on voit alors des oxydes faibles, qui se combinent à peine aux acides, prendre un degré d'alcalinité forte, exercer une action caustique sur les tissus animaux, déplacer l'ammoniaque de ses combinaisons et se placer sur la ligne des affinités basiques à côté de la potasse et de la soude.

La stabilité primitive de l'oxyde ne détermine donc nullement celle de l'oxyde ammoniacal qui en dérive. Le protoxyde de platine ainsi associé l'emporte sur l'oxyde de zinc, l'oxyde de cuivre, et sur tous les autres. C'est même dans cette combinaison platinique, découverte par M. Reiset, que le caractère alcalin s'est montré de la manière la plus manifeste : l'histoire des composés ammoniacaux en a reçu un éclaircissement que nous tâcherons de faire apprécier.

Dans l'exposition qui va suivre, l'ammoniaque caustique, la base déjà très-énergique, composée d'eau et d'ammoniaque AzH^3, HO, est devenue un type simple.

Ce type se modifiera ; un oxyde métallique remplacera l'eau, et l'équivalent de l'oxyde sera simple, double ou triple, la proportion d'ammoniaque demeurant constante : ou bien encore, à un équivalent d'oxyde, s'ajouteront plusieurs équivalents d'ammoniaque.

Quant au mode de combinaison, il s'effectuera suivant les règles déjà formulées, dont l'étude des composés ammoniacaux a fourni des exemples nombreux et variés : tantôt l'union sera simple et le produit nouveau se représentera par la somme de toutes les molécules, tant de l'oxyde métallique que de gaz ammoniac ; tantôt l'union s'accompagnera d'une élimination d'eau ou d'acide hydrochlorique. Dans tous les cas il y aura pénétration des éléments.

On a cherché à donner une expression générale aux composés basiques qui résultent de cette combinaison du gaz ammoniac et des oxydes. M. R. Kane, dans une discussion très-étendue, où il s'est inspiré de la théorie des radicaux organiques, a considéré le gaz ammoniac comme une sorte d'oxyde correspondant à l'eau, qu'il fallait disposer ainsi, $H + H^2 Az$; $H^2 Az$ devenait un radical analogue au chlore et à l'oxygène, se combinant à l'hydrogène dans l'ammoniaque, ou bien aux métaux, et formant avec ces derniers un composé $M + H^2 Az$, analogue aux oxydes. M. R. Kane a saisi, dans cette discussion, des rapprochements curieux, que l'exposition ultérieure des faits mettra dans toute leur évidence. Mais nous ne parlerons pas davantage de son hypothèse ; nous avons cru n'en devoir faire aucun usage. Le fait vraiment général est ressorti de l'étude plus approfondie de ces combinaisons : il se rattache au principe d'affinité organique, que nous avons désignée sous le nom d'affinité de pénétration, et M. Reiset a justement classé les oxydes ammonio-métalliques, en les mettant à côté des oxydes qui, dans leur combinaison avec l'eau, ont perdu leurs caractères primitifs.

Les sels alcalins et terreux forment très-bien des combinaisons doubles avec les sels ammoniacaux; mais on n'a jusqu'ici indiqué que deux combinaisons, formées par le gaz ammoniac uni aux sels de cette première catégorie; il faut arriver de suite aux oxydes et aux sels métalliques.

Les deux sels qui font exception sont les chlorures anhydres de calcium et de strontium.

Le sel de calcium a pour formule $CaCl + 4AzH^3$: c'est un composé blanc qui abandonne le gaz ammoniac lorsqu'on le chauffe; ce sel ne saurait par conséquent s'employer pour la dessiccation du gaz ammoniac.

Le chlorure de strontium absorbe même nombre d'équivalents de gaz ammoniac et constitue ainsi le produit suivant :

$$StCl + 4AzH^3.$$

Sels de zinc,

L'*oxyde de zinc* isolé n'est pas susceptible de former une combinaison solide avec l'ammoniaque : les cristaux qui se déposent au sein de l'ammoniaque caustique consistent en une combinaison d'eau et d'oxyde de zinc ZnO, HO. Ce fait, établi déjà très-nettement par Schindler, a été récemment confirmé par MM. Malaguti et Sarzeau.

Le *chlorure de zinc* anhydre absorbe un équivalent d'ammoniaque, d'après M. Persoz, et forme une combinaison qui doit s'exprimer par

$$ZnCl, AzH^3.$$

Cette même combinaison peut résulter, d'après M. R.

Kane, de la décomposition des produits que forme l'ammoniaque caustique avec le chlorure de zinc.

En ajoutant de l'ammoniaque liquide à une dissolution de chlorure de zinc, il se forme un précipité blanc, qui se redissout, et alors la liqueur est propre à donner deux composés différents; M. R. Kane les obtient séparément de la manière suivante : il prend une dissolution chaude et concentrée de chlorure de zinc dans l'eau, puis il y fait passer un courant de gaz ammoniac jusqu'à ce que le précipité soit redissous. Il filtre rapidement, et par le refroidissement se dépose une substance brillante, douce au toucher, qui a l'aspect du talc. Cette combinaison se représente par

$$ZnCl + 2AzH^3 + HO.$$

Plus tard, les eaux mères fournissent un sel très-différent, qui cristallise en groupes radiés ou bien en prismes, d'un lustre vitreux brillant, et durs au toucher.

Ce dernier composé a pour formule :

$$2ZnCl + 2AzH^3, HO.$$

Lorsqu'on chauffe la première de ces combinaisons

$$ZnCl + 2AzH^3 + HO$$

il se dégage un équivalent d'eau, un équivalent d'ammoniaque, et l'on a pour résidu le chlorure de zinc ammoniacal primitivement indiqué.

$$ZnCl + 2AzH^3, HO = ZnCl, AzH^3 + HO + AzH^3.$$

Si l'on chauffe davantage encore, le chlorure de zinc ammoniacal perd la moitié de son ammoniaque, et devient :

$$2ZnCl + AzH^3.$$

Le chlorure de zinc ammoniacal $ZnCl, AzH^3$, a l'aspect d'une poudre blanche.

Lorsqu'on lui a fait perdre par la chaleur la moitié de son ammoniaque, il se convertit en un liquide limpide, incolore ou légèrement jaunâtre, qui, par le refroidissement, devient solide, semblable à de la gomme; c'est le composé qui se représente par :

$$2ZnCl + AzH^3.$$

Ce dernier produit est encore celui qui se forme lorsqu'on chauffe la deuxième combinaison :

$$2ZnCl + 2AzH^3 + HO.$$

Elle perd comme la première, 1 équiv. d'eau et 1 équiv. d'ammoniaque :

$$2ZnCl + 2AzH^3 + HO = 2ZnCl, AzH^3 + AzH^3 + HO.$$

Ainsi, la combinaison la plus stable de cette série, est celle qui se représente par $2ZnCl + AzH^3$. Elle se fond et se distille même par la chaleur sans se décomposer.

Toutes les combinaisons précédentes sont détruites par l'eau, et donnent naissance à un oxydochlorure blanc, auquel M. R. Kane donne pour formule :

$$ZnCl + 6ZnO + 6HO.$$

En résumant les composés formés par le chlorure de zinc et l'ammoniaque, on a la série suivante :

$$ZnCl + AzH^3.$$
$$2ZnCl + AzH^3.$$
$$ZnCl + 2AzH^3 + HO.$$
$$2ZnCl + 2AzH^3 + HO.$$

L'*iodure de zinc* forme des combinaisons qui ont été décrites par M. Rammelsberg. Le gaz sec et l'iodure anhydre s'échauffent en se combinant, et se réduisent en une poudre qui a pour formule :

$$ZnI + 3AzH^3.$$

L'iodure dissous dans l'eau fournit avec l'ammoniaque caustique des prismes incolores et éclatants, auxquels on reconnaît pour composition $ZnI + 2AzH^3$ sans eau de combinaison.

L'eau en excès décompose ces combinaisons en oxyde de zinc insoluble; la liqueur retient de l'ammoniaque et de l'iodure de zinc dissous.

Le *sulfate de zinc* anhydre absorbe, suivant la remarque de M. H. Rose, 2 équiv. et demi de gaz ammoniac; le composé se représente ainsi par :

$$2SO^3, ZnO + 5AzH^3.$$

M. R. Kane a examiné les produits qui se forment en présence de l'eau. Il a fait passer un courant de gaz ammoniac dans une solution chaude et concentrée de sulfate de zinc, jusqu'à ce que le précipité qui se forme fût redissous. Il se forme ensuite un dépôt floconneux qui continue à se produire tant qu'on maintient la liqueur chaude. Si on laisse refroidir les eaux mères, et qu'on les abandonne à l'évaporation, on obtient des cristaux très-distincts qui s'effleurissent avec rapidité.

Le dépôt floconneux a pour formule $So^3 ZnO + AzH^3, HO$, et se convertit par la chaleur en sulfate de zinc anhydre. Le second produit cristallin se représente avant qu'il ait été effleuri par :

$$SO^3, ZnO + 2AzH^3 + 4HO.$$

Il perd deux équivalents d'eau en s'effleurissant, et devient laiteux.

En le maintenant à une chaleur de $+35^0$, il se réduit en poudre blanche, perd une nouvelle qnantité d'eau, et devient :

$$SO^3, ZnO + 2AzH^3 + HO.$$

Par l'action continue d'une chaleur élevée à $+100^0$, on enlève à ce dernier produit de l'eau et de l'ammoniaque; on passe alors par :

$$SO^3, ZnO + AzH^3.$$

Enfin, on arrive au sulfate de zinc anhydre.

Lorsqu'on ne passe point par une application graduée de la chaleur, on fond le produit cristallin, et l'on obtient ainsi une masse gommeuse qui a la même composition que le produit floconneux, premier dépôt de la liqueur.

Lorsqu'on traite les produits précédents par l'eau on obtient un sulfate de zinc basique analysé par M. R. Kane, et qui a pour formule :

$$SO^3 + 6ZnO + 10HO.$$

Les produits qui résulteut de l'action de l'ammoniaque sur le sulfate de zinc se représentent en définitive par :

Produit floconneux	$SO^3, ZnO + AzH^3, HO.$
Produit cristallin	$SO^3, ZnO + 2AzH^3 + 4HO.$
Produit cristallin effleuri	$SO^3, ZnO + 2AzH^3 + 2HO.$
Produit cristallin à + 35°	$SO^3, ZnO + 2AzH^3 + HO.$
Produit cristallin à + 100°	$SO^3, ZnO + AzH^3$

Chromate de zinc et ammoniaque caustique.

MM. Malaguti et Sarzeau ont reconnu qu'on obtenait toujours le même produit en faisant agir l'ammoniaque liquide sur le chromate de zinc basique et sur le chromate acide du même métal; seulement dans ce dernier cas il se forme en même temps du chromate d'ammoniaque.

Le chromate basique sur lequel ont agi MM. Malaguti et Sarzeau a pour formule :

$$CrO^3, 4ZnO, 5HO.$$

Le composé ammoniacal se représente par :

$$CrO^3, ZnO + 2AzH^3 + 5HO.$$

Ce composé correspond au sulfate :

$$SO^3, ZnO + 2AzH^3 + 4HO.$$

Carbonate de zinc. — M. Favre a fait connaître un carbonate qui a pour formule :

$$2CO^2 + 2ZnO + AzH^3.$$

Il prépare ce sel en arrosant du carbonate de zinc précipité par une dissolution concentrée de carbonate d'ammoniaque; si le carbonate de zinc est retenu sur un filtre, la liqueur filtrée laisse déposer des cristaux volumineux sous forme de prismes rectangulaires droits, qui constituent le carbonate de M. Favre.

$$2CO^2 + 2ZnO + AzH^3 = CO^2, ZnO + CO^2, ZnO, AzH^3$$

et correspond au chlorure $ClZn + ClZn, AzH^3$.

On reconnaît sans peine, en rapprochant les produits fournis par les sels de zinc, au sein d'une dissolution ammoniacale, que deux termes constants s'y trouvent incessamment reproduits. Le premier de ces termes peut se représenter par :

$$2AzH^3 + ZnO + HO.$$

Le second par :

$$AzH^3 + ZnO.$$

Ces deux combinaisons ne s'isolent point ; mais on les retrouve en combinaison avec tous les acides, et l'on est forcé de reconnaître leur analogie avec l'ammoniaque caustique $Az\,H^3, HO$.

L'oxygène de l'oxyde de zinc peut disparaître ; il se trouve alors remplacé par une quantité équivalente de chlore ou d'iode, et le groupement nouveau correspond au sel ammoniac

$$AzH^3, HCl — AzH^3, ZnCl.$$

Les sels qui constituent les deux groupements ammoniacaux du zinc sont très-propres à former des sels doubles, surtout lorsque l'acide reste le même : ce fait s'observe dans toutes les séries ammonio-métalliques.

Quant à l'eau qui se présente dans le premier groupement, elle peut se conserver, ou bien disparaître, soit par l'action de la chaleur, soit par l'effet de la combinaison. La même remarque sera encore applicable aux autres séries métalliques.

Ces principes conduisent à disposer les combinaisons ammonio-zinciques de la manière suivante :

Ire SÉRIE.

$2AzH^3 + ZnO + HO$ groupement primitif.

$(2AzH^3 + ZnCl + HO)$ chlorure.
$(2AzH^3 + ZnCl + HO) + ZnCl$ chlorure double.
$(2AzH^3 + ZnI)$ iodure.
$(2AzH^3 + ZnO + HO) + SO^3, 3HO$ sulfate hydraté.
$(2AzH^3 + ZnO + HO) + SO^3$ sulfate déshydraté.
$(2AzH^3 + ZnO + HO) + CrO^3, 4HO$ chromate.

IIe SÉRIE.

AzH^3, ZnO groupement primitif.

$AzH^3, ZnCl$ chlorure.
$AzH^3, ZnCl + ZnCl$ chlorure double.
$AzH^3, ZnO + SO^3, HO$ sulfate.
$AzH^3, ZnO + SO^3$ sulfate anhydre.
$(AzH^3, ZnO + CO^2) + (AzH^3, HO + CO^2)$ carbonate double.

Les *sels de cadmium* forment des composés analogues aux sels de zinc; ces composés ont été représentés de la manière suivante :

Sulfate de cadmium anhydre et gaz ammoniac,

$$SO^3, CdO + 3AzH^3.$$

Iodure de cadmium par voie humide,

$$2AzH^3 + CdI.$$

Par voie sèche, à l'aide de la chaleur,

$$CdI + 3AzH^3.$$

Chromate obtenu à l'aide du chromate basique :

$$(2AzH^3 + CdO + HO) + CrO^3, 2HO.$$

Correspondant au sulfate ammoniacal obtenu par voie humide,

$$(2AzH^3 + CdO + HO) + SO^3, HO.$$

Ces deux derniers sels ont été étudiés par MM. Malaguti et Sarzeau, ainsi que tous les chromates d'oxydes ammoniacaux. L'étude des iodures est due surtout à MM. Rammelsberg et celle des sels anhydres à M. Rose.

Les sels de cadmium doivent recevoir la même interprétation que les sels de zinc : les termes en sont encore peu nombreux; mais il est à présumer qu'une étude plus suivie rangerait les produits nouveaux, comme les anciens, autour de deux groupements primitifs :

$$(2AzH^3 + CdO + HO)$$
$$\text{et } AzH^3, CdO.$$

L'oxyde de nickel se dissout dans l'ammoniaque liquide, et lui communique une couleur bleu de ciel; mais on n'en sépare aucune combinaison solide autre que l'oxyde. Le chlorure, suivant M. Erdman, forme par la voie humide une combinaison qui s'exprime par :

$$3AzH^3 + NiCl.$$

Ce chlorure ammoniacal se présente sous forme de cristaux bleus.

L'iodure de nickel dissous dans l'eau donne d'abord, avec l'ammoniaque, un précipité bleu clair qui se dissout dans l'ammoniaque par la chaleur, et cristallise de cette dissolution en petits cristaux bleus composés de

$$3AzH^3 + NiI.$$

L'iodure de nickel anhydre n'absorbe le gaz ammoniac qu'à l'aide de la chaleur, et produit une masse jaunâtre qui renferme

$$2AzH^3 + NiI.$$

Le sulfate de nickel anhydre absorbe trois équivalents de gaz ammoniac, et produit :

$$3AzH^3 + NiO + SO^3.$$

Le sulfate de nickel ammoniacal, produit par un mélange de sulfate métallique et d'ammoniaque caustique, a pour formule :

$$(2AzH^3 + NiO + HO) + SO^3, HO.$$

Le chromate provenant du chromate de nickel basique se représente par :

$$(2AzH^3 + NiO + HO) + CrO^3, 2HO.$$

Le nitrate de nickel en solution concentrée absorbe l'ammoniaque, et donne des octaèdres d'un bleu de saphir qui se représentent par :

$$(2AzH^3 + NiO) + AzO^5.$$

L'oxyde de cobalt se dissout dans l'ammoniaque, et forme un composé de constitution indéterminée.

Le chlorure anhydre absorbe deux équivalents de gaz ammoniaque, et forme une combinaison $ClCo, 2AzH^3$ — d'un jaune rougeâtre ; l'eau la décompose.

L'iodure de cobalt anhydre donne par la voie sèche un composé qui a pour formule

$$CoI, 3AzH^3.$$

Par la voie humide, on obtient dans une dissolution concentrée une poudre rose qui se redissout par la chaleur, et donne en se refroidissant le produit suivant : $CoI, 2AzH^3$.

Ces iodures ammoniacaux se décomposent par l'eau et la chaleur.

Le sulfate de cobalt anhydre devient $SO^3Co, 3AzH^3$ lorsqu'on le sature de gaz ammoniac.

On reconnaît dans les sels de nickel et de cobalt les

mêmes tendances à constituer un groupement ammoniacal fixe, dans lequel l'eau se conserve ou se trouve éliminée :

$$(2AzH^3 + NiO + HO.)$$
$$(2AzH^3 + CoO + HO.)$$

Mais le groupement à 1 équiv. d'ammoniaque ne se présente pas; on voit par opposition un groupement à 3 équiv. se présenter avec fréquence :

$$(3AzH^3 + NiI.)$$
$$(3AzH^3 + NiCl.)$$
$$(3AzH^3 + CoI.)$$

Les sels anhydres se rallient très-simplement aux sels obtenus par la voie humide.

Le sulfate de protoxyde de manganèse anhydre forme une combinaison avec le gaz ammoniac. C'est une poudre blanche qui se détruit à l'air ou par la chaleur, et qui laisse un résidu de protoxyde.

Ce composé a pour formule :

$$(2AzH^3, MnO) + SO^3.$$

Le protochlorure de fer anhydre absorbe le gaz ammoniac, et forme une poudre qui se décompose à l'air et dans l'eau.

Le perchlorure de fer se combine aussi au gaz ammoniac, et forme une masse rouge qui se dissout dans l'eau sans la troubler. Ce composé renferme :

$$Fe^2Cl^3 + AzH^3.$$

Le chlorure de chrome anhydre Cr^2Cl^3 absorbe le gaz ammoniac et se combine; si l'on élève la température à +200, il se forme une poudre brune qui n'est pas du chrome métallique. M. Schrœtter a démontré qu'il se formait là un azoture de chrome; mais il a proposé pour ce composé nouveau une formule inadmissible.

Le chlorure de plomb absorbe le gaz ammoniac avec

une lenteur extrême, et l'abandonne avec facilité. M. H. Rose donne à la combinaison la formule suivante :

$$4ClPb + 3AzH^3.$$

L'iodure de plomb ne se combine pas à l'ammoniaque par la voie humide, mais par la voie sèche ; il forme une masse blanche composée de :

$$PbI + AzH^3.$$

L'iodure de bismuth, qui est pur, suivant M. Rammelsberg, lorsqu'on précipite un sel de bismuth par l'iodure de potassium, absorbe le gaz ammoniac. L'iodure et le gaz doivent être desséchés ; la combinaison est formée de :

$$Bi^2I^3 + 3AzH^3.$$

Le protoiodure d'étain absorbe le gaz ammoniac et se transforme en une poudre blanche de la composition suivante :

$$SnI + 2AzH^3.$$

Sels de cuivre.

Protoxyde de cuivre. — Le protoxyde de cuivre se dissout dans l'ammoniaque caustique, et forme une liqueur incolore ; mais on n'a pu en séparer jusqu'ici un composé solide.

Le protochlorure forme aussi, avec l'ammoniaque caustique, une liqueur incolore qui devient rapidement bleue au contact de l'air, ainsi que la dissolution de protoxyde.

Le protoiodure ne se dissout qu'en petite proportion, et ne paraît pas susceptible de se combiner par voie humide ; mais, par voie sèche, on obtient une combinaison qui a pour formule :

$$2AzH^3, CuI.$$

M. R. Kane a obtenu, en traitant le bichlorure de cuivre dissous par l'ammoniaque, un précipité d'une couleur bleue remarquable se rapprochant de celle de l'hydrate ou du verdet. M. R. Kane n'a pas étudié les circonstances favorables à sa production, et se contente d'en donner la composition, qui serait :

$$3CuO,\ 2AzH^3,\ 6HO.$$

On peut chauffer cette poudre, à $+130^\circ$, sans qu'elle s'altère ; mais en chauffant davantage on entend une espèce de sifflement. La poudre s'est décomposée, en produisant un résidu de cuivre et de protoxyde avec dégagement d'eau, d'azote et d'ammoniaque ; on peut la laver sans décomposition.

Cette combinaison est très-différente d'un produit analogue, parfaitement défini, découvert par MM. Malaguti et Sarzeau, qui lui ont assigné pour composition :

$$(2AzH^3 + CuO + HO) + 3HO.$$

Ce produit se présente sous forme de longues aiguilles prismatiques, bleues, friables, déliquescentes et très-facilement décomposables par l'eau et par l'air.

Lorsqu'on chauffe cet oxyde ammoniacal au contact de l'air, il s'enflamme par un point et l'ignition se propage ensuite dans toute la masse. Le gaz ammoniac se brûle au contact de l'air, dans le cuivre réduit qui fait office de corps catalytique.

Cette combinaison a été retirée des eaux mères provenant du traitement d'un chromate de cuivre basique par l'ammoniaque caustique. L'oxyde ammoniacal cristallise lorsqu'on entretient la liqueur qui le contient dans une atmosphère sèche, saturée de gaz ammoniac. On a besoin de purifier ces cristaux en les faisant tomber en déliquescence dans une atmosphère ammoniacale humide et en évaporant de nouveau dans une atmosphère sèche.

Le bichlorure de cuivre anhydre absorbe trois équivalents de gaz ammoniac, devient $3AzH^3 + CuCl$ et passe dans cette combinaison du brun au bleu. La chaleur sépare le gaz ammoniac et détruit la combinaison qui s'est formée.

Le bichlorure de cuivre ne se combine à l'ammoniaque, par voie humide, qu'à la faveur de conditions qui ont été indiquées par M. R. Kane. On sature l'eau à chaud de bichlorure de cuivre, puis on y dirige un courant de gaz ammoniac; il se fait un précipité qui se redissout plus tard. Le chlorure ammoniacal se dépose en petits octaèdres bien définis, ou en prismes carrés à sommets pyramidaux, d'une couleur bleue foncée: ce composé s'altère à l'air avec une extrême facilité.

Il a pour formule :

$$(2AzH^3 + CuCl + HO.)$$

A $+150^0$, ce composé perd toute son eau, une partie de son ammoniaque et devient AzH^3, $CuCl$; ce dernier composé dérive aussi du chlorure ammoniacal formé par la voie sèche, lorsqu'on le chauffe.

AzH^3, $CuCl$, résiste assez bien à l'action de la chaleur; mais l'eau le décompose et donne naissance à un oxydochlorure particulier qui a pour formule :

$$CuCl + 4CuO + 6HO.$$

L'iodure de cuivre correspondant au bioxyde ne peut s'obtenir isolé; mais M. Berthemot a montré qu'on pouvait le produire, en précipitant une dissolution ammoniacale de sel de cuivre, par l'iodure de potassium. Le précipité se dissout à chaud dans l'ammoniaque caustique et cristallise par le refroidissement. M. Rammelsberg a analysé ces cristaux et leur a trouvé pour composition,

$$2AzH^3 + CuI + HO.$$

Le sulfate de cuivre ammoniacal produit par la voie humide a été analysé par M. Berzélius qui lui a reconnu pour composition :

$$(2AzH^3 + CuO + HO) + SO^3.$$

On l'obtient en dissolvant du sulfate de cuivre dans de l'ammoniaque caustique très-concentrée et en versant ensuite de l'alcool dans la dissolution; on peut l'obtenir aussi de la même façon que les sels de zinc dont la préparation a été décrite plus haut.

Ce sel cristallise en prismes rhomboïdaux; chauffé à +150 il perd de l'ammoniaque et de l'eau, et devient alors :

$$AzH^3, CuO + SO^3.$$

En élevant davantage encore la température, on a pour résidu le sulfate de cuivre anhydre.

Mais il existe encore un terme intermédiaire qui s'obtient en soumettant le sel à + 200° et qui se représente par :

$$SO^3, CuO + (AzH^3, CuO + SO^3).$$

Le sulfate de cuivre anhydre absorbe deux équivalents et demi de gaz ammoniac et se représente par :

$$2SO^3, CuO + 5AzH^3.$$

La chaleur le fait passer successivement par :

$$SO^3, CuO, AzH^3.$$
$$2SO^3, CuO + AzH^3$$
$$\text{et } SO^3, CuO.$$

La combinaison qui se représente par :

$$CuO, AzH^3 + SO^3,$$

a une couleur vert-pomme; elle se décompose par l'eau en produisant un sulfate basique qui a pour composition :

$$SO^3, 4CuO, 4HO.$$

Une dissolution concentrée d'hyposulfate de cuivre saturée d'ammoniaque fournit par le refroidissement des tables quadrangulaires d'un bleu d'azur, inaltérables à l'air et peu solubles dans l'eau: c'est un hyposulfate ammoniacal qui s'exprime par :

$$(2AzH^3 + CuO) + S^2O^5.$$

Nitrate de cuivre ammoniacal.—Ce sel se prépare par le même procédé que le bichlorure de cuivre ammoniacal ; il cristallise par le refroidissement en une masse confuse de petits octaèdres. Il se dissout très-bien dans l'eau; en ajoutant un acide à la dissolution, on obtient le nitrate basique ordinaire.

Ce sel a pour formule :

$$(2AzH^3 + CuO) + AzO^6.$$

Il se fond d'abord par la chaleur, puis fait explosion.

Chromate de cuivre ammoniacal.—Ce sel se prépare en dirigeant un courant de gaz ammoniac dans une bouillie claire formée d'eau et de chromate quadribasique de cuivre , CrO^3 , 4CuO , 5HO, composé correspondant au sulfate.

La liqueur devient limpide, d'un beau vert; exposée pendant longtemps à un froid de quelques degrés au-dessous de 0°, elle abandonne des cristaux prismatiques à base rhombe d'une belle couleur verte foncée.

Ces cristaux sont décomposés par l'air et par l'eau; ils ont pour formule :

$$2CrO^3, 3CuO, 5AzH^3, 2HO.$$

Cette combinaison paraît devoir être représentée ainsi :

$$2(2AzH^3 + CuO + HO + CrO^3) + AzH^3, CuO.$$

Il est à remarquer qu'elle dérive d'un chromate basique.

Si l'on veut rapprocher les principales combinaisons ammoniacales formées par le bioxyde de cuivre , on reconnaît jusqu'à l'évidence qu'elles supposent l'existence de deux bases formées par l'union du bioxyde de cuivre et du gaz ammoniac.

La première de ces bases a été isolée par MM. Malaguti et Sarzeau qui lui ont assigné pour formule :

$$(2AzH^3 + CuO + HO) + 3HO.$$

La seconde se représente par :

$$AzH^3, CuO.$$

La première base perd une quantité d'eau variable par sa combinaison avec les différents acides : c'est un fait très-général, ainsi que nous l'avons fait remarquer, dans l'union des acides et des bases ; cependant elle conserve parfois un équivalent d'eau : l'on a donc une première série qui s'exprime de la manière suivante :

$(2AzH^3 + CuO + HO) + 3HO$ base cristallisée.
$(2AzH^3 + CuCl + HO)$ chlorure.
$(2AzH^3 + CuI + HO)$ iodure.
$(2AzH^3 + CuO + HO) + SO^3$ sulfate.
$(2AzH^3 + CuO) + AzO^5$ nitrate.
$(2AzH^3 + CuO) + S^2O^5$ hyposulfate.
$(2AzH^3 + CuO + HO + CrO^3) + AzH^3, CuO$ chromate basique réunissant les deux bases.

Quant à la seconde série, elle dérive ordinairement de la première, par une perte d'eau et d'ammoniaque.

La base CuO, AzH3 n'a pas été isolée ; mais elle existe combinée, on vient de le voir, au chromate de la première série, et l'on possède en outre

AzH^3, CuO, SO^3 sulfate.
$AzH^3, CuCl$ chlorure.

Il faut ajouter que dans les sels de la première série, la potasse ne déplace pas l'oxyde de cuivre, et que le cuivre métallique n'est plus précipité par le fer.

Sels d'argent.

L'oxyde d'argent se combine à l'ammoniaque et donne un composé fulminant. Cette combinaison s'obtient, soit en traitant l'oxyde d'argent récemment précipité par l'ammoniaque liquide, soit en versant de la potasse ou de la soude caustiques, dans une dissolution de sel d'argent rendue ammoniacale. On sait que l'ammoniaque ne précipite pas les sels d'argent.

Cette poudre est brune, olivâtre et soluble dans l'ammoniaque caustique d'où elle cristallise par l'évaporation sous forme de cristaux incolores. Il n'est pas bien démontré, toutefois, que la poudre brune soit identique avec les cristaux.

La composition de ce produit n'a pu être déterminée, à cause de sa propriété fulminante. Il détone avec une violence extrême par le choc et même par le moindre frottement. La chaleur le décompose, mais avec moins de violence. On trouve de l'azote dans les produits de la décomposition.

Les sels d'argent absorbent du gaz ammoniac; le nitrate et le chlorure en absorbent trois équivalents; le sulfate n'en absorbe qu'un seul.

Il est à remarquer que tous ces sels, très-avides d'ammoniaque, sont anhydres.

Le chlorure d'argent ne change pas d'aspect, en absorbant le gaz ammoniac; il faut le chauffer jusqu'à la fusion pour qu'il abandonne entièrement l'ammoniaque. Il a pour formule :

$$AgCl + 3AzH^3.$$

L'iodure d'argent devient blanc dans un courant de gaz ammoniac, et forme une combinaison qui renferme :

$$2AgI + AzH^3.$$

L'eau et l'air la décomposent.

Le nitrate d'argent se fond dans un courant de gaz ammoniac et s'échauffe beaucoup; le produit est entièrement soluble dans l'eau. Il se représente par

$$3AzH^3 + AgO + AzO^5.$$

Le sulfate d'argent forme une masse blanche qui a pour

formule $AzH^3 + AgO + SO^3$. Cette combinaison se dissout entièrement dans l'eau.

L'ammoniaque caustique ne précipite pas les sels d'argent et rend même solubles le plus grand nombre de ceux qui ne le sont pas. Il se forme, dans ces circonstances, des combinaisons décrites et analysées avec soin.

Le nitrate d'argent dissous à chaud dans l'ammoniaque donne, par le refroidissement, des croûtes cristallisées incolores, assez solubles dans l'eau et noircissant à l'air. Ces cristaux sont fusibles par la chaleur. Lorsqu'on chauffe la dissolution, elle se décompose en azote, hydrogène, ammoniaque et argent métallique qui forme sur les parois du vase une couche miroitante. Il reste du nitrate d'ammoniaque dans la liqueur.

Cette combinaison renferme

$$(2AzH^3 + AgO) + AzO^5.$$

Le sulfate d'argent ammoniacal s'obtient comme le nitrate, en parallélipipèdes droits ou en octaèdres incolores et inaltérables à l'air.

Il est composé de

$$(2AzH^3 + AgO) + SO^3.$$

Le chromate d'argent, dissous à chaud dans l'ammoniaque, donne une combinaison qui correspond aux deux précédentes : il en est de même du séléniate.

On a ainsi :

Chromate d'argent ammoniacal $(2AzH^3 + AgO) + CrO^3$.
Séléniate d'argent ammoniacal $(2AzH^3 + AgO) + SeO^3$.

Les sels ammonio-métalliques que l'argent forme sont d'une grande uniformité de composition. La même base $(2Az\,H^3 + AgO)$ se représente en combinaison avec tous les acides. La base est-elle primitivement $(2Az\,H^3 + AgO)$ ou bien $(2AzH^3 + AgO) + HO$? On ne saurait le décider; mais il est très-remarquable de voir ici les sels ammonio-métalliques formés par l'argent, tout à fait anhydres, ainsi que cela s'observe dans presque tous les sels d'argent.

Sels de mercure.

Sels de protoxyde. — Le protochlorure de mercure obtenu par voie humide, se noircit dans le gaz ammoniac. Un équivalent de protochlorure absorbe un équivalent de gaz ammoniac. ($Hg^2Cl + AzH^3$.) Le protochlorure, sublimé dans un courant de gaz ammoniac, reste intact.

Lorsqu'on fait bouillir le calomel avec l'ammoniaque caustique, il se forme une poudre noire qui a pour formule :

$$Hg^2Cl + Hg^2, AzH^2.$$

Ce produit s'est formé par l'élimination d'un équivalent d'acide hydrochlorique, conformément à la règle qui s'observe dans la combinaison de l'ammoniaque, soit avec les chlorures, soit avec les oxydes; cette élimination est fréquente dans les sels formés par le mercure.

Le protoiodure de mercure noircit également dans le gaz ammoniac : lorsqu'on l'attaque par la voie humide, il donne les produits résultant de l'action de l'ammoniaque sur le biiodure de mercure. Il se dépose en même temps du mercure métallique.

Le protosulfate de mercure se convertit, suivant M. R. Kane, en une poudre d'un gris foncé, au contact de l'ammoniaque caustique. Il considère, bien que la réaction laisse quelques doutes, qu'il se forme un sulfate basique qui se représenterait par

$$SO^3, 4Hg^2O + AzH^3.$$

Le nitrate de protoxyde de mercure donne par l'ammoniaque caustique des précipités d'un aspect qui varie depuis le noir velouté jusqu'au blanc. L'ensemble de ces précipités constituait le mercure soluble d'Hannemann. M. R. Kane conteste l'exactitude des résultats analytiques consignés jusqu'ici : il pense obtenir un produit pur, en ajoutant à une dissolution étendue de protonitrate de mercure le quart de l'ammoniaque nécessaire pour effectuer la précipitation complète. L'ammoniaque elle-même doit être affaiblie. On obtient alors, pour précipité, une poudre noire, fine et luisante qu'on peut laver à l'eau.

Si l'on répand la liqueur filtrée, on obtient, par une nouvelle addition d'ammoniaque, des précipités de moins en moins foncés, jusqu'à ce qu'on arrive à un composé blanc qui se rattache aux combinaisons ammoniacales dérivées du bioxyde.

Le produit, noir et luisant, analysé par M. R. Kane, contient :

$$AzO^6, 2Hg^2O + AzH^3.$$

Le bioxyde de mercure se combine très-bien à l'ammoniaque, et donne un produit d'un blanc jaunâtre qui a fourni à l'analyse de M. R. Kane $6HgO + Az\,H^3 + 2HO$. On l'obtient en faisant bouillir dans l'ammoniaque caustique l'oxyde de mercure précipité par la potasse. La chaleur décompose cette combinaison, qui détone légèrement sur les charbons ardents.

M. Guibourt a analysé un composé analogue, découvert par MM. Fourcory et Thénard, qui aurait une constitution différente et renfermerait :

$$3HgO + AzH^3.$$

Le bichlorure de mercure absorbe le gaz ammoniac dans la proportion exprimée par la formule qui suit :

$$2HgCl + AzH^3.$$

Il faut chauffer le bichlorure, et l'on obtient ainsi une masse cristallisée, qui se volatilise sans décomposition. Elle est insoluble dans l'eau, et devient jaune par l'ébullition. La potasse caustique la jaunit de même, sans lui faire subir aucune altération sensible. L'acide nitrique la dissout en partie.

Lorsqu'on précipite le chlorure double d'ammoniaque et de bichlorure de mercure, désigné sous le nom de sel d'Alembroth, par la potasse caustique, on obtient un précipité blanc, insoluble qui se représente par :

$$HgCl, AzH^3.$$

Le composé précédent peut, par conséquent, se représenter par :

$$HgCl + HgCl, AzH^3.$$

Précipité blanc. — Chloramidure de mercure.

Lorsqu'on emploie une dissolution de bichlorure de mercure, on y forme, par l'ammoniaque caustique, un précipité blanc pulvérulent, très-anciennement connu, vulgairement désigné sous le nom de précipité blanc.

Ce produit se compose de deux équivalents de bichlorure et d'un équivalent de gaz ammoniac, sur lesquels a porté une élimination d'acide hydrochlorique :

$$2HgCl + AzH^3 = \underbrace{HgCl, HgAzH^2}_{\text{précipité blanc.}} + ClH$$

Cette poudre est insoluble dans l'eau froide et se décompose par son ébullition dans l'eau chaude, ou en présence de la potasse caustique, en un produit jaunâtre qui s'exprime par la formule suivante :

$$2HgO, ClHg + AzH^2, Hg.$$

Le précipité blanc se dissout très-bien dans le nitrate, l'acétate et le sulfate d'ammoniaque.

Il est converti par l'iodure de potassium en biiodure de mercure.

Lorsqu'on n'ajoute pas un excès d'ammoniaque au bichlorure de mercure, il se fait un précipité blanc, semblable par l'aspect au produit précédent, mais composé d'une manière différente et doué de propriétés particulières.

Ce précipité se représente par une combinaison de sel d'Alembroth et de précipité blanc.

$$(2HgCl + AzH^3, HCl) + HgCl + Hg, AzH^2.$$

Cette dernière combinaison est liquéfiable par la chaleur et volatile sans décomposition, tandis que le précipité blanc éprouve par la chaleur une décomposition très-remarquable, découverte par M. Mitscherlich.

Chauffé au-dessous de + 360° ce précipité blanc abandonne du gaz ammoniac et du bichlorure de mercure ammoniacal.

$$2HgCl + AzH^3.$$

Il reste un produit particulier, sous forme d'écailles rouges, qu'une chaleur continuée décompose en azote, mercure et protochlorure de mercure; ces derniers se forment dans un rapport qui conduit à représenter le produit rouge par:

$$2HgCl + Hg^3Az.$$

C'est une combinaison d'azoture et de bichlorure de mercure. Cette combinaison est insoluble dans l'eau; inaltérable par les alcalis en solution bouillante et par les acides en solution affaiblie. Les acides hydrochlorique et sulfurique concentrés la décomposent sans dégagement gazeux, et forment de l'ammoniaque.

Le biiodure de mercure donne par la voie sèche une combinaison ammoniacale qui se représente par :

$$HgI + AzH^3.$$

Par la voie humide la combinaison prend une quantité double de biiodure de mercure :

$$2HgI + AzH^3.$$

Lorsqu'on fait bouillir quelque temps le biiodure et l'ammoniaque caustiques, on obtient un résidu brun tirant sur le poupre, qui n'est pur qu'après avoir bouilli, à plusieurs reprises, avec l'ammoniaque caustique. C'est une combinaison correspondante à un terme de la série du bichlorure; elle s'exprime par :

$$HgI + 2HgO + Hg, AzH^2.$$

On arrive au même produit en faisant passer, à + 180°, un courant de gaz ammoniac sec sur l'oxydo-iodure de mercure HgI+3HgO. Il se forme un peu d'eau dans cette dernière réaction.

Lorsqu'on traite le sulfate de bioxyde de mercure par l'ammoniaque caustique, il se forme une poudre blanche qui a pour composition :

$$SO^3, 3HgO + Hg, AzH^2.$$

Il s'est fait ici une élimination d'eau aux dépens de l'hydrogène de l'ammoniaque et de l'oxygène de l'oxyde de mercure.

On obtient la même combinaison en faisant digérer du turbith, SO^3 + 3HgO, avec du sulfate d'ammoniaque jusqu'à ce que le turbith soit devenu blanc. Les alcalis n'attaquent pas cette combinaison; mais le sulfure de potassium forme du bisulfure de mercure et donne lieu à un dégagement d'ammoniaque.

Lorsqu'on traite le nitrate de mercure par l'ammoniaque caustique, M. R. Kane pense qu'on obtient trois combinaisons différentes :

1° Un précipité blanc de lait, non granuleux, lorsqu'on emploie les deux liqueurs destinées à réagir, en solution étendue, sans excès d'ammoniaque.

Ce précipité blanc, recueilli sur un filtre, est lavé ensuite par l'eau chaude, dont le lavage ne l'altère pas; il se représente par :

$$AzO^5 + 3HgO + AzH^3.$$

2° Si on fait bouillir la poudre précédente en présence de l'eau, ou bien si on emploie les deux dissolutions bouillantes, au lieu d'une poudre légère, on obtient une poudre compacte, composée de :

$$AzO^5, 3HgO + Hg, AzH^2.$$

Il s'est fait ici une élimination d'eau. C'est ce même produit qui prend naissance dans la dernière portion de la précipitation du nitrate de protoxyde.

3° En employant du nitrate de bioxyde en solution très-concentrée et une solution d'ammoniaque très-forte, en grand excès, les deux produits précédents sont remplacés par une poudre d'un blanc jaunâtre, à laquelle M. R. Kane assigne comme formule probable :

$$AzO^5, 5HgO + Hg, AzH^2.$$

Il y aurait encore ici élimination d'eau.

Lorsqu'on fait bouillir les précipités précédents, en présence du nitrate d'ammoniaque et de l'ammoniaque caustique, on obtient de petites lames d'un jaune pâle, qui ont été découvertes par M. G. Mitscherlich; elles sont composées de :

$$AzO^5, 2HgO, AzH^3.$$

En évaporant les eaux mères qui ont laissé déposer le sel précédent, on obtient des aiguilles incolores, brillantes d'abord, puis bientôt ternes et opaques.

C'est un produit nouveau qui a pour formule :

$$3(AzO^5, AzH^3, HO) + 4HgO,$$

et que l'on obtient en effet, en chauffant de l'oxyde rouge de mercure dans du nitrate d'ammoniaque.

On a pu remarquer que les sels mercuriels sortaient complétement des séries métalliques précédentes. Cette spécialité de disposition et d'arrangement caractérise au plus haut point toutes les combinaisons du mercure. Nous n'avons pas cherché à distinguer quelque groupement ammoniacal particulier : il faudrait commencer par fixer la constitution même des oxydes mercuriels, ce qui est chose délicate et difficile, à en juger par tous les efforts à peu près infructueux tentés jusqu'ici.

Oxyde d'osmium. — L'oxyde d'osmium OsO^2 se décompose en partie au contact de l'ammoniaque caustique, et donne un produit brun fulminant, insoluble dans l'eau, mais se dissolvant sans décomposition dans les acides et dans les carbonates alcalins. Dans ces dissolutions de l'oxyde d'osmium ammoniacal, l'osmium n'est point déplacé par le fer ni par le zinc.

Oxyde d'or. — L'oxyde d'or Au^2O^3 se combine à l'ammoniaque, et donne un composé fulminant par le choc et par la chaleur; M. Dumas en a fait connaître la composition :

$$Au^2O^3, 2AzH^3.$$

On l'obtient en précipitant le chlorure d'or Au^2Cl^3 par l'ammoniaque caustique. M. Dumas l'a obtenu aussi directement en versant de l'ammoniaque caustique sur l'oxyde. Alors il est d'une couleur brune, tandis qu'obtenu par le chlorure il est jaune. M. Figuier a fait observer que les analyses de M. Dumas, qui ont porté sur l'or fulminant jaune, pouvaient s'accorder avec la formule :

$$Au^2O^3, 2AzH^3 + HO.$$

ce qui tendrait à établir une différence entre le produit jaune et le produit brun.

L'or fulminant se décompose avec violence à +100; mais lorsqu'il est mêlé à certains corps, tels que le sulfate de potasse ou de baryte, il se décompose sans secousse par la chaleur.

Sels de palladium.

M. Fehling a étudié quelques combinaisons du palladium avec l'ammoniaque.

Le protochlorure donne avec un excès d'ammoniaque un précipité rose qui a pour composition :

$$AzH^3, PdCl.$$

Ce produit rose se dissout dans l'eau bouillante, et s'en sépare par le refroidissement sous forme de cristaux jaunes, qui conservent la même composition.

Lorsqu'on dissout la combinaison précédente dans l'ammoniaque caustique, il se dépose des cristaux incolores qui ont pour formule :

$$2AzH^3 + PdCl + HO.$$

L'iodure correspondant fournit deux combinaisons analogues qui se représentent par :

$$AzH^3 + PdI$$
$$\text{et } 2AzH^3 + PdI.$$

La dernière combinaison diffère du chlorure en ce qu'elle est anhydre.

Sels de platine.

Le bioxyde de platine est susceptible de former un composé fulminant qui résiste au choc, au frottement, à l'électricité, mais qui détone avec violence à +214. Sa composition n'a pas été déterminée.

Le protoxyde de platine n'a pas été combiné directement ; mais il existe une remarquable série de composés qui en dérivent manifestement.

Les combinaisons platiniques ont mis en pleine évidence la constitution et les propriétés du plus grand nombre des produits qui viennent d'être décrits. Elles dérivent toutes d'une combinaison d'ammoniaque et de protochlorure de platine, maintenant très-connue sous le nom de *sel vert de Magnus*, qui en a fait la découverte.

Ce composé a pour formule :

$$AzH^3, PCl.$$

On l'obtient en ajoutant de l'ammoniaque à une dissolution de protochlorure de platine dans l'acide hydrochlorique ; il se fait un dépôt d'aiguilles très-fines, d'une teinte verte. Ce sel est très-stable ; les acides et les alcalis sont sans action sur lui.

M. Reiset a vu qu'il pouvait se dissoudre à chaud dans le nitrate d'ammoniaque, d'où il se séparait ensuite sous forme de paillettes jaunes, solubles, sans changement de composition. Il a reconnu en outre qu'il se dissolvait dans l'ammoniaque caustique, et donnait ainsi naissance à un composé nouveau qui se présente sous forme de cristaux volumineux, lesquels ont pour formule :

$$(2AzH^3 + PtCl + HO).$$

Cette dernière combinaison est devenue le point de départ de deux séries salines découvertes par M. Reiset. Elle doit être considérée comme le chlorure d'une base qui se représente par :

$$2AzH^3 + PtO + HO.$$

Avec un sel d'argent soluble et le chlorure de M. Reiset on obtient du chlorure d'argent et un sel de la base plus ou moins soluble. La liqueur filtrée et évaporée laisse cristalliser un nouveau sel qui ne contient pas de chlorure.

C'est ainsi que l'on obtient :

$(2AzH^3, PtO) + SO^3$ sulfate.
$2AzH^2, PtO + AzO^5$ nitrate.

Ce sont des sels neutres, sans action sur les couleurs végétales et cristallisant avec facilité.

Le sulfate sert à isoler la base ; on le traite par le baryte, qui forme un sulfate insoluble, et la liqueur devient alcaline, sans dégagement d'ammoniaque, même par une ébullition prolongée. La lessive, évaporée à l'abri du contact de l'air, et portée dans le vide sec, se prend en une masse d'aiguilles cristallines d'un blanc opaque, après complète dessiccation.

Dans cet état, la base contient un équivalent d'eau, qui ne disparaît que dans la combinaison avec les acides :

$$2AzH^3 + PtO + HO.$$

Cette base est énergiquement alcaline et caustique ; elle peut, jusqu'à un certain point, être comparée à la soude et à la potasse. Comme ces deux alcalis, elle est déliquescente et se combine rapidement avec l'acide carbonique, avec lequel elle tend à former un bicarbonate :

$$(2AzH^3 + PtO)\,CO^2 + CO^2, HO.$$

Elle déplace l'ammoniaque caustique de ses combinaisons et peut s'employer comme la potasse pour réduire les sels de bioxyde de cuivre, en présence d'une substance organique, telle que le sucre.

Chauffée à + 110°, la base de M. Reiset se boursoufle, se fond et abandonne AzH^3, HO. Elle devient ainsi PtO, AzH^3, masse grisâtre, insoluble dans l'eau et dans l'ammoniaque, donnant avec les acides des composés insolubles et détonants.

A + 200, la base se décompose : en vase découvert, elle devient incandescente ; le gaz ammoniac brûle en présence de l'air, à la faveur du platine très-divisé qui se sépare, et fait office de corps de contact. La décomposition en vase clos s'effectue comme s'il y avait production d'un azoture de platine instable.

La première base $2AzH^3 + PtO + HO$ forme un iodure lorsqu'on décompose son sulfate par l'iodure de baryum : on obtient

$$2AzH^3 + PtI.$$

qui abandonne AzH^3 par la chaleur. L'iodure et le bromure cristallisent sous forme de cubes.

En versant du bichlorure de platine dans la dissolution du chlorure primitif $2AzH^3 + PtCl + HO$, on obtient un composé double, de couleur verte, qui a pour formule :

$$2(2AzH^3 + PtCl) + PtCl^2.$$

Si le bichlorure de platine se trouve en excès, la combinaison se fait entre équivalents égaux :

$$(2AzH^3 + PtCl) + PtCl^2.$$

Tous les composés de la première série tendent à perdre une quantité d'eau et de gaz ammoniac qui les conduit à constituer la seconde série, dans laquelle $Az\,H^3, Pt\,O$ joue le rôle d'une base différente de la précédente.

En faisant réagir l'acide sulfureux sur le bichlorure de platine, M. Boeckmann était arrivé à obtenir un composé très-singulier, qui n'est que le bisulfite de la base de M. Reiset :

$$2AzH^3 + PtO + HO + 2SO^2.$$

Il arrive un moment, dans l'action de l'acide sulfureux sur le bichlorure de platine, où la liqueur chauffée est presque incolore et ne précipite plus par l'ammoniaque; si on ajoute alors un excès de carbonate d'ammoniaque et que l'on concentre, on précipite par l'alcool un produit blanc, qui est la combinaison de M. Boeckmann.

M. Gros a produit également une série saline particulière en traitant le sel vert de Magnus par l'acide nitrique.

Il faut se représenter cette série comme reposant sur une combinaison ammoniacale de bichlorure de platine analogue à celle du protochlorure :

$2AzH^3 + PtCl^2$ chlorure de M. Gros.

Dans les sels tels que nitrate et sulfate, le chlorure de M. Gros est ajouté à un nitrate ou sulfate de la base correspondante au chlorure :

$(2AzH^3 + PtO^2)$ base non isolée.

On a ainsi :

Sulfate combiné au chlorure.

$$(2AzH^3 + PtCl^2) + (2AzH^3 + PtO^2 + 2SO^3).$$

Nitrate combiné au chlorure.

$$(2AzH^3 + PtCl^2 + (2AzH^3 + PtO^2 + 2AzO^5).$$

Oxalate combiné au chlorure.

$$(2AzH^3 + PtCl) + (2AzH^3 + PtO^2 + 2C^2O^3).$$

Ce sont par conséquent des sels doubles.

M. Gros est parvenu à former des sels analogues avec tous les acides végétaux et minéraux.

M. R. Kane assure qu'il a obtenu la combinaison de la base et du chlorure de M. Gros en traitant le chlorure de platine par l'ammoniaque, jusqu'à ce que la dissolution devînt incolore. On précipite ensuite par l'alcool la combinaison qui se représente par

$$(2AzH^3 + PtCl^2) + (2AzH^3, + PtO^2) + 4HO.$$

En mettant de côté quelques exceptions, on découvre une admirable simplicité de composition dans les sels ammonio-métalliques, formés par l'ammoniaque caustique. Les oxydes dont la nomenclature suit :

Oxyde de zinc ZnO,
Oxyde de cadmium CdO,
Oxyde de nickel NiO,
Oxyde de cobalt CoO,
Oxyde de manganèse (protoxyde) MnO,
Oxyde de cuivre (protoxyde) Cu^2O,
Oxyde de cuivre (bioxyde) CuO,
Oxyde d'argent AgO,
Oxyde de palladium PdO,
Oxyde de platine (protoxyde) PtO,
Oxyde de platine (bioxyde) PtO^2.

sont susceptibles de s'unir à deux équivalents de gaz ammoniac et de constituer ainsi des bases nouvelles d'énergie variable.

$$2AzH^3 + Mo + Ac.$$

Ces bases retiennent ordinairement un équivalent d'eau ;

mais cette eau peut disparaître dans l'acte de la combinaison, suivant la règle ordinaire.

Les mêmes oxydes paraissent susceptibles de s'unir à un seul équivalent de gaz ammoniac et de constituer ainsi une seconde série, différente de la première :

$$AzH^3 + MO\,;$$

cette seconde série correspond visiblement à l'ammoniaque basique,

$$AzH^3 + HO\,;$$

un équivalent d'eau y remplace rigoureusement un équivalent de base.

Le parallélisme constant des deux premières séries

$$2AzH^3 + MO$$
$$AzH^3 + MO$$

ne conduit-il pas à chercher une série ammoniacale qui s'exprimerait par :

$$2AzH^3 + HO$$

et contiendrait ainsi un équivalent de gaz ammoniac de plus que l'ammoniaque basique? Une seule combinaison rentre dans cette catégorie; c'est un fluorure basique signalé par M. Berzélius, et qui s'exprime par :

$$2AzH^3,\ HF\textsc{l}.$$

On est certainement autorisé à tenter la production plus étendue de combinaisons analogues. Elle ajouterait une série pleine d'intérêt aux combinaisons ammoniacales déjà décrites.

Quant aux exceptions que présentent tantôt les combinaisons anhydres, tantôt quelques sels en particulier, nous avons eu soin de les constater dans la revue qui a été faite de chaque métal. Il serait inutile d'y insister de nouveau.

§ IX. — Fabrication de produits ammoniacaux.

L'importance physiologique de l'azote commence à faire sentir le prix des produits qui sont propres à fournir cet élément ; et la consommation des sels ammoniacaux, restreinte jusqu'ici à quelques industries, paraît destinée à prendre, dans l'agriculture, une extension considérable. L'état de combinaison où se trouve l'azote dans ces composés en facilite sans doute l'introduction dans les plantes. Il est certain du moins que les engrais les plus riches doivent leur activité à l'azote combiné qu'ils renferment, et que celui-ci tend surtout à se séparer des engrais sous une forme ammoniacale.

Les produits fabriqués en grand sont : le sulfate d'ammoniaque, l'hydrochlorate ou sel ammoniac, le carbonate et l'ammoniaque liquide ou alcali volatil.

Le sel ammoniac est surtout employé à l'étamage des métaux usuels ; on l'utilise encore dans la fabrication du platine. Quant au carbonate et à l'alcali volatil, ils servent en teinture ; la médecine en fait encore usage ainsi que du sel ammoniac.

Le sulfate d'ammoniaque entre dans la fabrication de l'alun ; il paraît constituer aussi un des sels les plus propres à tenir lieu d'engrais azoté et à rendre ainsi d'immenses services à l'agriculture.

Les produits ammoniacaux se puisent à trois grandes sources qui sont : 1° les matières provenant des cadavres et des débris animaux ; 2° les déjections animales parmi lesquelles les urines se placent au premier rang ; 3° la distillation de la houille qui fournit le gaz de l'éclairage.

1° *Matières provenant des cadavres et des débris animaux.* — Lorsque la décomposition putride s'empare des matières animales, elles restituent une partie de leur azote, à l'état de carbonate, d'hydrosulfate, et d'acétate d'ammoniaque ; elles éprouvent une transformation analogue lorsqu'on les soumet à l'action de la chaleur. On a ainsi utilisé la chair musculaire, la laine, les poils, la corne, les rognures de peau, mais surtout les os. Ces derniers donnent en outre pour résidu, lorsqu'on les distille en vase clos, un charbon décolorant d'une grande valeur.

Le produit ammoniacal retiré de la distillation des matières animales se trouve condensé dans les parties liquides.

Celles-ci se partagent en deux couches, dont l'une, plus légère, renferme différentes huiles ; la couche inférieure, aqueuse, contient principalement du carbonate d'ammoniaque. On fait passer trois ou quatre fois cette liqueur ammoniacale sur un lit de sulfate de chaux réduite en poudre. Il se fait une décomposition double, au milieu même de la filtration ; et la plus grande partie du sel ammoniacal se convertit en sulfate. Cependant, comme la décomposition n'est pas complète, on l'achève avec de l'acide sulfurique. Le plâtre convient très-bien à la conversion du produit ammoniacal en sulfate, lorsque le produit brut consiste principalement en carbonate. L'hydrosulfate et l'acétate d'ammoniaque ne seraient nullement modifiés.

Lorsque le sulfate d'ammoniaque a été obtenu par la méthode qui vient d'être indiquée, il se trouve en solution étendue que l'on concentre. Le sel cristallise ; mais il est toujours sali par des matières brunes empyreumatiques. Il peut très-bien servir à la préparation du sel ammoniac. On opère cette conversion à l'aide du sel marin que l'on ajoute à la dissolution du sulfate d'ammoniaque dans une proportion qui correspond à un équivalent de l'un et de l'autre ; on évapore ensuite le mélange jusqu'à 19° ou 20° du pèse-sels de Baumé. Il se fait par l'ébullition du sulfate de soude anhydre qui cristallise le premier, et que l'on enlève. Le sel ammoniac reste dans les eaux-mères, et cristallise ensuite. Il a besoin d'être sublimé, afin de recevoir la forme sous laquelle le commerce le préfère.

2° *Urines et matières fécales.* — Les urines de vidange

sont traitées très-avantageusement par une méthode qu'on doit à M. Chevallier. On les place dans une grande chaudière cylindrique en tôle chauffée à la vapeur; on y introduit une quantité de chaux éteinte suffisante pour déplacer toute l'ammoniaque, et l'on reçoit celle-ci dans de l'acide sulfurique à 52° ou dans de l'acide hydrochlorique; on obtient ainsi, soit de l'hydrochlorate, soit du sulfate d'ammoniaque qu'on peut rendre très-propres aux usages de l'industrie.

M. Schattenmann a proposé d'utiliser directement les matières des fosses d'aisances pour les besoins de l'agriculture, en faisant éprouver aux sels ammoniacaux une transformation très-simple. Il y jette du sulfate de fer de qualité inférieure. Ce sel, qui se transporte sans aucune difficulté à l'état solide, doit être dissous au moment où on l'emploie. Comme les exhalaisons nuisibles et incommodes que répandent les matières fécales proviennent principalement de la volatilisation du carbonate et de l'hydrosulfate d'ammoniaque, on arrête totalement ces effets par l'addition du sel de fer. Il se produit par double échange du sulfate d'ammoniaque qui ne se volatilise plus, ainsi que du carbonate et du sulfate de fer qui se déposent sous forme de masse noirâtre. Les matières fécales ne conservent plus qu'une faible odeur qui leur est propre, et qui n'a rien d'incommode et de répugnant. Quant aux produits ammoniacaux, ils se trouvent dans un état de condensation qui permet facilement leur transport; il suffit, suivant M. Schattenmann, de les étendre, au lieu de leur destination, d'une quantité d'eau qui les amène à marquer 2 degrés de Baumé. Elles deviennent alors un engrais liquide excellent.

3° *Matières ammoniacales provenant de la distillation de la houille.* — Les sels ammoniacaux s'obtiennent comme produits secondaires dans la fabrication du gaz light : comme la houille possède une origine tout organique, elle renferme des substances azotées qui représentent, dans les plantes fossiles, l'albumine végétale, absolument comme le carbone qu'elles contiennent y représente le ligneux et les autres principes organiques. Les produits qui accompagnent le gaz de l'éclairage préparé par la distillation de la houille consistent en un liquide chargé d'ammoniaque caustique, de carbonate et d'hydrosulfate d'ammoniaque, et mélangé en outre à des matières goudronneuses que l'on sépare par simple décantation.

On peut arriver à la séparation des produits ammoniacaux qui accompagnent le gaz de l'éclairage, en les condensant sous la forme liquide qu'ils peuvent prendre à la faveur de l'eau que rend toujours la distillation de la houille ; ou bien en forçant le gaz de traverser des dissolutions métalliques où se fixent les sels ammoniacaux.

Lorsqu'on a condensé les eaux de la houille, on en sépare très-bien l'ammoniaque caustique à l'aide de la chaux éteinte, ainsi qu'il a été indiqué plus haut. On reçoit l'alcali volatil dans de l'acide hydrochlorique ou dans de l'acide sulfurique; par une nouvelle décomposition des sels ainsi obtenus, on prépare très-bien de l'ammoniaque caustique pour les besoins du commerce.

Lorsqu'on reçoit le gaz dans les dissolutions métalliques, on emploie le chlorure de manganèse ou le sulfate de fer. Ce dernier sel est préférable, à moins de circonstances toutes particulières qui mettraient sous la main le chlorure de manganèse. Il se fait avec l'un et l'autre sel une décomposition par double échange : le fer ou le manganèse se précipitent à l'état de carbonate et de sulfure insolubles. Les eaux-mères contiennent l'hydrochlorate ou le sulfate d'ammoniaque. Lorsqu'elles renferment de l'hydrochlorate, on les évapore dans des chaudières de plomb jusqu'à ce qu'elles marquent 22 ou 24 degrés au pèse-sels de Baumé. Renferment-elles du sulfate, on les évapore de même jusqu'à ce qu'elles marquent 30° au même instrument. Dans les deux cas, on les laisse cristalliser.

CHAPITRE VI.

COMBINAISONS DE L'AZOTE ET DU CARBONE.

§ I. — Azoture de carbone. — Cyanogène C^2Az.

Le cyanogène offre la réunion de deux éléments organiques dont on a pu reconnaître toute l'importance : à l'union seule du carbone et de l'azote, il faut s'attendre à l'entier déploiement des ressources organiques.

La formation du cyanogène n'est pas aussi générale que celle de l'ammoniaque, mais il n'en constitue pas moins un des produits dont l'étude est indispensable pour comprendre la destruction ordinaire des substances organiques non-seulement par différents procédés artificiels, mais encore par les voies mêmes de l'économie animale. C'est, en outre, un des produits dont les transformations nombreuses et parfaitement caractérisées soutiennent le mieux l'ordre d'idées qui se produit au sujet du carbone, de l'eau et de l'ammoniaque.

La réaction du gaz ammoniac sur le charbon paraît constituer le fondement de toutes les réactions qui donnent naissance aux produits cyanurés :

$$2AzH^3 + 2C = \underbrace{(C^2Az, H + AzH^3)}_{\text{hydrocyanate d'ammoniaque.}} + H.$$

Lorsqu'on vient, en effet, à calciner les matières organiques azotées, telles que le sang, la corne, les rognures de peaux, etc., en présence de la potasse ou du carbonate de potasse, on donne naissance à du gaz ammoniac et en même temps, on produit du charbon. Or le gaz ammoniac, rencontrant ce charbon, se convertit en cyanhydrate d'ammoniaque, qui peut sans doute faire passer la potasse à l'état de cyanure de potassium. On réalise d'ailleurs ces conditions de la manière la plus simple, en formant du cyanure de potassium à l'aide d'un mélange de carbonate de potasse et de charbon sur lequel arrive le gaz ammoniac. M. Liebig considère que les matières organiques, étant portées au rouge, réduisent le carbonate de potasse par leur excès de carbone, et produisent du potassium qui, en effet, est éminemment propre à former du cyanure au contact des matières azotées. Cette opinion suppose une réduction bien facile dans le carbonate de potasse; mais il est certain que le potassium isolé provoque très-bien la formation du cyanogène.

Lorsqu'on oxyde par l'acide nitrique des résines et en général des corps abondamment pourvus de carbone et d'hydrogène, on arrive encore à produire des combinaisons cyanurées, de l'acide hydrocyanique, par exemple. A plus forte raison produit-on cet acide, si l'on traite des matières organiques azotées par l'acide nitrique.

Les combinaisons nitreuses peuvent donner du cyanure de potassium en arrivant sur un mélange de charbon et de carbonate alcalin.

Les composés cyanurés peuvent encore se produire par la fixation directe de l'azote de l'air, sans faire intervenir aucune matière azotée. On avait depuis longtemps reconnu la présence du cyanure de potassium dans les produits des hauts-fourneaux; plusieurs chimistes, parmi lesquels il faut citer MM. Desfosses, Fownes, Erdmann, Marchand et Wœhler, ont constaté la production directe en faisant arriver un courant d'azote sur un mélange de charbon et de carbonate de potasse fortement chauffé. L'azote, ici, ne se combine pas sans l'intervention de l'eau. Si toutefois on remplaçait le carbonate de potasse par l'hydrate alcalin, la combinaison se ferait encore à l'aide de l'azote desséché.

On obtient le cyanogène pur en décomposant par la chaleur un cyanure métallique, celui de mercure, par exemple; ce composé résulte de la réunion d'un équivalent de mercure et d'un équivalent de cyanogène :

$C^2Az, Hg.$

Comme le cyanogène est un gaz, il se sépare du métal et se dégage.

Dans la production de ce gaz, on remarque que le mercure se volatilise et tapisse le dôme de la cornue où la décomposition s'opère, d'une couche brillante de globules mercuriels; un peu de cyanure mercurique échappe à la décompositiou et se dissémine dans la couche métallique; mais en même temps se forme un corps noir, comme charbonneux, qui ne se détruit pas, quelle que soit l'élévation de température. Ce corps noir constitue une combinaison de carbone et d'azote, dans les mêmes proportions que le cyanogène C^2Az : on lui a donné le nom de paracyanogène. C'est donc un isomère du cyanogène; il existerait un troisième isomère, d'après M. Thanlow; nous en dirons quelques mots.

Cette isomérie remarquable du cyanogène fait suite aux états polymorphiques du carbone : elle se poursuit dans presque tous les composés cyanurés; on y rencontre incessamment le carbone et l'azote dans les mêmes proportions, unis ensuite à une égale proportion de chlore ou d'oxygène et constituant néanmoins des produits très-divers.

Lorsqu'on est familiarisé avec ce premier fait d'isomérie, on trouve une assez grande simplicité dans toute une partie de l'histoire du cyanogène qui n'offre pas d'autre complication; ainsi rien de plus facile que de tracer la règle de ses combinaisons innombrables avec les métaux. Le cyanogène se combine de toutes pièces à chacun d'eux, et se comporte exactement comme pourraient le faire l'oxygène, le chlore ou le soufre. La quantité de métal qui fixe un ou deux équivalents de ces métalloïdes fixe même proportion de cyanogène :

$$C^2Az \text{ ou } 2(C^2Az).$$

La régularité numérique des combinaisons du cyanogène avec les métalloïdes est plus simple encore ; elle surpasse de beaucoup ce qui se présente dans les composés analogues de soufre, de chlore, etc. Les métalloïdes, en effet, du moment où ils s'unissent à l'oxygène ou aux autres métalloïdes, offrent des combinaisons d'une assez grande complexité. Les composés fournis par le cyanogène et les métalloïdes se constituent au contraire avec simplicité.

Mais à côté de ces combinaisons simples et régulières se trouvent les transformations du cyanogène et de ses dérivés. Là s'offre, au premier abord, une complication extrême qu'il est bien nécessaire de faire disparaître, car l'étude de ces réactions conduit à la rencontre des produits azotés qui s'échappent de l'économie animale, l'urée, l'acide urique, l'allantoïde, l'acide hippurique, etc., et en facilite beaucoup l'intelligence.

En rapprochant ces composés des aliments azotés, on arrive à mettre leur production dans un rapport très-simple avec le rôle chimique de la nutrition et de l'assimilation. Quant à la complication de ces métamorphoses du cyanogène, elle n'est qu'apparente : elles suivent un petit nombre de règles très-claires et très-faciles à appliquer après l'étude des réactions primitives.

La double physionomie du cyanogène, envisagé dans ses combinaisons directes, ou bien dans ses transformations, nous a engagé à séparer son histoire en deux parties : la première comprendra le cyanogène, ses isomères et ses combinaisons, tant avec les métaux qu'avec les métalloïdes ; la seconde partie contiendra les métamorphoses du cyanogène et de ses dérivés.

§ II. — Du cyanogène et de ses combinaisons.

Cette première exposition comprend quatre parties bien distinctes :

1° Le cyanogène et ses isomères ;

2° Les combinaisons du cyanogène avec l'hydrogène et les métaux ;

3° Les combinaisons du cyanogène avec les métalloïdes ;

4° Le mellon, qui peut être envisagé comme un azoture de cyanogène, et qui donne naissance à un grand nombre de produits intéressants.

Cyanogène et isomères.

Le cyanogène a été découvert par M. Gay-Lussac : c'est un gaz incolore, d'une odeur pénétrante, suivie d'une saveur qui prend à l'arrière-gorge. Son poids spécifique est de 1,8064. Il se liquéfie sous une pression de 4 atmosphères, et forme ainsi un liquide incolore.

La chaleur ne décompose le cyanogène qu'avec une extrême difficulté : l'étincelle électrique le décompose plus facilement; il se fait un dépôt de charbon, et le volume du gaz ne change pas.

Le cyanogène brûle au contact de l'air avec une flamme violette.

Lorsqu'on fait un mélange de cyanogène et d'oxygène, l'étincelle électrique y produit une détonation : 4 vol. d'oxygène sont employés pour brûler 2 vol. de cyanogène, qui donne ainsi 4 vol. d'acide carbonique, tandis qu'il se sépare 2 vol. d'azote, en sorte que le volume de cyanogène se trouve triplé.

Lorsqu'on fait arriver du cyanogène sur de l'oxyde de cuivre chauffé au rouge, le cyanogène produit un mélange gazeux semblable. Lorsque le cyanogène et l'oxygène se trouvent au contact de corps poreux, à une température suffisante, l'azote ne se trouve pas mis en liberté ; il se combine à l'oxygène et forme ainsi un composé nitreux.

Le cyanogène ne s'unit directement ni au soufre ni à l'hydrogène, bien qu'il puisse former avec eux des combinaisons remarquables.

Le chlore, le brome et l'iode se combinent directement et forment des composés d'équivalent à équivalent.

Les métaux alcalins sont les seuls qui se combinent directement au cyanogène, toujours dans la proportion d'un équivalent.

Le fer décompose le cyanogène à une haute température, en provoquant un dépôt de charbon. Quant aux autres métaux, ils sont sans doute inertes ou bien abaissent, comme le fer, le degré de chaleur auquel le cyanogène se décompose.

Lorsqu'on fait arriver un courant de cyanogène dans l'eau, celle-ci en absorbe quatre fois son volume, et, au bout de quelque temps, elle noircit : le cyanogène y subit des transformations très-remarquables.

Au contact des bases alcalines et des carbonates alcalins, le cyanogène s'absorbe et produit un mélange de cyanate et de cyanure :

$$2KO + 2C^2Az = \underset{\text{cyanure.}}{C^2Az, K} + \underset{\text{cyanate.}}{C^2AzO + KO}.$$

L'ammoniaque absorbe très-bien le cyanogène et en provoque des transformations rapides ; le gaz ammoniac s'unit également à lui.

L'hydrogène sulfuré liquide ou gazeux réagit sur le cyanogène et donne naissance à différents composés.

Enfin, quelques corps oxydants, tels que le sulfate rouge de manganèse, cèdent facilement leur oxygène au cyanogène, qui se convertit ainsi en acide carbonique et en azote.

Les réactions que nous nous contentons de signaler ici montrent toute la variété des affinités du cyanogène; ces affinités s'exercent dans tous les sens : il n'est pas de corps doué de quelque activité chimique qui n'entre aussitôt en rapport avec le cyanogène, soit pour s'allier à lui, soit pour agir par un échange réciproque des éléments. Les composés qui résultent de ces relations étendues du cyanogène seront décrits ultérieurement.

Dans la préparation du cyanogène il convient d'employer du cyanure de mercure parfaitement desséché et préparé en présence d'un excès d'acide cyanhydrique. On confond quelquefois avec le cyanure de mercure un oxydo-cyanure qui se produit dans les mêmes circonstances, et dont la décomposition fournit un mélange d'azote, d'acide carbonique et de cyanogène.

M. Kemp a proposé de préparer le cyanogène à l'aide d'un mélange intime de neuf parties de bichlorure de mercure, et de six parties de cyanoferrure de potassium bien desséché. On chauffe le mélange dans une cornue bien sèche. Il se fait par double échange du chlorure de potassium et du cyanure de mercure qui se trouve décomposé par la chaleur. Le cyanogène doit être recueilli sur le mercure.

Paracyanogène.

Lorsqu'on décompose le cyanure de mercure par la chaleur, on obtient en même temps que le mercure et le cyanogène, un isomère de ce dernier qui a été désigné sous le nom de paracyanogène. C'est une poudre brune non volatile, indécomposable par la chaleur et qui reste ainsi dans la petite cornue où a été chauffé le cyanure de mercure.

Le paracyanogène découvert par M. Johnston accompagne d'une manière presque constante les produits cyanurés: c'est une terme ordinaire de leur décomposition. Ainsi le cyanogène dissous dans l'eau, l'alcool ou l'ammoniaque, donne naissance à des produits noirâtres qui se rattachent tous au paracyanogène.

On obtient encore cet isomère du cyanogène dans la calcination des cyanures métalliques. Le paracyanogène est insoluble dans l'eau et dans l'alcool; il forme avec les alcalis des liqueurs brunes.

L'acide sulfurique concentré le dissout : si l'on ajoute de l'eau à cette dissolution le paracyanogène se précipite sans décomposition : l'acide hydrochlorique le dissout aussi.

L'acide nitrique l'oxyde, et produit un composé jaune, acide, qui paraît se produire encore dans l'action de l'ammoniaque sur le cyanogène, et qui aurait pour formule :

$$3(C^2Az) + O = C^6Az^3, O.$$

Ce composé a été désigné sous le nom d'acide paracyanique ; on y voit trois équivalents de cyanogène unis à un équivalent d'oxygène. Cette contraction de trois molécules de cyanogène en une seule pour constituer un équivalent de paracyanogène, se représente dans les principales combinaisons de ce dernier. Ainsi les paracyanures métalliques paraissent devoir se représenter par :

$$C^6Az^3 + M.$$

Dans l'action du cyanogène sur l'ammoniaque caustique, il se dépose une matière brune, insoluble, dans laquelle M. Johnston a trouvé une composition qui se représente par :

$$C^6Az^3O + AzH^3, HO + 2HO.$$

Dans l'action du cyanogène sur l'eau il se forme aussi une matière brune, insoluble, à laquelle MM. Pelouze et Richard ont assigné pour formule :

$$C^4Az^2 + HO$$

ce qui peut se représenter par deux équivalents de paracyanogène unis à trois équivalents d'eau.

$$3(C^4Az^2 + HO) = 2(C^6Az^3) + 3HO.$$

Cet hydrate soumis à l'action de la chaleur laisse un résidu de paracyanogène.

Lorsqu'on calcine le cyanure d'argent, il se produit une quantité notable de paracyanure d'argent qui reste dans la cornue où s'est faite la décomposition sous forme d'une masse poreuse d'un gris clair. C'est en traitant ce paracyanure d'argent par l'acide nitrique étendu, qu'on obtient le paracyanogène. L'argent se dissout et le paracyanogène demeure, retenant encore de l'argent; on le lave alors, on le dessèche, puis on le traite par l'acide sulfurique concentré qui dissout le paracyanogène et l'argent; en ajoutant de l'eau à cette liqueur acide, fortement colorée en brun, on précipite le paracyanogène, qu'il suffit de laver et de sécher pour l'obtenir à l'état de pureté.

Le paracyanure d'argent est dur et cassant: il acquiert sous le marteau un éclat métallique et ressemble alors au bismuth. Il possède la propriété extrêmement remarquable de se combiner au mercure. Il forme ainsi un amalgame d'un ordre nouveau et curieux: cet amalgame est cristallin et très-compacte. On ne connaissait jusqu'ici que les composés ammoniacaux qui pussent s'amalgamer au mercure.

M. Thanlow, à qui l'on doit des remarques très-intéressantes sur le paracyanogène et ses combinaisons, a cru reconnaître l'existence d'un gaz particulier dans la calcination, en vase clos, du cyanure d'argent. Ce serait encore un isomère du cyanogène: ce composé gazeux comme le cyanogène, de même densité que lui, et se combinant aux métaux dans des proportions identiques, offre des ressemblances si grandes avec le cyanogène lui-même, que son existence distincte laisse à désirer. Ce gaz nouveau, suivant M. Thanlow, se liquéfierait à — 4°, à la pression ordinaire, il aurait une odeur différente de celle qui appartient au cyanogène; il formerait avec le plomb et l'argent des composés plus solubles dans l'acide nitrique que les cyanures ordinaires de ces métaux; lorsqu'on l'absorberait dans une dissolution étendue de potasse caustique, saturée ensuite à l'aide de l'acide nitrique, on n'y produirait point de bleu de Prusse par l'addition d'un protosel de fer.

§ III. — Combinaisons du cyanogène avec l'hydrogène et les métaux.

La combinaison du cyanogène avec les métaux forme des produits solides et cristallisés qui rappellent par leur forme les plus beaux sels de la chimie minérale.

Les cyanures alcalins sont solubles dans l'eau ; le cyanure de mercure se dissout aussi facilement, mais les autres cyanures simples sont généralement insolubles et s'obtiennent par l'acide cyanhydrique et un sel du métal, ou bien par un cyanure alcalin et un sel métallique. Mais les cyanures solubles et insolubles ont la plus grande tendance à se combiner entre eux, et à former ainsi des cyanures doubles, généralement assez solubles.

Lorsque l'oxygène se combine en plusieurs proportions avec un métal, il arrive assez souvent que le cyanogène se combine dans des proportions correspondantes. Ainsi les métaux qui forment un oxyde basique très-stable, ayant pour formule MO, donnent toujours un cyanure qui a pour formule M, C^2Az ; les métaux qui ont pour formule de leur oxyde M^2O^3 donnent aussi un cyanure suivant la formule :

$$M^2 + 3(C^2Az)$$

et les bioxydes Mo^2 ont des bicyanures correspondants :

$$M + 2(C^2Az)$$

Les cyanures ont en outre une grande tendance à se combiner aux chlorures, bromures et iodures métalliques ; ils paraissent encore entrer en combinaison avec les sels à oxacides. Le nitrate de mercure, par exemple, se combine au cyanure de mercure, et le nitrate de palladium au cyanure du même métal ; on connaît encore deux combinaisons du cyanure de mercure, l'un avec le chromate de potasse, l'autre avec le formiate de la même base. Sous ce rapport, les cyanures manifestent à un haut degré la tendance des associations organiques, et dans le plus grand nombre des cas l'association entraîne le passage du corps combiné à l'état latent, c'est-à-dire qu'aux échanges simples des principes minéraux succèdent des échanges par groupement dans lesquels le métal, conservant une partie de son alliance chimique, ne peut plus se caractériser par la séparation simple qui s'effectue ordinairement en chimie minérale.

Les cyanures alcalins sont décomposés sensiblement par l'eau seule, qui porte son oxygène sur le métal et son hydrogène sur le cyanogène :

$$\begin{matrix} K & C^2Az. \\ O & H \end{matrix}$$

formant ainsi de la potasse et de l'acide cyanhydrique. La séparation de l'acide cyanhydrique est complète par l'addition d'un acide, puis par la distillation.

Quelques cyanures, au contraire, résistent à l'action décomposante de plusieurs acides ou bien se combinent à eux. L'acide sulfurique n'attaque ni le cyanure de mercure, ni le cyanure d'argent.

Quelques cyanures se séparent facilement de leur cyanogène par la chaleur ; ceux de mercure et d'argent sont dans ce cas. Les cyanures alcalins supportent la plus haute chaleur. Quelques cyanures chauffés en vase clos se transforment en paracyanures.

Les cyanures solubles donnent, avec le nitrate d'argent, un précipité blanc caillebotté, soluble dans l'ammoniaque et dans l'acide nitrique bouillant.

Tous les cyanures simples ou doubles sont décomposés par l'acide hydrochlorique qui dégage une odeur prussique très-prononcée.

Un cyanure soluble ou insoluble, auquel on ajoute de la potasse caustique, puis un sel ferroso-ferrique et enfin quelques gouttes d'acide hydrochlorique, donne une coloration bleue ou verte tout à fait caractéristique.

Acide hydrocyanique. — Acide prussique.

Lorsqu'on traite les cyanures par un acide convenable, on met en liberté un acide particulier formé par la réunion du cyanogène et de l'hydrogène C^2Az+H. C'est l'acide prussique ou hydrocyanique. Il est encore tout formé dans l'eau distillée des feuilles et des fleurs de plusieurs fruits à noyau. Il se produit aussi dans l'oxydation des résines par l'acide nitrique et dans la distillation sèche de plusieurs substances azotées.

On obtient l'acide hydrocyanique anhydre en chauffant un mélange d'acide hydrochlorique concentré et de cyanure de mercure en excès; ou bien encore en distillant à une douce chaleur quinze parties de cyanure ferro-potassique bien pulvérisé mêlé avec neuf parties d'acide sulfurique et neuf parties d'eau. Dans l'un et l'autre cas, l'acide doit se dépouiller des acides sulfurique ou hydrochlorique sur du carbonate de chaux, puis sur du chlorure de calcium, disposés dans des tubes de verre à travers lesquels on dirige la distillation de l'acide hydrocyanique. On peut encore recevoir le produit sur du chlorure de calcium contenu dans un flacon; on décante ensuite l'acide prussique liquéfié. On doit, dans tous les cas, refroidir le récipient destiné à condenser l'acide.

L'acide cyanhydrique affaibli se prépare en faisant passer un courant d'hydrogène sulfuré dans du cyanure de mercure dissous ou bien tenu en suspension dans l'eau. Comme le cyanure de mercure bien préparé offre une composition constante, on peut toujours arriver par ce procédé à obtenir un acide de la force voulue.

Tous les acides fixes conviennent très-bien pour chasser l'acide cyanhydrique du cyanure de potassium, qui se décompose avec une grande facilité et se prépare très-simplement.

On peut encore partir de l'acide cyanhydrique anhydre

pour arriver, par une dilution convenable, à un acide de force déterminée.

Mais dans ces diverses préparations, l'acide est exposé à tant de variations qu'il vaut mieux en établir le titre par une opération à part.

Propriétés de l'acide cyanhydrique.

C'est un liquide de — 15° à + 26°, où il entre en ébullition; sa densité est de 0,6967 à +18°; sa vapeur pèse 0,9476. Il est incolore, d'une odeur forte, suffocante, qui rappelle celle des amandes amères; sa saveur est amère et brûlante. Il se solidifie par le froid; sa volatilisation à l'air est si rapide qu'elle suffit pour rendre solide la partie non volatilisée. Il est soluble en toute proportion dans l'eau, l'alcool et l'éther; il rougit à peine la teinture de tournesol.

L'acide hydrocyanique s'enflamme; on peut le décomposer par son mélange avec l'oxygène, ou simplement par l'étincelle électrique et par l'application d'une forte chaleur; en faisant intervenir le fer, il se fait un dépôt de charbon, tandis que l'azote et l'hydrogène se développent à volumes égaux.

Le potassium s'enflamme dans la vapeur d'acide prussique convenablement chauffée, dégage de l'hydrogène et forme du cyanure.

Le chlore, le brome et l'iode disparaissent dans l'acide hydrocyanique, et donnent naissance à des produits particuliers.

L'acide hydrocyanique aqueux présente les mêmes propriétés que l'acide concentré, mais à un moindre degré. L'un et l'autre se décomposent avec facilité lorsqu'ils sont purs; ils se noircissent, perdent leurs réactions et leurs propriétés, et donnent naissance à des produits qui se rattachent au paracyanogène. L'addition de quelques gouttes d'un acide énergique végétal ou organique leur donne de la stabilité.

Les acides concentrés convertissent l'acide hydrocyanique en formiate d'ammoniaque : ces faits se rattachent aux transformations des composés cyanurés. Les alcalis caustiques ne font pas disparaître l'odeur de l'acide prussique : ils le décomposent par l'ébullition.

L'oxyde de mercure se sépare de tous les autres oxydes par une affinité énergique.

L'acide hydrocyanique donne toujours un précipité caractéristique avec le nitrate d'argent, et l'on peut très-bien, en dosant ce précipité, arriver à déterminer la richesse de l'acide prussique dissous dans l'eau. Le cinquième du cyanure d'argent obtenu représente en poids la quantité d'acide cyanhydrique anhydre contenue dans la liqueur précipitée.

L'acide prussique ne colore pas les sels de fer; mais en ajoutant aux protosels un peu de potasse, il les précipite aussitôt, et donne une belle coloration bleue par l'addition de l'acide hydrochlorique.

Si l'on rend très-légèrement alcaline une liqueur contenant de l'acide hydrocyanique, et qu'on y verse ensuite un peu de sulfate de bioxyde de cuivre, il se fait un précipité de bioxyde de cuivre et de cyanure. L'acide hydrochlorique ajouté à ce mélange dissout l'oxyde et laisse le cyanure de cuivre indissous, avec l'aspect d'un produit blanc.

L'acide cyanhydrique pur ne doit pas laisser de résidu sensible par l'évaporation. Les sels de baryte y décèlent la présence de l'acide sulfurique, et le résidu d'une évaporation presque complète ne doit pas donner par le nitrate d'argent un précipité insoluble dans l'acide nitrique.

L'acide formique et l'acide hydrosulfurique s'y reconnaîtront par les réactifs appropriés.

Phénomènes de propagation. — Influence des petites quantités.

L'acide prussique mis en ébullition en présence d'une dissolution d'acide iodique n'est point oxydé; il oppose de plus un obstacle complet à la combustion de quelques substances organiques par cet acide de l'iode. Les acides oxalique et formique sont dans ce cas : ils réduisent très-facilement l'acide iodique, mettent l'iode à nu, et passent eux-mêmes à l'état d'acide carbonique. Mais ajoute-t-on un millième en plus d'acide hydrocyanique aux acides oxalique et formique, ils résistent à l'action oxydante de l'acide iodique. Ces phénomènes doivent être rattachés à quelques réactions chimiques, soit minérales, soit organiques, dont la *propagation* particulière est très-digne de fixer l'attention.

On a vu plus haut que l'oxamide possédait la propriété de se changer entièremeut en oxalate d'ammoniaque, lorsqu'on la faisait bouillir dans de l'eau avec une très-petite quantité d'acide énergique. Ce fait est devenu le point de départ des actions que nous rapprochons ici sous le nom de phénomènes de propagation.

Cette conversion de l'oxamide montre qu'une très-petite quantité de substance peut amener la transformation d'une masse relativement énorme. L'acide ajouté convertit d'abord une quantité chimique d'oxamide correspondante à sa petite masse ; mais comme, après cette première transformation, il se trouve encore tout aussi libre d'agir, il continue et réitère indéfiniment la conversion d'une nouvelle quantité d'oxamide égale à la première.

La réaction de l'iode sur le chlorate de potasse, en présence de l'eau, offre une marche analogue ; l'iode s'oxyde en produisant de l'iodate de potasse, tandis que le chlore se dégage en grande partie. Mais, pour engager la réaction, on doit ajouter d'abord quelques gouttes d'un acide énergique : une quantité correspondante d'acide chlorique est mise à nu ; elle se trouve convertie par l'iode en acide iodique, et celui-ci, réagissant à son tour sur le chlorate, élimine une nouvelle quantité d'acide chlorique. On arrive ainsi, de proche en proche, à transformer en quelques instants un kilogramme de chlorate en iodate. Si l'on omet de provoquer l'élimination de l'acide chlorique par un peu d'acide nitrique ou sulfurique, l'opération ne marche qu'avec une extrême difficulté. Dès qu'elle est entamée, au contraire, elle suit une *propagation* croissante, parce que le chlore qui se dégage est arrêté en partie par l'iode, et forme ainsi du chlorure d'iode. Celui-ci, décomposé par l'eau, fournit des acides hydrochlorique et iodique, lesquels s'ajoutent à l'acide primitif et accélèrent la décomposition du chlorate.

Dans l'oxydation des métaux par l'acide nitrique, l'acide nitreux détermine ordinairement la réaction, ou provoque une accélération notable, sans doute parce que l'acide nitreux oxyde plus énergiquement que l'acide nitrique. Mais avec plusieurs métaux, la *propagation* est décroissante, parce que l'acide nitreux qui se régénère incessamment aux dépens du deutoxyde d'azote et de l'acide nitrique, tend incessamment aussi, d'un autre côté, à se détruire en deutoxyde d'azote et en acide nitrique. Dans l'emploi de l'eau régale, la marche est constante, parce que l'acide hydrochlorique régénère l'acide nitreux.

Ainsi la force qui réside dans de petites quantités et qui provoque la transformation de masses considérables, est aujourd'hui un fait acquis à la science. Dans les actions chimiques qui viennent d'être indiquées, on constate encore, malgré une marche insolite, l'application ordinaire des lois de l'affinité. Seulement l'action totale se compose de plusieurs actions successives. La petite quantité dont la force est directement mise en jeu agit sur une quantité chimique correspondante ; mais elle est propre ensuite à agir encore, et par cette action réitérée elle atteint et soumet la masse.

Dans l'action qu'exerce l'acide prussique sur un mélange d'acide iodique et d'acide oxalique ou formique, le phénomène paraît très-singulier au premier aspect; mais, par une analyse complète de la réaction, on reconnaît qu'il rentre dans les actions chimiques régulières et fournit seulement un exemple de plus de l'influence des petites quantités. On constate, en effet, que la réduction de l'acide iodique par l'acide oxalique ne commence qu'avec une certaine difficulté. Dès qu'elle est engagée, dès que l'iode a pris naissance, elle se développe rapidement et suit une progression sensible. L'acide prussique ajouté au mélange porte précisément son action sur la petite quantité d'iode qui tend à s'isoler. Il se fait du cyanure d'iode et la réaction est ainsi arrêtée dans son principe.

Dans plusieurs oxydations organiques par l'acide iodique, on ne retrouve plus la même influence dans l'acide hydrocyanique. C'est qu'alors elles ne s'accompagnent pas d'une production d'iode, ou bien ne s'accélèrent point par la présence de ce métalloïde.

Ainsi l'attention doit être éveillée dorénavant sur cette marche particulière des phénomènes chimiques; il faut considérer que les actions chimiques ne s'exécutent plus seulement entre des masses équivalentes, mais qu'elles subissent encore la loi des petites quantités.

Une petite quantité pousse à l'action des masses considérables, ou bien les condamne à l'inertie lorsqu'elles sont destinées à réagir vivement. Il y a tout avantage à se familiariser d'abord avec ces réactions, dans des circonstances assez simples, où les termes peu nombreux et bien définis permettent de faire à chaque réactif la part qui lui revient : on trouvera plus tard dans les métamorphoses organiques des relations analogues; on verra tout un monde de réactions commencer à une bulle d'oxygène ou s'arrêter par une goutte de créosote, mais le lien se cache encore au milieu des molécules organiques, tandis qu'il se laisse saisir au milieu des réactions qui viennent d'être parcourues.

L'acide prussique est un des poisons les plus terribles : il tue en quelques instants à des doses minimes, même à l'état de vapeur.

Cyanure de potassium.

Ce sel peut s'obtenir directement par le contact du cyanogène et du potassium à une température suffisante. Le potassium chauffé, en présence des matières organiques azotées, produit aussi du cyanure de potassium ; ce sel s'obtient encore en calcinant les mêmes matières au contact du carbonate de potasse ou de la potasse caustique.

Mais pour avoir le cyanure de potassium à l'état de pureté, il faut faire arriver jusqu'à saturation de l'acide prussique dans une solution alcoolique de potasse caustique. Le cyanure, peu soluble dans l'alcool, se précipite. On le dessèche et on le conserve ensuite en vase clos. Nous indiquerons plus loin un moyen très-commode d'arriver à la préparation du cyanure de potassium pur.

Le cyanure de potassium est très-soluble dans l'eau, et cette solution aqueuse est très-altérable. On peut cependant l'y faire cristalliser sous forme de cubes; mais au contact de l'acide carbonique, elle se décompose complétement et dégage une odeur d'amandes amères très-prononcée.

Elle se transforme aussi spontanément, sans aucune intervention, soit de l'oxygène, soit de l'acide carbonique, et l'on arrive alors aux produits curieux qui dérivent des composés cyanurés.

Quant au cyanure de potassium solide, il est très-stable; il fond à une température inférieure au rouge, en un liquide transparent et incolore; mais la chaleur la plus forte ne semble pas l'altérer à moins que l'oxygène de l'air ne trouve accès.

Tous les cyanures insolubles se dissolvent dans un excès

de cyanure de potassium : le chlorure d'argent s'y dissout également.

Le cyanure de potassium en fusion possède au plus haut degré la propriété de réduire les oxydes métalliques. Cette force de réduction égale, pour ainsi dire, celle du potassium lui-même. Les oxydes de fer, de plomb, de cuivre, d'étain, d'antimoine, d'arsenic, sont amenés très-promptement et complétement à l'état métallique. Ces réductions ont été étudiées par M. Liebig, et appliquées par MM. Haidlen et Fresenius à plusieurs cas d'analyse minérale. La réduction de l'oxyde de cuivre s'accompagne de lumière.

Le cyanure de potassium possède les propriétés toxiques de l'acide prussique, et en possède aussi les propriétés médicinales ; et, sous ce rapport, il lui est bien préférable, car, sous forme solide, il ne s'altère pas et peut toujours ainsi être pesé, et par conséquent dosé avec une grande facilité. Mais il convient de l'employer immédiatement.

Le *cyanure de sodium* reproduit les propriétés du cyanure de potassium ; il se prépare de même. Il est très-soluble dans l'eau et très-peu dans l'alcool.

Hydrocyanate d'ammoniaque. — On obtient ce sel par la combinaison directe de l'ammoniaque caustique et de l'acide prussique. Clouet avait montré qu'il se produisait très-bien dans l'action du gaz ammoniac sur le charbon chauffé au rouge. En répétant cette expérience, M. Langlois a pu retirer des quantités assez notables d'hydrocyanate d'ammoniaque. Ce sel très-volatil, décomposable par la chaleur, n'est peut-être pas moins vénéneux que l'acide prussique ; aussi a-t-on quelque peine à concevoir les effets attribués à l'ammoniaque comme contre-poison de l'acide prussique.

Les *cyanures de magnésium et de calcium* s'obtiennent en dissolution à l'aide des oxydes et de l'acide hydrocyanique ; l'évaporation et l'acide carbonique décomposent la dissolution.

Il en est de même du cyanure de baryum, moins soluble que les précédents.

Le *cyanure de manganèse* se prépare en précipitant un protosel de manganèse par le cyanure de potassium. Le cyanure d'un blanc gris, insoluble dans l'eau, se dissout très-bien dans un excès de cyanure de potassium.

Cyanure de zinc. — Il s'obtient aussi par double décomposition, et se présente sous forme d'une poudre blanche insoluble.

Protocyanure de fer. — Ce sel correspondant au protoxyde de fer, s'altère très-rapidement au contact de l'air. Cependant il paraît qu'il se prépare assez pur en chauffant en vase clos le cyanure de fer ammoniacal; il se présente alors sous forme d'une poudre d'un gris jaunâtre.

Lorsqu'on fait digérer du bleu de Prusse récemment préparé dans un flacon d'eau saturée d'hydrogène sulfuré, la couleur bleue du composé disparaît, et l'on obtient une masse d'un blanc grisâtre qui bleuit rapidement à l'air.

Le cyanure de fer correspondant au sesquioxyde $Fe^2 + 3(C^2Az)$ ne paraissait pas exister sous forme solide; mais M. Posselt assure qu'on peut l'obtenir en chauffant une combinaison d'acide prussique et de sesquicyanure de fer, qui s'obtient sans peine par un procédé qui sera décrit plus loin.

Le sesquicyanure de fer se dépose de la dissolution sous forme d'une poudre d'un vert foncé, très-fine et traversant les filtres sur lesquels on la recueille.

Ce sesquicyanure s'altère à + 200 et se convertit en bleu de Prusse.

Il a pour formule :

$$Fe^2 + 3(C^2Az) + 3HO.$$

Cyanure ferroferrique. — C'est un cyanure double de fer correspondant à l'oxyde de fer magnésique; il a été découvert par M. Pelouze en faisant agir un excès de chlore sur le cyanure jaune ou rouge de fer et de potassium.

Lorsque le chlore a coloré la liqueur en rouge vineux, il se fait, par l'ébullition, un dépôt de matière verte, que l'on purifie en la faisant bouillir avec huit ou dix fois son poids d'acide hydrochlorique.

On lave ensuite et l'on sèche. La poudre verte ainsi obtenue est très-stable et ne se décompose qu'à +180°. Elle se représente par :

$$\text{Fe}^2, (\text{C}^2\text{Az})^3 + \text{Fe}, \text{C}^2\text{Az} + 4\text{HO}.$$

L'eau ne peut lui être enlevée, sans destruction complète de la combinaison.

On connaît encore plusieurs cyanures de fer; mais ils rentrent dans un système particulier de cyanures doubles qui seront examinés plus loin.

Le *protocyanure de cuivre* est blanc : il a pour formule $\text{Cu}^2, \text{C}^2\text{Az}$; il se dissout dans l'ammoniaque.

L'action de l'acide prussique sur l'hydrate de bioxyde ou sur le carbonate donne naissance à un composé jaune très-instable. Insoluble dans l'eau, il se dissout dans l'acide hydrochlorique, d'où l'eau le précipite; il est également soluble dans le cyanure de potassium, et forme ainsi une liqueur très-propre à donner des dépôts de cuivre métallique par les actions galvaniques. Ce composé qui devrait se représenter par du bicyanure de cuivre, perd incessamment du cyanogène et finit par consister en protocyanure de cuivre.

Le *cyanure de plomb* est blanc, insoluble, anhydre, composé de

$$\text{Pb}, \text{C}^2\,\text{Az}.$$

Le protocyanure de mercure ne paraît pas exister; mais le bicyanure se produit avec une extrême facilité; l'affinité du bioxyde de mercure pour l'acide prussique est si grande que ces deux composés s'unissent en toute circonstance. Le bioxyde de mercure décompose même les cyanures alcalins et met de la potasse en liberté; à plus forte raison celle-ci ne précipiterait-elle pas l'oxyde de mercure dans une dissolution aqueuse de bicyanure de mercure. On prépare très-bien le bicyanure de mercure en employant 2 parties de ferrocyanure de potassium, 3 parties de sulfate de bioxyde de mercure sec et 15 parties d'eau : on fait bouillir le tout. Le cyanure de mercure cristallise par le refroidissement.

On peut encore faire agir directement l'acide prussique sur l'oxyde de mercure ; mais il faut alors avoir soin de tenir en réserve une portion d'acide prussique, et d'employer au moins vingt parties d'eau pour une d'oxyde de mercure. Sans ces précautions, il se produit différents oxydochlorures : l'un aurait pour formule :

$$3HgO + Hg, C^2Az$$

et l'autre :

$$HgO + Hg, C^2Az.$$

Le cyanure de mercure est anhydre; il cristallise en prismes, tantôt transparents, tantôt opaques, présentant quatre faces bien distinctes. Il est soluble dans l'eau froide, plus soluble dans l'eau chaude; l'alcool le dissout également.

Les acides sulfurique et nitrique ne décomposent pas le cyanure de mercure ; mais les acides hydrochlorique, hydriodique et hydrosulfurique mettent l'acide hydrocyanique en liberté.

Le bicyanure de mercure forme avec le gaz ammoniac une combinaison qui se détruit à l'air.

Le cyanure de mercure se combine très-bien au cyanure de potassium; il forme en outre plusieurs combinaisons avec les sels de potasse : ainsi on a décrit une combinaison avec le bromure de potassium :

$$2(Hg, C^2Az) + KBr + 4HO.$$

Avec le bromure de sodium :

$$2(Hg, C^2Az) + NaBr + 3HO.$$

Avec le bromure de baryum :

$$2(Hg, C^2Az) + BaBr + 6HO.$$

Avec le bromure de strontium :

$$2(Hg, C^2Az) + SrBr + 6HO.$$

Il existe encore des composés analogues avec les bromures de calcium et de magnésium, ainsi qu'avec les hydrobromates d'ammoniaque, de quinine et de cinchonine.

Les combinaisons précédentes ont été décrites par M. Berthemot.

M. Desfosses a décrit une combinaison qui a pour formule :

$$Hg, C^2Az + KCl + 2HO.$$

L'iodure de potassium se combine de même et fournit un composé qui, d'après M. Liebig, se représente par :

$$2(Hg, C^2Az) + KI.$$

Le chromate de potasse se combine très-bien au cyanure de mercure, et le formiate donne une combinaison analysée par Winkler, qui a pour formule :

$$Hg, C^2Az + C^2HO^3, KO.$$

Il est probable que cet ordre de combinaisons pourrait s'étendre encore, et produire un grand nombre de sels nouveaux.

Cyanure d'argent. — Ce sel est anhydre et insoluble dans l'eau ; on l'obtient en versant de l'acide prussique dans une solution de nitrate d'argent. Il offre, à la solubilité près, des analogies très-marquées avec le cyanure de mercure. Il résiste, comme lui, à la potasse et à certains acides, tandis qu'il s'attaque par d'autres ; et des deux côtés ces acides sont les mêmes.

La combinaisou de l'oxyde d'argent et de l'acide prussique se fait avec vivacité ; la masse peut même rougir, si l'acide prussique est anhydre.

Le cyanure d'argent se dissout dans les cyanures alcalins, et forme des cyanures doubles solubles dans l'eau, insolubles dans l'alcool. MM. de Ruolz et Elkington emploient ces cyanures doubles pour obtenir des dépôts galvaniques d'argent.

L'argent n'y est point décelé par les alcalis caustiques, ni par les chlorures solubles.

Le cyanure double de potassium et d'argent a pour formule :

$$\mathrm{Ag}, C^2Az + K, C^2Az.$$

Il existe un cyanure double d'argent et de plomb, composé d'équivalents égaux des deux métaux ; on a signalé aussi une combinaison d'acide prussique et de cyanure d'argent.

Cyanure de palladium. — Le palladium a une telle affinité pour le cyanogène qu'il l'enlève à tous les métaux ; l'oxyde de palladium décompose même le cyanure de mercure. Les sels de palladium sont également décomposés par le cyanure de mercure, qui fournit ainsi du cyanure de palladium : il faut néanmoins que le sel de palladium soit en solution assez concentrée.

Le cyanure de palladium a pour formule C^2Az, Pd ; il est d'une couleur fauve : la présence du cuivre peut lui donner une teinte verte. Il est insoluble dans l'eau, mais très-soluble dans les cyanures alcalins et dans l'ammoniaque.

Il se combine avec l'ammoniaque, de même que le protochlorure de platine. Il peut encore former un sel double avec le nitrate de palladium.

Le cyanure de palladium s'obtient en versant de l'acide prussique sur un protosel de palladium. On peut remplacer l'acide prussique par un cyanure métallique soluble.

Il paraît encore exister un cyanure de palladium correspondant au bioxyde ; mais ce bicyanure serait instable.

Cyanures d'or. — Ces sels ont pris une grande importance depuis leur emploi dans la dorure galvanique.

Protocyanure. — La préparation de ce sel a été longtemps une opération fort incertaine; M. Himly a décrit dernièrement un procédé d'exécution facile.

On prépare d'abord le protocyanure double d'or et de potassium, en traitant l'or fulminant par une dissolution chaude de cyanure de potassium. Pour sept parties d'or employées dans la préparation de l'or fulminant, on prend six parties de cyanure de potassium. Il se dégage de l'ammoniaque, et l'on obtient une dissolution incolore qui, par le refroidissement, laisse déposer un sel double cristallin, représenté par :

$$C^2Az, Au^2 + C^2Az, K.$$

On peut purifier ce sel par des cristallisations réitérées. Lorsqu'on veut en retirer le protocyanure d'or, on ajoute de l'acide hydrochlorique à la dissolution du sel, et l'on évapore au bain-marie. Il se fait un dépôt de grains jaunes et cristallins; on évapore jusqu'à siccité, et l'on obtient un résidu jaune qui consiste en chlorure de potassium et en cyanure d'or. Comme ce dernier est insoluble dans l'eau, on enlève le chlorure de potassium par des lavages à l'eau. Le protocyanure d'or résiste dans cette opération, parce qu'il n'est point attaqué par l'acide hydrochlorique. Il est insoluble dans l'alcool et dans l'éther; la potasse ne l'altère pas à froid; l'hydrosulfate d'ammoniaque le dissout.

Sesquicyanure d'or. — On obtient ce sel en traitant le cyanure double d'or et de potassium, qui sera indiqué plus bas, par le nitrate d'argent. Il se fait un précipité jaune, insoluble, que l'on considère comme un cyanure double d'or et d'argent; on traite cette combinaison par l'acide hydrochlorique affaibli et non en excès. Il se fait du chlorure d'argent, tandis que le sesquicyanure d'or se dissout; on évapore la liqueur au-dessus de la chaux vive, et l'on traite le résidu de l'évaporation par l'alcool aqueux. Il s'en sépare par le refroidissement des cristaux tubulaires qui contiennent 16,2 0/0 d'eau de cristallisation, et fondent à +50°.

Ils se représentent par :

$$(C^2Az)^3, Au^2 + 6HO.$$

Lorsqu'on verse une dissolution concentrée de sesquichlorure d'or dans du cyanure de potassium en dissolution chaude et concentrée, on obtient, par le refroidissement, un cyanure double qui cristallise en lames blanches et s'emploie à la préparation du sesquicyanure d'or.

Ces cristaux renferment :

$$2(C^2Az, K) + 2(C^2Az)^3, Au^2 + 3HO.$$

Le platine donne, avec le cyanogène, des composés très-remarquables qui seront étudiés plus convenablement dans la série des cyanures doubles.

§ IV. — Cyanures doubles.

Les cyanures métalliques ont une grande tendance à se combiner entre eux, et à former des composés dans lesquels les métaux peuvent cesser de se manifester par l'ensemble de leurs réactions accoutumées. Ainsi le fer n'est plus précipité par les alcalis, ni par leurs carbonates, ni par l'hydrogène sulfuré, ni par les sulfures alcalins. Plusieurs autres métaux sont dans le même cas.

L'union des cyanures métalliques s'accomplit avec une régularité remarquable, et malgré le nombre très-considérable de ces combinaisons, on peut les disposer en quelques séries faciles à caractériser.

Première série.—Elle se distingue par le groupement de trois molécules de cyanure métallique ; une molécule du groupement est toujours constituée par du protocyanure de fer C^2Az, Fe ; les deux autres molécules sont représentées par des cyanures métalliques très-variables.

La manière la plus simple d'exprimer cette série cyanométallique consiste à réunir trois équivalents de cyanogène, à côté desquels on place 1 équivalent de fer et 2 autres équivalents métalliques variables.

Ainsi, la formule générale se représente par :

$$3(C^2Az)\,Fe,\ 2M.$$

Les deux équivalents métalliques variables peuvent être constitués par le même métal ou par deux métaux différents. Ils sont remplacés par deux équivalents d'hydrogène, dans un composé de réaction acide, qui constitue en quelque sorte l'acide de la série. C'est cette dernière combinaison qui sera examinée la première.

Acide hydroferrocyanique ; acide hydrocyanique ferruré ; hydrocyanoferreux, etc.

$$3(C^2Az)\,Fe,\ 2H + HO.$$

Cette combinaison, dont les éléments peuvent se traduire par deux équivalents d'acide hydrocyanique uni à 1 équivalent de protocyanure de fer :

$$2(C^2Az,H) + C^2Az, Fe.$$

ne rappelle pas néanmoins les propriétés de l'acide prussique.

Il est solide, cristallisé en aiguilles incolores et transparentes ; il se colore promptement à l'air, en bleu.

Plus soluble dans l'eau que dans l'alcool, il communique à l'eau une saveur franchement acide qui ne ressemble en rien à celle de l'acide prussique. Sa dissolution aqueuse se décompose par l'ébullition en dégageant de l'acide prussique et en fournissant un précipité blanc qui bleuit à l'air.

Sa dissolution fait effervescence avec les carbonates alcalins ; il fournit alors un sel dans lequel les deux équivalents d'hydrogène de l'acide sont remplacés par 2 équivalents de métal alcalin.

Porett, qui a découvert cet acide, conseille de le préparer, en traitant le cyanoferrure de potassium $3(C^2Az)\,Fe$, $2\,K$ par une solution alcoolique d'acide tartrique. Robiquet avait recours au bleu de Prusse que l'on traite alors par dix fois son volume d'acide hydrochlorique concentré; le résidu brun ou jaune est desséché, puis traité par l'alcool qu'on abandonne à l'évaporation. On peut encore, suivant M. Berzélius, employer le sel de plomb et de cuivre correspondant à celui de potassium 3 (C^2Az) Fe, 2 Pb, ou bien 3(C^2Az) Fe, 2 Cu, délayer l'un ou l'autre de ces sels, insolubles tous deux, dans de l'eau où l'on dirige un courant d''hydrogène sulfuré, et évaporer, dans le vide, la liqueur filtrée.

Enfin, M. Posselt assure que cette combinaison peut très-bien se séparer à l'aide du cyanure ferropotassique, de l'acide hydrochlorique et de l'éther. On dissout du cyanure double dans de l'eau bouillie, on en fait une solution très-concentrée qu'on laisse refroidir à l'abri de l'air. On la mélange avec un excès d'acide hydrochlorique et l'on ajoute de l'éther : l'éther a pour effet de séparer le cyanure ferrohydrique qui s'y trouve insoluble. On jette alors le produit séparé sur un filtre, on le lave avec un mélange d'éther et d'alcool, on l'exprime et on le sèche ensuite dans le vide au-dessus de l'acide sulfurique.

***Cyanoferrure de potassium. — Ferrocyanure jaune de potassium. — Hydrocyanate ferruginé de potasse. — Prussiate jaune de potasse*, etc.**

$$3(C^2Az)\ Fe,\ 2K + 3HO.$$

C'est un sel d'un jaune de citron, d'une densité de 1,83; cristallisé en prismes à quatre pans, raccourcis, tronqués sur les arêtes et les angles de la base. Sa saveur est faiblement amère; c'est un purgatif doux.

A +100 il perd les trois équivalents d'eau qu'il contient.

Il se dissout dans quatre parties d'eau froide et deux parties d'eau bouillante : il est insoluble dans l'alcool.

Lorsqu'on le calcine en vase clos, il se convertit en cyanure de potassium et en carbure de fer. Le cyanure de potassium, ainsi formé, peut très-bien être enlevé par l'alcool qui laisse le carbure de fer intact. Lorsqu'on effectue la calcination au contact de l'air, l'oxygène est absorbé, il se forme du cyanate de potasse.

L'acide sulfurique concentré peut s'unir au ferrocyanure de potassium : si on prend dix parties d'acide pour une de sel, et que l'on chauffe dans une cornue de grande dimension, il se fait un dégagement d'oxyde de carbone pur. Il se produit en même temps un peu d'acide prussique et d'acide formique.

L'acide nitrique nitreux et le chlore transforment le ferrocyanure en un sel rouge nommé ferricyanure qui sera examiné dans la deuxième série des cyanures doubles.

L'iode exerce une réaction analogue à celle du chlore; il se dissout et forme une combinaison d'iodure de potassium et de ferricyanure de potassium.

$$1K + 6(C^2Az)Fe^2, 3K.$$

Le bioxyde de mercure décompose le cyanoferrure de potassium dissous, il se fait de la potasse, du cyanure de mercure et un cyanure de fer coloré en bleu. Cette réaction doit se passer à une douce chaleur; autrement la potasse décomposerait le cyanure de mercure. Si le cyanoferrure est employé en excès il se combine avec le cyanure de mercure; cette combinaison, qui renferme de l'eau, contient les deux cyanures dans la proportion suivante :

$$3(C^2Az)Fe, 2K + 3C^2Az, Hg.$$

La dissolution du cyanoferrure de potassium précipite un grand nombre de sels métalliques : les composés insolubles qui prennent ainsi naissance peuvent servir à faire reconnaître, par leur couleur, plusieurs solutions salines : le tableau suivant représente les principales colorations des précipités :

Magnésium, calcium,
Strontium, baryum. précipité cristallin dans les liqueurs très-concentrées ; pas de précipité dans les liqueurs affaiblies.

Yttrium........... précipité blanc, pas de précipité avec l'acétate.

Cérium............ précipité blanc.

Thorinium......... précipité blanc.

Zirconium......... blanc en jaune serin, soluble dans un excès de réactif.

Manganèse........ blanc, devient bientôt couleur de fleurs de pêcher.

Protoxyde de fer.... blanc abondant, bleuit à l'air.

Peroxyde de fer..... bleu foncé abondant.

Étain............. blanc.

Zinc.............. blanc.

Cadmium.......... blanc.

Cobalt............ vert d'herbe.

Nickel............ vert pomme pâle.

Chrome........... vert gris.

Molybdène........ brun foncé.

Vanadium......... jaune citron tirant sur le vert.

Antimoine......... blanc.

Titane............ rouge brun, soluble dans un excès de réactif.

Urane............ couleur de sang.

Bismuth........... blanc.

Protoxyde de cuivre. blanc.

Bioxyde de cuivre... cramoisi. (dans une liqueur acide.)

Plomb............ blanc tirant sur le jaune.

Bioxyde de mercure. blanc, se décompose rapidement en bicyanure de mercure soluble, et en protocyanure de fer qui bleuit à l'air.

Argent............ blanc, bleuit à l'air.

Palladium......... olive.

Or............... blanc.

Ces précipités si variables d'aspect offrent une composition très-simple : tantôt les deux équivalents de potassium contenus dans le ferrocyanure sont remplacés par deux équivalents métalliques, c'est ce qui a lieu avec le zinc, le cuivre, le plomb, l'argent, etc.; tantôt un seul équivalent de potassium est éliminé, le précipité contient alors en réalité un cyanure triple. Ce dernier cas se présente ordinairement lorsqu'on précipite les sels de baryte, de strontiane ou de chaux en solution concentrée; il a été très-bien établi par Mosander.

Les protosels de fer qui précipitent en bleu par le cyanoferrure de potassium sembleraient devoir produire ainsi du protocyanure de fer.

$$3(C^2Az)\,\mathrm{Fe},\ 2\mathrm{Fe}.$$

Mais il paraît que le précipité ainsi préparé retient toujours du potassium. M. Berzélius représente le composé blanc qui se forme dans cette circonstance par

$$6(C^2Az)\,5\mathrm{Fe},\ K = 3(C^2Az)\,\mathrm{Fe},\ 2\mathrm{Fe} + 3(C^2Az)\,\mathrm{Fe},\ K,\ \mathrm{Fe}.$$

Ne serait-ce pas plutôt du protocyanure de fer qui retiendrait par interposition du cyanoferrure de potassium? Le précipité blanc est si facilement altérable que la détermination de ses éléments doit offrir des difficultés. Dès qu'il a le contact de l'air, il se détruit et se colore en bleu.

Le précipité bleu formé par le cyanoferrure de potassium dans les persels de fer constitue le bleu de Prusse. Ce composé est très-variable dans sa formule, suivant les circonstances de sa préparation. Il sera examiné à la suite des cyanoferrures métalliques.

Préparation du cyanoferrure de potassium.

On obtient ce sel en traitant le bleu de Prusse par une solution de potasse bouillante. Le bleu de Prusse, qui doit se trouver en excès, est préalablement purifié par un lavage avec de l'acide sulfurique faible, puis avec une grande quantité d'eau.

Mais on peut arriver à la préparation du cyanure de potassium, et de là à celle du ferrocyanure en portant soit des matières animales azotées, soit du charbon qui provient de la calcination de ces matières distillées en vase clos. Les matières animales ou bien le charbon qu'elles ont fourni sont traitées par le carbonate de potasse; il se forme dans les deux cas du cyanure de potassium. L'azote contenu dans la substance organique passe dans le cyanure de potassium, mais l'azote de l'air peut aussi concourir à cette formation.

Le cyanure de potassium en dissolution agit sur le fer très-divisé, lui fait absorber l'oxygène de l'air et l'oxyde de fer décomposant le cyanure de potassium, donne lieu tant à du ferrocyanure de potassium qu'à de la potasse.

Comme les matières animales qui servent à la préparation du ferrocyanure contiennent ordinairement du fer, on peut obtenir le cyanure double par le lessivage du produit de calcination. Les vases de fonte dans lesquels se fait la décomposition et la manipulation des matières peuvent également fournir le fer. Mais la potasse qui résulte de l'action de l'oxyde de fer tend à décomposer une partie du cyanure de potassium. M. Liébig assure qu'il est préférable de précipiter le tiers du cyanure de potassium obtenu par du protosulfate de fer qu'on ajoute tant qu'il se fait un précipité. Les deux autres tiers du cyanure de potassium sont ajoutés au précipité; le premier tiers est dissous et porté à l'ébullition : il se fait d'abord un dépôt cristallisé de sulfate de potasse : le cyanoferrure de potassium se forme ensuite et se purifie par des cristallisations réitérées.

Le cyanoferrure d'ammonium rappelle la forme, les propriétés et la composition du sel de potassium. On l'obtient par le carbonate d'ammoniaque et le cyanoferrure de plomb.

Lorsqu'on le fait bouillir dans la proportion d'un équivalent avec un équivalent d'hydrochlorate d'ammoniaqne, on forme un sel double découvert et analysé par M. Bunsen, qui assigne à ce composé la formule suivante :

$$3(C^2Az)Fe, 2AzH^4, 3HO + ClH, AzH^3.$$

Le mélange des deux sels doit être dissous dans six parties d'eau, à l'aide de l'ébullition.

Le cyanoferrure de sodium diffère des précédents par une proportion d'eau très-forte ; celle-ci égale 59 °/₀, ce qui représente 12 équivalents d'eau pour un équivalent de sel.

Le cyanoferrure de baryum s'obtient en traitant le bleu de Prusse par l'eau de baryte ; il est peu soluble, cristallisable en prismes rhomboïdaux de couleur jaune ; il renferme 18 °/₀ d'eau et se représente par

$$3(C^2Az) Fe, 2Ba + 6HO.$$

Lorsqu'on mélange des dissolutions concentrées de cyanoferrure de potassium et de nitrate ou de chlorure barytique, on obtient un précipité d'une composition différente de celle qui est attribuée au sel précédent : le précipité cristallisé ne retient que 11, 19 °/₀ d'eau et se représente par

$$3(C^2Az) Fe, K, Ba + 3HO.$$

Les cyanoferrures de strontium semblent offrir une grande analogie avec ceux de baryum, mais ils ont été moins bien examinés.

Le cyanoferrure de calcium se prépare comme celui de baryum, il est extrêmement soluble et cristallise, d'une dissolution sirupeuse en prismes obliques à quatre pans ; ces cristaux ont pour formule :

$$3(C^2Az) Fe, 2Ca + 12HO.$$

Lorsqu'on ajoute une solution concentrée de cyanoferrure de potassium à un sel de chaux, en solution également concentrée, on obtient un précipité très-différent du sel précédent qui doit se représenter par

$$3(C^2Az)\,Fe, K, Ca.$$

ce sel est anhydre : il exige pour se dissoudre 795 parties d'eau froide et 143 parties d'eau bouillante.

Les différents précipités qui s'obtiennent en ajoutant les solutions métalliques au cyanoferrure de potassium disposées dans l'eau, se rattachent constamment à l'une ou l'autre des deux formules qui expriment les cyanoferrures précédents, c'est-à-dire, que tantôt le potassium se conserve en partie, et le précipité se rattache à la formule générale :

$$3(C^2Az)\,Fe, K, M,$$

tantôt le potassium est remplacé complétement par le métal tenu en dissolution, le précipité se représente alors par :

$$3(C^2Az)\,Fe, 2M.$$

Les précipités fournis par les sels de fer offrent un intérêt particulier et doivent recevoir quelques développements : tous les faits qui se rattachent aux composés cyanurés du fer, seront exposés dans un article à part, lorsque les deux dernières séries formées par les cyanures doubles auront été caractérisées.

Deuxième série. — Dans cette série, six équivalents de cyanogène sont réunis et se trouvent combinés à cinq équivalents métalliques : sur les cinq équivalents métalliques, deux appartiennent aux métaux dont les oxydes ont pour formule M^2O^3, les trois autres sont constitués par un même métal dont l'oxyde a pour formule MO. On peut considérer encore que les cyanures contenus dans cette série sont formés par l'union d'un équivalent de sesquicyanure métallique, tel que le sesquicyanure de fer $3\,(C^2Az)\,Fe^2$, à trois équivalents de cyanure simple, C^2Az, K par exemple.

De sorte que la formule générale de ces cyanures peut s'exprimer par :

$$6(C^2Az)\,M^2,\ 3M,$$

ou bien par :

$$3(C^2Az)\,M^2 + 3(C^2Az,\ M.)$$

Tandis que dans la première série cyanométallique, le fer n'a pu être remplacé, jusqu'ici, par aucun autre métal; dans celle-ci, M^2 paraît susceptible d'être remplacé par toute espèce de métal constituant un sesquioxyde, ainsi le fer, le chrome, le manganèse, le cobalt, peuvent entrer dans la molécule cyanométallique à la place de M^2. Le potassium, le sodium, le cuivre, le plomb, l'argent, remplacent très-bien au contraire les trois autres équivalents métalliques.

La formule générale peut de la sorte réaliser les deux dispositions suivantes :

$$6(C^2Az)\,M^2,\ 3M$$
$$—\quad Fe^2\ —$$
$$—\quad Cr^2\ —$$
$$—\quad Co^2\ —$$
$$—\quad Mn^2\ —\ \text{etc.}$$

ou bien :

$$6(C^2Az)\,M^2 + 3K$$
$$— \quad + 3Na$$
$$— \quad + 3Ca$$
$$— \quad + 3Pb$$
$$— \quad + 3Cu$$
$$— \quad + 3AgO\ \text{etc.}$$

Lorsque les trois équivalents métalliques 3M sont remplacés par trois équivalents d'hydrogène, on obtient un composé de nature acide, qui peut être envisagé comme l'acide de la série.

$$6(C^2Az)\,M^2\ 3H.$$

En se bornant aux principaux composés qui peuvent résulter d'un principe de combinaison aussi fécond, on trouve d'abord la série dans laquelle le terme M^2 se trouve représenté par du fer Fe^2.

Acide ferricyanhydrique. — Hydrocyaniferrique. — Cyanhydrique sesquicyanoferruré, etc.

Cet acide qui peut être considéré comme une combinaison de sesquicyanure de fer et d'acide prussique

$$3(C^2Az)\,Fe^2 + 3C^2Az,\,H$$

s'obtient en traitant le cyanoferride de plomb

$$6(C^2Az)\,Fe^2,\,3Pb$$

par un courant d'hydrogène sulfuré ; il se fait du sulfure de plomb et la liqueur reste fortement acide ; elle est colorée en jaune et laisse déposer par son évaporation, au-dessus de l'acide sulfurique, des aiguilles cristallisées d'un jaune brunâtre qui ont pour formule :

$$6(C^2Az)\,Fe^2,\,3H.$$

L'ébullition décompose l'acide ferricyanhydrique ainsi obtenu et forme un dépôt verdâtre qui consiste en sesquicyanure de fer.

Cet acide s'altère au contact de l'air et fournit ainsi une matière bleue cristallisée.

Lorsqu'il agit sur les oxydes ou sur les carbonates métalliques, il donne naissance à un ferricyanure dans lequel les trois équivalents d'hydrogène sont remplacés par trois équivalents métalliques.

Ferricyanure de potassium. — Cyanure rouge de fer et de potassium.
$$6(C^2Az)\,Fe^2,\,3K.$$

Cette combinaison, qui peut très-bien s'obtenir en traitant le carbonate de potasse par l'acide précédent, a été découverte par M. L. Gmelin. Ce chimiste l'a obtenue en traitant le cyanure jaune de potassium par un courant de chlore.

$$3(C^2Az)\,Fe, 2K + Cl = KCl + 6(C^2Az)\,Fe^2, 3K.$$

L'acide nitrique nitreux peut très-bien remplacer le chlore et produire le même sel.

Le ferricyanure de potassium est un sel rouge, cristallisant en prismes rhomboïdaux anhydres, très-soluble dans l'eau chaude et un peu moins soluble dans l'eau froide.

Ces cristaux brûlent dans la flamme d'une bougie en répandant des étincelles. Ils se décomposent en vase clos et donnent les mêmes produits que le cyanurejaune. Leur dissolution mise en ébullition avec le fer et même avec plusieurs autres métaux tels que le plomb, le cuivre, l'argent, le mercure, est décomposée et ramenée à l'état de cyanure jaune.

L'hydrogène sulfuré opère ce même mode de réduction.

La dissolution précipite en bleu les moindres traces des protosels de fer, il se fait ainsi un composé de fer qui a pour formule

$$6(C^2Az)\,Fe^2, 3Fe.$$

Les trois équivalents de potassium sont remplacés par trois équivalents de fer.

Les précipités formés dans plusieurs solutions salines offrent les colorations suivantes :

Titane.........	jaune brunâtre.
Urane.........	brun rougeâtre.
Manganèse.....	gris brunâtre foncé.
Cobalt.........	brun rougeâtre foncé.
Nickel.........	brun jaunâtre.
Cuivre.........	brun jaunâtre sale.
Argent.........	jaune orangé.
Bismuth........	brun jaunâtre.
Zinc...........	jaune orangé.

Dans ces précipités les trois équivalents de potassium se

trouvent successivement remplacés par trois équivalents de bismuth, d'argent, de cuivre, etc.

Il serait inutile d'insister davantage sur les combinaisons qui se rattachent au cyanure rouge de fer et de potassium ; quelques indications sommaires sont encore nécessaires pour comprendre plusieurs composés qui se rattachent au même groupement et dans lesquels le fer Fe^2 se trouve remplacé par d'autres métaux.

Cobaltocyanides. — Ces combinaisons découvertes par M. L. Gmelin ont pour formule générale :

$$6(C^2Az)\,Co^2,\ 3M.$$

L'acide s'obtient par l'hydrogène sulfuré qu'on fait agir sur le composé plombique

$$6(C^2Az)\,CO^2,\ 3Pb.$$

Cet acide est soluble, cristallisable et représenté dans sa composition par

$$6(C^2Az)\,CO^2,\ 3H.$$

Le cobaltocyanide de potassium se prépare en chauffant légèrement du carbonate ou de l'oxyde de cobalt avec du cyanure de potassium saturé d'acide cyanhydrique, la dissolution s'opère ; en évaporant on obtient des cristaux d'un jaune rougeâtre que l'on purifie par de nouvelles cristallisations. Les cristaux sont isomorphes avec ceux du ferrocyanide de potassium. Ils ont pour formule :

$$6(C^2Az)\,Co^2,\ 3K.$$

Le composé plombique s'obtient par double décomposition.

Chromocyanides. — $6(C^2Az)\,Cr^2,\ 3M.$

M. Beckmann a découvert les composés de cette série : on obtient le sel potassique en évaporant un mélange d'hydrate de potasse et d'hydrate d'oxyde de chrome, auquel on a ajouté un excès d'acide hydrocyanique. La liqueur fournit des cristaux jaunes isomorphes avec le ferrocyanide de potassium. Ils sont composés de

$$6(C^2Az)\,Cr^2,\ 3K.$$

Le sel potassique forme avec les sels d'argent un sel insoluble $6(C^2Az)Kr^2$, 3Ag, qui, décomposé par un courant d'hydrogène sulfuré fournit l'acide de cette série.

Manganocyanides. — En cherchant à produire une combinaison de manganèse correspondant au ferrocyanure de potassium, M. Balard n'a pu remplacer le fer de $3(C^2Az)$ Fe, 2K par du manganèse, de manière a obtenir

$$3(C^2Az)\,Mn,\ 2K,$$

mais il est parvenu à préparer un manganocyanide correspondant au ferrocyanide de potassium.

Lorsqu'on expose à l'air le précipité formé dans les sels de manganèse par les cyanures alcalins, ce précipité se colore et se dissout abondamment dans le cyanure de potassium. Par le refroidissement ou par l'évaporation de la liqueur, on obtient de longues aiguilles cristallines qui présentent avec le cyanure rouge de potassium une analogie parfaite d'apparence et de nature.

Ce composé est très-peu stable, il forme dans les solutions salines des précipités colorés parmi lesquels M. Balard signale les protosels de fer qui donnent un bleu de cobalt, et les sels de cadmium et de zinc qui fournissent un précipité rose.

Troisième série. — Dans les deux séries précédentes le groupement cyanométallique est visiblement en rapport avec les métaux qui entrent dans sa constitution. Ne parviendrait-on pas à obtenir encore des groupements différents de ceux qui caractérisent les deux séries précédentes, en changeant la nature des cyanures combinés? tout porte à le croire. Déjà quelques cyanures doubles ont été indiqués (pag. 226) dans l'histoire des cyanures simples. L'union de deux cyanures métalliques pris chacun dans les proportions d'un équivalent est fréquente ; le cyanure d'argent, le protocyanure d'or sont dans ce cas ; il en est de même, suivant M. Balard, du protocyanure de cuivre et du cyanure de nickel qui se combinent à un équivalent de cyanure de potassium. Mais les propriétés qui distinguent ces séries, certainement différentes des deux premières, sont moins bien établies. Il faut en exempter toutefois une série formée par le cyanure de platine.

Platinocyanures. — On obtient le platinocyanure de potassium

$$2(C^2Az)\,Pt, K + 3HO$$

en exposant à une température voisine du rouge, parties égales d'éponge de platine et de ferrocyanure de potassium sec. On lessive avec de l'eau la masse calcinée, puis on évapore pour faire cristalliser. Du cyanoferrure indécomposé se dépose d'abord, le platinocyanure de potassium se forme ensuite, il cristallise en prismes minces, allongés, rhomboïdaux, terminés par un sommet à quatre faces ; ils sont jaunes par transmission, bleus par réflexion.

Les trois équivalents d'eau (12,4 p. 0/0) ne peuvent être enlevés que par une forte chaleur, les cristaux sont alors blancs.

La dissolution du platinocyanure précipite presque toutes les dissolutions salines excepté le nitrate de plomb.

Le protonitrate de mercure fournit un précipité bleu de cobalt, mais ce précipité, traité par l'eau bouillante, abandonne du protonitrate de mercure et laisse un résidu de platinocyanure de mercure qui a pour formule :

$$2(C^2Az)\,Pt, Hg.$$

Ce dernier sel mis en suspension dans l'eau et traité par un courant d'hydrogène sulfuré donne du sulfure de mercure, tandis que les eaux mères retiennent en dissolution l'acide platinocyanhydrique $2(C^2Az)\,Pt, H$, qui peut régénérer avec les oxydes métalliques ou leurs carbonates les platinocyanures.

L'acide platinocyanhydrique est solide, cristallisable en aiguilles d'un jaune d'or, groupées en étoiles. Il est soluble dans l'eau et dans l'alcool, déliquescent, inaltérable à l'air sec et décomposable à + 100°.

Il peut être considéré au même titre que les cyanures des deux premières séries comme une combinaison d'un équivalent de protocyanure de platine et d'un équivalent d'acide hydrocyanique. Il se rattache dans tous les cas à la formule générale $2(C^2Az)\,Pt, M$, dans laquelle le terme M peut être remplacé par différents métaux ou par l'hydrogène; le platine y demeure fixe et se trouve soustrait à ses réactions ordinaires.

L'acide platinocyanhydrique a été découvert par Doebereiner; la préparation du sel de potassium a été indiquée par M. L. Gmelin.

Lorsqu'on dirige un courant de chlore dans une solution de platinocyanure de potassium, on obtient, suivant M. Knop, une combinaison nouvelle qui se dépose sous forme d'aiguilles fines d'un rouge de cuivre. En continuant le courant de chlore la liqueur se prend en une masse cristalline, qui est séparée et purifiée par des dissolutions successives dans l'eau aiguisée d'acide hydrochlorique. M. Knop assigne à ces cristaux la formule suivante :

$$2(K, C^2Az) + Pt^2\,(C^2Az)^5 + 5HO.$$

Ce serait ainsi un groupement cyanométallique différent de tous ceux qui ont été examinés jusqu'ici.

Les groupements cyanométalliques déjà bien nombreux ne peuvent manquer de s'augmenter encore par l'étude de cyanures doubles dans lesquels on fera entrer des métaux qui n'y figurent pas jusqu'ici : le bismuth, l'antimoine, l'arsenic, etc.

Combinaisons du fer et du cyanogène.

Trois cyanures de fer ont déjà indiqué précédemment (page 221).

1° Le protocyanure:

$$Fe, C^2Az?$$

2° Le sesquicyanure :

$$Fe^2 (C^2Az)^3 ;$$

3° Un cyanure vert intermédiaire :

$$Fe, C^2Az + Fe^2(C^2Az)^3 + 4HO.$$

On peut rattacher encore à cet ordre de combinaisons l'acide hydrocyano-ferreux, $3(C^2Az)Fe, 2H + Ho$, classé dans la première série des cyanures doubles, ainsi que l'acide hydrocyano-ferrogène, $6(C^2Az)Fe^2, 3H$, classé dans la seconde série cyanométallique. Mais avec ces différents composés, la série des combinaisons du fer avec le cyanogène est encore loin d'être complète. Il nous a semblé difficile d'en bien saisir toutes les variétés, si elles n'étaient réunies dans un même paragraphe.

Il faut, aux composés précédents, ajouter encore ceux qui suivent :

1° $6(C^2Az)5Fe, K$, précipité blanc formé dans les protosels de fer par le cyanure jaune de potassium.

2° $3(Fe, C^2Az) + 2(Fe^2, 3C^2Az)$, bleu de Prusse proprement dit, bleu de Prusse du ferrocyanure jaune.

3° $3(Fe, C^2Az) + 2(Fe^2, 3C^2Az) + Fe^2O^3$, bleu de Prusse basique.

4° $3(Fe, C^2Az) + 2(Fe^2, 3C^2Az) + 3(C^2Az) Fe, 2K$, bleu de Prusse soluble.

5° $6(C^2Az) Fe^2, 3Fe$, bleu de Prusse du ferricyanure rouge.

Les cinq combinaisons qui viennent d'être indiquées sont les principales : il en existe encore d'autres. Toutes ces formules pouvaient être ramenées sans peine aux deux formules générales, figurées dans les deux premières séries cyanométalliques ; mais ce travail n'amènerait pas une clarté plus grande dans l'histoire des composés cyanurés du fer.

On semble autorisé à dire simplement que les deux cyanures de fer, protocyanure et sesquicyanure, possèdent une tendance extrême à se combiner entre eux en proportion variable ; combinés entre eux, ils peuvent encore s'unir soit à l'oxyde de fer, soit à différents cyanures doubles. C'est une aptitude de combinaison qui fait entrevoir des termes innombrables.

Bleu de Prusse proprement dit. — Bleu de Prusse du cyanoferrure jaune.

Cette combinaison s'obtient en versant du ferrocyanure de potassium dans un persel de fer qui doit rester en excès. C'est un beau précipité bleu qui s'agglomère par le lavage ; il retient toujours une quantité variable de sel potassique.

Le bleu de Prusse desséché à froid se présente sous forme d'une masse légère, poreuse, bleue, à reflets rougeâtres : lorsqu'il est en masse, il est insoluble dans l'eau, dans l'alcool, dans les acides étendus, sans odeur et sans saveur. Il n'est point vénéneux.

Il brûle au contact de l'air lorsqu'il est convenablement chauffé.

Il se décompose à + 150° ; à une température plus haute, il fournit en abondance des produits ammoniacaux et cyanurés, laissant un résidu considéré comme un carbure de fer.

Une étoffe teinte en bleu de Prusse se décolore à la lumière, elle perd ainsi son cyanogène ; mais reportée dans l'obscurité elle redevient bleue ; elle absorbe dans le second cas l'oxygène qui semble ainsi remplacer le cyanogène dans la constitution du produit. Ce phénomène s'accomplit à la surface, et M. Chevreul a démontré qu'il pouvait se répéter plusieurs fois sur la même étoffe.

Le bleu de Prusse devient vert, puis jaune au contact du chlore.

L'acide sulfurique concentré peut le dissoudre; il se fait une masse blanche d'un aspect de colle; lorsqu'on ajoute de l'eau, le bleu de Prusse reparaît.

La potasse, la soude, la baryte, la chaux et le bioxyde de mercure forment des cyanures simples ou doubles avec le bleu de Prusse.

Bleu de Prusse basique.—Cette combinaison prend sans doute naissance lorsqu'on expose successivement le bleu de Prusse à la lumière et à l'obscurité. Mais elle se forme abondamment lorsque le précipité blanc obtenu par le cyanoferrure jaune et les protosels de fer demeure exposé au contact de l'air. Le précipité se colore en bleu.

Si on le lave alors par l'eau, il lui cède bientôt une liqueur bleue qui s'emploie pour azurer le linge. C'est un bleu de Prusse basique soluble que l'alcool ne précipite pas, mais que les solutions salines concentrées rendent insoluble. Ce bleu de Prusse basique, susceptible de se dissoudre, est très-distinct du bleu de Prusse soluble.

Quant à la partie insoluble que ces lavages n'entraînent pas, elle constitue le bleu de Prusse basique proprement dit.

Bleu de Prusse soluble. — Lorsqu'on a précipité les persels de fer en employant un excès de cyanoferrure jaune, le précipité qu'on obtient peut être recueilli sur un filtre; mais dès qu'on vient à le laver, on le débarrasse des sels en excès qui causaient son insolubilité; on le rend ainsi soluble en partie, tandis que du bleu de Prusse reste sur le filtre.

Le bleu de Prusse soluble s'oxyde au contact de l'air, forme du cyanoferrure rouge de potassium et du bleu de Prusse insoluble.

Il peut servir aussi bien que le bleu de Prusse basique à colorer légèrement le linge en bleu.

Bleu de Prusse du cyanoferrure rouge de potassium.

Ce composé, qui s'obtient avec les protosels de fer et le cyanoferrure rouge de potassium, est tout à fait insoluble. Il se trouve dans le commerce sous le nom de bleu de Turnbull; sa couleur est un peu plus claire que celle du bleu de Prusse ordinaire. On l'obtient en grand à l'aide du cyanoferrure jaune, auquel on ajoute du chlorure de soude; le mélange des deux sels est ajouté à du sulfate de protoxyde de fer.

Le précipité qu'on obtient en formant le bleu de Prusse par le cyanoferrure rouge est une combinaison, suivant M. Voelckel, dans laquelle le cyanoferrure rouge se fixe à proportion régulière; mais le lavage isolerait le bleu de Prusse, et entraînerait le cyanoferrure rouge.

Les bleus de Prusse les plus purs s'obtiennent en portant des mélanges salins qui ont été indiqués; mais quelquefois on les prépare directement à l'aide de la lessive alcaline qui provient du traitement des matières azotées par la potasse. Dans ce cas, le carbonate de potasse se trouve toujours en excès dans les liqueurs qu'on emploie, et de plus celles-ci renferment du sulfure de potassium; comme les deux sels engendreraient l'un de l'oxyde, l'autre du sulfure de fer qui se mélangeraient au bleu de Prusse, on ajoute à la lessive de l'alun. Il se précipite de l'alumine à la place de l'oxyde de fer, et la teinte du bleu de Prusse n'en est pas bien sensiblement modifiée; quant au sulfure de fer, il s'oxyde dans les lavages réitérés, se convertit en sulfate et se dissout.

§ V. — Combinaisons du cyanogène avec les métalloïdes.

Il existe au moins deux combinaisons du chlore avec le cyanogène. Mais ces chlorures, très-différents dans leurs propriétés physiques, sont isomères entre eux : l'un est gazeux, l'autre est solide.

Chlorure de cyanogène gazeux. — On l'obtient en faisant agir le chlore sur le cyanure de mercure humide :

$$2Cl + Hg, C^2Az = HgCl + C^2Az, Cl.$$

On le prépare encore en dirigeant un courant de chlore dans l'acide prussique convenablement refroidi. On chasse ensuite le chlorure de cyanogène de l'eau qui le contient à l'aide d'une douce température ; le gaz se dessèche sur du chlorure de calcium. L'eau dissout 25 vol. de ce gaz ; l'alcool 100 ; l'éther 50.

Ce gaz est incolore, mais doué d'une odeur forte qui provoque le larmoiement ; il est solide à —18°, liquide à —15°, et gazeux à —12° ; de sorte que, dans une échelle de 6 degrés, il passe par trois états physiques différents.

Le chlorure de cyanogène gazeux se combine très-bien à l'ammoniaque et forme un composé qui a pour formule :

$$C^2Az, Cl + 2AzH^3.$$

Il a la propriété de colorer les protosels de fer en vert ; on doit, pour obtenir cette réaction, dissoudre le gaz dans le sel de fer et ajouter ensuite un peu d'alcali libre. En ajoutant de suite l'alcali, le cyanure serait détruit.

Chlorure de cyanogène solide. — Lorsqu'on a condensé le chlorure de cyanogène gazeux dans un tube de verre à l'aide du froid, et qu'on effile ensuite ce tube à la lampe, le gaz reste liquide sous la pression de sa propre vapeur ; dès qu'on brise le tube, il s'en échappe avec violence ; mais si l'on attend quelques jours, le liquide ne tarde pas à se transformer. Il s'y développe de longs cristaux qui sont entourés d'un liquide oléagineux. Lorsqu'on brise le tube, il n'en sort plus aucun gaz, et l'on trouve que les cristaux solides ne fondent plus qu'à +140 et ne se volatilisent qu'à +190.

On obtient encore le même composé solide en introduisant de l'acide prussique anhydre dans un flacon de chlore sec et en exposant ensuite le mélange à la lumière solaire ;

c'est ainsi que le chlorure de cyanogène solide fut découvert par Sérullas; la préparation précédente a été indiquée par M. Persoz.

Lorsqu'on remplace l'acide prussique par le cyanure de mercure, on obtient un liquide oléagineux analogue à celui qui mouille les cristaux du cyanure solide formé spontanément dans un tube scellé. La composition de ce liquide, qui semble devoir constituer un chlorure de cyanogène isomérique des deux autres, n'a pas été déterminée. Celle du cyanure solide a été étudiée avec soin. Il est formé de C^2 Az, Cl. Mais lorsqu'on examine comparativement la vapeur du cyanure gazeux et celle du cyanure solide, on y trouve une différence notable. Le cyanure gazeux renferme dans 2 vol. de vapeur 1 vol. de chlore et 1 vol. de cyanogène.

Le cyanure solide renferme dans 2 vol. de vapeur 3 vol. de chlore et 3 vol. de cyanogène.

La combinaison du cyanure solide avec le gaz ammoniac se fait aussi dans des proportions différentes.

Cyanure gazeux $C^2Az, Cl + 2AzH^3$.
Cyanure solide $C^2Az, Cl + AzH^3$.

La première combinaison est soluble, la seconde est insoluble.

Bromure de cyanogène. — Lorsqu'on distille le brome avec le cyanure de mercure, on obtient un bromure de cyanure gazeux à +15°, suivant M. Sérullas; encore solide à +40°, d'après M. Bineau. Il forme deux combinaisons avec le gaz ammoniac.

La première a pour formule :

$$C^2Az, Br + 6AzH^3.$$

La deuxième :

$$C^2Az, Br + 2AzH^3.$$

Iodure de cyanogène. — On obtient cette combinaison en mêlant dans un flacon de l'iode et du cyanure de mercure. Il se forme du bioodure de mercure et en même temps de longs cristaux blancs et transparents. Ces cristaux volatils sans résidu constituent l'iodure de cyanogène.

On peut encore dissoudre de l'iode dans du cyanure de potassium et chauffer ensuite; le cyanure d'iode se volatilise.

Ce cyanure forme deux combinaisons avec le gaz ammoniac :

$$C^2Az, I + 3AzH^3$$
$$\text{et } C^2Az, I + AzH^3.$$

Les combinaisons du cyanogène avec le chlore, le brome et l'iode s'annoncent par une odeur vive et constituent des poisons violents.

Combinaisons du cyanogène avec l'oxygène.

Le cyanogène ne se combine pas directement à l'oxygène, à moins peut-être que ce ne soit sous l'influence de la mousse de platine, à une température voisine du rouge. Il se passe en effet, dans cette circonstance, des phénomènes intéressants qui n'ont pas été étudiés. Mais lorsqu'on le met en présence d'une source d'oxygène, ou bien encore lorsqu'on mêle un composé cyanuré à un corps oxydant, on arrive assez ordinairement à réunir le cyanogène à l'oxygène. Dans cette association, le cyanogène et l'oxygène présentent les cas d'isomérie les plus remarquables.

Pour apprécier ces différents états de la combinaison du cyanogène avec l'oxygène, et les relations qui existent entre eux, il convient de parler du chlorure solide de cyanogène.

Lorsqu'on fait digérer ce chlorure solide dans l'eau, on obtient de l'acide hydrochlorique et un corps solide particulier, qui est l'acide cyanurique, découvert par Scheèle :

$$C^2Az, Cl = HO = HCl + C^2Az, O.$$

L'examen ultérieur des combinaisons cyanurées fera connaître un grand nombre de circonstances dans lesquelles se produit l'acide cyanurique.

C'est, en tous cas, un corps faiblement acide, se dissolvant à chaud dans 24 parties d'eau et cristallisant par le refroidissement.

Les cristaux ainsi obtenus ont pour formule :

$$3(C^2Az,O) + 7HO.$$

Sur ces 7 équivalents d'eau, 4 se perdent lorsqu'on expose les cristaux à l'air. L'acide séché à + 100° a donc pour formule :

$$3C^2Az, O + 3HO.$$

Il se dépose avec ces trois équivalents d'eau d'une solution d'acide nitrique ou hydrochlorique.

Ce qu'il y a de remarquable dans ces 3 équivalents d'eau constituant l'acide cyanurique, c'est que chaque équivalent peut se remplacer simplement par un équivalent de base.

Ainsi, on a la série saline suivante :

$$3(C^2Az, O), \begin{matrix} 2HO \\ MO \end{matrix}$$

$$3(C^2Az, O) \begin{matrix} HO \\ 2MO \end{matrix}$$

$$3(C^2AzO)\ 3MO.$$

L'étude des cyanurates est loin d'être complète :

On décrit sous le nom de cyanurate acide de potasse, un sel qui s'obtient en ajoutant à une solution d'acide cyanurique, dans l'eau bouillante, une quantité de potasse insuffisante pour la neutralisation. Il se forme un précipité cristallin dans lequel on trouve qu'un seul atome d'eau a été éliminé.

Le sel se représente aussi par :

$$3(C^2Az, O) + KO, 2HO.$$

En ajoutant un grand excès de potasse, on ne parvient pas à remplacer les trois équivalents d'eau par la potasse : la quantité de potasse contenue dans le sel précédent se trouve simplement doublée.

$$3(C^2Az, O) + HO, 2KO.$$

Encore ce dernier sel est-il décomposé par l'eau, qui régénère le cyanurate acide en éliminant une partie de la potasse.

On connaît encore un sel d'argent qui a pour formule

$$3(C^2Az, O) + HO, 2AgO;$$

il s'obtient en précipitant le sel potassique correspondant par le nitrate d'argent.

Lorsqu'on emploie un sel d'argent et du cyanurate d'ammoniaque avec excès d'ammoniaque, on arrive, pourvu que l'ébullition soit maintenue une heure environ, à produire un sel d'argent, dont la formule s'exprime par

$$3(C^2Az, O) + 3AgO.$$

Acide cyanique et cyamélide. — Si l'on introduit l'acide cyanurique dans une petite cornue et que l'on chauffe, l'acide se volatilise et distille en entier; mais vient-on à examiner le produit de la distillation, on y reconnaît un liquide transparent, volatil, rappelant l'odeur de l'acide acétique concentré, et dont quelques gouttes peuvent brûler la peau, à la manière des acides énergiques. C'est l'acide cyanique dont la dissolution rougit fortement le tournesol, et dont la composition se représente par $C^2 Az, O + HO$. Tous les éléments de l'acide cyanurique déshydraté se trouvent conservés.

Rien de plus simple que la composition des cyanates; ils sont tous constitués par la réunion d'un équivalent d'acide avec un équivalent de base. Si maintenant on cherche à conserver l'acide cyanique, qui a dû être condensé dans un petit ballon fortement refroidi, on ne tarde pas à voir qu'en reprenant la température ambiante, le liquide se trouble, s'échauffe et se convertit en un corps tout à fait solide, d'un aspect de porcelaine.

C'est encore un isomère des acides cyanique et cyanurique qu'on désigne sous le nom de *cyamélide*, et dont la formule est C^2Az, O, HO, identique avec celle de l'acide cyanique.

Mais quant à son rôle chimique, la cyamélide se distingue des acides précédents par une inertie complète. Insoluble dans l'eau, l'alcool, l'éther et les acides étendus, elle n'est attaquée que par les alcalis ou par les acides énergiques; elle donne alors naissance aux transformations ordinaires des combinaisons cyanurées. Vient-on à distiller la cyamélide, on retombe sur l'acide cyanique.

Entre les acides cyanique, cyanurique et la cyamélide, la relation est si intime qu'on passe avec une extrême facilité de l'un de ces termes à l'autre.

C'est ainsi qu'en triturant un mélange de cyanate de potasse desséché et d'acide oxalique également sec, on obtient la cyamélide : c'est encore ainsi qu'en ajoutant peu à peu de l'acide acétique ou nitrique à une solution concentrée de cyanate de potasse, on obtient du cyanurate de potasse.

Il convient d'indiquer ici quelques moyens d'obtenir l'acide cyanique avec facilité. L'un des plus simples consiste à faire passer du cyanogène dans une dissolution d'oxyde ou de carbonate alcalin. Mais on peut très-bien en obtenir des quantités considérables en calcinant au contact de l'air le cyanure ferropotassique; ou bien en chauffant le même sel avec du nitrate de potasse ou du peroxyde de manganèse. On réussit sûrement l'opération en faisant un mélange intime de quatre parties de cyanure ferropotassique et d'une partie de manganèse. On grille ensuite ce mélange sur une plaque de tôle. On laisse refroidir la masse et on la lessive par de l'alcool bouillant qui dissout le cyanate de potasse.

On peut encore, avec une extrême facilité, faire fondre du cyanure de potassium, au rouge, dans un creuset de

Hesse, et projeter, dans le sel en fusion de la litharge que l'on ajoute tant que le sel la réduit.

Il existe encore plusieurs autres sources d'acide cyanique qui seront indiquées plus loin.

Hydrochlorate d'acide cyanique. — Lorsqu'on dirige un courant d'acide hydrochlorique gazeux sur du cyanate de potasse bien sec, on obtient un liquide incolore, fumant à l'air, se conservant dans les flacons bouchés, mais se détruisant rapidement par l'air humide. La chaleur convertit cette combinaison en acide hydrochlorique et en cyamélide. M. Woelher, qui en a fait la découverte, lui assigne pour formule :

$$C^2Az, O, HO + HCl.$$

Acide cyanilique. — Les acides cyanurique et cyanique et la cyamélide n'ont pas épuisé tous les états isomériques que peuvent présenter le cyanogène et l'oxygène : on en cite encore deux : les acides fulminique et cyanilique.

L'acide cyanilique offre les plus grandes ressemblances avec l'acide cyanurique : sa production se rattache à celle d'un produit qui a été désigné par M. Liébig sous le nom de *Mellon;* il ne diffère en réalité de l'acide cyanurique que par sa forme cristalline et par sa solubilité. L'acide cyanurique, plus soluble, cristallise en prismes rhomboïdaux, tandis que l'acide cyanilique se présente sous forme d'octaèdres à base carrée.

L'acide cyanilique s'obtient par l'ébullition du mellon avec l'acide nitrique; il suffit de le faire dissoudre dans l'acide sulfurique pour le convertir en acide cyanurique.

Acide fulminique. — Quant à l'acide fulminique, il se distingue de tous ses isomères par des propriétés caractéristiques.

On obtient des fulminates de mercure et d'argent en traitant le mercure ou l'argent par un excès d'acide nitrique et d'alcool. Il se produit une vive réaction donnant naissance à de nombreux produits gazeux ou volatils; comme produits fixes on obtient les fulminates de mercure et d'argent.

La constitution de l'acide fulminique est simple : elle offre la même formule que l'acide cyanique, mais l'acide ne peut pas s'isoler. Dès qu'on traite un fulminate par un acide énergique, on détruit l'acide fulminique en même temps que le sel.

Les fulminates sont constitués par la réunion de deux équivalents d'acide avec deux équivalents de base.

$$2(C^2Az, O) + 2MO.$$

On peut remplacer un équivalent de base par un équivalent d'eau, c'est ce qui arrive en traitant le fulminate de zinc par un acide; on obtient un sel qui a pour formule :

$$(2C^2Az, O) + ZnO, HO.$$

Deux bases différentes peuvent entrer dans un fulminate, c'est ce qui arrive en traitant le fulminate d'argent $(2C^2Az, O) + 2AgO$ par le la potasse, on ne peut précipiter que la moitié de l'argent, et l'on obtient $2C^2Az, O + Ag, Ko$.

On prépare le fulminate de protoxyde de mercure $2(C^2Az, O), 2Hg^2O$, en dissolvant une partie de mercure dans douze parties d'acide nitrique d'une densité de 1,36; on ajoute à la dissolution onze parties d'alcool à 80 centièmes, puis on chauffe au bain-marie. Le fulminate se dépose par le refroidissement. On le purifie en le redissolvant à chaud. C'est le fulminate de mercure qui sert d'amorce aux fusils à percussion. Un frottement dur le fait détoner avec violence.

Le fulminate d'argent $2(C^2Az, O) + 2AgO$ s'obtient de la même manière. On prend une partie d'argent dissous dans dix parties d'acide nitrique; on verse dans la dissolution vingt parties d'alcool à 80 ou 90°, puis on chauffe. Le fulminate se dépose sous forme d'aiguilles. Il détone encore plus violemment que le fulminate de mercure.

Lorsqu'on traite le fulminate d'argent par un grand excès d'acide hydrochlorique, il se produit un acide contenant du chlore.

Les fulminates ne semblent posséder avec les cyanates et cyanurates qu'un simple rapport de composition. Tout porte à croire que les fulminates dérivent de l'action d'un nitrite des solutions métalliques inférieures sur l'alcool. On sait en effet que le mercure et l'argent sont les seuls métaux qui engendrent des fulminates, et M. Liébig a fait voir qu'on obtient immédiatement du fulminate d'argent en dirigeant des vapeurs nitreuses dans une solution alcoolique de nitrate d'argent. Un équivalent d'alcool et deux équivalents de nitrite d'argent peuvent très-bien former du fulminate d'argent par la simple élimination de six équivalents d'eau.

$$\underset{\text{alcool.}}{C^4H^6O^2} + \underset{\text{nitrite.}}{2AzO^3, AgO} = C^4Az^2, O^2, 2AgO + 6HO.$$

§ VI. — Combinaisons sulfocyanurées.

Le cyanogène ne semble pas se combiner directement au soufre ; il n'existe même aucune combinaison qui puisse le représenter simplement dans sa constitution par du soufre et du cyanogène ; mais le cyanogène, ou ses dérivés, s'unissent très-bien à différentes combinaisons sulfureuses et forment un grand nombre de composés qui peuvent se diviser en plusieurs séries, on distingue :

1° Les combinaisons directes du cyanogène et de l'hydrogène sulfuré.

2° Les sulfocyanures métalliques.

3° Les persulfocyanures.

4° Le sulfocyanogène.

5° Les produits de la décomposition de l'acide persulfocyanhydrique.

6° Les produits de la décomposition du sulfocyanhydrate d'ammoniaque.

7° Plusieurs combinaisons non sulfurées qui dérivent des deux séries précédentes et sont désignées sous le nom de mélamine, d'amméline, etc.

Combinaisons de l'hydrogène sulfuré et du cyanogène.

Les deux gaz réagissent très-bien l'un sur l'autre lorsqu'ils sont humides; mais les produits qui résultent de leur combinaison ne se forment régulièrement qu'autant que les deux gaz se rencontrent dans l'alcool ou dans l'éther.

Cyanogène bisulfhydrique. — Si l'hydrogène sulfuré est en excès, il se produit une combinaison solide, cristalline, d'un rouge orangé, qu'on peut désigner, suivant la formule, par la dénomination de cyanogène bisulfhydrique,

$$C^2Az, 2HS.$$

Ces cristaux insolubles dans l'eau froide, peu solubles dans l'eau bouillante, sont au contraire très-solubles dans l'alcool.

Cette combinaison réagit régulièrement sur les bases alcalines dans lesquelles elle se dissout. Un équivalent d'hydrogène sulfuré se trouve remplacé par un équivalent de sulfure alcalin, on obtient ainsi avec la potasse :

$$C^2Az, HS, KS.$$

Les sels de plomb fournissent un précipité qui renferme

$$C^2Az, HS, PbS.$$

Des combinaisons analogues se forment avec tous les sels métalliques, mais elles sont très-instables. M. Voelckel, qui a étudié le cyanogène bisulfhydrique, sous la direction de M. Woelher, a remarqué que les combinaisons métalliques correspondent par leur insolubilité aux sulfures métalliques et se précipitent dans tous les cas où l'hydrogène sulfuré fait naître un produit insoluble.

Cyanogène sesquisulfhydrique. — Lorsque le cyanogène

se trouve en excès, il se forme un produit jaune qu'on peut appeler cyanogène sesquisulfhydrique, il s'exprime par :

$$2(C^2Az), 3HS.$$

C'est un corps jaune, cristallisé en aiguilles ; on en doit la découverte à M. Gay-Lussac. La dissolution alcoolique se précipite par les sels de plomb, et l'instabilité du composé plombique paraît encore plus grande que celle du composé précédent.

Sulfocyanures métalliques. — On produit facilement avec le cyanogène une série de sulfosels qui correspondent rigoureusement aux cyanates.

Dans ces composés l'oxygène de l'acide cyanique et l'oxygène de l'oxyde métallique se trouvent remplacés par des quantités équivalentes de soufre.

C^2Az, O, KO, cyanate de potasse.
C^2Az, S, KS, sulfocyanure de sulfure de potassium ou sulfocyanure de potassium.

Cette série possède un acide dans lequel l'hydrogène remplace le potassium; c'est l'acide sulfocyanhydrique C^2Az, S, HS. On ne peut séparer C^2Az, S du sulfure de potassium ou de l'hydrogène sulfuré. L'acide cyanique anhydre C^2Az, O n'existe pas non plus et ne saurait s'isoler d'un équivalent d'oxyde métallique ou d'un équivalent d'eau.

Les combinaisons sulfocyanhydriques existent toutes formées parmi les produits organiques. M. L. Gmelin en a constaté l'existence dans l'eau distillée des graines de crucifères, et dans la salive de l'homme et du mouton.

Sulfocyanures. — Ces sels offrent des composés solides, cristallisés, très-stables. Plusieurs jouissent d'une grande solubilité soit dans l'eau, soit dans l'alcool. Ils résistent assez à l'action de la chaleur. Les sulfocyanures alcalins parfaitement desséchés supportent très-bien la chaleur rouge.

M. Woelckel a observé une correspondance remarquable entre l'acide sulfocyanhydrique et l'hydrogène sulfuré. Ces deux acides sont déplacés des mêmes combinaisons métalliques par les acides énergiques. Les sulfocyanures métalliques qui résistent aux acides renferment des métaux dont les sulfures résistent également. Ainsi les sulfocyanures de cuivre, d'argent, de mercure ne sont pas attaqués à froid par les acides étendus.

Acide sulfocyanhydrique. — Les sulfocyanures alcalins mis en présence d'un acide énergique fournissent à la distillation de l'acide sulfocyanhydrique. Mais, dans cette opération, une grande partie de l'acide se détruit. La décomposition est également due à l'action de la chaleur et à la présence des acides qui peuvent isolément détruire l'acide sulfocyanhydrique. Ce dernier composé se détruit de lui-même lorsqu'on cherche à le concentrer.

C'est un liquide incolore, d'une odeur piquante, d'un goût très-acide, rougissant fortement le tournesol. Il a pu être retrouvé dans le sang et dans l'urine d'un chien qui avait succombé à son ingestion. Il suffit de deux grammes pour occasionner la mort. A petite dose, il se retrouve dans les urines sans altération.

Cet acide donne avec les persels de fer une couleur rouge de sang très-intense ; la même réaction appartient aux sulfocyanures métalliques et sert à les caractériser.

On peut obtenir cet acide en distillant un sulfocyanure alcalin avec l'acide phosphorique simplement, ou bien en décomposant le sulfocyanure de plomb, d'abord par l'acide sulfurique, puis par l'hydrogène sulfuré, qui est nécessaire pour achever la décomposition.

Sulfocyanure de potassium. — On obtient ce sel en chauffant deux parties de ferrocyanure de potassium anhydre avec une partie de soufre. On fait un mélange intime des deux substances que l'on porte au rouge obscur. On traite ensuite la masse par de l'eau ou par de l'alcool. Le sulfocyanure cristallise par le refroidissement. Suivant M. Liébig, le procédé le plus avantageux consiste à faire un mélange de quarante-six parties de ferrocyanure, dix-sept parties de carbonate de potasse et seize parties de soufre. On calcine, puis on traite la masse par de l'alcool bouillant. Le fer passe à l'état de sulfure. On obtient ainsi un tiers de sulfocyanure de plus que par la première méthode.

Le sel cristallise en prismes allongés, incolores, anhydres, déliquescents.

Le sulfocyanhydrate d'ammoniaque s'obtient en unissant l'acide sulfocyanhydrique et l'ammoniaque ; les produits de sa distillation sont nombreux et doivent être examinés à part.

Le sel de plomb s'obtient, par double décomposition, sous forme de cristaux jaunes et brillants.

Le protosulfocyanure de mercure s'obtient de même, en employant le nitrate de protoxyde de mercure ; c'est un composé jaune, insipide, insoluble, qui se décompose dans un courant d'hydrogène sulfuré, en produisant des gouttelettes huileuses qui se convertissent rapidement en acide persulfocyanhydrique.

Le bisulfocyanure de mercure s'obtient à l'aide de l'acide sulfocyanhydrique et de l'oxyde de mercure.

M. Meitzendorff a étudié la série métallique des sulfocyanures et a prouvé que ces composés se forment avec une grande régularité.

Persulfocyanures. — Lorsqu'on mélange une solution aqueuse de sulfocyanure de potassium faite à froid avec six ou huit fois son volume d'acide hydrochlorique concentré, il se forme une bouillie de fines aiguilles qu'on lave sur un filtre à l'eau froide.

C'est un acide nouveau désigné sous le nom d'acide persulfocyanhydrique ; il contient un équivalent de soufre de plus que l'acide sulfocyanhydrique :

Acide sulfocyanhydrique, C^2AzS, HS.
Acide persulfocyanhydrique, C^2AzS, S, HS.

Cet acide prend naissance par le dédoublement de trois molécules d'acide sulfocyanhydrique :

$$3(C^2AzS, HS) = 2(C^2AzS, S, HS) + C^2Az, H.$$

Acide prussique.

La liqueur où se passe la réaction renferme en effet de l'acide prussique et du formiate d'ammoniaque.

L'acide persulfocyanhydrique peut se dissoudre complétement dans l'eau bouillante d'où il se dépose en belles aiguilles jaunes ; il est plus soluble dans l'alcool ou l'éther que dans l'eau.

Cet acide possède la propriété de former des sels non moins nombreux que les sulfocyanures, qui n'en diffèrent que par un équivalent de soufre qui se trouve ajouté au persulfocyanure.

La potasse au contact de l'acide persulfocyanhydrique ne donne pas directement du persulfocyanure de potassium, mais un sel mixte qui semble composé de un équivalent de persulfocyanure de potassium, uni à un équivalent de sulfocyanure du même métal. Il se fait en même temps un dépôt de soufre.

On évite cette séparation du soufre avec le gaz ammoniac sec ; ce gaz forme avec l'acide un persulfocyanure d'ammonium qui peut se dissoudre dans l'eau froide sans altération. Mais son ébullition met du soufre en liberté et fait retomber sur une combinaison ammoniacale mixte qui correspond à celle du potassium.

Cet acide possède, à l'égard des solutions métalliques, une correspondance sensible avec l'hydrogène sulfuré. Ainsi cet acide si faible enlève l'oxyde de cuivre à l'acide sulfurique ; il précipite aussi les sels de plomb, d'argent et de mercure : les sels, au contraire, qui ne sont pas précipités par l'hydrogène sulfuré, ne le sont pas non plus par l'acide persulfocyanhydrique.

Tous les persulfocyanures insolubles sont d'une couleur jaune.

L'acide persulfocyanhydrique fournit à la distillation des produits nombreux récemment étudiés par M. Voelckel avec un soin extrême.

Sulfocyanogène.— Cyanoxysulfide.

Lorsqu'on dirige un courant de chlore dans une dissolution de sulfocyanure soluble ou d'acide sulfocyanhydrique, ou bien lorsqu'on y ajoute de l'acide nitrique, on obtient un dépôt jaune, insoluble, qui avait été envisagé par M. Liébig comme un radical composé de $C^2Az\,S'^2$. Cette combinaison avait reçu le nom de sulfocyanogène.

Des recherches plus récentes, dues à M. Parnell et à M. Woelckel[1], ont démontré que le composé jaune qui se forme dans ces circonstances n'a pas la composition simple qui leur avait été attribuée par M. Liébig.

Sa composition se représente par :

$$C^8Az^4OS^6, 2HS;$$

M. Woelckel propose de le nommer cyanoxysulfide. Le cyanoxysulfide, insoluble dans l'eau, l'alcool et l'éther, se dissout très-bien dans une solution concentrée de potasse caustique. Il se forme sans doute alors une combinaison représentée par :

$$C^8Az^4OS^6, 2KS,$$

car lorsque la liqueur alcaline est traitée par de l'acétate de plomb en excès, il se forme un précipité brunâtre qui s'exprime par :

$$C^8Az^4OS^8, 2PbS.$$

Lorsqu'on fait bouillir le sulfocyanogène dans la solution alcaline concentrée, il est décomposé; il fournit du sulfocyanure de potassium, du sulfure de potassium, un peu

[1] Voyez *Annuaire de Chimie*, Paris, 1845, p. 250.

d'hyposulfite de potasse, et un corps jaune particulier, que M. Parnell a nommé *acide thiocyanhydrique*.

MM. Woelckel et Parnell ont fourni sur la constitution de l'acide thiocyanhydrique des nombres qui ne concordent point et qui semblent prouver que plusieurs produits différents peuvent prendre naissance dans l'action de la potasse caustique sur le cyanoxysulfide.

Lorsqu'on chauffe le sulfocyanogène dans le chlore, il n'éprouve de changements qu'à partir de +100°; à +200°, la décomposition n'est pas encore complète; ce n'est qu'à une température plus haute qu'on arrive à une substance fixe que M. Liébig avait désignée sous le nom de *mellon;* mais ce composé offre une constitution un peu différente de celle qui lui avait été reconnue par M. Liébig; il se dégage en outre du chlorure de soufre, de l'acide hydrochlorique et du chlorure de cyanogène.

Produits de la distillation de l'acide persulfocyanhydrique.

En chauffant cet acide au bain d'huile, on remarque déjà une décomposition légère à + 140°. Il se dégage un peu d'acide sulfocyanhydrique, et le produit fixe se dissout dans l'eau en la colorant en jaune et en laissant un résidu mou qui consiste en soufre.

La dissolution de réaction acide contient très-peu d'acide sulfocyanhydrique et quelques traces de sulfocyanure d'ammonium.

Ainsi cette première décomposition paraît se borner à séparer un équivalent de soufre de l'acide persulfocyanhydrique.

Lorsque la chaleur a été portée à + 145° et que la matière fixe est reprise par une grande quantité d'eau maintenue à l'ébullition, on obtient un résidu coloré qui consiste en soufre et en une nouvelle combinaison. Cette combinaison se dissout dans une dissolution étendue de potasse et se sépare ainsi du soufre en excès. Les acides la précipitent sous forme floconneuse.

Parfaitement desséchée, cette matière est de couleur foncée, insoluble dans l'eau, soluble dans l'alcool, inaltérable par les acides étendus, et fournissant par la chaleur les mêmes produits que l'acide persulfocyanhydrique, moins l'acide sulfocyanhydrique.

Cette matière a pour formule :

$$C^7Az^4H^4S^6.$$

M. Woelckel appelle cette combinaison *sulfide de mélène.*

Les produits de décomposition obtenus à + 140° augmentent en proportion à + 150°; le résidu contenu dans la cornue renferme un mélange de soufre, d'acides sulfocyanhydrique et persulfocyanhydrique, ainsi qu'une matière nouvelle que M. Woelckel désigne sous le nom de *sulfide de xanthène.* La potasse affaiblie dissout la substance nouvelle qui est précipitée par les acides. La dissolution potassique est brunâtre, le précipité formé par les acides est jaune, amorphe, insoluble dans l'eau, l'alcool et l'éther. Les acides affaiblis ne l'altèrent pas.

Le sulfide de xanthène se représente par :

$$C^3Az^2H^2S^2.$$

Un équivalent de sulfide de mélène donne deux équivalents de sulfide de xanthène, en perdant un équivalent de sulfure de carbone.

$$C^7Az^4H^4S^6 = 2(C^3Az^2H^2S^2) + CS^2.$$

M. Woelckel a obtenu une combinaison plombique en dissolvant le sulfide de xanthène dans l'ammoniaque et en précipitant par l'acétate de plomb; le précipité est traité par l'acide acétique, qui enlève l'oxyde précipité.

Cette combinaison paraît devoir se représenter par :

$$C^3Az^2HS + PbS.$$

A + 160° les produits de décomposition présentent plusieurs composés nouveaux; les uns sont solubles dans l'eau, les autres insolubles.

Ces derniers, après avoir été épuisés par l'eau bouillante, sont traités par la potasse en solution affaiblie; les acides étendus précipitent de la lessive alcaline des flocons jaunes que M. Woelckel appelle *sulfide de phaïène*. Ce nouveau composé, analogue au sulfide de xanthène, forme avec l'ammoniaque caustique une gelée jaune qui abandonne l'ammoniaque par la dessiccation, et reproduit du sulfide de phaïène pur. Il se décompose par la chaleur en répandant une odeur empyreumatique particulière.

Il a pour composition :

$$C^8Az^6H^5S^4 = C^8Az^6H^4S^3 + HS.$$

La combinaison plombique se représente par :

$$C^8Az^6H^4S^3 + PbS.$$

Elle s'obtient à l'aide de l'acétate de plomb acide et de la solution ammoniacale de sulfide de phaïène.

La combinaison plombique est détruite par l'hydrogène sulfuré, elle résiste aux autres acides.

On peut obtenir une combinaison plombique basique qui renferme :

$$3(C^8Az^6H^4S^4Pb) + PbO.$$

Il se forme, indépendamment du sulfide de phaïène, une petite quantité d'une substance blanche, soluble dans l'eau bouillante, qui se prend en gelée par le refroidissement; M. Woelckel ne donne pas d'autres renseignements sur ce produit soluble.

Mais si la température a été portée de + 160 à 180°, il se forme comme à + 160° des produits solubles et d'autres insolubles.

Parmi les produits insolubles se retrouve du sulfide de phaïène obtenu dans la décomposition précédente; mais il est accompagné d'une substance nouvelle que M. Woelckel nomme *sulfide de xuthène*. Le sulfide de xuthène, insoluble dans l'ammoniaque, se distingue par cette propriété du sulfide de phaïène. Il se comporte d'ailleurs de la même façon avec l'eau, l'alcool, l'éther et la potasse.

La composition s'exprime par :

$$C^{10}Az^{9}H^{6}S^{3} + HS.$$

Plus la température est basse (près de + 160°), plus il se forme de sulfide de phaïène ; plus elle est élevée (près de + 180°), plus il se forme de sulfide de xuthène.

Lorsque la température a un peu dépassé 180°, les produits solubles se forment en proportion plus notable ; M. Woelckel en désigne deux : 1° l'un, blanc cristallin, précipite en blanc les sels de plomb et d'argent, et en jaune le sulfate de cuivre ; il a pour formule probable :

$$C^{8}Az^{7}H^{7}S^{3},$$

et semble un mélange de deux combinaisons :

$$C^{6}Az^{4}H^{4}S^{2} \text{ et } C^{3}Az^{3}H^{3}S.$$

2° L'autre corps est plus soluble dans l'eau et dans l'alcool que le précédent ; il se dépose de l'eau refroidie sous forme gélatineuse. Sa composition approximative s'exprime par :

$$C^{20}Az^{18}H^{18}S^{9}.$$

A la température de 180 à 200°, les produits se compliquent et ne semblent plus dériver de l'acide persulfocyanhydrique, mais des composés mêmes qui viennent d'être examinés. Le résidu, d'aspect brunâtre, ne renferme plus d'acide persulfocyanhydrique.

Les produits solubles que l'eau sépare du résidu sont tantôt blancs, tantôt colorés en jaune.

La solution affaiblie de potasse caustique enlève à froid une nouvelle portion du résidu contenu dans la cornue. La dissolution alcaline, portée à l'ébullition, enlève encore un produit différent des précédents; M. Woelckel le désigne sous le nom de *sulfide de leucène*. Le soufre se dissout en même temps que ce dernier produit; pour le séparer on doit précipiter le tout par les acides, et traiter le précipité par du sulfite neutre de soude qui dissout le soufre et laisse intact le sulfide de leucène.

Ce composé est d'un gris sale; sa production est beaucoup plus abondante lorsque la chaleur a été portée à + 225°, il a pour formule :

$$C^6Az^6H^6S^2.$$

Quant aux matières dissoutes par la lessive alcaline à froid, elles sont les unes solubles, les autres insolubles dans l'ammoniaque; M. Woelckel a trouvé des divergences notables dans les résultats analytiques.

Il n'existe pas moins de quatre composés différents dans les produits solubles dans l'eau; l'un d'eux aurait pour formule probable :

$$C^{21}Az^{20}H^{20}S^6.$$

Sa dissolution précipite en blanc l'acétate de plomb, le nitrate d'argent, et en blanc jaunâtre le sulfate de zinc.

M. Woelckel indique encore parmi les produits solubles une combinaison qui s'exprimerait par :

$$C^{10}Az^9H^9S^3;$$

mais il considère que ces différentes formules doivent exprimer plutôt des mélanges que des combinaisons distinctes.

En portant rapidement la température à + 225°, et en la maintenant à ce degré, il se forme les mêmes produits volatils que dans les réactions précédentes; le résidu traité par l'eau bouillante donne une liqueur limpide, d'où se dépose d'abord un produit blanc qui n'a pas été examiné davantage; la liqueur décantée et concentrée donne encore un autre corps blanc qui semble renfermer :

$$C^{28}Az^{27}H^{27}S^8.$$

Le résidu se sépare en un produit brun, soluble dans une solution affaiblie de potasse, produit non examiné, et en une combinaison grisâtre plus difficilement soluble dans la solution alcaline, et qui n'est autre que du sulfide de leucène :

$$C^6Az^5H^8S^2.$$

De 225 à 260°, deux produits nouveaux prennent encore naissance; mais comme ils sont identiques avec ceux que fournit le sulfocyanure d'ammonium à cette même température, ils seront rattachés à cette dernière série.

De 290 à 300°, on obtient un terme extrême de décomposition, susceptible, toutefois, d'être modifié par l'action de la chaleur, ainsi qu'on le verra dans le paragraphe suivant. Le terme extrême, nommé *polièné* par M. Woelckel, offre une composition simple qui s'exprime par :

$$C^4Az^4H^4.$$

§ VII. Produit de décomposition du sulfocyanure d'ammonium.

M. Liébig avait annoncé la formation d'un corps particulier dans la distillation du sulfocyanure d'ammonium; M. Woelckel est arrivé à d'autres résultats qui sont les suivants :

La décomposition du sulfocyanure d'ammonium par la chaleur commence seulement à + 205° ; à + 170° il se fond sans autre altération ; la destruction du sel n'est profonde qu'en montant de + 260 à 270°, et en s'y maintenant jusqu'à ce que le dégagement gazeux diminue.

Les produits volatils se forment dans l'ordre suivant : ammoniaque, sulfure de carbone, soufre, persulfure d'ammonium, sulfocyanure d'ammonium entraîné et cyanure d'ammonium; il se produit en même temps un composé de sulfure de carbone et de sulfure d'ammonium qui se dépose dans le col de la cornue, sous la forme de cristaux pennés. Si l'on dirige ces produits dans de l'eau, elle se colore d'abord en jaune et plus tard en rouge.

M. Liébig, qui considérait que la décomposition commence à 100°, n'admettait parmi les produits de décomposition que l'ammoniaque, le sulfure de carbone et le sulfure d'ammonium.

La masse qui reste dans la cornue se compose en grande partie de sulfocyanure d'ammonium non décomposé et de plusieurs corps nouveaux plus ou moins solubles; pour les obtenir M. Woelckel traite la masse par quatre à cinq fois son volume d'eau. Le sel non décomposé se dissout en laissant une substance insoluble d'un gris sale. Cette substance est reprise par l'eau bouillante, dans laquelle elle se dissout en laissant déposer du soufre et une petite quantité d'un corps brun insoluble; la solution aqueuse, colorée en jaune, est de réaction acide, elle laisse déposer par le refroidissement quatre composés différents.

1° Le premier dépôt de la liqueur refroidie consiste en un composé jaune, qui est lui-même un mélange d'un corps jaune plus soluble dans l'eau et d'un corps blanc moins soluble. Le corps jaune semble se rattacher aux produits de décomposition de l'acide persulfocyanhydrique, tandis que le corps blanc paraît devoir s'exprimer par :

$$C^{24}Az^{20}H^{20}S^{2} = C^{20}Az^{20}H^{20} + CS^{2};$$

2° Si la liqueur qui a fourni le mélange précédent est réduite de moitié, elle se décolore et forme un produit blanc pulvérulent que M. Woelckel nomme *sulfide d'alphène.*

Il est peu soluble dans l'eau froide, assez soluble dans l'eau bouillante et dans l'alcool; il se fond par la chaleur et se décompose sans résidu si la chaleur est suffisante. La dissolution aqueuse donne avec le nitrate d'argent un précipité blanc, insoluble dans les acides; avec le sulfate de cuivre, un précipité d'un blanc verdâtre; avec le bichlorure de mercure et le sulfate de zinc, des précipités blancs, floconneux.

Les sels de plomb ne sont pas précipités.

Le sulfide d'alphène a pour formule :

$$C^{10}Az^{10}H^{10}, S^2.$$

3° Si l'on continue l'évaporation de la liqueur qui a fourni les deux produits précédents jusqu'à réduction de son volume au quart, il se fait un nouveau dépôt d'une petite quantité de sulfide d'alphène, mais en même temps il se forme une nouvelle combinaison désignée par M. Woelckel sous le nom de *sulfide de phalène*. Sa composition s'exprime par :

$$C^{12}Az^{12}H^{12}, S^2.$$

4° Les dernières eaux mères provenant du traitement du résidu par l'eau bouillante laissent cristalliser encore un composé nouveau : c'est le *sulfide de phélène*, soluble dans l'eau et l'alcool. Sa solution aqueuse est acide et se comporte avec les solutions salines comme les composés précédents ; seulement elle ne précipite pas les sels de zinc. Sa composition élémentaire se représente par :

$$C^{14}Az^{14}H^{14}, S^2.$$

Si on laisse dans les formules précédentes le soufre et le carbure de soufre en dehors de la composition, on trouve que tous les corps nouveaux, découverts par M. Woelckel, renferment un multiple de CAz H. Le *poliène*, dernier produit de décomposition de l'acide persulfocyanhydrique, présente le même rapport dans ses éléments $C^4Az^4H^4$. La production du poliène appartient aussi à la décomposition du sulfocyanure d'ammonium.

En élevant la température à laquelle on soumet le sulfocyanure d'ammonium à + 300°, le sel est presque entièrement détruit. Le résidu traité par l'eau lui abandonne le sulfocyanure qui a résisté à la chaleur; on obtient alors une masse d'un gris jaunâtre, presque insoluble dans l'eau froide. Cette masse traitée par l'eau bouillante lui cède un corps blanc cristallin, qui se dépose par la concentration et le refroidissement de la liqueur. C'est du sulfide de phalène, mélangé d'un nouveau produit, le *sulfide d'argène*.

On traite le mélange par l'alcool bouillant qui dissout le sulfide de phalène et laisse le sulfide d'argène très-peu soluble. On lave celui-ci avec un peu d'alcool froid; on le redissout par l'eau bouillante, et la solution, lentement évaporée, laisse déposer le sulfide d'argène sous forme de petits cristaux incolores.

Le sulfide d'argène fond par la chaleur et se décompose, immédiatement après la fusion, en soufre, sulfure d'ammonium et ammoniaque. Il se produit en outre un corps gris jaunâtre qui disparaît à la chaleur rouge. La solution du sulfide d'argène est faiblement acide; elle précipite en blanc le nitrate d'argent et le bichlorure de mercure; elle ne précipite pas les sels de cuivre et de plomb.

Ce nouveau composé appartient au même groupe que les sulfides précédents, et renferme le même multiple; la proportion de soufre va toujours en décroissant.

La formule donne :

$$C^{16}Az^{16}H^{16}.\ S^{2}.$$

La masse grise qui fournit au premier traitement par l'eau bouillante le sulfide d'argène, cède, à un second traitement semblable, un corps blanc volumineux qui s'exprime par :

$$C^{24}Az^{26}H^{20}.$$

La partie la moins soluble abandonne, à de nouvelles additions d'eau bouillante, du poliène presque pur.

Pour préparer ce dernier composé à l'état de pureté, on traite la matière primitive d'abord par un peu d'acide chlorhydrique étendu, puis par une solution de potasse étendue et bouillante, et enfin par un grand excès d'eau bouillante. Par l'évaporation et le refroidissement de la dernière liqueur aqueuse, on obtient le poliène sous forme d'une poudre blanche.

Le poliène est complétement insoluble dans l'alcool et dans l'éther; par la chaleur, il se boursoufle avec dégagement d'ammoniaque, et se convertit en un corps grisâtre qui disparaît à la chaleur rouge. Il n'est pas attaqué par les acides étendus. Il se dissout dans la potasse concentrée, et se décompose par l'ébullition de la solution alcaline, en dégageant de l'ammoniaque.

Le produit qui suit la décomposition du poliène est un corps bien distinct, que M. Woelckel désigne sous le nom de *glaucène*. Il se compose de :

$$C^4Az^3H.$$

Le poliène donne naissance au glaucène, en perdant un équivalent d'ammoniaque :

$$\underset{\text{Poliène.}}{C^4Az^4H^4} = \underset{\text{Glaucène.}}{C^4Az^3H} + AzH^3.$$

A une plus forte chaleur, le glaucène disparaît et fournit, comme produit ultime de décomposition, du cyanogène, de l'azote et de l'acide cyanhydrique.

Le mélam de M. Liébig ne se trouve pas au nombre des produits découverts par M. Woelckel; tout porte à croire que ce composé n'est pas distinct, et doit être envisagé comme un mélange de quelques-unes des combinaisons obtenues par M. Woelckel.

Des produits non sulfurés qui se rattachent aux combinaisons sulfocyaniques.

Mellon. — M. Liébig a découvert, tant dans la distillation du sulfocyanogène que dans celle du sulfocyanure de potassium, effectuée au milieu d'un courant de chlore, un composé particulier qu'il nomme mellon et qui consisterait uniquement en carbone et en azote, et renfermerait en équivalent C^6Az^4. M. Woelckel affirme qu'il ne se forme jamais, dans les circonstances anciennement indiquées par M. Liébig, une combinaison qui ne contienne en même temps que le carbone et l'azote, des proportions sensibles d'hydrogène et d'oxygène.

M. Liébig a décrit d'autres méthodes de préparation, dans lesquelles il insiste de nouveau sur l'existence du mellon et en expose avec détail les combinaisons.

Le mellon, d'après M. Liébig, se comporterait avec les métaux exactement comme le cyanogène et constituerait des mellonures correspondants aux cyauures.

Voici les nouvelles méthodes de préparation indiquées par M. Liébig :

1° On ajoute au sulfocyanure de potassium fondu le résidu de la distillation du sulfocyanogène, qu'on peut considérer comme du mellon impur. Il se fait une vive effervescence due à un dégagement de soufre et de sulfure de carbone, et l'on obtient une matière brune, vitreuse, opaque, qui se dissout complétement dans l'eau bouillante et donne, par l'évaporation, des cristaux de mellonure de potassium hydraté.

2° On prépare d'abord du sulfocyanure cuivreux ($C^2Az\ S^2Cu^2$), en précipitant un mélange de trois parties de protosulfate de fer et de deux parties de sulfate de cuivre, par le sulfocyanure de potassium. Ce précipité est lavé avec de l'acide sulfurique affaibli, puis avec de l'eau distillée; on le dessèche sur des briques, puis à feu nu, dans une capsule de porcelaine, jusqu'à ce qu'il commence à brunir.

On fait fondre, d'autre part, trois parties de sulfocyanure de potassium dans un vase de fonte muni de son couvercle; on y ajoute, par petites portions, le sulfocyanure de cuivre, et l'on agite continuellement; à chaque addition, il se fait une vive effervescence de sulfure de carbone, qui s'enflamme aussitôt. Après que toute la matière a été ajoutée, on pousse le feu au point de rougir le fond du vase de fer, et on entretient cette température jusqu'à ce que tout dégagement de sulfure de carbone ait cessé. A ce moment, on ajoute 3 parties de carbonate de potasse, récemment calciné, pour 32 parties de sulfocyanure de potassium. Le mélange pultacé s'amollit alors et présente un vif dégagement d'acide carbonique. Le résidu est traité par l'eau bouillante, et la liqueur, filtrée et cristallisée, donne une forte proportion de mellonure de potassium.

Pour purifier complétement le mellonure de potassium obtenu par les deux méthodes précédentes, on le redissout en présence de l'acide acétique, qui laisse le mellonure intact, et détruit au contraire une combinaison sulfureuse qui l'accompagne. Lorsque l'acide acétique ne trouble plus la liqueur et ne la colore plus en jaune, on arrive à un mellonure de potassium très-pur, qui forme des cristaux d'une blancheur éclatante.

Quant à la préparation du mellon, M. Liébig conseille de chauffer le mellonure de mercure obtenu par la décomposition du protonitrate de mercure et du mellonure de potassium. Le précipité ainsi obtenu constitue un mélange de protomellonure et de bimellonure de mercure; la liqueur de précipitation contient en outre de l'acide hydromellonique. Lorsque le précipité a été chauffé au point d'offrir un aspect grisâtre, on le calcine en vase clos : il convient d'employer une cornue de verre, et de s'arrêter lorsque le mélange gazeux recueilli sur le mercure est absorbé aux trois quarts par de la potasse. Ce mode de décomposition appartient aux éléments du mellon, qui se réduisent en trois volumes de cyanogène contre un volume d'azote.

Le mellon se présente sous forme d'une poudre légère, d'un jaune clair, insoluble dans l'eau, dans l'alcool et dans les liquides indifférents. Il est complétement soluble à chaud dans l'acide sulfurique, d'où l'eau le précipite.

Le mellonure de potassium peut être mis en dissolution et bouillir même en présence de l'iode, sans subir aucune décomposition. On chasse au contraire l'iode en faisant fondre un mélange de mellon et d'iodure de potassium. Le chlore détermine un précipité blanc dans une solution de mellonure de potassium; le précipité retient du chlore quand on le lave et se dissout dans l'ammoniaque avec coloration jaune et dégagement gazeux.

Le mellon se dissout dans la potasse en donnant lieu à des réactions particulières. Il est transformé par la fusion dans l'hydrate de potasse en ammoniaque et en cyanate de potasse.

Acide hydromellonique. — Lorsqu'on mélange une dissolution bouillante de mellonure de potassium avec de l'acide nitrique ou hydrochlorique, on obtient une liqueur limpide, qui se trouble bientôt et laisse déposer l'acide hydromellonique sous forme d'une masse pâteuse, d'un blanc éclatant; ce composé, à l'état sec, est blanc et tache comme de la craie; il est peu soluble dans l'eau froide et un peu plus soluble dans l'eau bouillante, tout à fait insoluble dans l'alcool, dans l'éther et les huiles. Sa solution aqueuse est fortement acide et déplace les acides faibles.

Il se décompose par la chaleur en azote et en produits cyanurés. L'acide le plus pur laisse toujours un faible résidu de sel de potasse; cet acide se représente par :

$$C^6Az^4H.$$

Mellonure de potassium. — Ce sel, très-soluble dans l'eau, est tout à fait insoluble dans l'alcool; mais il cristallise très-bien dans un mélange d'alcool et d'eau, à parties égales.

Le mellonure de potassium cristallisé a pour formule :

$$C^6Az^4, K + 5HO.$$

Il est efflorescent et, à + 120°, il perd 4 Ho et devient

$$C^6Az^4, K + HO.$$

A + 150° il est anhydre ; à une température plus haute, il se fond et se transforme en azote, cyanogène et cyanure de potassium ; ce dernier sel est lui-même altéré si l'air trouve un libre accès.

Mellonure de sodium. — Ce sel s'obtient en traitant le mellonure de baryum par le carbonate de soude ; il cristallise en aiguilles blanches, soyeuses, insolubles dans l'alcool et assez solubles dans l'eau.

Hydromellonate d'ammoniaque. — Il s'obtient, comme le précédent, en employant le carbonate d'ammoniaque ; il est insoluble dans l'alcool et renferme de l'eau de cristallisation qu'il abandonne par la chaleur, il perd ensuite de l'ammoniaque.

Mellonure de baryum. — Ce sel, peu soluble, s'obtient par double décomposition, à l'aide du mellonure de potassium et du chlorure de baryum ; il est soluble dans l'eau bouillante, d'où il cristallise en aiguilles courtes et transparentes ; il a pour formule :

$$C^6Az^4Ba + 6HO.$$

Il perd un équivalent d'eau à + 130°.

Mellonure de strontium. — Un peu plus soluble que celui de baryum, il se prépare de même.

Mellonure de calcium. — Encore plus soluble que les deux sels précédents, il s'obtient aussi par double décomposition, et cristallise après avoir été dissous à chaud ; il a pour formule :

$$C^6Az^4,Ca + 4HO.$$

Trois équivalents d'eau sont enlevés à + 120°.

Mellonure de magnésium. — Il se forme comme les précédents, après un long repos des liqueurs mélangées.

Les mellonures de baryum, strontium, calcium et

magnésium, sont d'une insolubilité complète dans des liquides saturés de sels.

Mellonure de cuivre. — Ce sel se précipite du sulfate de bioxyde de cuivre, par double décomposition, sous forme d'un corps vert, très-peu soluble dans l'eau bouillante.

Ce sel se représente par :

$$C^6Az^4, Cu + 5HO.$$

Il perd quatre équivalents d'eau à + 120° et devient noir.

Le mellonure de potassium donne encore des précipités dans les sels de manganèse, de cobalt, de fer protoxydé et peroxydé, de chrome et d'antimoine. Le mellonure d'argent est insoluble, gélatineux. Il est anhydre à + 120°.

Le mellonure de plomb est insoluble et se prépare par double décomposition; desséché, il est anhydre.

Le bichlorure de mercure produit, avec le mellonure de potassium, des précipités d'aspect très-variable. Quant aux protosels de mercure, ils semblent donner des mélanges de protomellonure et de bimellonure.

Acide cyanilique. — Lorsqu'on fait bouillir le mellon avec l'acide nitrique, il se forme un acide déjà indiqué plus haut et désigné sous le nom d'acide cyanilique.

Cet acide résulte de l'action de six équivalents d'eau sur un équivalent de mellon :

$$C^6Az^4 + 6HO = \underbrace{C^6Az^3O^6 + AzH^3, HO}_{\text{cyanilate d'ammoniaque.}} + 2HO.$$

L'ammoniaque se trouve fixée sur l'acide nitrique en excès.

M. Liébig a fait connaître sous le nom de *mélamine*, d'*amméline* et d'*ammélide* des composés très-intéressants qui résulteraient de l'action des acides ou des alcalis sur le mélam.

En admettant les conclusions de M. Woelckel sur la non existence du mélam, et en partant des produits qu'il a décrits sous le nom de *poliène* et de *glaucène*, on s'explique encore très-bien la formation des composés que M. Liébig fait dériver de l'action des acides ou des alcalis.

Mélamine. — On traite une partie de mélam par une partie de potasse dissoute dans vingt parties d'eau ; la liqueur se trouble par l'ébullition et s'éclaircit ensuite. L'évaporation du liquide amène le dépôt de lamelles brillantes qui se purifient par plusieurs cristallisations et offrent alors des octaèdres rhomboïdaux, incolores et anhydres.

On obtient aussi la mélamine par l'action des acides affaiblis sur le mélam ; peu soluble à froid dans l'eau, elle se dissout mieux à chaud ; l'alcool et l'éther ne la dissolvent point. Elle est inaltérable à l'air.

Soumise à la distillation, elle reproduit du mellon et de l'ammoniaque.

Sa solution est amère, elle n'exerce aucune action sur les couleurs végétales.

Elle est représentée dans sa composition par :

$$C^6Az^6H^6 ;$$

elle serait ainsi isomère du poliène de M. Woelckel. Elle forme des combinaisons anhydres avec les hydracides ; com binée aux oxacides elle retient un équivalent d'eau.

Ammèline.— La liqueur alcaline qui a laissé cristalliser la mélamine, fournit un dépôt lorsqu'on y verse de l'acide nitrique. C'est de l'amméline qui se dissout très-bien dans l'acide nitrique en excès, et donne un nitrate cristallisable que l'on purifie par des dissolutions réitérées. On en retire ensuite l'amméline par l'ammoniaque liquide.

L'amméline est d'un blanc éclatant ; elle se présente sous forme d'aiguilles soyeuses ; insoluble dans l'eau, l'alcool et l'éther, elle se dissout très-bien dans la potasse caustique.

Elle se combine aux acides énergiques et forme des sels solubles, qui, versés dans certaines solutions métalliques, fournissent des composés cristallins particuliers. Ces combinaisons mixtes renfermeraient un équivalent d'acide, un équivalent de base et un équivalent d'amméline.

L'amméline a pour formule :

$$C^6H^5Az^5O^2.$$

Ammélide. — Les acides et les alcalis en solution étendue transforment par l'ébullition la mélamine en ammélide. Il se fait en même temps de l'ammoniaque. On peut encore obtenir l'ammélide en dissolvant le mélam, la mélamine ou l'amméline dans l'acide sulfurique concentré et en ajoutant de l'alcool. L'ammélide se précipite, on la dissout dans l'acide nitrique, puis on la précipite par l'eau ou par le carbonate d'ammoniaque.

Elle est blanche, amorphe, insoluble dans l'eau, l'alcool et l'éther ; elle se dissout dans les acides énergiques et dans les alcalis caustiques ; mais, par leur contact prolongé à chaud, elle se convertit, ainsi que la mélamine et l'amméline en acide cyanique et en ammoniaque. L'ammélide a pour formule :

$$C^{12}H^9Az^9O^6.$$

§ VIII. — Transformation et constitution des composés cyanurés.

L'histoire des composés cyanurés telle qu'elle vient d'être exposée n'a compris que leurs changements isomériques ; elle n'a présenté aucune de leurs transformations proprement dites.

Celles-ci s'accomplissent en suivant une règle très-simple, qui peut se formuler ainsi : *les composés cyanurés se transforment en s'adjoignant les éléments de quatre équivalents d'eau ; ces quatre équivalents d'eau convertissent les produits cyanurés en produits ammoniacaux et en produits oxydés du carbone.* En d'autres termes, les composés cyanurés se comportent, dans leurs métamorphoses, exactement comme des sels ammoniacaux qui auraient supporté une perte d'eau et qui reprendraient ensuite cette eau d'élimination.

Les exemples rendent cette règle sensible et montrent toute la facilité de son application.

Acide hydrocyanique. — Il se convertit en formiate d'ammoniaque au contact de l'eau et des acides concentrés.

$$C^2Az, H + 4HO \quad = \quad C^2HO^3, AzH^3, HO.$$

acide hydrocyanique. — formiate d'ammoniaque.

Cette transformation intéressante a été indiquée par M. Pelouze; la conversion du formiate d'ammoniaque en acide prussique avait été découverte par Doebereiner.

Cyanure de potassium. — Ce sel se change en formiate de potasse et en ammoniaque sous l'influence de l'eau, des acides et des alcalis. La conversion est surtout rapide sous l'influence de la potasse.

$$C^2Az, K + 4HO \quad = \quad C^2HO^3, HO \quad + \quad AzH^3.$$

cyanure de potassium. — formiate de potasse.

Tous les cyanures simples sont disposés à éprouver une transformation analogue.

Acides cyanique et cyanurique. — Ces deux acides se changent en bicarbonate d'ammoniaque.

$$C^2Az, O \quad + \quad 4HO \quad = \quad C^2O^4, AzH^3, HO.$$

acide cyanique. — bicarbonate d'ammoniaque.

L'acide cyanique offre une aptitude particulière à cette conversion en carbonate ammoniacal. Les alcalis lui communiquent une certaine stabilité, mais sa dissolution dans l'eau se décompose même à froid ; au contact des acides, la décomposition est beaucoup plus prompte. Aussi, en décomposant par un acide un cyanate tout récemment préparé, voit-on une vive effervescence se manifester comme avec les carbonates. On sent, au premier moment, une odeur vive et piquante : c'est l'acide cyanique ; mais celui-ci, métamorphosé rapidement en carbonate d'ammoniaque, dégage de l'acide carbonique si l'acide ajouté se trouve en excès.

Cyanogène. — Le cyanogène éprouve, au contact de l'eau, une décomposition dont les produits complexes ne peuvent s'appliquer qu'en faisant intervenir non-seulement la règle générale des transformations cyaniques, mais encore tous les principes appliqués à l'histoire des composés cyanurés.

L'adjonction des 4 équivalents d'eau amène la conversion du cyanogène en oxalate d'ammoniaque :

$$C^2Az + 4HO = C^2O^3,\ AzH^3,\ HO.$$

Ce sel se trouve en effet parmi les produits de décomposition du cyanogène au sein de l'eau. Mais il est accompagné de plusieurs autres, parmi lesquels se distinguent les acides cyanique et prussique. Ces deux acides se forment par la séparation des éléments de l'eau qui se partagent entre deux molécules de cyanogène :

$$\underset{\text{cyanogène.}}{2C^2Az} + HO = \underset{\text{acide cyanique.}}{C^2Az,\ O} + \underset{\text{acide hydrocyanique.}}{C^2Az,\ H,}$$

Comme les acides cyanique et prussique peuvent se convertir en formiate et en carbonate d'ammoniaque, on comprend très-bien que ces deux derniers sels se rencontrent encore au nombre des composés qui résultent de la métamorphose du cyanogène.

Mais ce n'est pas tout : le cyanogène se convertit sans doute en son isomère, le paracyanogène, ou tout au moins en produits qui en dérivent ; car l'eau qui a dissous du cyanogène se colore fortement en noir et forme plusieurs composés qui se rattachent manifestement au paracyanogène.

Enfin l'eau qui tient du cyanogène en dissolution donne aussi naissance à de l'urée. L'étude de cette dernière substance en expliquera la formation.

L'alcool et l'eau ammoniacale provoquent entre les éléments du cyanogène des métamorphoses analogues à celle de l'eau pure.

L'acide prussique, lorsqu'il se colore en noir, rentre sans doute aussi dans la série des composés du paracyanogène; mais les produits qui prennent alors naissance sont moins bien connus.

Sulfocyanures, poliène, glaucène, mellon, mélamine, etc.

Les sulfocyanures reçoivent très-bien l'application de la règle qui préside à la transformation des composés cyanurés; l'adjonction de 4 équivalents d'eau les rattache au bicarbonate d'ammoniaque :

$$C^2Az, S, HS + 4HO = C^2O^4, AzH^3, HS + HS.$$

Les composés qui s'obtiennent par la décomposition du sulfocyanure d'ammonium ou de l'acide persulfocyanhydrique semblent au premier aspect s'écarter de la règle; mais ils y trouvent en réalité une interprétation très-satisfaisante, pourvu qu'on ne néglige aucun des principes applicables à la constitution des substances organiques en général et des composés cyanurés en particulier.

Que le mellon $C^6 Az^4$ s'isole ou non, il faut toujours reconnaître, même en partant du poliène et du glaucène, que ces deux composés peuvent se représenter par de l'ammoniaque, AzH^3, réuni à un azoture de carbone qui offre exactement la composition du mellon; ainsi, le poliène

$$C^{12}Az^{12}H^{12} = C^{12}Az^8, 5AzH^3;$$

le glaucène

$$C^{12}Az^9H^3 = C^{12}Az^8, AzH^3.$$

La mélamine isomère du poliène, si elle n'est identique avec lui, reçoit la même interprétation.

Pour trouver les rapports du mellon avec les composés oxygénés, il faut faire réagir sur lui une quantité d'eau qui suffise à sa conversion en ammoniaque et en produit oxydé ; on trouve ainsi que :

$$C^{12}Az^{8} + 24HO = 12CO^{2} + 8AzH^{3} + 8Aq.$$

C'est-à-dire que le mellon, dans des conditions convenables, se convertit en sesquicarbonate d'ammoniaque ; si l'on se servait de la mélamine au lieu du mellon, on aboutirait au carbonate neutre d'ammoniaque

$$C^{12}Az^{12}H^{12} + 24HO = 12CO^{2} + 12AzH^{3} + 12Aq.$$

Quant à l'acide cyanurique, il se forme par l'adjonction d'une quantité d'eau insuffisante pour convertir entièrement le mellon ou le poliène en carbonate amoniacal.

$$C^{12}Az^{8} + 6HO = \underset{\text{acide cyanurique.}}{C^{12}Az^{6}O^{6}} + 1AzH^{3} + 2Aq.$$

L'amméline et l'ammélide, produits intermédiaires au mellon et à l'acide cyanurique, se représentent très-bien dans leur constitution absolue par l'union de l'eau et de l'ammoniaque avec le mellon

Amméline $C^{12}Az^{19}H^{10}O^{4} = C^{12}Az^{8}, 2AzH^{3}, 4HO.$
Ammélide $C^{12}Az^{9}H^{9}O^{6} = C^{12}Az^{8}, AzH^{3}, 6HO.$

Mais ces deux combinaisons peuvent aussi être mises en rapport avec la mélamine qui précède leur formation, et l'acide cyanurique qui est leur avant-dernier terme de transformation; on peut les envisager en effet comme des cyanurates de mélamine, l'un ammoniacal, l'autre hydraté.

Amméline $C^{10}Az^{10}H^{10}O^{4} = C^{6}Az^{3}O^{3} + C^{6}Az^{6}H^{6} + AzH^{3}, HO.$
Ammélide $C^{10}Az^{9}H^{9}O^{6} = C^{6}Az^{3}O^{3} + C^{6}Az^{6}H^{6} + 4HO.$

Toutes ces constitutions très-simples sont dans un accord parfait avec la tendance générale des éléments organiques à s'unir intimement. Il s'agit ici d'un azoture de carbone qui s'unit à l'eau, à l'ammoniaque et d'où résultent des groupements organiques plus ou moins complexes. Nulle part la combinaison intime ne peut s'exercer plus activement.

Les produits de décomposition qui procèdent de la distillation du sulfocyanure d'ammonium, et prennent naissance avant le poliène et le glaucène, ne s'écartent pas des mêmes règles. Ils se représentent tous par un multiple du poliène uni soit au sulfure de carbone, soit au soufre.

On a d'après les formules de M. Woelckel :

Sulfide d'argène... $C^{20}Az^{20}H^{20}, CS^2$.
Sulfide d'alphène.. $C^{10}Az^{10}H^{10}, S^2$.
Sulfide de phaïène. $C^{12}Az^{12}H^{12}, S^2$.
Sulfide de phélène. $C^{14}Az^{14}H^{14}, S^2$.

Les produits de décomposition de l'acide prosulfocyanhydrique peuvent recevoir dans l'arrangement de leur formule une interprétation analogue; en s'arrêtant aux composés qui semblent le mieux établis par le travail de M. Woelckel, on a les dispositions suivantes :

Sulfide de mélène.. $C^7Az^6H^3S^5, HS = C^4Az^4H^4 + 3CS^2$.
— de xanthène. $C^6Az^4H^4S^4 = C^4Az^4H^4, 2CS^2$.
Sans dénomination . $C^5Az^4H^4S^2 = C^4Az^4H^4, CS^2$.
Sulfide de leucène. . $C^6Az^5H^5S^2 = C^5Az^5H^5, CS^2$.
— de phaïène.. $C^6Az^6H^5S^4 = C^5Az^5H^5, C^2Az,S^2,CS^2$.
Sans dénomination. $C^3Az^3H^3S = C^3Az^3H,H^2,S$.
Sulfide de xuthène.. $C^{10}Az^9H^7S^4 \times 3 = 5C^6Az^4 + 7AzH^3 + 12S$.

Le plus grand nombre de ces formules est d'une extrême simplicité, et si l'on songe que, d'après leur mode de préparation et de purification, ces composés curieux doivent rester souvent à l'état de mélange, on comprend que ce qu'il y a de complexe dans quelques-uns, dans le sulfide de xuthène par exemple, tient sans doute à l'insuffisance des moyens d'étude qui s'appliquent à des corps de cette nature.

§ IX. — Produits de sécrétion animale analogues aux composés cyanurés.

La transformation de l'acide cyanique en bicarbonate d'ammoniaque, celle du cyanogène en oxalate, et de l'acide prussique en formiate, permettent de comprendre la nature de certains produits azotés qui se trouvait en grande abondance dans les sécrétions animales. On peut même, à l'aide de rapprochements faciles à établir, mettre ces produits dans une relation simple avec les aliments qui leur servent d'oxygène et les fonctions physiologiques qui amènent la destruction de substances alimentaires.

Les acides carbonique, oxalique et formique marquent des termes organiques dans lesquels l'oxygène atteint son maximum d'accumulation ; si l'on trouve dans les produits de sécrétion des composés qui correspondent à ces mêmes acides, ne seront-ils pas l'indice certain d'une oxydation qui se sera accomplie au sein de l'économie animale ? Pour que ces acides se produisent à l'état de combinaison cyanique, il suffira que l'ammoniaque se développe en même temps qu'eux et agisse sur eux. C'est en effet à l'état de combinaison cyanique que se trouve l'azote contenu dans les liquides de sécrétion.

Quant à la source d'ammoniaque au sein de l'économie animale, elle s'explique naturellement par la décomposition des aliments azotés ou des organes de composition analogue. C'est à l'état d'ammoniaque que s'échappe l'azote des substances organiques dès que celles-ci s'engagent dans des voies de destruction. Que ce soit la putréfaction, la fermentation, ou la décomposition qui s'emparent des aliments et des organes, c'est toujours sous une forme ammoniacale qu'elles éliminent l'azote.

Les produits de sécrétion qui se rattachent aux combinaisons cyanurées sont connus sous le nom d'urée et d'acide urique. Ce sont là les deux produits qui se rencontrent le plus fréquemment : il faut y ajouter encore l'allantoïne et l'oxyde xanthique qui se produisent avec moins d'abondance et caractérisent des circonstances physiologiques ou morbides toutes particulières.

Voici d'abord les formules qui représentent la composition de ces différentes combinaisons :

1° Urée $C^2Az^2H^4O^2 = C^2Az, O + AzH^3, HO$.
Cyanate d'ammoniaque.

2° Acide urique $C^{10}Az^4H^4O^6 = 2CO^2 + 3C^2AzH + C^2Az, O, HO$.
Ac. prussique. Ac. cyanique.

3° Allantoïne $C^4Az^2H^3O^3 = 2C^2Az + 3HO$.
Cyanogène.

4° Oxyde xanthique $C^5Az^2H^2O^2 = CO^2 + 2C^2AzH$.
ac. prussique.

L'acide hippurique forme une catégorie à part; il se trouve très-abondamment dans les urines des herbivores et sa présence paraît à peu près constante dans l'urine même de l'homme; mais on ne saurait expliquer sa composition sans admettre un groupement organique qui se reproduit avec une fréquence extrême dans l'économie végétale et dont l'étude sera faite ultérieurement.

Le calcul urinaire désigné sous le nom de *cystine* ou d'oxyde *cystique*, se distingue aussi par une constitution particulière, mais sa production tout exceptionnelle et la présence si remarquable du soufre dans ses éléments, ne permettent pas de le faire rentrer dans une description générale des produits de sécrétion.

L'histoire détaillée de l'urée, de l'acide urique et de l'allantoïne va démontrer que leurs relations avec les composés cyanurés ne reposent pas sur un simple arrangement de formules ; elles s'établissent sur les réactions et les propriétés les plus caractéristiques.

Urée. — C^2Az, O, AzH^3, HO.

L'urée forme à elle seule près de la moitié des matériaux

solides contenus dans l'urine ; la quantité qui se sécrète en vingt-quatre heures est très-variable ; elle oscille entre vingt et quarante grammes environ ; comme l'urée contient à peu près le tiers de son poids en azote, chaque jour un poids très-notable de cet élément s'échappe par les urines à l'état de combinaison.

L'urée n'existe pas seulement dans les urines, on la trouve encore dans le sang des animaux, à la suite de l'ablution des reins ou de la ligature de l'artère rénale, ainsi que l'ont prouvé les expériences de MM. Dumas et Prévost ; elle est mêlée aux matériaux du sang, à la suite des rétentions d'urine ainsi que dans les affections qui, telles que le choléra, telles que le diabétès, s'accompagnent d'un dérangement prononcé dans les produits de la sécrétion urinaire. Enfin l'urée s'est encore montrée dans certains liquides d'épanchements, chez des hydropiques.

On extrait l'urée des urines en se fondant sur la propriété qu'elle possède de former des combinaisons bien définies avec les acides. On évapore l'urine au bain-marie, de manière à la réduire au dixième environ de son volume primitif. On laisse refroidir le produit d'évaporation, puis on le fait tomber dans de l'acide nitrique du commerce qu'on a dû faire bouillir quelque temps pour le débarrasser de l'acide nitreux qu'il contient. Le nitrate d'urée se précipite sous forme de paillettes colorées en jaune ; on exprime ces cristaux dans une toile, puis on les laisse sécher quelque temps au-dessus de l'acide sulfurique ; lorsqu'ils sont secs, on les redissout et fait bouillir quelque temps avec du charbon animal qui les décolore. On arrive ainsi à avoir un nitrate d'urée très-blanc. M. Berzélius a proposé l'emploi de l'acide oxalique qui se combine également avec l'urée, en formant un oxalate peu soluble.

Pour isoler l'urée de l'oxalate ou du nitrate, on mêle la dissolution de ces sels purifiés avec du carbonate de plomb ou de baryte ; l'acide, combiné à l'urée, décompose le carbonate, comme s'il était libre, de sorte que l'urée se trouve mise en liberté; on la reprend par l'alcool absolu, qui ne dissout qu'elle. Il la dissout à chaud et la laisse cristalliser par le refroidissement.

L'urée prend la forme de petites aiguilles lorsqu'elle a cristallisé avec rapidité; mais si la solution a été refroidie lentement, elle forme de longs prismes à quatre pans. Elle est inodore, incolore, et offre une saveur fraîche, analogue à celle du nitre. Elle se dissout très-bien dans l'eau; elle est moins soluble dans l'alcool, et l'éther n'en prend que des traces insignifiantes.

Sa réaction n'est ni acide ni alcaline.

Les acides se combinent à l'urée et forment des combinaisons cristallines qui sont considérées comme des sels; on trouve dans ces composés un équivalent d'acide anhydre, par exemple, SO^3, un équivalent d'urée $C^2Az^2H^4O^2$ et un équivalent d'eau.

L'urée dissout l'oxyde de plomb et paraît susceptible de se combiner à quelques oxydes; on en connaît une combinaison avec le sel marin et l'hydrochlorate d'ammoniaque.

Voici maintenant quelques réactions qui établissent de la manière la plus certaine les relations de l'urée avec les composés cyanurés.

Lorsqu'on la chauffe elle se liquéfie vers $+120°$, puis elle ne tarde pas à se décomposer; du carbonate d'ammoniaque et de l'ammoniaque se volatilisent, tandis qu'il se forme une quantité considérable d'acide cyanurique qui reste fixe dans la cornue, jusqu'à l'application d'une forte chaleur.

Une dissolution aqueuse d'urée ne s'altère pas sensiblement lorsqu'elle est pure; elle résiste même quelque temps à l'ébullition en présence des alcalis caustiques en solution concentrée. Mais les alcalis en fusion la décomposent avec une extrême rapidité en ammoniaque et en carbonate alcalin.

Les acides très-énergiques, tels que l'acide sulfurique concentré, ne dégagent aussi de l'acide carbonique qu'à l'aide de la chaleur. Elle se convertit aussi avec une rapidité particulière en carbonate d'ammoniaque sous l'influence des ferments, du mucus et des matières albumineuses; c'est à l'action de ces matières qu'est due l'odeur ammoniacale des urines putréfiées.

Toutes ces réactions s'accordent ainsi avec la constitution de l'urée pour y montrer un cyanate d'ammoniaque ou du moins un isomère. L'un et l'autre, dans tous les cas, représentent une destruction profonde des substances azotées introduites par l'alimentation; elles se trouvent dans l'urée converties tant en ammoniaque qu'en produit correspondant à l'acide carbonique.

La production artificielle de l'urée, découverte par Woehler, son passage facile à l'état de cyanate dans quelques réactions particulières, achèvent de la classer comme un produit dépendant des combinaisons cyanurées.

La production de l'urée a déjà été signalée dans les transformations du cyanogène au contact de l'eau; c'est ainsi une première source artificielle d'urée. Une autre source, beaucoup plus simple, consiste à faire un mélange de cyanate de potasse et de sulfate d'ammoniaque. En évaporant les deux solutions au bain-marie jusqu'à siccité, et en reprenant ensuite par l'alcool, c'est de l'urée qu'on dissout, tandis que le sulfate de potasse reste comme résidu. C'est une véritable décomposition par double échange, dans laquelle l'urée prend la place du cyanate d'ammoniaque. M. Liébig conseille de fondre vingt-huit parties de prussiate jaune de potasse desséché avec quatorze parties de peroxyde de manganèse, tous deux réduits en poudre fine; on chauffe au rouge naissant; la masse s'enflamme, puis s'éteint. Lorsqu'elle est refroidie, on la lessive par l'eau froide et l'on ajoute vingt parties et demie du sulfate d'ammoniaque sec. On obtient, en urée, le tiers de prussiate employé.

Une décomposition analogue à la précédente s'effectue

entre le chlorhydrate d'ammoniaque et le cyanate d'argent, entre le cyanate de plomb et le carbonate d'ammoniaque. Par une réaction inverse, le nitrate d'argent et l'urée donnent naissance à du cyanate d'argent et à du nitrate d'ammoniaque; l'acétate de plomb et l'urée, à du cyanate de plomb et à de l'acétate d'ammoniaque.

Combinaison de l'urée avec les acides.

Tous les acides ne se combinent pas à l'urée; M. Pelouze a démontré qu'elle ne pouvait s'unir ni à l'acide lactique, ni à l'acide hippurique.

L'acide hyponitrique la détruit instantanément; il se dégage, suivant M. Woehler, volumes égaux d'azote et d'acide carbonique; lorsqu'au lieu d'acide hyponitrique on emploie un mélange d'acides nitrique et hydrochlorique même affaiblis, l'urée se détruit aussi, mais en produisant une grande quantité de protoxyde d'azote mélangé aux deux gaz précédents. Ces réactions expliquent le dégagement gazeux qui se produit lorsqu'on fait tomber l'urine, réduite par l'évaporation, dans l'acide nitrique concentré : il se fait aux dépens des éléments de l'urée, soit que l'acide hydrochlorique existe dans l'acide nitrique employé, soit qu'il provienne des chlorures contenus dans les urines.

L'acide hydrochlorique gazeux, dirigé sur l'urée, se combine à elle; ils forment un liquide qui peut se solidifier par le refroidissement.

Le nitrate d'urée se dissout en toute proportion dans l'eau bouillante, d'où il cristallise par le refroidissement; il est insoluble dans l'acide nitrique concentré; sa composition se représente par :

$$AzO^5, HO, C^2Az^2H^4O^2.$$

Sa dissolution attaque le zinc en dégageant de l'azote : l'acide nitrique seul est détruit.

Lorsqu'on distille le nitrate d'urée, on obtient un dégagement gazeux vers + 140°. Les gaz, assez variables dans leurs proportions, consistent en azote, protoxyde d'azote et acide carbonique ; après le dégagement gazeux on trouve, suivant M. Pelouze, un mélange d'urée et de nitrate d'ammoniaque.

Si l'on continue l'action de la chaleur, la destruction est complète ; parmi les produits qui prennent naissance, M. Pelouze signale un acide particulier, peu soluble dans l'eau froide, cet acide paraît composé de :

$$C^2Az^2H^3O^4.$$

L'acide oxalique forme un oxalate d'urée, plus soluble à chaud qu'à froid ; il est composé de :

$$C^2O^3HO,\ C^2Az^2H^4O^2.$$

L'acide cyanurique se combine aussi à l'urée.

La combinaison d'urée et de sel marin se représente par :

$$C^2Az^2H^4O^2,\ ClNa,\ 2HO.$$

La combinaison du sel ammoniac est anhydre.

Acide urique.

L'acide urique, voisin de l'urée par sa constitution, se trouve comme elle dans les urines, mais dans une proportion beaucoup plus faible. Peut-être l'acide urique ne s'y trouve-t-il point dans l'état normal. On considère toutefois que pour trente parties d'urée, l'urine en contient seulement une d'acide urique.

L'acide urique se rencontre encore dans l'urine des animaux carnivores ; il est sécrété par les oiseaux, les insectes, les reptiles ; les serpents surtout en fournissent des quantités considérables dans leurs excréments. Enfin il fait l'élément principal des dépôts urinaires, des gravelles, des calculs et des concrétions articulaires des goutteux. Les excréments accumulés de certains oiseaux forment sur les côtes d'Amérique des bancs considérables qui consistent surtout en acide urique et que l'on utilise, comme engrais, sous le nom de *guano*.

On obtient l'acide urique en traitant par la potasse caustique les différents produits qui viennent d'être indiqués. L'acide urique se dissout : on filtre et l'on ajoute ensuite un excès de potasse caustique ou de carbonate de potasse, et l'on évapore doucement : l'urate de potasse, moins soluble en présence d'un grand excès d'alcali, se précipite ; on traite le précipité par l'acide hydrochlorique affaibli, qui laisse l'acide urique indissous.

On peut traiter les matières premières chargées d'acide urique par le borate de soude, on ajoute ensuite de l'acide hydrochlorique. L'acide sulfurique concentré dissout aussi très-bien l'acide urique et le laisse précipiter lorsqu'on ajoute de l'eau.

L'acide urique ainsi obtenu est un corps blanc, cristallisé, sans odeur ni saveur, rougissant néanmoins le papier de tournesol sur lequel on le pose. Il exige au moins 1000 parties d'eau pour se dissoudre. Il est insoluble dans l'alcool et dans l'éther.

Enfermé avec un peu d'eau dans un tube scellé à la lampe et chauffé à + 100°, il se liquéfie, et, par le refroidissement, se prend en une masse gélatineuse jaunâtre. Cette nouvelle substance est soluble dans l'eau, à chaud et à froid ; les alcalis en dégagent de l'ammoniaque ; les acides y font naître un précipité gélatineux. Cette substance fournit néanmoins avec l'acide nitrique et l'ammoniaque la réaction caractéristique de l'acide urique.

L'acide urique forme des sels avec les bases : les urates alcalins sont les seuls qui soient solubles ; plus solubles à chaud qu'à froid, ils se dissolvent surtout facilement dans un léger excès d'alcali.

L'acide sulfurique se combine à l'acide urique ; mais la combinaison est détruite par l'eau.

L'acide urique possède aussi la propriété de se dissoudre facilement dans plusieurs sels alcalins à acide faible.

Fondu avec la potasse caustique, il fournit du carbonate

de potasse, du cyanate de potasse et du cyanure de potassium. Ces sels s'accordent parfaitement avec la formule de constitution indiquée plus haut pour l'acide urique.

Sa décomposition par la chaleur indique également ses rapports avec les composés cyanurés; il fournit en effet, par la distillation, de l'urée, de la cyamélide et du carbonate d'ammoniaque, tandis qu'il laisse pour résidu une matière noire très-azotée.

L'acide urique, séparé des urates alcalins par un acide, cristallise avec deux équivalents d'eau, 17,5 pour 100, lorsque la température est abaissée; mais cette eau s'enlève à la température même de l'atmosphère.

L'acide urique déshydraté a pour formule :

$$C^{10}Az^4H^4O^6 = 2CO^2 + \underset{\text{Ac. cyanique.}}{C^2Az, O, HO} + \underset{\text{Ac. prussique.}}{3C^2Az, H.}$$

L'acide urique représente ainsi par sa constitution des produits d'oxydation moins avancés que l'urée, mais assez voisins.

Il est à remarquer que l'acide urique se forme surtout chez l'homme à la suite d'une alimentation trop copieuse, pour laquelle les forces comburantes de l'économie se trouvent sans doute insuffisantes. Que l'oxydation vienne à manquer, et ce n'est plus de l'acide urique qui est éliminé, ce n'est plus une combustion incomplète qui a lieu, mais l'aliment azoté lui-même s'échappe, sans aucune modification, par les urines. L'albumine en nature qui charge quelques urines amène les convalescences interminables, et ces consomptions lentes qui conduisent presque toujours à la mort.

L'acide urique s'oxyde rapidement par l'acide nitrique; il se convertit alors en une matière jaune que l'ammoniaque colore ensuite en violet foncé. Cette réaction caractérise l'acide urique; elle permet d'en découvrir de très-petites quantités; on l'obtient en ajoutant une goutte d'acide nitrique ordinaire à une parcelle d'acide urique déposée sur une petite capsule de porcelaine; on chauffe celle-ci doucement : lorsqu'elle a reçu les deux acides et dès que la coloration jaune apparaît, on s'arrête. On attend le refroidissement de la capsule pour ajouter l'ammoniaque. Cette réaction de l'acide nitrique donne naissance à des composés nombreux, étudiés par MM. Woehler et Liébig. La découverte de ces produits a donné lieu à l'une des créations les plus remarquables parmi celles que la chimie organique est parvenue à réaliser. L'exposition du beau travail de MM. Liébig et Woehler exige un paragraphe à part.

Les mêmes chimistes ont observé avec soin l'action du peroxyde de plomb sur l'acide urique : ils ont découvert l'allantoïne parmi les produits qui en résultent.

Allantoïne.

L'allantoïne n'a été retrouvée jusqu'ici que dans les eaux de l'amnios de la vache; elle y fut découverte par M. Vauquelin. Il suffit, pour l'obtenir, d'évaporer les eaux de l'amnios au quart de leur volume; l'allantoïne cristallise par le refroidissement. On la purifie par le charbon animal et par des cristallisations réitérées.

MM. Woehler et Liébig ont reproduit l'allantoïne artificiellement, en chauffant jusqu'à l'ébullition de l'eau qui contient l'acide urique à l'état de bouillie claire, et en ajoutant peu à peu du peroxyde de plomb réduit en poudre très-fine. Il se fait un dégagement d'acide carbonique durant toute l'opération, qui est terminée lorsque l'oxyde pur ne se décolore plus.

La liqueur filtrée laisse déposer de l'allantoïne; les eaux mères fournissent de l'urée lorsqu'elles sont évaporées suffisamment.

L'allantoïne se représente très-simplement dans sa composition par du cyanogène, plus de l'eau :

$$C^4Az^2 + 3HO.$$

Elle cristallise en prismes blancs d'un éclat vitreux; elle

est insipide, sans action sur les couleurs végétales; l'eau bouillante la dissout très-bien, l'eau froide en prend la cent soixantième partie de son poids. L'allantoïne se dissout dans les alcalis sans se combiner avec eux; par l'ébullition prolongée au contact de ces derniers, elle se convertit en oxalate alcalin et en ammoniaque qui se dégage.

L'allantoïne se combine à l'oxyde d'argent en perdant de l'eau; deux équivalents d'allantoïne abandonnent un équivalent d'eau :

$$C^8Az^4 + 5HO + AgO.$$

La combinaison se forme en versant une dissolution d'allantoïne dans du nitrate d'argent ammoniacal.

M. Pelouze a obtenu un acide particulier, qu'il nomme acide *allanturique*, en faisant réagir l'acide nitrique à 1, 2 ou 1, 4 de densité sur l'allantoïne. On évapore la dissolution nitrique d'allantoïne à $+ 100^0$: on reprend par l'eau et un peu d'ammoniaque, et l'on obtient par l'alcool une matière blanche, que l'on peut purifier en la redissolvant dans l'eau, et précipitant de nouveau par l'alcool.

Il peut aussi se former du nitrate d'urée sans dégagement gazeux.

L'acide allanturique de M. Pelouze se représente par :

$$C^{10}Az^4H^7O^9.$$

Le même acide se forme lorsqu'on décompose l'urée ou l'allantoïne par l'oxyde puce; ou bien lorsqu'on fait agir l'eau à une température élevée sur l'allantoïne; il se produit en même temps de l'ammoniaque et de l'acide carbonique.

$$\text{Oxyde xanthique } C^5Az^2H^2O^2 = \underset{\text{Ac. carbon.}}{CO^2} + \underset{\text{Ac. prussique.}}{2C^2AzH.}$$

Ce produit de sécrétion anormale se dépose dans la vessie de l'homme; moins oxydé que l'acide urique, il se traduit néanmoins comme lui par des composés de constitution cyanique. Il fournit à la distillation du carbonate d'ammoniaque et de l'acide prussique ; il exhale en même temps une odeur de corne brûlée. On l'obtient en dissolvant les calculs qui le contiennent dans une lessive de la potasse caustique, où l'on dirige ensuite un courant d'acide carbonique. L'oxyde xanthique se précipite.

Il est blanc et devient, en séchant, dur et jaunâtre; il est peu soluble dans l'eau et dans les acides hydrochlorique et oxalique; il se dissout dans l'acide sulfurique sans dégagement gazeux, et le colore en jaune.

Traité par l'acide nitrique de la même manière que l'acide urique, il donne un résidu d'un jaune citron que l'ammoniaque ne colore pas en rouge. Ce produit jaune se dissout dans les alcalis et les colore en jaune foncé. Les calculs d'oxyde xanthique sont colorés, bruns ou couleur de chair; ils prennent par le frottement l'aspect de la cire.

§ X. — Produits qui résultent de l'action de l'acide nitrique sur l'acide urique. — Composés uriliques de MM. Liébig et Woehler.

Ces composés se rattachent tous à la constitution de l'acide urique; ils prennent naissance aux dépens d'une ou de plusieurs molécules de cet acide, qui s'oxydent ou se dédoublent. Un examen attentif de ces produits fait découvrir une relation remarquable entre leur origine, leur mode de production, l'arrangement constitutif de leurs éléments et les produits de destruction auxquels ils aboutissent le plus ordinairement.

Le tableau suivant, qui énumère toutes ces combinaisons, permet de découvrir tous ces rapports d'un seul coup d'œil :

Acide urique,

$$C^{10}Az^4H^4O^6 = \underset{\text{Ac. carbonique.}}{2CO^2} + \underset{\text{Ac. cyanique.}}{C^2Az, O, HO} + \underset{\text{Ac. prussique.}}{3C^2Az, H.}$$

Alloxane,

$$C^8Az^2H^4O^{10} = \underset{\text{Cyanogène.}}{2C^2Az} + \underset{\text{Ac. oxalique.}}{2C^2O^3, HO} + \underset{\text{Eau.}}{2HO.}$$

Acide alloxanique,

$$C^4AzHO^4 = 2CO^2 + C^2Az,H.$$

Ac. carbonique. Ac. prussique.

Acide mésoxalique,

$$C^3O^4, 2HO = CO^2 + C^2HO^3, HO.$$

Ac. carbon. Ac. formique.

Acide mycomélique,

$$C^{16}Az^8H^{10}O^{10} = 8C^2Az + 10HO.$$

Cyanogène. Eau.

Acide parabanique,

$$C^6Az^2O^4, 2HO = 2C^2Az + 2CO^2 + 2HO.$$

Cyanogène. Ac. carboniq. Eau.

Acide oxalurique,

$$C^6Az^2H^3O^7, HO = 2C^2Az + 2CO^2 + 4HO.$$

Cyanogène. Acide carboniq. Eau.

Acide thionurique,

$$C^8Az^3H^7O^{10}, 2SO^2 = 2C^2Az + C^4AzHO^4 + 2SO^2 + 6HO.$$

Cyanogène. Ac. alloxaniq. Ac. sulfureux. Eau.

Uramile,

$$C^8Az^3H^5O^6 = 2C^2Az + C^2Az, H + C^2HO^3,HO + 2HO.$$

Cyanogène. Ac. prussiq. Ac. formique. Eau.

Acide uramilique,

$$C^{16}Az^5H^{10}O^{15} = 5C^2Az + 2CO^2 + 2C^2O^3,HO + 3HO.$$

Cyanogène. Ac. carbon. Ac. oxaliq. Eau.

Alloxantine,

$$C^8Az^2H^5O^{10} = 2C^2Az + C^2HO^3, HO + C^2O^3, 3HO.$$

Cyanogène. Ac. formique. Ac. oxalique.

Acide dialurique,

$$C^8Az^2H^4O^8 = 2C^2Az + 2C^2HO^3, HO.$$

Cyanogène. Ac. formique.

Murexide,

$$C^{12}Az^5H^6O^8 = 3C^2Az + C^2AzH, AzH^3 + 2C^2O^3, HO.$$

Cyanogène. Cyanhydrate d'ammoniaq. Ac. oxaliq.

Murexane,

$$C^6Az^2H^4O^5 = 2C^2AzH + C^2O^3, HO + HO.$$

Ac. prussiq. Acide oxalique.

Ce tableau pourrait subir plusieurs variations dans les termes de décomposition secondaire qui expriment l'arrangement de chaque terme principal; mais dans toute espèce de disposition, il montre la correspondance des produits découverts par MM. Woehler et Liébig, avec les formes simples qui indiquent soit l'oxydation avancée des substances organiques, soit la formation de combinaisons cyanurées parallèles aux produits de combustion.

Quelques indications sur les propriétés et la préparation des composés uriliques confirment les données fournies par le tableau de décomposition qui vient d'être exposé.

Alloxane. — $C^8Az^2H^4O^{10} = 2C^2Az + 2C^2O^3, HO + 2HO$.

Cette combinaison se prépare à l'aide de l'acide nitrique de 1,4 à 1,5 de densité, que l'on emploie dans la proportion de quatre parties pour une d'acide urique. L'acide doit être ajouté peu à peu, et le vase refroidi avec soin. Il se fait une masse cristalline que l'on purifie par cristallisation.

L'alloxane cristallise dans une liqueur chaude en prismes rhomboïdaux obliques ; dans l'eau froide, elle prend six équivalents d'eau qu'elle abandonne par efflorescence.

L'alloxane est très-soluble dans l'eau ; elle possède une odeur nauséabonde et une saveur salée faiblement astringente ; elle rougit les couleurs végétales et colore l'épiderme en pourpre ; l'action des alcalis, à froid, la convertit en acide alloxanique ; à chaud, ils la convertissent en urée et acide mésoxalique.

L'oxyde puce produit avec l'alloxane de l'urée, du carbonate et de l'oxalate de plomb. L'hydrogène sulfuré, le protochlorure d'étain et le zinc avec addition d'acide hydrochlorique, produisent de l'alloxantine.

Un excès d'ammoniaque transforme l'alloxane en acide mycomélinique ; l'acide nitrique en acide parabanique ; les acides chlorhydrique et sulfurique en alloxantine ; l'acide sulfureux et l'ammoniaque en thionurate d'ammoniaque ; l'alloxantine et l'ammoniaque en murexyde.

L'alloxane traitée simultanément par un alcali et un sel de protoxyde de fer produit une liqueur d'un bleu indigo.

Acide alloxanique. — $C^4AzHO^4 = 2CO^2 + C^2AzH$.

Cet acide, qui dérive de l'alloxane, traitée à froid par les solutions alcalines, se combine très-bien aux bases.

Cet acide est soluble, il cristallise en aiguilles qui partent d'un centre commun; il dissout le zinc avec dégagement d'hydrogène.

Lorsqu'on fait dissoudre de l'alloxane, jusqu'à saturation, dans de l'eau à + 60°, et qu'on y ajoute de l'eau de baryte tant que le précipité naissant disparaît par l'agitation, on obtient de l'alloxanate de baryte, composé de :

$$C^4AzHO^4, BaO, 4HO.$$

Ce sel perd trois équivalents d'eau à + 100°, à + 150°, il devient anhydre.

Le sel d'argent est anhydre.

Acide mésoxalique. — $C^3O^4, 2HO = CO^2 + C^2HO^3, HO.$

L'alloxanate de baryte ou de strontiane, porté à l'ébullition, donne un mélange de carbonate et de mésoxalate; ce mélange évaporé forme des croûtes cristallines composées d'urée et de mésoxalate de baryte; on traite par l'alcool, qui ne dissout que l'urée; ou bien on précipite par l'acétate de plomb bouillant en excès : il se forme du mésoxalate de plomb lourd et grenu.

On sépare ensuite l'acide mésoxalique de l'oxyde de plomb ou du baryte, à l'aide de l'acide sulfurique.

Cet acide est solide, cristallin, soluble dans l'eau, qui ne le décompose point par l'ébullition.

Neutralisé par l'ammoniaque, il donne avec le nitrate d'argent un précipité jaune qui devient noir et dégage de l'acide carbonique dès que l'on chauffe.

Acide mycoménélique. — $C^{16}Az^8H^{10}O^{10} = 8C^2Az + 10HO.$

Cette combinaison s'obtient en ajoutant un excès d'ammoniaque à une dissolution d'alloxane, et portant le mélange à l'ébullition : on sature la liqueur d'acide sulfurique étendu et l'on continue à faire bouillir encore quelques minutes.

L'acide mycomélitique est jaune, gélatineux, soluble dans l'eau chaude et presque insoluble dans l'eau froide. Il décompose les carbonates alcalins et forme avec eux des sels colorés en jaune, qui fournissent également des précipités jaunes au contact des solutions métalliques.

Desséché, il se présente sous forme d'une poudre jaune et poreuse.

Acide parabanique. — $C^6Az^2O^4, 2HO = C^4Az^2 + 2CO^2 + 2HO.$

Cette formule indique la composition de l'acide cristallisé. Il s'obtient en mélangeant une partie d'acide urique ou une partie d'alloxane avec huit parties d'acide nitrique d'une force moyenne; on évapore la liqueur jusqu'à consistance sirupeuse, et on l'abandonne à elle-même. Il se forme des lames incolores qui, purifiées par de nouvelles cristallisations, donnent l'acide parabanique pur.

Cet acide, très-soluble dans l'eau, se change en acide oxalurique lorsqu'on le chauffe avec l'ammoniaque.

Acide oxalurique. — $C^6Az^2H^3O^7, HO = 2C^2Az + 2CO^2 + 4HO$

Cet acide se décompose par l'ébullition en acide oxalique et oxalate d'urée : il forme avec la chaux un sel insaluble à froid, soluble à chaud.

Il dérive de l'acide parabanique et de l'ammoniaque.

Acide thionurique.

$$C^8Az^3H^7O^{10}, 2C^2SO^2 = 2C^2Az + \underset{\text{Ac. alloxanique.}}{C^4AzHO^4} + 2SO^2 + 6HO.$$

C'est une combinaison qui prend naissance par l'action successive de l'acide sulfureux et de l'ammoniaque sur l'alloxane.

On obtient la combinaison ammoniacale en ajoutant à froid de l'acide sulfureux à une dissolution aqueuse et concentrée d'alloxane, jusqu'à ce que l'odeur d'acide sulfureux se fasse sentir. On sature ensuite avec du carbonate d'ammoniaque, puis on ajoute de l'ammoniaque caustique. Le thionurate d'ammoniaque cristallise par le refroidissement.

Le thionurate de plomb s'obtient par double décomposition; il est insoluble; l'hydrogène sulfuré enlève le plomb et met l'acide en liberté.

L'acide thionurique est solide, cristallisé en aiguilles; sa saveur est très-acide; soluble dans l'eau froide et dans l'eau chaude, il est décomposé par l'ébullition de celle-ci en acide sulfurique et en uramile.

Uramile. — $C^8Az^3H^6O^6 = 2C^2Az + C^2AzH + C^2HO^3, 3HO$.

Ce produit, qui se forme par la décomposition qui vient d'être indiquée, se forme très-bien par l'addition de l'acide hydrochlorique à une solution concentrée et bouillante de thionurate d'ammoniaque.

L'uramile cristallise en houppes minces et dures, ou bien sous forme d'aiguilles soyeuses, déliées, d'un aspect pulvérulent. Il est peu soluble dans l'eau à chaud, insoluble à froid; il se dissout dans l'ammoniaque et dans les alcalis caustiques, d'où il est précipité par les acides.

La dissolution ammoniacale se colore à l'air en rouge pourpre et abandonne des aiguilles cristallines d'un vert métallique.

Son ébullition, au contact de la potasse, le convertit en acide uramilique, avec dégagement d'ammoniaque; il réduit les oxydes de mercure et d'argent en formant de la murexide.

L'acide nitrique convertit l'uramile en alloxane.

Acide uramilique.

$$C^{16}Az^5H^{10}O^{16} = 5C^2Az + 2CO^2 + 2C^2O^3, HO + 3HO.$$

On l'obtient en ajoutant de l'acide sulfurique au thionurate d'ammoniaque, que l'on évapore ensuite au bain-marie. L'acide uramilique se dépose en prismes incolores à quatre pans, ou bien en aiguilles soyeuses.

Il est soluble dans six ou huit parties d'eau froide et trois parties d'eau bouillante.

Il se dissout dans l'acide sulfurique concentré, et forme des sels assez solubles; soumis à une ébullition très-prolongée avec les acides sulfurique et hydrochlorique étendus, il fournit une liqueur qui précipite en violet par l'eau de baryte; tandis que l'uramilate de baryte est incolore.

M. Grégory n'a pu réussir à préparer l'acide uramilique.

Alloxantine. — $C^8Az^2H^5O^{10} = 2C^2Az + C^2HO^3, HO + C^2O^4, 3HO$.

On prépare cette combinaison en traitant l'acide urique par le chlore ou l'alloxane par des matières désoxydantes.

Il suffit de traiter l'alloxane par l'hydrogène sulfuré, ou le protochlorure d'étain, ou le zinc additionné d'acide hydrochlorique.

On peut aussi faire bouillir une dissolution d'acide urique dans trente-deux parties d'eau en ajoutant de l'acide nitrique faible jusqu'à ce que l'acide urique soit dissous; on évapore ensuite la liqueur jusqu'aux deux tiers.

L'alloxantine cristallise en prismes obliques à quatre pans; les cristaux sont incolores, légèrement jaunâtres. Ils deviennent rouges dans l'air chargé d'ammoniaque et prennent un reflet métallique. Elle réduit les sels d'argent, et les oxydants la convertissent en alloxane.

Acide dialurique. — $C^8Az^2H^4O^8 = 2C^2H^2O^3 + 2C^2HO^2, HO$.

MM. Woehler et Liébig avaient signalé la formation d'un composé particulier acide, en faisant passer un courant d'hydrogène sulfuré dans une dissolution bouillante d'alloxantine. M. Grégory a donné quelques développements à l'étude de cet acide, appelé *dialurique*, et non isolé par MM. Woehler et Liébig. M. Grégory met d'abord à profit les eaux mères de l'alloxane pour obtenir l'alloxantine; il y dirige un courant d'hydrogène sulfuré, et lorsqu'il a séparé l'alloxantine elle-même, il réduit la liqueur, qui surnage celle-ci. A la liqueur froide, il ajoute juste assez d'ammoniaque pour lui laisser une légère réaction acide; puis il traite par le sulfhydrate d'ammoniaque, en ayant soin de mettre un excès de ce réactif pour dissoudre le soufre qui pourrait se précipiter. Le dialurate d'ammoniaque se forme en abondance; on sépare l'acide dialurique de ce sel à l'aide de l'acide hydrochlorique faible employé en excès. C'est un acide peu soluble, mais doué de propriétés énergiques et saturant rapidement les bases.

Murexide.

$$C^{12}Az^{5}H^{6}O^{6} = 3C^{2}Az + C^{2}Az, H, AzH^{3} + 2C^{2}O^{3}, HO.$$

Cette combinaison, d'une couleur très-intense, prend naissance lorsque les produits dérivés de l'acide urique rencontrent de l'ammoniaque.

On fait dissoudre ensemble une partie d'alloxane et 2,7 d'alloxantine hydratée dans l'eau bouillante, et lorsque la température est abaissée à $+70^{0}$, on ajoute du carbonate d'ammoniaque sans en mettre un excès. La liqueur laisse bientôt déposer une abondante cristallisation de murexide.

On peut encore traiter l'acide urique comme il a été indiqué pour l'alloxantine, évaporer le produit de l'action de l'acide nitrique, laisser refroidir à 70 et ajouter de l'ammoniaque étendue d'eau sans en mettre un excès.

La murexide cristallise en prismes à quatre pans, qui ont le reflet verdâtre des ailes de cantharides; bien qu'elle soit peu soluble dans l'eau froide, elle la colore en pourpre intense. Elle est insoluble dans l'alcool et dans l'éther.

Bouillie dans l'eau, elle se décompose et laisse déposer une matière jaune; elle se dissout à froid dans la potasse en produisant une belle couleur indigo que la chaleur détruit.

Dissoute dans l'eau tiède, elle forme avec les sels métalliques des précipités colorés.

La murexyde, dans ses réactions avec les alcalis et les

acides, peut produire de l'alloxane, de l'alloxantine, de l'urée et de la murexane.

Murexane. — $C^6Az^2H^4O^5 = 2C^2AzH + C^2O^3, HO + HO.$

On l'obtient en traitant de la murexide par une lessive de potasse caustique à chaud, jusqu'à ce que la coloration blanche disparaisse, et en ajoutant ensuite de l'acide sulfurique.

Elle cristallise en paillettes soyeuses insolubles dans l'eau et dans les acides faibles ; elle se dissout dans les alcalis et dans l'ammoniaque, en se colorant en rouge dès qu'elle a le contact de l'air ; il se forme de la murexide.

Lorsque l'oxygène est en excès, la murexide se détruit elle-même ; il se produit alors de l'alloxane, de l'urée, etc.

La dissolution de l'uramile dans une dissolution chaude de potasse absorbe rapidement l'oxygène, se colore en pourpre et produit un dépôt de cristaux colorés comme la murexide ; ils en diffèrent toutefois et renferment du potassium.

LIVRE DEUXIÈME.

CLASSIFICATION DES PRINCIPES ORGANIQUES.

CHAPITRE PREMIER.

§ Ier.

La première partie de la chimie organique a dû être consacrée à l'étude des corps simples qui lui appartiennent en propre, ainsi qu'à l'examen des formes les plus élémentaires auxquelles puissent se réduire les substances d'origine végétale et animale.

Il est rare que les métamorphoses organiques aboutissent aux éléments eux-mêmes; mais l'eau, l'acide carbonique, l'ammoniaque, les acides oxalique et formique, les composés cyanurés sont au contraire des termes de destruction qui reparaissent incessamment; ces termes simples jouent, à l'égard des êtres organisés, un rôle analogue à celui des métaux et des métalloïdes dans la construction des substances minérales.

Avant d'aborder l'examen de produits plus complexes, il était nécessaire de se familiariser avec les propriétés de ces substances simples dans leur constitution; le jeu des affinités propres aux êtres organiques s'y observe avec facilité; le mode de combinaison est le même; le mode de décomposition offre des analogies frappantes, et les principes généraux sont identiques.

Dans la seconde partie de la chimie organique, toutes les substances de nature végétale et animale trouvent l'exposition de leurs propriétés physiques et chimiques. Si nombreux que soient leurs éléments, si variées que soient leurs réactions, ces substances veulent être classées.

La disposition méthodique des substances organiques offre des difficultés extrêmes : leur nombre est considérable, l'arrangement de leurs molécules est presque toujours problématique ; leur mode de formation se cache au milieu des phénomènes obscurs de la végétation.

Il faut ajouter que l'étude des principes organiques, approfondie sur quelques points fort circonscrits, offre, dans les classes les plus importantes, d'immenses lacunes. Faut-il en accuser le caprice des chimistes livrés aux recherches de chimie organique ? ou plutôt, les sujets qui se livraient facilement à quelques moyens d'investigation devenus d'un usage sûr et familier, n'ont-ils pas dû recevoir les premiers éclaircissements ? Quoi qu'il en soit, l'étude minutieuse et si remarquable d'ailleurs dans quelques résultats, de plusieurs groupements organiques, est loin de fournir les bases d'une classification durable. Ces travaux suffisent à des rapprochements précieux, mais d'un ordre secondaire.

Il faut donc puiser ailleurs les principes d'une distribution naturelle des substances de nature végétale et animale.

Ces substances interviennent nécessairement dans l'évolution régulière des êtres vivants et dans les rapports qui lient ceux-ci les uns aux autres. Tantôt elles servent d'aliment aux espèces animales supérieures ; elles pénètrent rapidement dans leurs organes, dont elles renouvellent les fluides et les tissus ; elles ont surtout une destination animale. Tantôt elles appartiennent plus particulièrement à l'économie végétale ; les plantes chargées de reconstruire, à l'aide de matériaux simples tels que l'eau, l'acide carbonique et l'ammoniaque, les substances complexes destinées à l'alimentation des animaux, n'arrivent pas subitement à produire le sucre et l'amidon à l'aide de l'acide carbonique, ou l'albumine à l'aide de l'ammoniaque. Leur travail exige un temps considérable durant lequel les matières premières subissent une longue série de métamorphoses. C'est au milieu de cette évolution que prennent naissance une multitude de principes végétaux, étrangers sans doute à l'alimentation des espèces animales, mais indispensables à l'œuvre admirable de reconstruction qui s'accomplit dans les plantes.

Cette destination double et bien caractérisée des substances d'origine organique servira de principe fondamental à leur classification. Elles seront divisées en deux grandes sections : la première comprendra les principes organiques contenus dans les aliments, dans les tissus et dans les fluides animaux, ce sont les aliments proprement dits ; la seconde sera consacrée aux principes de nature et de destination essentiellement végétale ; ce sont les substances végétales proprement dites.

Il suffit de nommer l'albumine, la fibrine, le gluten, les corps gras de toute nature, l'amidon et le sucre, pour donner une idée des substances qui appartiennent à la première division.

Les résines, les essences, le tanin, les matières colorantes représentent très-bien les substances végétales proprement dites. Cette seconde section, qui renfermera aussi le plus grand nombre des produits qui dérivent de la destruction des substances organiques complexes, a besoin d'être analysée avec soin et de recevoir plusieurs subdivisions. C'est un travail de classement qui peut s'exécuter avec précision et clarté, grâce aux recherches récentes de la chimie organique.

SECTION I.

ALIMENTS.

Substances organiques de destination animale.

Cette division, qui comprend les aliments, les tissus et tous les fluides animaux, ainsi qu'un grand nombre de fluides et de tissus végétaux, est susceptible de former trois classes bien distinctes.

Dans la première, se placent les matières albuminoïdes.

Dans la seconde, les principes hydrocarbonés des plantes, tels que le sucre et l'amidon.

Dans la troisième, les corps gras.

A chacune de ces grandes classes se rattachent des produits qui en dérivent par des modifications simples; c'est ainsi que la gélatine et quelques tissus généraux de l'économie animale se rattacheront à l'histoire de l'albumine et de la fibrine. Il sera convenable aussi de mettre la cholestérine et les différents principes de la bile à côté des corps gras.

On peut prendre une idée très-générale et assez simple de la constitution des principes organiques qui appartiennent aux trois classes dont il est question, en disant :

1° Que les substances albuminoïdes renferment constamment les quatre éléments organiques, carbone, azote, hydrogène et oxygène;

2° Que les substances hydrocarbonées se représentent dans leur composition par du carbone et de l'eau, et contiennent ainsi trois éléments;

3° Que les corps gras se représentent surtout dans leurs éléments par du carbone et par de l'hydrogène associés à une quantité minime d'oxygène.

Quant à l'origine de ces principes, on reconnaît de suite qu'elle se trouve indistinctement dans les végétaux et dans les animaux; les principes hydrocarbonés sont toujours, il est vrai, retirés des plantes; mais les matières albuminoïdes se tirent également du règne animal et du règne végétal, et tel principe gras retiré des olives est identique avec celui qu'on trouve dans la graisse de l'homme.

Les principes organiques contenus dans ces trois classes servent surtout comme aliment, non pas isolément, mais tous ensemble à des titres différents.

Des distinctions plus détaillées appartiennent à l'étude de chaque classe en particulier.

PREMIÈRE CLASSE.

Des substances albuminoïdes, et des produits qui en dérivent.

§ II.

Les substances albuminoïdes, qu'on désigne assez généralement sous le nom de *matières animales azotées*, sont toutes solides, les unes solubles comme l'albumine, le caséum et la légumine; les autres insolubles comme la fibrine et le gluten.

Elles se conservent sans altération sensible à une température voisine de 0°.

La chaleur les altère, à une température supérieure à l'ébullition de l'eau, inférieure à la décomposition de l'huile: elles se décomposent par la calcination en vase clos, et donnent naissance à plusieurs produits infects, gazeux, liquides et solides, parmi lesquels on reconnaît sans peine du carbonate, du cyanhydrate et du sulfhydrate d'ammoniaque. On y trouve aussi plusieurs produits, les uns acides, les autres basiques, séparés entre eux sous forme de deux couches, l'une aqueuse, l'autre huileuse. Quelques-uns de ces produits seront examinés avec les principes végétaux proprement dits avec lesquels ils offrent des analogies incontestables. Lorsque les matières albuminoïdes ont été décomposées par la chaleur, elles laissent pour résidu un charbon noir ou gris, luisant, spongieux, dont la formation a dû être précédée de la fusion et du boursouflement de la matière qui lui a donné naissance.

Ce charbon se brûle difficilement, et laisse un résidu salin.

Lorsqu'on chauffe les matières albuminoïdes au contact de l'air, elles s'enflamment et brûlent en répandant une odeur de plume brûlée, assez analogue à celle que répandent les produits de leur distillation. Cette combustion s'explique par la proportion considérable du charbon, qui fait à lui seul à peu près la moitié du poids de la substance.

Les matières albuminoïdes se conservent lorsqu'on les a privées de l'eau, qui les pénètre constamment au sein des parties animales ou végétales d'où elles sont détachées.

Elles se conservent encore à l'état humide lorsqu'on les abrite avec soin du contact de l'air ; mais à l'état frais et dans les conditions ordinaires de l'atmosphère, abandonnées à elles-mêmes, elles ne tardent pas à se détruire d'autant plus rapidement que la température est plus chaude. Elles engendrent ainsi tous les phénomènes de la putréfaction ; des gaz infects se dégagent, des animalcules microscopiques se développent ; elles disparaissent rapidement et ne laissent d'autre résidu que les principes salins qui concouraient avec elles à former la trame des tissus organiques.

Les substances albuminoïdes proprement dites se dissolvent toutes dans la potasse et dans la soude caustiques ; si cette action est suivie avec soin, on reconnaît qu'il se produit dans la réaction une substance particulière qui a été découverte et désignée par M. Mulder sous le nom de *protéine*. La protéine se représente dans la composition par [1] :

$$C^{40}H^{31}Az^{5}O^{10}$$

suivant M. Mulder, et par :

$$C^{48}H^{36}Az^{6}O^{14}$$

suivant M. Scherer.

Les éléments de la protéine composent presque à eux seuls les différents principes albuminoïdes ; ceux-ci ne diffèrent entre eux que par des proportions variables de soufre ou de sulfure de phosphore qui s'ajoutent à la protéine. Ainsi M. Mulder, qui a comparé les principales substances albuminoïdes, les représente de la manière suivante :

Cristallin	15	équivalents de protéine	+ S.
Caséine	10	—	+ S.
Gluten..........	10	—	+ S^2.

[1] M. Dumas adopte pour formule de la protéine : $C^{40}H^{30}Az^{4}O^{10}$.

Fibrine........	10	—	$+ SPh^2$.
Albumine de l'œuf.	10	—	$+ SPh^2$.
Albumine du sérum.	10	—	$+ S^2Ph^2$.

Ce mode de combinaison, qui place dans la même substance jusqu'à 400 équivalents de carbone en regard d'un seul équivalent de soufre, était sans exemple, jusqu'aux belles recherches que M. Mulder a exécutées sur les substances albuminoïdes.

Lorsqu'on insiste sur l'action des alcalis en dissolution, il se dégage de l'ammoniaque; la protéine elle-même est détruite et plusieurs produits nouveaux prennent naissance.

L'acide hydrochlorique concentré dissout les substances albuminoïdes, et, au bout de quelque temps, il leur communique une coloration bleue ou violette très-intense. L'accès de l'oxygène paraît nécessaire à cette coloration qui ne tarde pas à prendre un aspect brunâtre.

L'acide sulfurique concentré tend à se combiner; lorsqu'il est affaibli et qu'on élève la température, il détruit les substances albuminoïdes et forme plusieurs produits, parmi lesquels se trouve une substance blanche, solide, cristallisée, désignée sous le nom de *leucine*.

L'action de l'acide nitrique produit une substance jaune de nature acide, désignée par M. Mulder sous le nom d'*acide xanthoprotéique*. Cette coloration jaune des substances albuminoïdes est un des caractères les plus faciles à appliquer aux substances albuminoïdes et à en déceler promptement la présence.

Les sels métalliques se combinent avec les substances albuminoïdes, sans qu'il se fasse aucune élimination de l'acide ou de la base, ni des éléments contenus dans l'albumine.

L'ébullition au contact de l'eau offre des résultats intéressants; il en est de même de l'action du chlore humide; mais ces différents faits doivent trouver place dans l'histoire de chaque espèce albuminoïde en particulier.

L'importance physiologique des substances animales azotées a été reconnue depuis longtemps ; on leur attribuait même dans l'alimentation de l'homme, il y a quelques années encore, une valeur absolue qu'elles n'ont pas. Elles sont nécessaires à la réparation de nos organes, mais elles ne leur suffisent pas seules. En réduisant ainsi à de justes proportions le rôle alimentaire des principes albuminoïdes, il faut, d'un autre côté, en étendre considérablement les fonctions chimiques.

Leur affinité directe ne rappelle en aucune façon les actions intenses de la chimie minérale ; mais leur affinité de contact, l'intervention seule de leur présence, provoque un jeu merveilleux de métamorphoses. Elles demeurent ainsi les substances organiques par excellence, toutes-puissantes à rompre les équilibres moléculaires ou à les maintenir suivant les lois physiologiques. Petites par leur quantité, incessantes par leur action, elles gouvernent les masses organiques qui s'approchent du rayon où s'étendent leurs forces. Ce sont elles qui engendrent les putréfactions organiques : tout ferment a son origine dans une substance albuminoïde. C'est une substance albuminoïde qui convertit l'amidon en sucre, et il suffit de quelques traces de l'une d'elles pour changer en poisons violents le principe contenu dans les amandes amères, principe d'ailleurs d'une innocuité parfaite. Une autre encore convertira en substance vésicante un sel inerte contenu dans la graine de moutarde. C'est enfin une substance albuminoïde qui communique au suc gastrique le pouvoir de réagir sur les substances albuminoïdes elles-mêmes et de les fluidifier toutes. Ces matières, si actives pour la transformation des substances organiques, ne perdent pas sans doute leur pouvoir lorsqu'elles résident au sein de l'économie animale et en composent les principaux organes.

L'étude des matières albuminoïdes sera divisée en cinq paragraphes, qui comprendront :

1° L'albumine proprement dite ;

2° La fibrine ;

3° La caséine, la glutine, la légumine et plusieurs autres ;

4° Les produits de l'altération artificielle des substances albuminoïdes ;

5° Les produits de l'altération physiologique ou vitale.

§ III. — Albumine végétale et animale.

L'albumine est un principe très-abondamment répandu parmi les êtres organisés ; elle n'appartient pas en propre aux animaux ; les plantes en renferment des quantités notables, soit dans leurs tissus, soit dans les liquides que contiennent leurs vaisseaux. La présence de l'albumine paraît nécessaire à l'accomplissement des fonctions végétales les plus importantes, et les fluides essentiels à la vie des animaux sont supérieurs, sont constamment riches en albumine. Ce principe est destiné à demeurer au sein de nos organes, à s'y conserver avec des propriétés déterminées, puis à s'y transformer suivant un ordre régulier de métamorphoses ; il ne peut s'échapper de l'économie animale ou s'y altérer sans que la santé en reçoive de graves atteintes. Comme l'albumine animale est identique avec celle des substances végétales alimentaires, il est permis d'admettre que les animaux reçoivent des plantes l'albumine toute formée. Bien que cette conclusion ait encore besoin de recevoir l'appui d'expériences décisives, elle est plus conforme que toute autre à la nature des phénomènes chimiques qui s'accomplissent dans nos tissus : il n'existe jusqu'ici aucun fait qui s'inscrive contre elle.

Comme l'albumine qui circule dans les fluides ou qui se fixe dans les tissus des êtres organisés, demeure soumise à des réactions identiques avec celles qui s'observent sur de l'albumine libre, récemment soustraite au jeu des organes vivants, il n'est pas une de ces réactions qui ne réclame une indication minutieuse.

Le sérum du sang et le blanc de l'œuf fournissent une idée assez exacte de l'albumine. Celle-ci ne s'y trouve pourtant pas à l'état de pureté ; elle est toujours accompagnée d'une proportion notable de principes salins et de quelques traces de corps gras.

Pour séparer l'albumine, on évapore le sérum du sang ou le blanc de l'œuf à une température qui ne dépasse pas + 50°; l'eau s'évapore et laisse une couche mince, solide, transparente, assez semblable à de la colle. Cette masse adhère si fortement au vase qu'on ne l'en détache qu'avec peine : le vernis des porcelaines est souvent enlevé. La substance desséchée est réduite en poudre fine, puis traitée par l'éther, qui la débarrasse des substances grasses; l'éther est, à son tour, séparé par de l'alcool. Ce traitement n'enlève pas cependant les sels contenus dans l'albumine. Pour obtenir ce résultat, il faut coaguler l'albumine de l'œuf par l'acide hydrochlorique, ajouter une assez grande quantité d'eau pour dissoudre l'hydrochlorate d'albumine ainsi obtenu et traiter alors la liqueur par du carbonate d'ammoniaque ; il se fait un précipité d'albumine, mais alors celle-ci a changé d'état : elle est devenue insoluble. On la lave avec de l'eau, on la sèche, puis on la traite par l'éther, l'alcool et l'eau.

On a proposé encore d'autres méthodes de préparation pour l'albumine; mais les propriétés chimiques qui sont indiquées au sujet de cette substance se rapportent bien plutôt à l'albumine brute, telle qu'elle se trouve, soit dans le blanc d'œuf, soit dans le sérum.

Quant à l'albumine végétale, elle se trouve dans le plus grand nombre des sucs herbacés qui se coagulent à +50°+70°; mais elle se précipite toujours ainsi, accompagnée de différents principes dont elle doit être débarrassée.

En laissant de la farine au contact de l'eau, celle-ci se

charge d'albumine végétale ; on emploie une partie de farine délayée dans dix parties d'eau, et l'on renouvelle deux ou trois fois la farine ; on filtre ensuite pour obtenir une dissolution liquide.

M. Liébig indique le procédé suivant : on coupe des pommes de terre en tranches minces qu'on laisse digérer dans de l'eau contenant 2 pour 0/0 d'acide sulfurique ; on décante cette eau après vingt-quatre heures et on la reporte pendant le même temps sur de nouvelles tranches de pommes de terre. On obtient, après plusieurs opérations, un liquide jaunâtre auquel on ajoute un peu d'alcali, en ayant soin de laisser un léger excès d'acide ; le phosphate ammoniaco-magnésien contenu dans les pommes de terre reste ainsi dissous ; par la chaleur, la liqueur se trouble et laisse déposer des flocons d'albumine végétale.

Le suc des légumes, exprimé et filtré, produit aussi un coagulum d'albumine qu'on peut purifier en suivant les indications données pour l'albumine animale.

Propriétés physiques et chimiques de l'albumine.

Il convient de distinguer de suite deux états très-distincts que l'on désigne sous le nom d'*albumine soluble* et d'*albumine coagulée* ou *insoluble*. On trouve le meilleur exemple de ces différences en comparant l'albumine du blanc d'œuf ou du sérum du sang avec l'albumine de l'œuf cuit. Ce phénomène de coagulation s'accomplit sans aucune perte d'eau ; il tient à un changement d'état de l'albumine liquide ; il s'accomplit dans le vide aussi bien qu'avec le contact de l'air dans un tube ouvert et dans un tube scellé à chaque extrémité.

Le point de coagulation du sérum de l'homme paraît un terme constant, qui se place de 69 à 72° du thermomètre centigrade. On indique généralement 60° pour la coagulation du blanc d'œuf ; mais dans les espèces animales inférieures, cette coagulation éprouve un déplacement notable.

Ainsi l'albumine de plusieurs poissons, celle des écrevisses, celle de l'alligator se coagule à + 30 + 35°. L'albumine que l'on étend d'eau ne se coagule plus à la même température, il faut souvent une ébullition du liquide durant quelques instants : l'albumine vient alors se rassembler à la surface. Comme elle s'est solidifiée en même temps dans toute la masse du liquide, elle rassemble dans une sorte de réseau toutes les matières insolubles et légères qui se trouvaient disséminées. C'est pour cela que l'albumine s'emploie dans les clarifications des sirops et de plusieurs liquides.

L'albumine soluble et l'albumine coagulée peuvent être amenées l'une et l'autre à une dessiccation parfaite ; mais on peut très-bien les distinguer par l'action de l'eau qui ne fait que gonfler l'albumine coagulée, tandis que l'autre se redissout et régénère une liqueur filante, séreuse, identique avec l'albumine fraîche. Il faut avoir soin que son évaporation se fasse au-dessous du point de coagulation.

Lorsqu'on enferme de l'albumine coagulée dans un tube de verre très-résistant que l'on effile ensuite à la lampe, on peut en chauffant ce tube à + 140 + 150°, redissoudre l'albumine, mais elle est alors sensiblement modifiée, car elle a perdu la propriété de se coaguler. L'albumine desséchée peut supporter une température de 100° sans altération ; elle doit même supporter une température supérieure en demeurant intacte, puisque certaines espèces animales, les rotifères, par exemple, peuvent supporter une chaleur de + 120 et même + 140° sans perdre la faculté de revivre lorsqu'on les humecte. Ces mêmes animaux meurent à + 50° lorsqu'ils sont à l'état mou.

Lorsqu'on maintient durant un temps fort long, soixante heures et plus, l'ébullition de l'eau dans laquelle l'albumine s'est coagulée, celle-ci se détruit insensiblement et donne naissance à un produit soluble remarquable, désigné par M. Mulder sous le nom de *tritoxyde de protéine :*

$$C^{40}H^{31}Az^{5}O^{15}, HO,$$

la protéine s'exprimant par :

$$C^{40}H^{31}Az^{5}O^{12}.$$

L'albumine qui reste indissoute ne change pas de composition. Ce fait établit, comme on le verra plus loin, une différence notable entre la fibrine et l'albumine.

L'alcool coagule l'albumine et la fait passer à l'état insoluble; l'éther et l'essence de térébenthine produisent des effets analogues, mais avec lenteur et seulement sur le blanc d'œuf. L'albumine du sang paraît résister au contraire tant à l'éther qu'à l'essence de térébenthine.

Il suffit de quelques traces de créosote pour coaguler l'albumine.

L'albumine, au contact de l'oxygène, n'en change pas le volume dans l'espace de vingt-quatre heures, mais si on ajoute de la potasse le gaz est absorbé.

Le chlore gazeux coagule une dissolution ; il se forme une substance particulière, une combinaison d'acide chloreux et de protéine :

$$C^{40}H^{31}Az^{5}O^{12}, ClO^{3}.$$

Cette combinaison traitée par l'ammoniaque laisse dégager de l'azote, et reproduit le tritoxyde de protéine.

Le plus grand nombre des métaux seraient sans doute capables de séparer l'albumine du soufre qui s'y trouve combiné ; mais cette réaction se remarque surtout au contact des vases d'argent, qui sont sulfurés et noircis par l'albumine.

L'albumine liquide présente toujours une réaction alcaline ; si on l'abandonne à elle-même elle se putréfie, et ce phénomène est accompagné d'une génération abondante d'animalcules. Mais si on ajoute quelques gouttes d'acide sulfurique ou acétique, de manière à rendre la solution albumineuse sensiblement acide, on voit au bout d'un jour cette liqueur, d'abord transparente, se remplir de corpuscules arrondis, qui deviennent le commencement d'une végétation particulière, et engendrent un mycoderme appelé *penicillum glaucum*. Ce fait, découvert par M. Dutrochet, a été constaté de nouveau par MM. Andral et Gavarret.

Le développement du même végétal se fait remarquer dans les sérosités morbides, dans le pus, pourvu qu'on rende la liqueur acide.

L'acide nitrique forme avec l'albumine un composé tout à fait insoluble, qui permet de retrouver les moindres quantités de cette substance.

L'acide phosphorique monohydraté précipite également l'albumine, tandis que l'acide trihydrique non-seulement ne la coagule pas, mais peut dissoudre le coagulum formé par l'acide monohydrique.

L'acide sulfurique affaibli donne un précipité floconneux qui ne se forme pas de suite; l'acide concentré coagule l'albumine par la chaleur qu'il développe.

L'acide acétique concentré donne un composé gélatineux qui se dissout dans l'eau ou dans un excès d'acide, surtout à l'aide de la chaleur.

L'acide hydrochlorique concentré, indépendamment de la liqueur bleue qui appartient à toutes les espèces albuminoïdes, donne un précipité qui peut être dissous dans l'eau et qui fournit ainsi une liqueur susceptible d'être troublée par d'autres acides, tels que l'acide nitrique et l'acide phosphorique monohydraté.

Dans ces différentes réactions les acides tendent à former des combinaisons avec l'albumine; ces combinaisons acides se produisent surtout d'une manière certaine avec les acides nitrique et hydrochlorique [1]. Ces composés acides sont décomposés par le carbonate d'ammoniaque. Le ferrocyanure de potassium y détermine un précipité.

L'infusion de noix de galle et la solution de tanin précipitent complétement l'albumine.

[1] La combinaison sulfurique ne se dissout pas dans l'eau; elle lui abandonne néanmoins, par le lavage, de l'acide sulfurique; elle semble ainsi se décomposer.

L'albumine récente absorbe l'acide carbonique ; cet acide est susceptible de dissoudre le coagulum formé par les autres acides ; les acides acétique et phosphorique trihydriques sont dans le même cas.

L'albumine coagulée paraît entrer avec les acides dans les mêmes rapports que l'albumine soluble.

Une solution très-concentrée de potasse caustique donne une masse gélatineuse avec l'albumine du blanc d'œuf ; c'est une combinaison soluble dans l'eau, qui, par l'ébullition, donne des pellicules semblables à celles qui se forment à la surface du lait. L'albumine insoluble se dissout également dans la lessive de potasse ; les liqueurs qu'on obtient dans ces deux cas donnent une odeur d'hydrogène sulfuré lorsqu'on y ajoute de l'acide acétique ; en même temps se précipite une masse gélatineuse qui consiste en protéine.

L'action des acides et des bases explique les effets d'un courant électrique dirigé dans du blanc d'œuf ; il se forme à chaque pôle un caillot qui est dû au sel marin contenu dans l'albumine ; le sel marin se décompose sous l'influence de la pile en acide hydrochlorique qui coagule, et en soude caustique qui coagule également.

La chaux, la baryte et la strontiane se combinent aussi à l'albumine ; mais elles donnent des composés insolubles, susceptibles d'acquérir une grande dureté par la dessiccation. Cette propriété est mise à profit pour la confection d'un lut qui se compose de blanc d'œuf et de chaux éteinte.

Les solutions alcalines d'albumine sont susceptibles de dissoudre différents oxydes métalliques qui cessent de se déceler par leurs réactions ordinaires. Ainsi, en mélangeant de l'albumine avec de l'oxyde de cuivre hydraté, on peut dissoudre le tout dans la potasse caustique et produire ainsi une liqueur d'un beau violet. Ces combinaisons s'obtiennent très-bien en ajoutant un grand excès de potasse à un mélange d'albumine et de sel métallique; ce dernier doit être employé en petite proportion.

Le phosphate de chaux des os qui paraît exister en dissolution dans le sérum du sang et dans le blanc d'œuf, forme aussi une combinaison insoluble qui renferme environ le tiers de son poids d'albumine; cette combinaison insoluble peut s'obtenir en ajoutant au sérum ou au blanc d'œuf un peu d'ammoniaque caustique et de phosphate d'ammoniaque, et en y versant ensuite goutte à goutte une solution de chlorure de calcium.

Le blanc d'œuf et le sérum ne précipitent point les solutions métalliques lorsque leur réaction alcaline a été détruite par l'acide acétique; mais s'ils conservent leur état alcalin, les sels de fer et de cuivre, ainsi que ceux d'étain, de plomb, de bismuth, d'argent et de mercure, donnent des précipités. Ces composés, dans lesquels le sel paraît conserver le plus ordinairement son acide et sa base, sont solubles dans un excès de l'un ou de l'autre des deux précipitants. Les réactifs ordinaires n'y décèlent point nettement les oxydes métalliques, engagés sans doute dans un groupement complexe, d'où ils ne sortent plus sans quelque difficulté. Ainsi, à la faveur de l'albumine, le protosulfate de fer est dissous en bleu verdâtre par la potasse; le peroxyde de fer en jaune pâle; le précipité mercurique, qui est blanc, se dissout dans la potasse caustique; le précipité formé par le sulfate de cuivre se dissout en vert dans l'iodure de potassium, en rouge brun dans le cyanoferrure de potassium.

M. Orfila a trouvé un contre-poison précieux de bichlorure de mercure dans sa réaction avec l'albumine; il se forme une combinaison très-insoluble, qui paraît consister en albumine et en bichlorure de mercure; mais cette combinaison se dissout dans l'eau salée.

Le cyanure de mercure ne précipite pas l'albumine.

Les relations particulières des solutions métalliques avec les liquides albumineux doivent être prises en considération dans les questions toxicologiques. Soit que l'on veuille évacuer le poison, soit qu'on s'efforce d'en neutraliser les effets par une réaction chimique appropriée, on doit s'attendre à l'intervention de l'albumine.

L'étude de ces combinaisons intéresse aussi la conservation des pièces anatomiques; leur altération tient aux altérations mêmes de l'albumine, et dans sa combinaison avec différents principes métalliques, l'albumine est presque toujours soustraite aux influences de destruction qui agissent sur elle.

D'après les analyses de Mulder l'albumine doit être représentée de la manière suivante :

Albumine de l'œuf.....	10 équiv. de protéine	$+ SPh^2$.
Albumine de sérum....	10 =	$+ S^2Ph^2$.

§ IV. — Fibrine.

Si l'on ne peut élever aucun doute sur l'identité de l'albumine d'origine végétale ou animale, il n'en est pas de même de la fibrine. On extrait, il est vrai, du gluten des céréales une substance qui, par sa composition et ses propriétés, présente des analogies frappantes avec la fibrine retirée du sang des animaux; mais la comparaison ne paraît pas avoir été suivie sur un assez grand nombre de points pour qu'on puisse conclure à une similitude parfaite.

Dans tous les cas, la fibrine végétale serait extraite du gluten à l'aide de l'ébullition par l'alcool concentré, puis par l'alcool affaibli. Le résidu grisâtre, élastique, fibrineux, constituerait la fibrine végétale. Quelques végétaux contiendraient aussi de la fibrine en dissolution : telle est, suivant M. Vauquelin, le suc laiteux du carica papaya, et, suivant M. Boussingault, le lait de l'arbre de la vache.

Ce paragraphe sera particulièrement consacré à la fibrine extraite des animaux; le gluten sera examiné dans le paragraphe suivant.

La fibrine animale constitue la masse charnue des muscles; elle existe également dans le sang, d'où il est plus facile de l'obtenir à l'état de pureté. La fibrine musculaire est toujours traversée par quelque prolongement des vaisseaux, des artères, des nerfs ou des aponévroses, dont il est à peu près impossible de la débarrasser; mais à part la présence de ces divers tissus organiques, elle ne diffère sensiblement de la fibrine du sang que par une cohésion plus grande; sa réaction avec l'acide sulfurique suit néanmoins une marche particulière, qui sera indiquée plus loin. La fibrine existe également dans le sang des veines et dans celui des artères; celles-ci fournissent une fibrine plus abondante et plus dense, qui se prête moins bien que la fibrine veineuse à l'action des dissolvants.

Lorsque le sang est extrait des canaux qui le contiennent, il se sépare en deux parties; l'une se prend en une sorte de gelée ferme que l'on nomme *caillot*, tandis que l'autre reste à l'état de liquide et se désigne sous le nom de *sérum*. C'est dans le caillot que se trouve la fibrine, elle y est mêlée aux globules colorés du sang qu'elle embrasse comme dans un réseau. Mais il est facile de séparer ces globules en recevant le caillot, divisé par tranches, sur une toile dans laquelle on achève de l'écraser en dirigeant sur lui un filet d'eau froide, les globules sont entraînés et la fibrine reste sur la toile en filaments blancs, élastiques, réunis en faisceaux plus ou moins allongés.

On peut aussi battre le sang à sa sortie de la veine, avec des brins de balai sur lesquels la fibrine s'attache aussitôt; on l'enlève, et il suffit de la laver quelques instants à l'eau froide pour la séparer de la matière colorante dont elle reste imprégnée[1].

La fibrine se trouve sans doute à l'état de dissolution dans le sang; M. Mulder a cherché à le prouver par l'expé-

[1] Quelquefois la matière colorante est très-adhérente à la fibrine; on abandonne alors celle-ci bien lavée déjà, au contact de l'eau froide durant plusieurs heures : le lavage se fait alors parfaitement.

rience suivante : il a mélangé du sang récemment tiré de la veine à une dissolution d'une partie de sucre dans cent parties d'eau ; puis le sang ainsi préparé fut porté sur un filtre humecté d'eau sucrée : les globules du sang restèrent sur le filtre, tandis que le sérum et la fibrine, demeurant à l'état liquide, purent traverser le papier ; la fibrine se sépara ensuite du sérum et forma un coagulum incolore.

Il serait possible, en toute rigueur, que la solution de sucre déterminât le passage de la fibrine, qui cède à l'action dissolvante d'un assez grand nombre de principes salins et organiques ; c'est là sans doute une objection dont il faut tenir compte ; mais les faits ne s'opposent point jusqu'ici à ce que l'on considère la fibrine comme dissoute dans le sang tant qu'il reste enfermé dans les vaisseaux : il suffit bien certainement d'un changement de condition aussi notable que celui qui s'effectue par la sortie du sang pour expliquer la coagulation de la fibrine.

La fibrine blanche et lavée retient un peu de matières grasses ; on s'en débarrasse sans peine par une digestion réitérée avec l'alcool et l'éther. Tant que l'alcool bouilli au contact de la fibrine se trouble par l'addition de l'eau, on en renouvelle le traitement, on termine en employant l'éther, qui doit être enlevé lui-même par l'alcool, puis par l'eau.

La fibrine est ensuite desséchée : elle constitue alors une masse coriace, dure, grisâtre, presque opaque, si elle est bien débarrassée des corps gras ; elle est sans odeur et sans saveur ; elle retient toujours à la suite de la préparation qui a été indiquée de 0,77 à 2,5 pour 100 de cendres, qui consistent en phosphate de magnésie et en phosphate de chaux.

La fibrine encore humide retient les quatre cinquièmes de son poids en eau ; desséchée, elle ne reprend que trois fois environ son poids d'eau, lorsqu'on la tient plongée dans ce liquide ; elle est néanmoins très-hygrométrique, et comme l'air semble l'altérer assez rapidement, son analyse offre des difficultés particulières.

La fibrine supporte une température de + 140° sans aucune altération bien prononcée.

Dans sa calcination et dans sa distillation en vase clos la fibrine n'offre aucun caractère qui la distingue des autres substances albuminoïdes.

La fibrine est tout à fait insoluble dans l'eau froide; son ébullition prolongée dans l'eau la distingue de l'albumine; elle fournit d'abord quelques traces d'un produit ammoniacal que l'on reconnaît à son odeur et à ses propriétés, puis elle se convertit en une substance insoluble et en un produit soluble. La partie insoluble ne représente plus la composition de la fibrine; M. Mulder la croit identique avec la partie insoluble abandonnée par la couenne inflammatoire du sang, que l'on décompose par l'ébullition dans l'eau; il désigne cette partie insoluble sous le nom de *bioxyde de protéine;* quant à la partie soluble, elle serait identique avec le tritoxyde de protéine, et la fibrine fournirait ici le même produit que l'albumine.

La fibrine humide abandonnée dans une éprouvette d'oxygène au-dessus du mercure, absorbe le gaz et produit de l'acide carbonique.

Abandonnée au contact de l'air, la fibrine se liquéfie complétement au bout de huit jours; le liquide exhale une odeur de fromage pourri, et contient une matière albumineuse qui se coagule; il renferme en outre de l'ammoniaque, de l'acide acétique et de l'acide butyrique, suivant M. Ad. Wurtz.

M. Gay-Lussac a constaté que la fibrine recouverte d'une légère couche d'eau, qu'on renouvelle tous les trois ou quatre jours, se dissout sans autre résidu que quelques traces de matière noire.

L'eau oxygénée est vivement décomposée au contact de la fibrine fraîche; l'albumine ne produit rien d'analogue; il suffit de faire bouillir la fibrine avec l'alcool pour lui enlever l'action qu'elle exerce sur l'eau oxigénée.

L'action des acides offre des caractères intéressants.

L'acide nitrique se combine à la fibrine en détruisant sa constitution; il fournit un acide jaune, appelé *xanthoprotéique,* qui se rattache aux produits dérivés de la protéine.

L'acide phosphorique monohydraté semble se combiner à la fibrine.

L'acide sulfurique fournit une réaction qui n'est pas la même, suivant qu'elle porte sur la fibrine musculaire ou sur la fibrine du sang. La chair musculaire dépouillée de graisse devient gélatineuse dans l'acide sulfurique concentré et s'y dissout. La solution peut être étendue d'eau sans aucun dépôt; si cette solution de fibrine musculaire dans l'acide sulfurique est étendue de deux fois son poids d'eau et bouillie pendant neuf heures, il se produit du sulfate d'ammoniaque, et le liquide neutralisé par de la craie et évaporé à siccité, fournit une masse jaune qui renferme de la leucine, ainsi qu'une substance sirupeuse fort soluble dans l'alcool.

Avec la fibrine du sang la réaction de l'acide sulfurique diffère suivant l'état de l'acide ou de la fibrine. La fibrine sèche se gonfle au contact de l'acide sulfurique concentré et prend l'aspect d'eau gelée jaune, qui ne se dissout pas dans l'acide en excès. Si la masse sur laquelle on opère est trop considérable, il se fait un dégagement d'acide sulfureux, et la fibrine noircit. La fibrine fraîche au contact de l'acide concentré se réduit en une masse gélatineuse qui, par l'addition de l'eau, se trouve réduite à un très-petit volume sans se dissoudre.

L'acide sulfurique étendu de cinq à six fois son poids d'eau, se combine à la fibrine en donnant un produit insoluble et une combinaison soluble, qui n'est précipité ni par les alcalis ni par le prussiate de potasse, mais se trouble par la teinture de noix de galle. La liqueur contient en outre un sel ammoniacal. Il semble que la fibrine éprouve un dédoublement semblable à celui qui s'opère sous l'influence de l'ébullition dans l'eau.

La fibrine contractée à froid par l'acide sulfurique étendu, étant lavée avec de l'eau, devient peu à peu transparente, se gonfle de manière à produire une gelée et se dissout complétement dans une nouvelle quantité d'eau. Lorsqu'on verse de l'acide sulfurique étendu dans la dissolution, la fibrine se précipite.

L'acide hydrochlorique gazeux est absorbé par la fibrine : en solution concentrée, il la convertit en un liquide violet. Lorsque la fibrine a été récemment dissoute dans l'acide hydrochlorique, elle est précipitée par l'addition de l'eau. Le précipité blanc qui se forme ainsi constitue un hydrochlorate de fibrine qui se dissout dans l'eau lorsque l'excès d'acide en a été enlevé. Cette dissolution aqueuse est précipitée par le prussiate de potasse; l'acide hydrochlorique y détermine aussi un précipité.

L'acide hydrochlorique très-affaibli, employé dans la proportion de 0gram 634 pour un litre d'eau, exerce des effets particuliers sur la fibrine. En employant pour une partie de fibrine dix fois son poids de liqueur acidule, la fibrine se trouve, après douze heures de contact, convertie en une gelée qui, étendue d'eau et jetée sur un filtre, fournit un liquide susceptible de se coaguler par la chaleur, de précipiter par le tanin, le prussiate de potasse et par l'acide hydrochlorique.

Cette force dissolvante de l'acide hydrochlorique affaibli acquiert une activité toute particulière, lorsqu'on y ajoute quelques gouttes de suc gastrique.

L'acide hydrobromique agit comme l'acide hydrochlorique.

L'acide acétique affaibli et l'acide phosphorique trihydrique exercent une action analogue à celle des deux acides précédents, mais beaucoup plus faible; cette action n'aboutit à une dissolution complète de la fibrine que par l'addition d'une petite quantité de suc gastrique.

Suivant M. Dumas, la substance qui se dissout dans les acides faibles doit être considérée comme de la protéine hydratée.

L'acide acétique concentré pénètre la fibrine et la convertit en une gelée incolore, qui se dissout dans l'eau chaude d'autant plus facilement que l'animal est plus jeune.

L'acétate de fibrine, évaporé à une douce chaleur, se couvre d'une pellicule, et prend l'aspect d'une gelée qui perd en se desséchant de l'acide acétique. Cette perte d'acide acétique reproduit la fibrine, qui est alors insoluble tant dans l'eau froide que dans l'eau chaude. Les acides précipitent l'acétate de fibrine. La potasse produit aussi un précipité qu'un excès du réactif alcalin redissout promptement.

La fibrine se dissout dans les lessives alcalines les plus faibles; la liqueur ainsi obtenue noircit les vases d'argent et dégage de l'hydrogène sulfuré par l'addition des acides. Ces derniers précipitent en même temps des flocons d'un blanc grisâtre susceptibles de se dissoudre dans l'acide acétique et dans l'acide phosphorique trihydrique. La fibrine peut saturer assez bien la potasse pour lui enlever toute réaction alcaline; mais la quantité de potasse ainsi saturée est toujours très-faible. Le fibrinate alcalin est précipité par l'alcool, à moins que l'alcali ne s'y trouve en excès. Les acides qui coagulent l'albumine y font naître aussi un précipité que l'excès d'acide ne redissout pas. Les solutions métalliques y fournissent par double décomposition des combinaisons particulières qui se rapprochent assez de celles qui sont offertes par l'albumine.

Mais, indépendamment de ces composés, la fibrine absorbe les sels métalliques et forme avec eux des composés insolubles, imputrescibles.

La chaux et la baryte donnent avec la fibrine, suivant M. Berzélius, des composés solubles dans l'eau.

Le nitrate de potasse et le sulfate de soude employés en dissolution concentrée possèdent la propriété très-remarquable de dissoudre la fibrine. La solution ainsi obtenue se coagule par l'addition des acides, même des acides acétique et phosphorique, se coagule par la chaleur, précipite par l'alcool, par le tanin, et le bichlorure de mercure. L'addition de l'eau en grande quantité la trouble aussi. M. Denis de Commercy, qui a appelé l'attention d'une manière toute particulière sur l'influence des solutions salines, considère que la fibrine ainsi dissoute est identique avec l'albumine.

Cette solubilité dans les sels est susceptible d'offrir quelques variations ; la fibrine veineuse semble se dissoudre plus facilement que la fibrine artérielle ; la fibrine qui résulte du battage résiste plus que celle qui se retire du caillot dans un nouet de linge ; et, suivant M. Schérer, la fibrine ne se dissoudrait plus après avoir été exposée au contact de l'oxygène. L'influence de l'oxygène de l'air est très-contestable, ou du moins n'est pas constante ; quant aux autres variations, elles semblent se rattacher à la cohésion plus ou moins grande de la fibrine.

Cette dissolution de la fibrine dans les liqueurs salines explique la non formation du caillot lorsque le sang est reçu, au sortir de la veine, dans une solution de sulfate de soude ou de nitrate de potasse.

M. Denis énumère les sels susceptibles de dissoudre la fibrine dans l'ordre suivant :

Chlorure de baryum, nitrate de potasse, sulfate de potasse et sulfate de soude, en première ligne ; viennent ensuite les chlorures de potassium, de sodium et de calcium. Le nitrate de soude, le sulfate d'ammoniaque, le sulfate de zinc, le phosphate de soude, l'acétate neutre de plomb, le nitrate de strontiane, l'hydrochlorate d'ammoniaque n'agiraient jamais que d'une manière partielle, sans doute alors en décomposant la fibrine.

La fibrine traitée par l'alcool devient insoluble dans les

sels ; les lavages par l'eau la laissent inattaquable pour les solutions salines.

Le sucre communique une consistance mucilagineuse aux solutions salines chargées de fibrine ; mais l'addition de l'eau fait reparaître des filaments fibrineux.

Le sucre dissous paraît se combiner directement à la fibrine.

La composition de la fibrine est certainement très-rapprochée de celle de l'albumine. M. Mulder ne reconnaît aucune différence de composition entre ces deux substances. Les résultats analytiques obtenus par MM. Dumas et Cahours tendraient à établir une différence sensible. Ils expriment l'albumine par :

Carbone......	53,74.
Hydrogène....	7,11.
Azote.........	15,66.
Oxygène......	23,50.

Et la fibrine par :

Carbone......	52,78.
Hydrogène....	6,96.
Azote.........	16,78.
Oxygène......	23,48.

Globuline du sang. — La matière qui constitue les globules colorés du sang doit occuper une place importante parmi les matières albuminoïdes auxquelles elle se rattache par le lien le plus naturel ; mais il est plus convenable d'en reporter l'examen à l'histoire chimique du sang.

§ V. — Caséine, gluten, légumine, etc.

On trouve dans le lait une substance qui constitue le principe essentiel du caséum ; on la désigne sous le nom de *caséine ;* elle se rattache de la manière la plus intime à l'albumine, dont elle reproduit la composition et les propriétés principales.

On obtient la caséine en ajoutant à du lait récent de l'acide sulfurique affaibli et en chauffant le mélange. Le lait fournit ainsi un coagulum blanc qu'on pétrit et qu'on lave à l'eau distillée. La masse blanche ainsi obtenue est dissoute dans une solution concentrée de carbonate de soude qui donne une liqueur trouble et sirupeuse. Cette dissolution, qui doit contenir un excès de carbonate de soude, est abandonnée à elle-même dans des vases peu profonds, à une température de $+20^0$, jusqu'à ce que le beurre libre vienne former une couche à la surface. On décante, à l'aide d'un siphon, la partie inférieure du liquide, qui renferme une combinaison de caséine et de carbonate de soude. On précipite de nouveau la caséine par de l'acide sulfurique : le précipité est traité par l'eau bouillante où il se dissout en partie. On ajoute alors une petite quantité de carbonate de soude en dissolution affaiblie, et la caséine se précipite ainsi presque pure. On achève de la laver avec de l'eau, puis avec de l'alcool et de l'éther.

Ces divers traitements ont pour objet de séparer la caséine des corps gras, des sels et des acides avec lesquels elle se trouve soit à l'état de mélange, soit à l'état de combinaison.

On comprendra les difficultés de sa purification par l'examen de ses propriétés et par les tendances d'affinité toutes particulières qui lui appartiennent.

La caséine est un corps blanc, opaque, assez semblable à de l'albumine coagulée dans un état de division extrême : elle est inodore, insipide, insoluble dans l'eau et dans l'alcool; à l'état sec, elle offre un aspect gommeux.

Elle reproduit sans exception tous les caractères des substances albuminoïdes.

La caséine a la propriété de rougir le papier bleu de tournesol, et la conserve même après avoir été desséchée à $+145^0$; mais elle ne communique point cette propriété à l'eau, dans laquelle elle se dissout par l'ébullition en proportion minime. Elle forme des liqueurs neutres avec les carbonates alcalins et fait disparaître la réaction alcaline du phosphate de soude. Malgré cette fonction d'acide en quelque sorte, elle ne chasse pas l'acide carbonique du bicarbonate de potasse.

Elle se dissout en grande quantité dans les alcalis caustiques ou carbonatés ; elle en est séparée par tous les acides, excepté l'acide carbonique.

Lorsqu'on la précipite de ces combinaisons alcalines par un acide, elle tend à se combiner à l'acide dès qu'elle abandonne la base.

L'action des acides sur la caséine pure ne paraît pas avoir été l'objet d'un examen suivi ; mais on a observé avec plus de soin l'action des acides sur les solutions alcalines de la caséine. C'est, en définitive, sous cet état de combinaison alcaline que la caséine se présente dans le lait.

L'acide phosphorique étendu est le seul acide qui ne coagule pas le lait.

L'acide acétique occasionne un précipité qui se dissout dans un excès de réactif ; il en est de même des acides oxalique et tartrique. Mais ces dissolutions acides de caséine sont précipitées par les acides sulfurique et hydrochlorique dont les combinaisons caséiques sont fort peu solubles.

La combinaison d'acide sulfurique et de caséine se dissout néanmoins en partie dans l'eau chaude.

Lorsqu'on sature le sulfate de caséine par du carbonate de chaux ou de baryte, la caséine se dissout à la faveur d'une combinaison qu'elle contracte tant avec la chaux qu'avec la baryte.

Lorsqu'on évapore une dissolution de caséine obtenue soit à l'aide d'un acide, soit à l'aide d'un alcali, il se fait à la surface une pellicule blanche analogue à celle que produit le lait chauffé.

Gluten. — Il existe deux méthodes à l'aide desquelles on

peut extraire le gluten des céréales et particulièrement du blé.

1° On fait une pâte assez ferme avec de la farine de blé, puis on la pétrit au-dessous d'un filet d'eau, tant que celle-ci entraîne quelques parcelles de fécule ou de son.

2° Les grains de blé gonflés par l'eau sont introduits dans un sac de toile épaisse, où on les agite et les pétrit jusqu'à ce que la fécule soit entraînée ; les grains ainsi épuisés sont délayés dans l'eau, puis agités avec une verge à laquelle le gluten s'attache en longs filaments élastiques et transparents.

La substance ainsi obtenue est presque insoluble dans l'eau, collant tant qu'elle est humide, jaune et translucide après sa dessiccation. Dans cet état, le gluten renferme encore des corps gras que l'on peut enlever par l'éther ; mais il est en outre composé de plusieurs principes que l'on peut séparer les uns des autres. Ainsi, en traitant le gluten par l'alcool concentré d'abord, puis affaibli, on laisse un résidu qui a été désigné par M. Dumas sous le nom de *fibrine végétale*, et auquel MM. Dumas et Cahours ont trouvé la même composition qu'à la fibrine animale.

L'alcool qui a bouilli sur le gluten laisse déposer par le refroidissement une matière pultacée, caséeuse, analogue par ses propriétés avec le caséum du fromage, et de même composition, d'après les analyses de MM. Dumas et Cahours. Enfin l'alcool, après son refroidissement, retient encore une substance propre connue sous le nom de *glutine*.

Fibrine végétale. — Elle se confond par le plus grand nombre de ses propriétés avec la fibrine animale.

Les acides acétique et phosphorique trihydrique paraissent cependant former des combinaisons plus facilement solubles dans l'eau, qui subissent d'ailleurs les mêmes lois de décomposition et de précipitation. Elle se combine avec l'acide sulfurique et donne un composé soluble dans l'eau pure. Elle est soluble dans la potasse caustique affaiblie, et fournit ainsi une liqueur dont les propriétés se confondent avec celle de la fibrine animale dissoute dans la potasse.

Caséine végétale. — La caséine extraite du gluten n'a été l'objet d'aucune étude spéciale ; son aspect et sa composition l'ont fait ranger à côté de la caséine extraite du lait.

Glutine. — Cette substance offre la même composition que l'albumine, mais elle s'en distingue sans peine par sa solubilité dans l'alcool.

Son analyse a fixé la place qu'elle occupe, et quelques-unes des propriétés générales des substances albuminoïdes y ont été constatées et justifient très-bien le rapprochement de cette substance et de l'albumine ou de la fibrine. Lorsqu'elle est séparée du gluten par l'alcool, elle retient toutes les matières grasses du gluten, dont on doit la débarrasser à l'aide de l'éther absolu, qui ne la dissout pas.

Amandine. — MM. Dumas et Cahours ont nommé *amandine* la substance azotée contenue dans les amandes douces et amères des différents fruits à noyau.

On prépare cette substance en réduisant les amandes en une pâte fine qu'on laisse digérer quelque temps avec l'eau froide. On sépare l'eau en exprimant la masse dans une toile et en filtrant ; cette solution aqueuse donne ensuite avec l'acide acétique un précipité blanc très-abondant, d'un aspect brillant et nacré, quelquefois caséeux. Il ne faut pas ajouter un excès d'acide, qui redissoudrait le précipité.

Pour obtenir l'amandine pure, on lave le précipité par l'alcool et l'éther.

L'amandine est très-soluble dans l'eau froide ; l'eau bouillante la coagule ; elle doit se précipiter ainsi en même temps que l'albumine des dissolutions aqueuses qui la contiennent.

Elle est insoluble dans l'alcool et l'éther. L'acide acétique concentré la gonfle et la rend demi-transparente ; il se forme un produit qui se dissout complétement dans l'eau bouillante ; par l'évaporation, on obtient une substance d'aspect gommeux, susceptible de se redissoudre dans l'eau, et qui possède la composition de l'amandine.

Les acides hydrochlorique et nitrique précipitent l'amandine, ainsi que l'acide phosphorique, à trois équivalents d'eau.

Les acides acétique et phosphorique sembleraient ainsi permettre de séparer l'amandine de l'albumine.

Les alcalis dissolvent l'amandine à froid et la décomposent à chaud, avec dégagement d'ammoniaque.

La présure liquide coagule l'amandine.

Légumine. — Elle a été extraite par M. Braconnot des pois, des haricots et des lentilles; les pois et les haricots en contiennent jusqu'à 18 pour 100 de leur poids. Ces légumes sont concassés et mis en digestion pendant deux ou trois heures avec de l'eau tiède : la légumine se dissout et de cette façon ne peut être mélangée à l'albumine. La pulpe ramollie par l'eau chaude est écrasée et mise de nouveau en macération avec de l'eau, que l'on exprime dans une toile et que l'on filtre ensuite. L'addition de l'acide acétique détermine la précipitation de la légumine.

On achève de purifier par l'alcool et l'éther.

Suivant M. Rochleder, la légumine ainsi obtenue contient une matière étrangère, car si l'on verse sur elle une lessive caustique froide, il se fait une liqueur trouble, et plus tard un dépôt de flocons bruns; la solution alcaline peut être précipitée par l'acide acétique; le précipité repris par l'ammoniaque est enfin bouilli avec l'alcool et l'éther.

La légumine ainsi préparée a l'aspect de l'empois d'amidon; elle constitue à l'état sec une masse brillante et diaphane qui se liquéfie par la chaleur sans se coaguler.

La dissolution aqueuse est coagulée par l'alcool, les acides minéraux, le sublimé corrosif, la créosote et la décoction de la noix de galle.

Les acides tartrique et oxalique étendus la dissolvent.

Il en est de même des acides hydrochlorique et sulfurique concentrés.

Elle se dissout dans les alcalis caustiques, qui ne l'altèrent point comme l'amandine ; elle se dissout aussi dans la chaux et la baryte, et forme des combinaisons qui se coagulent par la chaleur; avec l'amandine au contraire, la chaux et la baryte dégagent de l'ammoniaque par l'ébullition, et en même temps une combinaison soluble se produit.

Le sulfate de chaux dissous dans l'eau forme avec les dissolutions chaudes de légumine un précipité insoluble. Un précipité analogue se forme avec tous les sels calcaires; c'est à cette combinaison qu'est due la dureté des légumes cuits dans des eaux séléniteuses.

MM. Dumas et Cahours assignent à l'amandine et à la légumine une composition assez différente de celle qui appartient aux composés albuminoïdes ; elles renfermeraient 18, 5 pour 100 d'azote au lieu de 15, 5 pour 100.

MM. Dumas et Cahours représentent la légumine et l'amandine par :

$$C^{90}H^{74}Az^{15}O^{27},$$

formule assez rapprochée de celle de la gélatine.

Vitelline. — MM. Dumas et Cahours ont décrit sous cette dénomination la matière azotée contenue dans le jaune d'œuf. On l'obtient en traitant le jaune d'œuf cuit, séparé de ses membranes et réduit en poudre, par l'éther, qui enlève la matière grasse. Après épuisement complet, on a pour résidu une matière coagulée, d'un beau blanc, facile à réduire en poudre.

La vitelline se colore en bleu violacé par l'acide hydrochlorique concentré.

Elle se représente dans sa composition par :

$$C^{48}H^{40}Az^{6}O^{18} = C^{48}H^{36}Az^{6}O^{14} + 4HO.$$

$C^{48}H^{36}Az^{6}O^{14}$ représentent la composition de la protéine, suivant M. Schœrer.

Sur quelques autres principes albuminoïdes. — Les substances qui viennent d'être passées en revue sont les plus importantes par le rôle qu'elles remplissent ; elles se rencontrent souvent et se produisent avec abondance au sein du règne végétal et animal. Leurs propriétés sont assez exactement définies, et malgré les lacunes nombreuses qu'on y reconnaît au premier examen, elles suffisent déjà pour établir un des groupes les plus naturels que puissent offrir les principes chimiques.

Mais les substances qui ont été décrites ne sont certainement pas les seules qui appartiennent aux principes albuminoïdes. La matière filante de la saline, le principe essentiel du suc gastrique, les différents mucus qui se sécrètent à la surface des membranes vivantes, nombre de principes végétaux désignés sous le nom de *glaïadine,* de *diastase,* de *synaptase,* se rattachent certainement à la même classe chimique que l'albumine, la caséine et la légumine. Le ferment est dans le même cas ; mais ces différentes substances puisent un intérêt tout particulier dans le rapprochement de leurs propriétés spéciales et de certains faits chimiques qui seront ultérieurement examinés. Ainsi l'étude de la diastase est inséparable de celle de l'amidon ; le ferment se place à côté du sucre, et les propriétés du suc gastrique ne se comprennent bien qu'avec une notion complète des différentes substances alimentaires.

Il convient de se borner ici à l'indication des analogies.

Mais l'histoire des substances albuminoïdes entraîne l'examen de deux ordres de principes qui en dérivent ; les uns sont les produits de la destruction de l'albumine, de la fibrine, de la caséine, tels qu'ils se forment sous nos yeux, par l'effet de réactions que nous pouvons déterminer à volonté ; les autres sont manifestement les produits de la transformation vitale des éléments azotés. Les premiers seront étudiés sous le nom de *produits de l'altération arti-*

ficielle des substances albuminoïdes; les seconds sous le nom de *produits de l'altération physiologique*.

§ VI. — Produits de l'altération artificielle des substances albuminoïdes.

Action des alcalis. — Lorsque l'albumine, la fibrine ou la caséine ont été débarrassées des matières grasses qui les accompagnent, et sont traitées à + 60°, par une lessive de potasse ou de soude, il arrive un moment où l'acide acétique en dégage de l'hydrogène sulfuré et en précipite une substance gélatineuse. La matière albuminoïde est alors décomposée; elle est séparée sans retour du soufre et du phosphore qui se trouvaient au nombre de ses éléments; mais le produit de la décomposition se trouve encore dans un rapport de constitution intime avec la substance d'origine. Il en compose en quelque sorte le noyau essentiel, et fournit une substance qui a déjà été indiquée plusieurs fois, la *protéine*. Ce principe a été découvert par M. Mulder, qui a tiré à bon droit son nom de πρωτεύω, j'occupe le premier rang.

La protéine se sépare sous forme de flocons grisâtres, qui se dessèchent en se contractant, et fournissent une masse dure, cassante, jaunâtre.

Elle est sans odeur et sans saveur, très-hygrométrique, insoluble dans l'eau, l'alcool, l'éther et les huiles essentielles.

Son ébullition prolongée au contact de l'eau l'altère et la rend soluble.

Elle se combine aux acides faibles et forme avec eux des composés solubles dans l'eau, insolubles dans les liqueurs très-acides. Ces combinaisons se troublent par le tanin, le cyanoferrure de potassium et les alcalis; ces derniers redissolvent le précipité qu'ils ont formé, lorsqu'on les emploie en excès.

L'acide hydrochlorique concentré donne la coloration bleue des substances albuminoïdes.

Bouillie avec l'acide sulfurique concentré, la protéine se colore en pourpre.

Elle se gonfle dans l'acide sulfurique concentré, et si on y ajoute de l'eau froide, elle forme une masse acide, contractée, de composition définie, qui est insoluble dans l'eau, dans l'alcool, mais susceptible de se combiner aux bases. C'est un composé d'acide sulfurique et de protéine que M. Mulder nomme *acide sulfoprotéique*; il est composé de :

$$C^{40}H^{31}Az^{5}O^{12}, SO^{3}.$$

La protéine, en se dissolvant dans la soude ou la potasse, fournit des composés alcalins que l'alcool précipite. Ces combinaisons alcalines de protéine sont solubles dans l'eau et précipitables par les solutions salines. Ainsi, l'acétate et le nitrate de plomb donnent un composé renfermant de 12, 5 à 12, 68 d'oxyde de plomb. Le nitrate d'argent fournit une combinaison qui contient 12, 63 d'oxyde d'argent. L'acétate de plomb tribasique précipite un composé contenant 30, 63 d'oxyde de plomb.

Lorsqu'on fait bouillir la protéine avec une solution concentrée de potasse caustique, il se dégage de l'ammoniaque; en arrêtant l'action au moment où ce dernier produit cesse de se former, on trouve dans la liqueur du carbonate, du formiate de potasse, et trois composés nouveaux, que M. Mulder a nommés *protide, érytroprotide* et *leucine*.

Pour séparer ces produits de la lessive alcaline, on sature d'abord celle-ci avec de l'acide sulfurique, aussi exactement que possible ; il se fait un dépôt de sulfate de potasse qu'on enlève; en concentrant la liqueur et en la réduisant aux deux tiers, il se fait, par le refroidissement, un nouveau dépôt de sulfate de potasse. On évapore alors les eaux mères à siccité et l'on épuise le résidu par de l'alcool bouillant, qui laisse déposer à froid des gouttelettes brunes d'*érytroprotide*.

L'alcool décanté et abandonné à l'évaporation spontanée laisse cristalliser la *leucine*.

Les dernières eaux mères alcooliques retiennent la *protide*.

L'*érytroprotide* est purifiée par plusieurs redissolutions dans l'alcool, qui la donne sous forme d'une substance molle, d'un brun rouge, très-soluble dans l'eau, déliquescente.

Sa dissolution précipite par le tanin, le bichlorure de mercure, le nitrate d'argent, et les solutions métalliques. Ces précipités sont généralement roses.

L'hydrogène sulfuré se combine à l'érytroprotide et donne un composé incolore, qui se colore de nouveau par l'évaporation en abandonnant de l'hydrogène sulfuré.

La combinaison de l'érytroprotide avec l'oxyde de plomb conduit à représenter sa composition par :

$$C^{13}H^{8}Az^{2}O^{6}.$$

Protide. — Cette substance reste mélangée au formiate de potasse dans les eaux mères alcooliques. On y ajoute de l'eau, puis de l'acétate de plomb neutre, qui précipite quelques traces d'érytroprotide retenues dans la liqueur. On filtre, puis on verse de l'acétate de plomb tribasique, qui se combine à la protide et forme un composé insoluble. Le précipité est recueilli, lavé, décomposé par l'hydrogène sulfuré. La protide reste en dissolution dans l'eau, qu'on évapore au bain-marie.

Cette substance est solide, d'un jaune paille, amorphe, cassante, facile à pulvériser. Elle est soluble dans l'eau, précipitable par l'acétate de plomb, le bichlorure de mercure, le nitrate d'argent et le tanin.

Elle est composée de :

$$C^{13}H^{9}Az^{2}O^{4}.$$

En rapprochant la formule de l'érytroprotide :

$$C^{13}H^{9}Az^{2}O^{4}$$

on voit que ces deux substances ne diffèrent que par un équivalent d'oxygène ou d'hydrogène ; on peut y supposer le même nombre de molécules en les représentant par :

$C^{13}H^{8}Az^{2}O^{4}$, H protide.
$C^{13}H^{8}Az^{2}O^{4}$, O érytroprotide.

Leucine. — Cette substance, qui résulte aussi de l'action de l'acide sulfurique sur la chair musculaire, s'obtient plus abondamment et plus facilement dans l'action de la potasse sur les matières albuminoïdes.

Lorsqu'elle a cristallisé , on la purifie par plusieurs traitements alcooliques.

Elle se présente sous forme de lames incolores, brillantes, et qui craquent sous la dent. Elle est inodore, insipide et grasse au toucher ; à + 170° elle se volatilise sans résidu et sans altération. Elle est plus légère que l'eau. Elle est plus soluble dans l'eau que dans l'alcool ; vingt-huit parties d'eau la dissolvent à + 17°, 5, tandis qu'il faut six cent vingt-cinq parties d'alcool. Insoluble dans l'éther, elle se dissout sans décomposition dans l'acide sulfurique. L'acide nitrique s'y combine. L'ébullition au contact de l'acide nitrique la décompose. Elle absorbe le gaz acide hydrochlorique. L'acide hydrochlorique liquide la dissout sans l'altérer ; le chlore l'attaque ; les alcalis sont sans action ; l'eau ammoniacale la dissout très-bien. Le nitrate de mercure est le seul sel métallique dont la dissolution précipite la leucine en un magma blanc, tandis que l'eau mère devient rose.

La leucine est composée de :

$$C^{12}H^{12}Az^{2}O^{4}.$$

L'acide nitrique moyennement concentré se sature de

leucine; au bout de quelques minutes, la liqueur se prend en masse sans aucun dégagement gazeux.

C'est une combinaison acide découverte par M. Braconnot, et dans laquelle M. Mulder a constaté la présence d'un équivalent de leucine et d'un équivalent d'acide nitrique monohydraté. Dans les sels que cet acide complexe peut former, l'équivalent d'eau de l'acide nitrique est remplacé par un équivalent de base. Ces combinaisons salines sont cristallisables et détonent par l'application de la chaleur.

M. Mulder, à qui l'on doit la découverte et l'étude des produits remarquables qui résultent de l'action de la potasse sur les substances albuminoïdes, fait observer que deux équivalents de protéine et neuf équivalents d'eau contiennent les éléments nécessaires à la formation de tous les produits qui prennent naissance dans la réaction.

$$\underset{\text{Protéine.}}{2C^{40}H^{31}Az^{5}O^{12}} + 9HO = \left\{\begin{array}{ll} 2C^{13}H^{9}Az^{2}O^{4} & \text{protide.} \\ 2C^{13}H^{8}Az^{2}O^{5} & \text{érytroprotide.} \\ 2C^{12}H^{12}Az^{2}O^{4} & \text{leucine.} \\ 1C^{2}HO^{3} & \text{acide formique.} \\ 2CO^{2} & \text{acide carbonique.} \\ 4AzH^{3} & \text{ammoniaque.} \end{array}\right.$$

Action de l'acide nitrique. — L'acide nitrique colore les substances albuminoïdes en jaune et fournit ainsi un acide appelé *xanthoprotéique*; cet acide, découvert par Fourcroy et Vauquelin, se forme avec un dégagement d'azote, qui se remarque surtout dans l'action de l'acide nitrique sur la fibrine. De l'acide oxalique se produit en même temps que l'acide xanthoprotéique.

L'acide xanthoprotéique se combine au moment où il se forme avec l'acide nitrique en excès; il possède la même tendance de combinaison à l'égard de tous les acides. On le purifie en le lavant avec l'eau qui décompose les combinaisons acides; mais il faut entretenir l'eau à l'ébullition pour que la purification soit complète. On enlève avec l'alcool les substances grasses qui pourraient s'interposer.

L'acide pur est jaune orangé, pulvérulent, insipide, bien qu'il rougisse le papier de tournesol humide.

La chaleur le décompose, sans déflagration, avec formation de charbon et de produits empyreumatiques.

Il est insoluble dans l'eau froide, l'alcool et l'éther.

Il se combine également bien aux acides et aux bases, et donne des composés colorés en jaune plus ou moins foncé.

On connaît sa combinaison avec les acides sulfurique, hydrochlorique et nitrique. La dissolution dans l'acide nitrique se décolore par la concentration et se convertit en acide oxalique et en oxalate d'ammoniaque.

Les xanthoprotéates de soude, de potasse et d'ammoniaque sont solubles; les sels terreux et métalliques s'obtiennent par double décomposition.

M. Mulder, qui a analysé l'acide xanthoprotéique desséché à + 130°, le représente par :

$$C^{34}H^{24}Az^{4}O^{12} + 2HO.$$

Le sel de baryte renferme :

$$C^{34}H^{24}Az^{4}H^{12}, BaO, HO.$$

Lorsque le sel ammoniacal est dissous dans l'eau et qu'on y dirige un courant de chlore, il s'en sépare des flocons d'un jaune clair, que M. Mulder considère comme une combinaison d'un équivalent d'acide chloreux (ClO^{3}) avec deux équivalents d'acide :

$$2C^{34}H^{24}O^{12}, HO + ClO^{3}.$$

Cette combinaison, dissoute dans l'ammoniaque caustique, régénère le sel ammoniacal en dégageant de l'azote.

Les xanthoprotéates alcalins se détruisent par l'ébullition en présence d'un excès d'alcali et forment des produits de nature inconnue.

Action du chlore. — Lorsqu'on dirige un courant de chlore dans l'albumine délayée dans l'eau, ou bien dans la fibrine et dans la caséine, dissoutes à la faveur de l'ammoniaque, on obtient des flocons blancs, qui, lavés et desséchés à + 100°, se présentent sous forme d'une poudre d'un jaune paille, douce au toucher, presque insoluble dans l'eau, insoluble dans l'alcool et l'éther.

Cette combinaison peut se représenter par un équivalent de protéine et un équivalent d'acide chloreux.

M. Mulder, à qui on en doit la découverte, la désigne sous le nom de *chlorite de protéine:*

$$C^{40}H^{31}Az^{5}O^{12}, ClO^{3}.$$

Cette combinaison se dissout dans les acides sulfurique et hydrochlorique sans les colorer. L'acide nitrique la convertit en acide xanthoprotéique.

Elle se dissout dans la baryte, perd son chlore au contact des alcalis ou de l'ammoniaque; donne, dans ce dernier cas, un dégagement d'azote, et se représente après l'action soit de la potasse, soit de l'ammoniaque, par $C^{40}H^{31}Oz^{5}O^{15}$, Ho, substance particulière appelée *tritoxyde de protéine.*

Tritoxyde de protéine.—Ce composé joue le rôle d'acide à l'égard des bases.

Ainsi M. Mulder a décrit sa combinaison avec l'oxyde de cuivre; elle a pour formule :

$$2(C^{40}H^{31}Az^{5}O^{15}) + CuO + HO.$$

M. Schrœder a préparé deux sels analogues, l'un d'argent :

$$2(C^{40}H^{31}Az^{5}O^{15}) + AgO + HO,$$

l'autre de plomb :

$$2(C^{40}H^{31}Az^{5}O^{15}) + PbO + HO.$$

On obtient le tritoxyde de protéine en traitant le chlorite de protéine par l'ammoniaque; en évaporant la masse qui s'est formée, redissolvant dans l'eau bouillante, et précipitant par l'ammoniaque.

C'est un corps jaune, soluble dans l'eau, insoluble dans l'alcool et l'éther, soluble dans les acides.

En cherchant à obtenir un degré d'oxydation plus élevé de la protéine, M. Schrœder a constaté la formation d'une combinaison d'acide chloreux et de tritoxyde de protéine; cette combinaison renferme :

$$3(C^{40}H^{31}Az^{5}O^{15}) + 2ClO^{3}.$$

On l'obtient en dissolvant le tritoxyde de protéine soit dans la potasse, soit dans l'ammoniaque, et en dirigeant un courant de chlore dans la liqueur; il se fait une mousse abondante et un dépôt floconneux qui peut être ramassé sur un filtre, lavé et séché à + 120.

Action des acides. — Indépendamment des réactions qui ont été signalées plus haut, M. Mulder a observé la transformation de l'albumine et de la fibrine au contact de l'acide hydrochlorique concentré.

Lorsqu'on évite le contact de l'air, cet acide ne produit pas la couleur pourpre qui a été indiquée, mais il dissout la substance albuminoïde, en se colorant en jaune, puis en brun et en noir, dès que l'oxygène intervient. Il se forme ainsi de l'hydrochlorate d'ammoniaque et de l'acide humique.

M. Mulder a opéré de la manière suivante : dans une cloche renversée sur le mercure, il a introduit d'abord de l'acide hydrochlorique, puis de la protéine, ou bien une substance albuminoïde, en ayant soin d'éviter l'introduction simultanée de l'air. La substance protéique s'est dissoute en dégageant de petites bulles d'azote et en colorant l'acide en jaune. En faisant passer ensuite quelques bulles d'oxygène sous la cloche, il a reconnu qu'elles étaient absorbées, et la liqueur s'est colorée en brun, puis en noir.

Tant que l'acide hydrochlorique n'a pas eu le contact de l'air, on peut retirer de l'évaporation de la liqueur acide les éléments de la protéine, dont deux équivalents se trouvent combinés à trois équivalents d'acide hydrochlorique et sept équivalents d'eau.

Mais lorsque l'oxygène a pénétré, la masse noire qui résulte de l'évaporation se trouve représentée par quatre équivalents de sel ammoniac, quatorze équivalents d'ammoniaque et quatre équivalents d'acide humique :

$$C^{40}H^{16}O^{16}.$$

L'acide sulfurique décompose les matières albuminoïdes; M. Braconnot a reconnu la leucine parmi les produits de destruction.

Action de l'eau. — La fibrine et l'albumine, maintenues au contact de l'eau bouillante durant plusieurs heures, subissent une modification qui a déjà été indiquée plus haut. Le tritoxyde de protéine qui prend naissance dans ces deux cas, s'obtient avec facilité dans le traitement de l'albumine par le chlore, et c'est dans l'examen de cette réaction que les propriétés du tritoxyde de protéine ont été exposées.

Quant au bioxyde de protéine qui se forme par l'ébullition prolongée de la fibrine dans l'eau, il peut se retirer également des cheveux ou de la couenne inflammatoire.

M. Van Laer retire le bioxyde des cheveux par le traitement suivant : les cheveux, privés de graisse, sont dissous dans une lessive de potasse; on ajoute à cette liqueur alcaline assez d'acide acétique ou hydrochlorique pour lui communiquer une réaction acide; la protéine se précipite : on filtre pour séparer la protéine, et l'on ajoute au produit filtré un excès d'acide; on précipite alors le bioxyde de protéine :

$$C^{40}H^{31}Az^{5}O^{14}.$$

Le composé bien lavé est d'un jaune pâle à l'état humide; par la dessiccation, il forme une masse résineuse, noire, dont la poudre est d'un jaune d'ambre foncé.

Le bioxyde de protéine, insoluble dans l'eau froide, se convertit, par le contact prolongé de l'eau bouillante, en une masse gluante insoluble, tandis qu'une partie colore l'eau en jaune. Il est insoluble dans l'alcool, soluble dans l'acide sulfurique concentré, d'où l'eau le précipite. Les acides affaiblis le dissolvent et fournissent une liqueur que l'eau ne précipite pas, mais qui se trouble par le ferrocyanure de potassium, le tanin et l'acétate de plomb. L'acide tartrique le colore en jaune. La potasse, la soude et l'ammoniaque le dissolvent.

Le bioxyde de protéine constitue encore la partie insoluble de la couenne épuisée par l'eau bouillante.

Décomposition spontanée du gluten et du caséum : oxyde caséique ; acide caséique, aposépédine.

Le gluten et le caséum humides s'altèrent et donnent naissance à plusieurs produits, dont quelques-uns se rattachent aux corps gras mélangés au gluten et surtout au caséum; mais, parmi ces produits, se trouvent, en grande abondance, deux substances particulières découvertes par Proust, qui les a désignées sous le nom d'*oxyde caséique* et d'*acide caséique*. L'oxyde caséique a été étudié par M. Braconnot dans les produits de la décomposition du fromage égoutté.

M. Braconnot a désigné l'oxyde caséique, ainsi obtenu, sous le nom d'*aposépédine*. M. Mulder assure que l'aposépédine ou l'oxyde caséique ne sont pas distincts de la leucine impure. Voici, dans tous les cas, dans quelles circonstances se préparent ces produits :

Le gluten humide, recouvert d'eau, est abandonné durant quelques mois à la décomposition putride, qui s'empare de ses éléments. Lorsque le dégagement gazeux a cessé, on étend la masse de beaucoup d'eau, on filtre et on évapore le liquide jusqu'à consistance de sirop. Le produit de l'évaporation est abandonné dans un endroit frais : il se fait un dépôt cristallin doué d'une saveur et d'une odeur de fromage très-désagréables. Ce produit, mélangé à de l'alcool, s'y dissout en grande partie en laissant une poudre blanche, insoluble dans l'alcool froid et dans l'éther. Cette partie insoluble constitue l'oxyde caséique de Proust, l'aposépédine de M. Braconnot.

Quant à la partie dissoute par l'alcool, elle renferme l'*acide caséique* de Proust, en combinaison avec l'ammoniaque. Ce composé est encore moins bien connu que l'aposépédine.

M. Braconnot a mêlé 270 grammes de fromage frais, provenant d'un lait écrémé, avec un litre d'eau, et a laissé le mélange se putréfier durant un mois à + 20°, + 25°; une partie du fromage fut dissoute; séparée par la filtration de la partie insoluble, elle a été évaporée en consistance de miel; au bout de quelque temps, ce produit de l'évaporation se prit en une masse grenue, en partie soluble dans l'alcool. La partie insoluble dans l'alcool se purifie très-bien par des dissolutions et des cristallisations réitérées dans l'eau. Elle consiste en aposépédine, substance blanche, cristalline et sans odeur, d'une saveur faible qui rappelle celle de la viande rôtie. Elle craque sous la dent; chauffée dans un tube, elle se volatilise, en laissant néanmoins un résidu charbonneux. Elle noircit une lame d'argent sur laquelle on la fait fondre à + 14°; elle est soluble dans vingt-deux parties d'eau. Sa dissolution aqueuse est susceptible de se putréfier. Elle est insoluble dans l'alcool froid et peu soluble dans l'alcool bouillant, qui la laisse déposer avec l'aspect de la magnésie calcinée.

L'acide nitrique l'altère; l'acide hydrochlorique la dissout abondamment et l'abandonne par le refroidissement. La dissolution aqueuse n'est précipitée ni par l'alun ni par le persulfate de fer. L'infusion de noix de galle la précipite en flocons blancs qui se redissolvent dans un excès de réactif.

Elle ne fait point fermenter le sucre.

L'alcool qui a retenu certaines parties dissoutes, abandonne, par l'évaporation spontanée, une matière brune extractive, dans laquelle on trouve de l'acétate d'ammoniaque, du phosphate ammoniaco-sodique et une substance huileuse, que l'éther enlève à la matière extractive. Cette huile a une saveur brûlante analogue à celle du piment. Elle est liquide, jaune, inodore, plus pesante que l'eau qui n'en dissout que des traces; elle rougit le tournesol et se combine à la potasse. Le résidu insoluble dans l'éther présente un mélange très-complexe de produits salins et organiques ; parmi les sels se remarquent l'acétate de potasse, le sel ammoniac, le chlorure de potassium ; les matières organiques n'ont pas été déterminées.

§ VII. — Produits de l'altération physiologique des substances albuminoïdes.

Les produits azotés contenus dans les excrétions animales, l'acide urique, l'urée, par exemple, marquent une destruction profonde et une oxydation très-avancée des substances albuminoïdes; les principes qui constituent au contraire nos organes, la substance organique des os, des tendons, de la peau, des membranes, des cheveux, des cartilages, se rapprochent de la composition de la protéine. Les différences qui sont le mieux établies indiquent une oxydation du noyau albuminoïde, mais une oxydation peu avancée, analogue à celle qu'on remarque dans le bioxyde et dans le tritoxyde de protéine. Quelquefois aussi la proportion d'azote s'accroît; il est probable qu'alors l'ammoniaque, AzH^3, réagit par ses éléments sur le produit d'oxydation, provoque une élimination d'eau et augmente ainsi la proportion relative d'azote.

Lorsque les différentes substances qui concourent, avec la fibrine et l'albumine, à la formation des organes vivants, auront été examinées dans leur composition et dans leurs propriétés principales, il sera facile de reconnaître les rapports de constitution qui lient d'une façon toute naturelle nos aliments, nos tissus et les produits de nos sécrétions.

Les principes azotés de l'organisation animale, qu'on ne saurait confondre avec les substances albuminoïdes, mais qui s'en rapprochent par des analogies nombreuses, se caractérisent par la propriété de céder à l'eau bouillante une matière qui se prend en gelée par le refroidissement. Les substances diverses qui jouissent de cette propriété sont encore désignées aujourd'hui sous le nom commun de *gélatine*.

Leur combustion au contact de l'air et leur distillation en vase clos, permettraient de les confondre avec les substances protéiques : comme celles-ci, en effet, elles sont susceptibles de se putréfier ; elles se combinent aux sels métalliques, et deviennent alors imputrescibles.

Le tanin et l'alumine s'unissent aussi aux substances gélatineuses, et leur communiquent une inaltérabilité toute particulière.

Elles paraissent exister sous une forme particulière dans les animaux ; et lorsqu'elles se séparent des tissus par l'action de l'eau bouillante et des acides, elles ont subi des modifications isomériques qui peuvent engendrer de nombreuses variétés.

Les substances gélatineuses se groupent autour de deux principes particuliers bien définis, et désignés sous le nom de *gélatine* et de *choudrine*.

Gélatine. — On peut extraire la gélatine des rognures de peau, des membranes intestinales, des tendons et de presque toutes les parties molles des tissus animaux, en les faisant bouillir plus ou moins longtemps dans l'eau. C'est ainsi que se prépare une partie de la colle forte du commerce, qui consiste en gélatine impure. Les peaux d'animaux dépouillées de leurs poils, les peaux d'emballage, les rognures de cuirs, de parchemins cirés entrent dans cette fabrication.

Dans ce premier mode de préparation, la gélatine est mélangée de substances solubles étrangères. On peut les enlever en laissant la gélatine se prendre en une gelée, que l'on divise ensuite dans un nouet de linge et qu'on lave à l'eau froide. Après cette première opération, on fait fondre la gélatine dans de l'eau chaude, les substances insolubles se déposent; on filtre la solution claire et on la précipite par son volume d'alcool, qui sépare ainsi, à l'état insoluble, de la gélatine pure.

Mais on obtient aussi la gélatine en traitant les os, bien dépouillés de leurs parties molles et de leurs parties grasses, soit par l'acide hydrochlorique, soit par la vapeur d'eau chauffée à une température de + 106°.

L'acide hydrochlorique enlève la matière calcaire qui entre dans la composition des os et laisse la partie gélatineuse intacte. On lave celle-ci et on la soumet ensuite à l'ébullition dans l'eau : elle se dissout et fournit de quinze à vingt-deux pour 100 du poids des os employés.

On peut opérer d'une manière inverse, laisser la substance calcaire des os et dissoudre directement le principe gélatineux ; mais il faut une température supérieure à + 100°. De la vapeur d'eau maintenue à + 106° arrive sur les os suspendus dans des cylindres de toile métallique : la gélatine se fond et se recueille.

C'est par le procédé de la vapeur que s'extrait la gélatine alimentaire ; les os de bœuf doivent avoir la préférence pour ce dernier usage. Les os du veau, du porc ou du mouton occasionnent plusieurs inconvénients.

On doit redouter, dans cette extraction de la gélatine, l'altération du produit que l'action trop prolongée de la vapeur ou la mauvaise direction de la cuite peuvent provoquer.

La solution gélatineuse doit être refroidie dans des moules de sapin, où elle se prend en gelée ; on la détache sous ce dernier état, on la divise en lames horizontales à l'aide d'un fil de cuivre, puis on la porte dans un séchoir. Elle prend souvent l'empreinte du filet sur les mailles duquel on suspend les lames soumises à la dessiccation.

La membrane interne de la vessie natatoire de certains esturgeons produit une gélatine d'une pureté parfaite, qui s'emploie aux usages les plus délicats. Cette membrane, qui se présente à l'état sec, sous forme de lyre, de cœur ou de carré, offre l'avantage de se résoudre en gélatine après une ébullition de courte durée.

La gélatine pure est incolore, transparente, inodore, insipide, dure, flexible, plus dense que l'eau, sans réaction acide ni alcaline. Elle se ramollit dans l'eau froide, se gonfle et devient opaque sans se dissoudre. Elle fournit dans l'eau chaude une dissolution parfaite, qui se prend en gelée par le refroidissement, si l'eau contient seulement un centième de son poids de gélatine. Cette propriété de se prendre en gelée varie avec l'origine de la gélatine; ainsi la gélatine provenant de la corne de cerf se prend très-promptement ; celle des os de poisson reste liquide ; celle des os de mammifères ne se prend en gelée que le lendemain. La gelée fournie par les tissus des jeunes animaux n'est jamais aussi compacte que celle qui provient d'animaux plus âgés.

La gelée qui a été évaporée et desséchée est propre à former, lorsqu'on la redissout dans l'eau chaude, une colle fortement adhésive ; mais la liqueur qu'on obtient par la première action de l'eau sur les tissus est impropre à remplir les usages de la colle. Les propriétés adhésives de cette dernière augmentent après plusieurs redissolutions successives, et la colle ancienne est ainsi préférable à la colle récente.

Par l'action prolongée de l'eau bouillante, le principe de la gélatine perd la propriété de se prendre en gelée. M. Goudœver a constaté que de l'ichthyocolle bouillie dans l'eau durant cinquante-cinq heures, avait perdu la faculté de se prendre en gelée, et se dissolvait dans l'eau froide. Il a reconnu aussi que la composition même de la gélatine se trouvait ainsi modifiée, tandis qu'elle s'exprime, à l'état de gelée, par :

$$C^{13}H^{10}Az^{2}O^{5}.$$

Après l'ébullition prolongée, elle renferme :

$$4(C^{13}H^{10}Az^2O^5) + HO.$$

La constitution de la gélatine se trouve donc représentée par un groupement moléculaire plus complexe, à la suite d'une simple ébullition dans l'eau. La différence que l'ébullition prolongée détermine dans la composition se retrouve encore dans la réaction du chlore.

Tout porte à croire que la gélatine existe dans les os sous un état particulier, déjà détruit lorsque le tissu organique a été converti en gelée.

L'ébullition très-prolongée de la gélatine, à l'abri de l'air, donne, à la suite de l'évaporation, un résidu brun clair, qui devient humide à l'air et prend l'aspect de la térébenthine; ce résidu, fort soluble dans l'eau, est précipité par l'alcool, qui le divise en une partie insoluble et en une autre partie qui reste dissoute dans la liqueur alcoolique.

La gélatine est insoluble dans l'alcool, et lorsqu'on verse ce dernier dans sa dissolution tiède et un peu concentrée, il se produit une masse blanche, cohérente, élastique, qui adhère au vase; l'alcool retient une petite quantité d'une substance très-soluble dans l'eau froide.

La gélatine est insoluble dans l'éther, dans les huiles grasses et essentielles; elle se carbonise dans l'huile chaude.

Lorsqu'elle est à l'état de gelée, elle se déshydrate au contact de l'alcool et se contracte fortement. Une feuille de gélatine, ainsi humectée, se rétracte assez régulièrement pour conserver les formes dont elle a reçu l'empreinte.

Le chlore produit des composés remarquables dont la formation a été reconnue par M. Thénard.

Le brome et l'iode ne produisent rien d'analogue, et ne semblent pas réagir sur la gélatine.

La solution de gélatine n'est précipitée ni par les acides, ni par l'alun, ni par les sels de plomb, acétate ou sous-acétate, ni par le sulfate de fer neutre.

Le bichlorure de mercure produit un trouble qui devient permanent lorsque le sel mercuriel est en quantité suffisante. Les nitrates de protoxyde et de bioxyde de mercure précipitent aussi ; H. Davy indique aussi le précipité formé par le sulfate de platine. Les sels d'or et d'argent ne précipitent pas ; mais ils sont réduits avec le concours de la lumière.

Le tanin donne un précipité abondant : il peut se faire une combinaison définie entre un équivalent de gélatine, un équivalent de tanin et deux équivalents d'eau ; mais il se produit également des combinaisons en proportions variables, suivant l'état de concentration des liqueurs et les rapports en quantité du tanin et de la gélatine.

La dissolution de la gélatine est douée de la propriété de dissoudre une assez grande quantité de phosphate de chaux récemment précipité.

La gélatine se dissout très-bien dans les acides étendus ; son ébullition au contact de l'acide nitrique la convertit en acide oxalique ; l'acide sulfurique concentré la convertit en leucine et en un produit particulier connu sous le nom de *sucre de gélatine*. L'acide acétique la ramollit, la rend transparente et la dissout ensuite.

Les alcalis affaiblis précipitent du phosphate de chaux de la gélatine impure ; bouillie avec la potasse faible, elle se combine et se modifie de telle façon, qu'en la séparant par un acide, elle ne se prend plus en gelée, mais elle reste combinée avec le sel qui résulte de l'action de l'acide sur la potasse. Ainsi, en agissant avec l'acide sulfurique sur une dissolution gélatineuse de potasse, on précipite un composé de gélatine et de sulfate de potasse, soluble dans l'eau et cristallisable. L'acide acétique se comporte d'une manière analogue.

Si la solution de potasse est concentrée, il se dégage, par l'ébullition, de l'ammoniaque, et la gélatine se trouve convertie en leucine et en sucre de gélatine.

Action du chlore sur la gélatine. — Le chlore trouble une dissolution de gélatine et forme soit des flocons blancs, soit des filaments flexibles et nacrés; ce nouveau composé, insipide, insoluble dans l'eau et dans l'alcool, imputrescible, soluble dans les alcalis, se compose, lorsqu'il est humide, de $C^{13} H^{10} Az^{2} O^{5} + Cl O^{3}$. M. Mulder, qui en a fait l'analyse, a reconnu qu'il se décompose par l'évaporation et se convertit en une autre combinaison qui renferme :

$$4(C^{13}H^{10}Az^{2}O^{6}) + ClO^{3}.$$

Les flocons et les filaments qui viennent d'être signalés dans l'action du chlore sur la solution aqueuse de gélatine, ne constituent pas les seuls produits : il se rassemble au fond de la dissolution de gélatine une masse demi-transparente à laquelle M. Mulder a reconnu une composition particulière :

$$3(C^{13}H^{10}Az^{2}O^{6}) + 2ClO^{3}.$$

Lorsqu'on fait agir l'ammoniaque sur ces combinaisons, de l'azote se dégage, et de la gélatine, susceptible de se prendre en gelée, se trouve régénérée sans changement dans sa composition élémentaire.

La gélatine modifiée par l'ébullition donne aussi une combinaison analogue aux précédentes, mais de constitution différente. M. Goudœver [1], qui en a fait l'analyse, la représente par :

$$5(C^{13}H^{10}Az^{2}O^{5}) + 2ClO^{3}.$$

La combinaison a été la même avec de l'ichthyocolle bouillie dans l'eau pendant cinquante-cinq heures et pendant cent heures.

Sucre de gélatine. — Lorsqu'on verse deux parties d'acide sulfurique concentré sur une partie de colle, et qu'on laisse le tout reposer durant vingt-quatre heures, il se fait un liquide clair et incolore. On étend cette liqueur de neuf fois autant d'eau qu'elle contient de colle, et on la

[1] *Annuaire de Chimie*, Paris, 1845, pag. 513.

laisse bouillir pendant huit heures, en remplaçant l'eau d'évaporation par de l'eau nouvelle ; on sature ensuite par de la craie, on filtre, et, après un repos de quelques jours, on évapore jusqu'à consistance sirupeuse. Au bout d'un mois il se fait une croûte cristallisée qui consiste surtout en sucre de gélatine.

Le même composé s'obtient plus facilement, en maintenant la gélatine en ébullition avec une lessive concentrée de potasse caustique, tant que l'ammoniaque se dégage. Dès que celle-ci cesse de se faire sentir, on sature la liqueur par l'acide sulfurique et l'on évapore à siccité. On épuise le résidu par l'alcool que l'on chasse ensuite par l'évaporation. Le sucre cristallise et se purifie par des dissolutions réitérées dans l'alcool.

Le sucre de gélatine est un corps cristallin, craquant sous la dent, inodore, incolore, inaltérable à l'air, d'une saveur très-sucrée ; à $+ 110^{\circ}$ il ne change pas de poids ; à $+ 178^{\circ}$ il se décompose en dégageant de l'ammoniaque. Il se dissout dans 4,4 parties d'eau à $+ 17,5$. Il est peu soluble dans l'alcool, insoluble dans l'éther.

L'acide sulfurique concentré le noircit par la chaleur.

L'acide hydrochlorique le dissout à chaud et le laisse déposer par le refroidissement.

Il ne fermente point.

Il se combine aux oxydes d'argent, de plomb et de cuivre, et forme ainsi des combinaisons cristallines.

Sa composition se représente, d'après M. Mulder, par :

$$C^8H^7Az^2O^5 + 2HO.$$

Deux équivalents d'eau sont remplacés dans les combinaisons métalliques par deux équivalents de base.

Le sucre de gélatine se dissout dans l'acide nitrique faible ; on chauffe légèrement et, par une évaporation douce, il se fait des cristaux d'un acide appelé *nitrosaccharique*, dont l'étude a été faite par M. Mulder, d'une part, et par M. Boussingault d'autre part.

M. Mulder représente cet acide par :

$$C^8H^7Az^2O^5, 2HO + 2(AzO^5, HO).$$

L'action des bases peut fournir les sels suivants :

Sel de potasse.... $C^8H^7Az^2O^5, 2KO + 2(AzO^5) + HO, HO.$
Sel d'argent..... $C^8H^7Az^2O^6, 2AgO + 2(AzO^5) + HO, HO.$
Sel de baryte.... $C^8H^7Az^2O^5, 2BaO + 2(AzO^5) + HO, BaO.$
Sel de cuivre.... $C^8H^7Az^2O^5, 2CuO + 2(AzO^5) + HO, CuO.$

M. Boussingault adopte un arrangement différent pour exprimer le sucre de gélatine :

$$C^{16}H^{15}Az^4O^{11} + 3HO.$$

Les trois équivalents d'eau pourraient, d'après M. Boussingault, se remplacer par quatre équivalents de base :

$$4KO,\ 4CuO,\ 4PbO.$$

Le sucre cristallisé perd 4, 5, pour 100 d'eau à $+110^{\circ}$ et devient ainsi :

$$C^{16}H^{15}Az^4O^{11} + 2HO.$$

Les nitrosaccharates peuvent s'obtenir par la combinaison directe d'un nitrate et du sucre de gélatine, ou bien par l'action de l'acide nitrique sur les combinaisons des oxydes métalliques avec le sucre de gélatine.

Chondrine. — M. Muller a reconnu le premier que la substance qui se dissout par l'ébullition des cartilages dans l'eau diffère de la gélatine.

Cette substance particulière, qu'il a nommée *chondrine*, s'obtient en faisant bouillir les cartilages costaux avec l'eau pendant quarante-huit heures; la liqueur se prend par le refroidissement en une gelée que l'on débarrasse par l'éther des principes gras qui s'y trouvent mélangés.

La solution aqueuse de chondrine précipite par le sulfate d'alumine, l'alun, le sulfate de fer et l'acétate de plomb, qui ne troublent point la gélatine.

Les acides minéraux précipitent aussi la chondrine, mais

plusieurs ont une telle aptitude à redissoudre le précipité, que souvent celui-ci échappe. Les acides sulfurique, nitrique, phosphorique, trihydrique, l'acide phosphoreux, acétique et hydrochlorique sont dans ce cas.

Les acides sulfureux, phosphorique monohydrique, arsénique et hydrofluorique donnent, au contraire, des précipités permanents; les acides oxalique et nitrique agissent de même.

L'acide carbonique trouble une solution étendue de chondrine et forme un composé insoluble, véritable carbonate de chondrine, qui se détruit lorsqu'on le chauffe, ou bien lorsqu'on y ajoute un acide, ou bien encore lorsqu'il reste exposé au contact de l'air.

L'action du chlore établit une différence caractéristique entre la gélatine et la chondrine. Cette dernière est aussi précipitée; elle donne un composé chloré blanc, qui, par sa dessiccation à l'air, se durcit et devient d'un vert pur. Cette combinaison, étudiée par M. Schrœder, renferme :

$$C^{32}H^{26}Az^{4}O^{14} + Cl.$$

Un équivalent de chlore s'ajoute simplement aux éléments de la chondrine.

M. Vogel a remarqué qu'en faisant digérer des cartilages de côtes dans de l'acide hydrochlorique l'espace de vingt-quatre heures, et les faisant ensuite bouillir le même temps dans l'eau, on obtient une liqueur qui ne se prend point en gelée, et laisse pour résidu une matière non visqueuse que les acides ne précipitent point, et qui diffère ainsi complétement de la chondrine de M. Muller.

Composition de la gélatine et de quelques tissus animaux.

Les formules que M. Muller adopte pour représenter la gélatine et la chondrine, sont celles qui viennent d'être produites :

Gélatine.... $C^{13}H^{10}Az^{2}O^{5}$.
Chondrine... $C^{32}H^{26}Az^{4}O^{14}$.

En rapprochant cette composition de celle de la protéine :

$$C^{40}A^{30}Az^{5}O^{12}$$

on reconnaît facilement que la chondrine et la gélatine représentent des produits d'oxydation de la protéine.

M. J. Schœrer a cherché à donner une expression rigoureuse aux rapports qui lient la constitution élémentaire de nos principaux tissus à celle de la protéine. Quelques dissidences très-légères, qui existent entre les résultats de ses analyses et les nombres obtenus par d'autres chimistes, n'ôtent rien à l'intérêt des rapprochements qu'il a établis. Les recherches de M. Schœrer ont d'ailleurs eu l'avantage précieux de faire connaître la composition des principaux tissus animaux.

La sclérotique, la colle de poisson bouillie, le tendon du pied d'un veau ont fourni des nombres qui peuvent se traduire par :

$$C^{96}H^{82}Az^{15}O^{36}.$$

Si l'on retranche de cette somme deux équivalents de protéine [1], on obtient pour reste :

$$3AzH^{3} + HO + 7O$$

c'est-à-dire que la protéine aurait fixé de l'oxygène, de l'eau et de l'ammoniaque pour constituer les trois substances organiques que l'on considère comme les plus propres à fournir la gélatine.

Le cartilage des côtes et la cornée, qui servent d'origine à la chondrine, sont composés, suivant M. Schœrer, de :

$$C^{48}H^{40}Az^{6}O^{20}.$$

Ces tissus renferment ainsi un équivalent de protéine, plus deux équivalents d'oxygène et quatre équivalents d'eau.

La membrane fibreuse des artères s'est trouvée composée de :

[1] M. Schœrer représente la protéine par $C^{48}H^{36}Az^{6}O^{14}$.

$$C^{48}H^{38}Az^{6}O^{16}.$$

En d'autres termes, un équivalent de protéine, plus deux équivalents d'eau.

L'épiderme de la plante des pieds, les ongles, les cheveux, la laine, la corne de buffle, la membrane interne de la coquille d'œuf contiennent :

$$C^{48}H^{39}Az^{7}O^{17},$$

[1] ce qui représente un équivalent de protéine, plus un équivalent d'ammoniaque et trois équivalents d'oxygène.

La barbe et les tuyaux de plume s'expriment par :

$$C^{48}H^{39}Az^{7}O^{16}$$

c'est-à-dire la formule précédente, moins un équivalent d'oxygène.

Ainsi tous les tissus de l'économie animale se représentent par une composition intermédiaire à celle des composés protéiques et des produits azotés de nos sécrétions. C'est par une addition d'eau, d'ammoniaque ou d'oxygène qu'ils diffèrent de la protéine. Ils se trouvent dans un rapport simple avec leur origine et la modification physiologique qu'ils supportent.

M. Ch. Schmidt a donné un développement très-remarquable aux vues qui sont exprimées par M. Schœrer. Des analyses, exécutées sur les tissus caractéristiques de différentes classes animales, lui ont permis de signaler des rapports du plus haut intérêt entre la position zoologique de ces animaux, leurs fonctions et la constitution physique et chimique de leurs organes.

Ces rapprochements ne peuvent se produire sans l'appui des données chimiques que fournit l'étude des sub-

[1] L'action de la potasse sur la corne, les poils, la laine et les autres substances cornées développe de l'ammoniaque, et provoque en outre une élimination d'acide acétique, que la saturation par un excès d'acide sulfurique permet d'isoler et de recueillir à la distillation.

stances alimentaires contenues dans les deux classes qui restent à examiner.

CHAPITRE II.

DES ALIMENTS HYDROCARBONÉS.

§ I.

Les substances comprises dans la deuxième classe des principes alimentaires sont l'amidon, les gommes, les mucilages, le ligneux et les différentes espèces de sucre.

La composition de ces substances est d'une extrême simplicité : elles ne renferment que du carbone, de l'hydrogène et de l'oxygène. L'hydrogène et l'oxygène se trouvent exactement dans les proportions qui constituent l'eau, de sorte que ces aliments peuvent se représenter par du charbon et de l'eau.

Les aliments hydrocarbonés se conservent sans peine, même au contact de l'air, et jusqu'à un certain point de l'humidité, pourvu qu'ils soient éloignés du voisinage des substances albuminoïdes. Mais ces dernières, à des doses infiniment petites, provoquent des modifications profondes, encore très-obscures pour la plupart, mais dont quelques-unes, désignées sous le nom de *fermentation*, composent un des chapitres les plus intéressants de la chimie organique.

La présence des acides concourt aussi activement à l'altération des substances hydrocarbonées.

Les aliments hydrocarbonés ne résistent pas à l'action de la chaleur : celle-ci les décompose en un charbon volumineux qui demeure fixe, et en plusieurs produits de distillation, les uns gazeux, les autres liquides et colorés en brun. Ces produits de décomposition ignée offrent une réaction acide, due surtout à la présence de l'acide acétique, qui se représente aussi dans sa composition par du charbon et de l'eau. La distillation s'accompagne d'une odeur forte, généralement appelée *empyreumatique*, bien distincte de l'odeur fournie par les produits albuminoïdes.

Toutes les substances contenues dans cette seconde classe brûlent facilement lorsqu'on les chauffe au contact de l'air, ce qui s'explique sans peine par leur composition élémentaire.

Plusieurs réactifs d'oxydation peuvent en amener la combustion complète ; la potasse caustique en fusion est dans ce cas, mais elle tend à former alors des acides moins oxygénés que l'acide carbonique, par exemple, l'acide oxalique.

L'acide nitrique en grand excès peut aussi les brûler complétement et les convertir en acide carbonique. Mais son action est moins profonde lorsqu'on n'insiste pas, et s'arrête à deux termes d'oxydation, qui sont les acides oxalique et mucique. L'acide oxalique se produit constamment ; l'acide mucique caractérise au contraire les gommes et le sucre de lait.

L'acide sulfurique concentré, employé à chaud et en grand excès, charbonne tous les éléments hydrocarbonés, en dégageant de l'acide sulfureux. On admet qu'il y a d'abord une élimination de carbone produite par l'affinité de l'acide sulfurique concentré pour l'eau ; mais il n'est nullement démontré que le produit noir qui se forme dans cette circonstance soit du charbon pur.

L'acide sulfurique, employé suivant des règles particulières, variables avec chaque principe hydrocarboné, les convertit tous en une même substance, qui n'est autre que le sucre de raisin.

La réunion si remarquable des caractères généraux qui viennent d'être indiqués, ne permet pas de séparer l'examen des différentes substances hydrocarbonées. Les propriétés nutritives du ligneux sont moins évidentes que celles de l'amidon, de la gomme et du sucre ; mais si le ligneux ancien, compacte, chargé d'incrustations résineuses et étrangères refuse de se prêter à l'alimentation des espèces animales supérieures, il n'en est pas de même du ligneux de formation récente, qui compose en partie les cellules délicates de plusieurs légumes. Le ligneux tendre ou compacte ne paraît pas d'ailleurs étranger à l'assimilation de plusieurs classes animales. Il suffit, dans tous les cas, d'une transformation facile à effectuer pour convertir le ligneux en sucre; et les propriétés alibiles de ce dernier sont incontestables.

Les aliments hydrocarbonés, destinés sans doute à une combustion quotidienne, semblent devoir se représenter par l'acide carbonique qu'exhalent la surface pulmonaire et la surface cutanée. On ne trouve du moins, au sein de l'économie animale, aucun principe permanent qui, par sa composition, se rattache à la constitution même des aliments hydrocarbonés. L'acide acétique et l'acide lactique seuls pourraient en rappeler assez directement le passage, mais ce sont, autant qu'on peut en juger d'après les circonstances où leur présence a été signalée, des produits de sécrétion aussi rapidement éliminés que l'acide carbonique.

On pourrait concevoir à la rigueur la conversion des aliments hydrocarbonés en corps gras, et cette opinion a été soutenue par M. Liébig; mais elle ne s'est point confirmée par les expériences si précises qui ont été faites par M. Boussingault sur plusieurs animaux herbivores. Il n'est pas impossible qu'il en soit autrement dans quelques classes animales. Ainsi MM. Dumas et Milne Edwards ont reconnu que les abeilles peuvent composer, avec le sucre et le miel, de la cire, dont la formule est assez rapprochée de celle des corps gras; et M. Persoz assure qu'on retrouve, chez les oies engraissées avec le maïs, plus de matière grasse qu'on n'en introduit par l'aliment direct. Il faut ajouter enfin que l'analyse des organes de plusieurs insectes constate la présence de principes qui se rattachent sensiblement à la constitution des aliments hydrocarbonés. Ces différents exemples, dans lesquels il ne faut pas voir des résultats contradictoires, indiquent avec quelle réserve il faut déduire les conclusions générales de l'expérience.

Les questions qui se rattachent à la deuxième classe des aliments seront étudiées dans l'ordre suivant :

1° De l'amidon ;

2° Du ligneux ;

3° Des gommes et des mucilages ;

4° Des sucres ;

5° De quelques produits qui résultent de la décomposition des principes hydrocarbonés ;

6° Des phénomènes de la fermentation.

L'histoire de certains principes qui dérivent de la fermentation a pris un développement si considérable, qu'il sera nécessaire de leur consacrer un chapitre spécial. Il suffit de nommer l'alcool et l'acide acétique pour donner une idée de l'importance et du nombre des faits qui se rattachent à cette subdivision.

§ II. — Amidon.

L'amidon constitue la matière féculente des végétaux ; celle-ci se trouve dans toutes les parties de la plante ; il est rare cependant de rencontrer l'amidon dans la tige et dans les branches des plantes dicotylédones. Il abonde, au contraire, dans la tige de plusieurs végétaux monocotylédons. On le trouve en quantité dans ces deux grandes divisions des êtres organisés lorsqu'on en examine les racines, les bulbes, les semences, les tubercules, les fruits, etc.

Quelle que soit l'origine de l'amidon, il se présente sous une forme pulvérulente, granuleuse, généralement arrondie. Ses granulations offrent toutes, lorsqu'on les examine à la loupe ou au microscope, une sorte de point qui simule l'ombilic des haricots, et qu'on nomme le *hile du grain d'amidon*.

Les grains, durs à la circonférence et d'une consistance

cornée, s'amollissent à mesure qu'on approche du centre, ce qui avait fait distinguer différents principes connus sous le nom d'*amidiue, d'amidin*, etc. Ce sont simplement différents degrés de cohésion de la substance qui compose l'amidon.

L'accroissement du grain d'amidon se fait par le hile qui représente une sorte d'entonnoir à travers lequel s'engage la matière fluide et plastique, pénétrant ainsi jusqu'au centre.

Le dépôt de la matière fluide paraît intermittent, car le grain se compose de plusieurs couches de cohésion décroissante à mesure qu'on approche du centre.

La dimension des grains d'amidon diffère pour chaque plante, au point que le grain de la pomme de terre de *Rohan* possède un volume sept cent vingt-quatre mille fois plus considérable que celui de la graine du *chenopodium quinoa*.

Hydratation de l'amidon. — Lorsqu'on vient d'extraire l'amidon, si on le fait égoutter sur une substance capable d'absorber l'eau d'interposition que lui cèdent les lavages, sur une dalle en plâtre, par exemple, au bout de vingt-quatre à trente-six heures, la dalle ou l'atmosphère se sont emparées de l'eau interposée, et l'amidon ne cède plus d'eau à une pression mécanique; mais il peut perdre encore 45 pour 100 de son poids par une dessiccation complète, ce qui correspond à quinze équivalents d'eau d'hydratation pour un équivalent d'amidon.

Maintenu dans une atmosphère à + 20°, l'amidon retient encore 35 pour 100 d'eau, ce qui correspond à un hydrate contenant dix équivalents d'eau. Dans cet état d'hydratation, les grains d'amidon possèdent une grande tendance à durcir et à s'unir les uns aux autres; ainsi en les plaçant, sous forme de plaque mince, entre deux feuilles d'un papier léger, ils conservent l'empreinte d'un cachet; si on les jette subitement sur une plaque métallique chauffée à +150°, les grains, ainsi hydratés, se soudent à l'instant en prenant une sorte de transparence cornée; c'est de cette manière que se font le gruau, le tapioka, la semoule.

Dans un air sec, l'amidon retient encore quatre équivalents d'eau. Dans le vide sec, cette quantité d'eau se réduit à deux équivalents. Enfin, chauffé dans le vide à + 120 + 125°, l'amidon se déshydrate entièrement. Il se représente alors par :

$$C^{12}H^{9}O^{9}, HO.$$

Le dernier équivalent d'eau que la chaleur ne peut pas séparer, peut être éliminé par les oxydes qui se combinent à l'amidon.

Lorsque l'amidon a été ainsi desséché, il reprend avidement l'eau à l'atmosphère jusqu'à ce qu'il en ait acquis quatre équivalents.

L'amidon n'éprouve pas d'autre altération de la part de l'eau froide dans laquelle il est entièrement insoluble.

Action de la chaleur et de l'eau. — Lorsqu'on a chauffé l'amidon dans un tube de verre à + 200 + 220°, on trouve qu'il est devenu entièrement soluble dans l'eau et qu'il a perdu toutes ses propriétés. Il est alors converti en dextrine, substance qui offre les propriétés physiques des gommes, mais qui n'en a pas les propriétés chimiques.

Lorsque la fécule est hydratée et qu'on la tient enfermée dans un vase, de façon que l'eau ne s'échappe pas, la conversion en dextrine se fait plus facilement.

L'action combinée de la chaleur et de l'eau permet d'apprécier très-nettement les principaux faits qui ont été avancés sur l'état physique des granulations de l'amidon.

Lorsqu'on fait chauffer l'amidon dans l'eau, les différentes couches qui composent chaque grain se gonflent: les couches centrales, plus faciles à humecter, prennent un développement plus considérable, elles font hernie en quelque sorte, et se répandent alors dans l'eau à travers les couches superficielles qui se rompent. Ce phénomène d'expansion commence à +55°. Il est très-sensible à + 72° et devient extrêmement prononcé à + 100°. Comme l'amidon occupe alors près de trente fois son volume primitif, le liquide acquiert une consistance épaisse. Par le refroidissement, les membranes amilacées se contractent et forment des plis. Mais lorsque ces membranes ont été fortement appliquées l'une contre l'autre par la dilatation, comme elles sont devenues adhésives, elles se prennent par le refroidissement en une sorte de gelée, qu'on désigne vulgairement sous le nom d'*empois*.

Il faut toutefois que la quantité d'eau reste inférieure au volume que peuvent acquérir les grains dans leur plus grand état d'expansion. Les membranes, dans cet état d'expansion auquel l'eau bouillante les amène, sont si déliées qu'elles peuvent passer à travers les pores des filtres. Mais les radicelles des plantes offrent sans doute des filtres plus fins, car, plongées dans une solution d'amidon refroidie, elles absorbent l'eau et arrêtent les membranes d'amidon au passage.

Si l'on refroidit à —10° une solution filtrée d'amidon, et qu'on la laisse ensuite reprendre une température qui la dégèle, la substance amilacée se trouve contractée et flotte dans le liquide au fond duquel elle se rassemble sous forme de flocons volumineux : elle reparaît alors avec ses propriétés primitives. L'amidon semble ainsi suspendu plutôt que dissous.

Lorsqu'on empêche l'eau de se volatiliser en enfermant l'eau et l'amidon dans un tube, on observe que, de + 100 à + 130°, il se forme toujours de l'empois ; mais à + 150°, la fécule se dissout et fournit un liquide fluide et transparent. Ce liquide refroidi laisse déposer une grande quantité de très-petits grains qui se dissolvent très-bien dans l'eau de + 70 et à + 100°. L'amidon ne paraît pas altéré dans cette action de la chaleur, étudiée par M. Jacquelain ; il paraît seulement amené au plus grand état de ténuité que ses grains puissent offrir.

L'eau et l'amidon enfermés dans un vase semblable à la marmite de Papin, dans la proportion de un d'amidon pour cinq parties d'eau, et chauffés à + 160°, donnent naissance à une gomme qui offre toutes les propriétés de la dextrine. A + 180°, il se forme des proportions notables de sucre. Ainsi, l'eau seule réalise sur l'amidon les effets de la diastase et de l'acide sulfurique, c'est-à-dire des corps catalytiques les plus énergiques.

Les mêmes granules d'amidon, produits par l'action de l'eau à +150°, s'obtiennent par l'action de la diastase, arrêtée au début de l'opération.

Réactions de l'amidon. — L'ébullition de l'empois maintenue durant plusieurs jours, convertit l'amidon en une matière amère et en principes gommeux indéterminés.

Une solution aqueuse d'amidon est précipitée par l'alcool, le sous-acétate de plomb, la chaux, la baryte et l'acide tanique. Le précipité formé par la baryte se redissout ensuite; mais le réactif caractéristique de l'amidon se trouve dans l'iode.

La moindre parcelle d'iode communique à l'amidon une magnifique coloration bleue. L'amidon en grains reçoit de l'iode une coloration si foncée qu'il en paraît presque noir; plus les membranes amilacées sont étendues et délayées dans l'eau, plus la coloration bleue est intense.

Cette coloration bleue disparaît à chaud; mais elle reparaît par le refroidissement de la liqueur. La décoloration n'a pas lieu si l'iode est mis en grand excès.

La lumière détruit la coloration de l'iodure d'amidon.

Le froid congèle une solution d'iodure d'amidon, et lorsqu'on revient à une température suffisante pour la dégeler, l'iodure se précipite à l'état insoluble. Les acides et les solutions salines qui n'agissent pas sur l'amidon, rendent l'iodure d'amidon insoluble ; on peut reconnaître ainsi dans l'eau la présence des matières salines.

L'iode préserve l'amidon de l'action de la chaleur ; à + 220° il ne l'abandonne pas, il ne s'en sépare que quelques traces, et, de plus, il empêche sa transformation en dextrine.

L'alcool anhydre enlève l'iode à l'iodure d'amidon ; mais dès qu'on ajoute de l'eau, les grains d'amidon reprennent leur coloration.

Le bichlorure de mercure décolore l'iodure d'amidon ; mais l'addition d'un iodure alcalin fait reparaître la coloration bleue. Le bichlorure de mercure forme avec l'iode de l'iodure de mercure et du chlorure d'iode, l'un et l'autre sans action sur l'amidon.

Une trace d'hydrogène sulfuré ou de sulfure alcalin fait disparaître l'iodure d'amidon. L'iode déplace le soufre.

Les lessives alcalines et les sels alcalins à acide faible détruisent aussi l'iodure d'amidon.

Un équivalent d'iode suffit pour teindre dix équivalents d'amidon.

Lorsque l'amidon est parfaitement desséché, l'iode ne le colore pas, mais il s'absorbe ; car il suffit d'humecter les grains de fécules exposés préalablement à la vapeur d'iode pour les teindre en bleu. Les fécules prennent aussi des teintes assez diverses lorsqu'on les expose à la vapeur d'iode. M. Gobley a remarqué que l'amidon prend une teinte violacée, la fécule de pomme de terre une couleur gris tourterelle, le tapioka vrai une couleur jaune, etc.

Le chlore attaque l'amidon ; le chlorure de chaux le détruit entièrement en formant du carbonate de chaux.

Les acides affaiblis dissolvent l'amidon et donnent ainsi un liquide transparent ; une ébullition prolongée convertit d'abord l'amidon en dextrine, puis en sucre. Tous les acides minéraux solubles sont dans ce cas ; il faut y ajouter aussi les acides oxalique, tartrique, citrique, et la plupart des acides organiques.

L'acide acétique affaibli présente une exception très-notable : il conserve l'amidon, et, comme dans la réaction finale des acides sur l'amidon, le sucre qui se produit est sans action sur l'iode, on reconnaît ainsi la falsification du vinaigre par les acides inorganiques, sulfurique, hydrochlorique, etc.

Si l'on introduit, en effet, 1 gramme de fécule dans 100 centimètres cubes d'un vinaigre de cidre ou de bois, en portant le vinaigre à l'ébullition durant une demi-heure, la fécule conservera son action sur l'iode. Un demi-centième d'acide sulfurique, ajouté au vinaigre, fera disparaître toute réaction de l'iode.

Le tanin en solution précipite l'amidon ; mais ce précipité se redissout à l'aide de la chaleur ; l'amidon ainsi uni au tanin se trouve soustrait à l'action de la diastase.

L'acide nitrique du commerce, affaibli et employé en excès, convertit l'amidon en acide oxalhydrique, puis en acide oxalique, et enfin en acide carbonique.

Lorsqu'on emploie l'acide nitrique fumant, l'amidon se dissout ; mais si on ajoute de l'eau, il se dépose une matière blanche, connue sous le nom de *xyloïdine*. Cette substance, découverte par Braconnot, étudiée par M. Pelouze, est très-combustible. Elle offre les propriétés d'un nitrate dont la base serait combustible ; c'est une sorte de nitrate d'amidon. La xyloïdine obtenue par l'amidon ne paraît pas un produit simple, car une partie peut se dissoudre dans l'alcool ; cette matière réclame de nouvelles études.

Lorsqu'on imprègne l'amidon d'un tiers de son poids d'eau additionnée d'acide nitrique du commerce (deux millièmes d'acide nitrique suffisent pour une partie d'amidon), on convertit entièrement l'amidon ainsi imprégné en dextrine : on le sèche d'abord à +80°, puis on le soumet dans l'étuve à une température de + 120 + 128°.

M. Blondeau de Carolles assure qu'en broyant l'amidon dans de l'acide sulfurique concentré, on obtient une masse gommeuse qui se fluidifie, et qui, saturée par les carbonates de plomb, de chaux ou de baryte, forme des sels solubles. La combinaison avec l'oxyde de plomb aurait pour formule :

$$C^{36}H^{36}O^{36}, 2SO^3 + PbO + 2HO$$

lorsque le contact n'aurait pas été prolongé ; après un contact de trente-six heures, la combinaison se représenterait par :

$$C^{24}H^{24}O^{24}, 2SO^3, PbO + 2HO.$$

A chaud, l'acide sulfurique, étendu de deux parties d'eau, charbonne l'amidon, en dégageant de l'acide formique.

Une eau faiblement alcaline, contenant deux pour 100 de soude par exemple, gonfle les grains d'amidon au point de leur faire occuper soixante-dix ou soixante-quinze fois leur volume primitif.

L'ammoniaque est sans action sur les grains d'amidon.

Lorsqu'on mêle une solution d'amidon dans cent cinquante fois son poids d'eau, à de l'acétate de plomb ammoniacal, on obtient un précipité d'amidon et d'oxyde de plomb, formé de :

$$C^{12}H^9O^9 + 2PbO.$$

La diastase, substance albuminoïde trouvée dans les grains germés, transforme complétement l'amidon en sucre ; mais on n'arrive pas de suite à cette dernière phase de transformation : l'amidon se convertit d'abord en dextrine, il suffit pour cela d'employer deux millièmes du poids de la fécule en diastase.

Avant de se changer en dextrine, l'amidon éprouve une première altération qui le convertit en globulins amylacés, semblables à ceux qu'on obtient, par l'action de l'eau seule, dans une marmite de Papin. Que l'on arrête en effet l'action de la diastase à + 100°, dès que l'amidon est fluidifié, et l'on verra se déposer par le refroidissement une grande quantité de grains extrêmement fins. Ceux-ci refusent de se dissoudre dans l'eau froide, mais à + 60 + 70° ils entrent en dissolution pour se précipiter de nouveau par le refroidissement.

La dissolution se colore en bleu par l'iode sans aucun affaiblissement de teinte; tandis qu'à mesure que l'amidon se convertit en dextrine, la teinte passe au violet, puis au pourpre, jusqu'à ce que la conversion en sucre s'étant effectuée, la coloration manque totalement.

L'amidon sec est inaltérable à l'air, mais l'empois s'altère rapidement.

L'amidon de froment converti en empois se change très-vite en granules, dextrine et enfin en sucre. Tous ces produits se forment simultanément en quelques jours. Il en est de même de l'empois de pommes de terre, qui résiste cependant un peu mieux.

Lorsqu'on ajoute du gluten à l'amidon, cette transformation peut être complète en douze heures.

La transformation de l'empois est due, dans tous ces cas, à la présence d'une substance albumineuse.

L'amidon est en effet accompagné d'une substance albuminoïde, plus ou moins abondante, et l'analyse de la fécule a toujours fourni à M. Jacquelain une certaine proportion d'azote.

L'amidon et la fécule, qui ne se distinguent pas comme principes chimiques, représentent, pour l'industrie, deux substances différentes. La fécule s'extrait des tubercules de pommes de terre, et l'amidon des farines de blé, de seigle et d'orge.

La fécule se montre très-bien dans des tranches minces de pommes de terre, que l'on trempe dans une solution d'iode affaiblie. L'extraction se pratique de la manière la plus simple : on déchire le parenchyme du tubercule à l'aide d'une râpe; on amène ainsi la pulpe à un grand état de division; on la délaie dans l'eau sur un tamis fin et serré; l'eau entraîne la fécule; les débris parenchymateux restent sur le tamis. La fécule tombe dans un récipient où elle gagne le fond de l'eau; on la lave, et les lavages bien conduits lui enlèvent les parties plus légères ou plus lourdes qu'elle. Lorsque la fécule est tout à fait blanche, on la fait sécher à l'air, et plus tard, à l'étuve.

Indépendamment de la partie albumineuse inséparable des fécules, qui a été signalée, celles-ci retiennent encore des principes âcres, souvent très-nuisibles, qui varient avec chaque plante. C'est ainsi que la racine de manioc, qui fournit de la fécule excellente, contient primitivement une quantité d'acide prussique, qui en fait un aliment très-dangereux avant sa purification.

Les grains de fécule provenant de la pomme de terre sont accompagnés d'une huile essentielle très-âcre, que les lavages à l'eau ne détruisent pas, mais qui disparaît dans l'eau alcoolisée.

On peut encore obtenir de la fécule en coupant la pomme de terre en tranches très-minces de 0^m 005 à 0^m 006 d'épaisseur; on les jette dans une cuve de bois, puis on les recouvre d'une eau acidulée, avec deux ou trois pour 100 d'acide sulfurique; on lave les tranches, et on les sèche ensuite à l'air. Elles deviennent ainsi d'une blancheur éclatante, et peuvent se réduire en poudre. En traitant ensuite cette fécule par de la vapeur d'eau, on la trouve exempte d'huile essentielle. Si les tranches de pommes de terre ne macèrent pas dans l'acide sulfurique affaibli, elles deviennent, en séchant, brunes et coriaces.

La pomme de terre peut fournir jusqu'à vingt pour 100 de fécule.

La fécule sèche contient, sans fraude, de dix-huit à dix-neuf pour 100 d'eau, qu'on peut enlever à $+ 100°$. La farine ordinaire ne cède que quinze pour 100.

Quant à l'extraction de l'amidon des céréales, elle se fait par deux procédés très-différents. Comme les grains qui contiennent le principe amylacé se composent de gluten et d'amidon, les deux procédés ont pour objet d'éliminer le gluten.

Le premier procédé consiste à détruire le gluten, insoluble de sa nature; il est rendu soluble par la fermentation. Pour accélérer sa conversion en principes solubles, on ajoute aux farines les eaux provenant d'opérations antérieures, on les nomme *eaux-sûres* des *amidonniers*. Il faut de quinze à trente jours pour compléter la dissolution du gluten; l'amidon résiste en grande partie, il se précipite au fond des cuves pleines d'eau; on le lave, on le tamise, puis on le sèche avec des précautions convenables.

Dans le second procédé, on conserve le gluten; on fait une pâte des farines destinées à l'extraction de l'amidon, puis on les lave sur un tamis fin; l'amidon passe à travers les mailles du tamis; le gluten s'agglutine et se sépare. L'amidon tamisé est ensuite traité comme dans le procédé de fermentation. Le dernier procédé peut fournir cinquante pour 100 d'amidon, là où le précédent n'en donnerait que quarante.

Les farines avariées peuvent servir à la fabrication de l'amidon.

Dextrine. — La dextrine forme une annexe inséparable de l'histoire de l'amidon ; elle sert en même temps de transition à l'étude des gommes.

La production de la dextrine revient incessamment dans l'examen des transformations que subit l'amidon. La chaleur seule, l'eau et la chaleur réunies, le gluten, les acides aboutissent à la production de la dextrine ; mais la formation la plus remarquable est celle qui résulte de l'action de quelques millièmes de diastase.

Quelques mots suffiront pour compléter ce qui appartient en propre à la dextrine.

Sa composition est la même que celle de l'amidon :

$$C^{12}H^{10}O^{10}.$$

Elle est soluble en toute proportion dans l'eau froide et dans l'eau chaude ; sa dissolution concentrée présente un aspect sirupeux et arrive, par la dessiccation, à un état analogue à celui de la gomme.

Elle est ordinairement colorée en jaune ou en brun. Insoluble dans l'alcool absolu, elle peut se dissoudre dans l'alcool faible; l'iode ne la colore pas; le tanin, l'eau de chaux et de baryte, l'acétate de plomb basique ne la précipitent pas.

Son nom lui est venu de la propriété qu'elle possède de dévier à droite les rayons de lumière polarisée.

La dextrine se présente dans le commerce sous deux formes, liquide ou solide.

Liquide, elle est ordinairement mélangée à une grande quantité de sucre; mais on l'en sépare très-bien par l'addition de l'alcool qui précipite la dextrine et retient le sucre en dissolution. Elle sert principalement en cet état de mélange, dans les brasseries, à la fabrication de la bière.

La dextrine se convertit entièrement en acide oxalique par l'action de l'acide nitrique; elle réduit les sels de cuivre en présence d'un grand excès de potasse caustique, lorsqu'on chauffe à +85°.

Elle se combine à l'oxyde de plomb, quand on la mélange à de l'acétate de plomb basique et qu'on ajoute ensuite de l'ammoniaque.

Elle forme aussi une combinaison avec la baryte, lorsque la dextrine et la baryte ont été dissoutes séparément dans de l'esprit de bois.

La dextrine solide se présente sous forme pulvérulente; elle peut aussi avoir l'aspect de la gomme; elle sert surtout dans l'impression et l'apprêt des toiles, ainsi que dans le collage des papiers. Elle a reçu dernièrement une application qui intéresse la chirurgie. On l'emploie pour obtenir des appareils inamovibles dans le traitement des fractures[1]; pour cela on enduit des bandes de toile ou même de papier d'une préparation convenable de dextrine.

On emploie les proportions suivantes :

Dextrine	100
Eau-de-vie camphrée . .	50

[1] Voyez *Annales de la chirurgie française*, t. I, p. 5; t. X, p. 289.

On délaie durant quelques minutes, puis on ajoute :

Eau................ 40.

On mélange en triturant avec soin, et la liqueur est prête.

On enduit ensuite les bandes de cette préparation comme on le ferait d'une toile à sparadrap.

La quantité de dextrine nécessaire à un appareil de fracture de clavicule est de. . . . 400 grammes.

de cuisse	—	300
de jambe	—	200
d'avant-bras	—	150

Usage de l'amidon, de la fécule et de la dextrine.

L'amidon et la fécule se conservent, les farines s'altèrent; c'est là le côté économique le plus important dans la fabrication des fécules. C'est un aliment subsidiaire des fécules elles-mêmes qui se mêle à un grand nombre d'aliments et en abaisse le prix.

La fabrication du papier exige l'emploi d'une grande quantité de fécule. La dextrine, qui peut se substituer à la gomme du Sénégal dans plusieurs circonstances, est d'un prix bien inférieur. Enfin les applications du sucre de raisin artificiel sont aujourd'hui si nombreuses, que la fabrication de ce produit emploie artificiellement plusieurs millions de kilogrammes de fécule.

Diastase. — La diastase constitue un principe albuminoïde particulier, qui paraît spécialement destiné à fluidifier l'amidon. L'acide sulfurique, qui agit si rapidement et si énergiquement sur les fécules, en transforme soixante fois moins que la diastase. Cette substance ne réagit d'ailleurs ni sur le ligneux, ni sur le sucre de canne, ni sur la gomme arabique, susceptibles, cependant, d'être convertis en sucre de raisin par l'acide sulfurique.

La diastase possède son maximum d'activité de 65 à 75°; au-dessus de cette température elle n'agit plus sur l'amidon; mais elle conserve ses propriétés dans le vide et résiste à un grand abaissement de température. A 0°, elle produit encore une petite quantité de sucre, mais la majeure partie de l'amidon passe seulement à l'état de dextrine; à —12°, il ne se forme plus que de la dextrine.

La diastase se forme au moment de la germination des céréales et des pommes de terre; avant cette époque, la diastase n'existe point et se trouve représentée par une matière albuminoïde de nature différente; elle se développe dans les semences de blé, d'orge et d'avoine, près des germes, ou bien dans les tubercules de pommes de terre, au point d'insertion des pousses. Elle est accompagnée d'une autre substance albuminoïde, qui se coagule par la chaleur et se trouve sans action sur l'amidon.

On extrait la diastase en faisant macérer l'orge germée, réduite en poudre, dans de l'eau à 25 ou 30°. On presse dans un linge le mélange, qui doit avoir une consistance de pâte, puis on filtre. Le liquide clair est chauffé à + 75°; la matière albuminoïde, différente de la diastase, est coagulée. On filtre de nouveau, et la liqueur ainsi obtenue contient la diastase, qui s'y trouve dissoute et prête à agir énergiquement. Pour la séparer du sucre et des principes colorants qui l'accompagnent, on verse de l'alcool anhydre dans la liqueur, jusqu'à ce que le précipité cesse de se former. La diastase se sépare sous forme de flocons, que l'on redissout dans l'eau, et que l'on précipite de nouveau par l'alcool. Il faut éviter de la chauffer à + 90° lorsqu'elle est encore humide.

Desséchée à + 45° environ ou bien dans le vide, elle constitue une substance blanche, solide, amorphe, soluble dans l'eau, dans l'alcool faible, insoluble dans l'alcool concentré. La dissolution aqueuse est neutre, sans saveur, sans odeur; elle n'est point précipitée par l'acétate de plomb;

elle semble, dans ses propriétés de dissolution et de précipitation, marcher parallèlement à la diastase.

Humide, elle s'altère, devient putride; bien desséchée, elle peut se conserver longtemps.

Inuline et lichenine. — Ces deux principes, assez rapprochés de l'amidon par leurs propriétés et leur composition, sont en quelque sorte devenus des annexes inséparables de son histoire.

L'inuline existe très-abondamment dans la racine du dahlia, dans le topinambour; elle se trouve aussi dans les racines d'angélique, de chicorée, de colchique et de plusieurs autres plantes de la famille des radiées et des synanthérées.

Elle s'extrait de la même façon que l'amidon; on réduit les racines en pulpe sur un tamis arrosé d'un filet d'eau froide : l'inuline se dépose du liquide laiteux qui a filtré; on la lave à l'eau froide, puis on la dissout dans l'eau bouillante, d'où elle se précipite par le refroidissement ou bien par l'addition de l'alcool.

L'inuline est blanche, pulvérulente, très-fine, sans odeur ni saveur. Elle pèse 1, 356. Chauffée un peu au-dessous de + 100° elle perd de l'eau et entre en fusion. Après le refroidissement, elle forme une masse grisâtre, écailleuse, facile à réduire en poudre. Elle semble convertie en une matière gommeuse.

L'inuline se dissout en très-petite quantité dans l'eau froide; elle est très-soluble dans l'eau bouillante, et forme une dissolution mucilagineuse, qui n'a pas la consistance de l'empois.

Son ébullition prolongée dans l'eau la convertit en une matière gommeuse.

L'iode la jaunit et la rend insoluble dans l'eau froide.

Elle est insoluble dans l'alcool, qui la précipite, même de dissolutions aqueuses qui n'en renferment qu'une très-petite quantité.

Les acides étendus la dissolvent et la convertissent facilement en sucre ; l'acide nitrique la change en acide oxalique sans acide mucique.

Elle se combine avec les alcalis, la baryte et la chaux ; les acides la séparent de ces combinaisons.

Elle est précipitée à froid par la décoction de noix de galle ; le précipité se dissout à chaud.

M. Mulder assigne à l'inuline la même composition qu'à l'amidon :

$$C^{12}H^{10}O^{10}.$$

M. Croockewit admet plusieurs variétés dans l'inuline. Celle du dahlia et celle de l'aunée fourniraient des composés différents avec l'oxyde de plomb, et l'inuline provenant de ces deux origines se dédoublerait encore avec facilité. Lorsqu'on la ferait bouillir dans l'eau, il se formerait avec chaque espèce d'inuline un composé plus soluble, et un autre moins soluble, dont les combinaisons plombiques seraient distinctes.

M. Parnell s'accorde avec M. Croockewit pour signaler une combinaison avec l'oxyde de plomb, qui se représenterait par :

$$C^{24}H^{18}O^{18} + 3PbO.$$

Lichenine. — On l'extrait du lichen d'Islande. On hache cinq cents grammes de lichen que l'on fait digérer pendant vingt-quatre heures dans 9 kilogrammes d'eau rendue alcaline par 30 grammes de carbonate de potasse. On décante, puis l'on renouvelle cette digestion tant que l'eau est amère. Après un lavage complet, on fait bouillir le lichen avec 4 kilogrammes et demi d'eau, que l'on réduit par la chaleur à 3 kilogrammes.

La lichenine se dissout ; la liqueur est exprimée dans une toile, et par le refroidissement elle se prend en gelée incolore, qui devient brunâtre par la dessiccation.

On l'obtient moins colorée en précipitant sa dissolution par l'alcool.

La dissolution dans l'eau redevient incolore ; cette dissolution, maintenue en ébullition au contact de l'air, se couvre à sa surface de pellicules insolubles qui se déposent au fond, et adhèrent aux parois du vase.

L'iode ne colore pas la lichenine dissoute; mais il la teint en bleu lorsqu'elle est en gelée.

Le sous-acétate de plomb et la noix de galle précipitent sa dissolution.

L'acide sulfurique affaibli et bouillant la convertit en sucre; l'acide nitrique produit de l'acide oxalique sans acide mucique.

Elle se combine aux alcalis.

Sa composition, suivant M. Mulder, ne diffère pas de celle de l'amidon :

$$C^{12}H^{10}O^{10}.$$

§ III. — Du ligneux ou cellulose.

Les faits les plus récents de la physiologie végétale permettent de considérer la trame solide de tous les végétaux, malgré leur diversité, et de toutes leurs parties, malgré leurs fonctions différentes, comme dérivant d'un seul et même organe primitif, qui est la cellule.

Cet organe élémentaire apparaît comme un point au sein des liquides qui parcourent la plante; ce point se dilate et prend bientôt la forme d'un sac : la cellule existe alors. Plus tard, les cellules se rapprochent, se soudent les unes aux autres, se compriment, s'accroissent. Il en résulte de nombreuses variétés dans la forme, la dimension, l'épaisseur et la juxtaposition du tissu cellulaire. Ainsi le tissu cellulaire proprement dit est formé de cellules arrondies; le tissu vasculaire de cellules allongées, communiquant entre elles par leurs extrémités, et constituant de véritables vaisseaux.

Enfin ces vaisseaux sont-ils engorgés et remplis par les matières que le travail de la végétation y dépose lentement? on considère alors qu'ils constituent le bois proprement dit. La cellule a vieilli et se trouve ainsi retirée du service actif de la plante.

Cette unité d'organisation si remarquable, que les botanistes physiologistes ont su reconstruire, se trouve admirablement confirmée par l'unité de composition chimique. Toutes ces cellules, quels que soient leur origine, leur fonction, leur aspect, leur forme, leur âge, ont une même composition chimique. Elles constituent le ligneux, qu'on a encore également nommé *cellulose*.

Si l'on réfléchit à l'innombrable quantité de substances minérales et organiques qui peuvent s'arrêter et s'incruster dans la cellule végétale primitive, matières odorantes, colorantes, résineuses, essentielles, grasses, acides, alcalines, salines, terreuses, siliceuses, etc. [1], on comprendra sans peine toutes les difficultés qu'a dû rencontrer cette idée

[1] Des substances incrustantes auxquelles sont dus les différents aspects que présente le bois, ont été examinées par M. Payen et par M. Schleiden.

Ces matières, plus riches en carbone et en hydrogène que le ligneux, sont sans doute susceptibles de présenter de grandes variations. Elles fournissent une proportion d'acide acétique plus forte à la distillation.

Lorsqu'on a épuisé le bois râpé et réduit en poudre, par l'acide hydrochlorique, l'alcool et l'éther, on le traite par de la soude caustique dissoute dans dix fois son poids d'eau : on maintient la liqueur alcaline au contact de la poussière de bois, et l'on chauffe au bain d'huile au point d'évaporer jusqu'à siccité. La matière incrustante se dissout; on peut la précipiter ensuite en saturant la soude par un acide : il se fait un dépôt de substances colorées en jaune, en brun ou en gris. C'est un produit complexe que les traitements par l'alcool et par l'éther séparent en plusieurs composés.

M. Liébig assure que les matières incrustantes sont solubles dans l'acide nitrique, tandis que le ligneux ne s'y dissout pas; il avance également que la matière incrustante qu'il nomme *lignine*, maintenue en ébullition durant quelque temps avec une lessive de potasse, ou bien humectée avec l'acide sulfurique, acquiert la propriété de bleuir par l'iode.

simple du ligneux pour arriver à se faire jour. M. Payen a contribué plus que tout autre à la faire adopter.

Ces difficultés s'apprécieront assez bien dans l'examen des différentes réactions par lesquelles il faut passer pour obtenir le ligneux à l'état de pureté.

Le ligneux est une substance blanche, insipide, inodore, insoluble dans l'eau, l'alcool et l'éther; le coton et le papier sont très-propres à en donner une idée exacte; ils se composent, en effet, de ligneux à peu près pur.

Tant qu'on respecte l'état d'agrégation de la cellulose, elle ne fournit qu'un corps inerte, destiné à s'immobiliser dans la plante et à résister aux réactifs de la séve qui doivent incessamment s'essayer sur lui. C'est donc un corps réfractaire tant qu'il conserve son organisation végétale; mais composé d'eau et de carbone, comme le sucre et l'amidon, il est disposé comme eux à entrer dans une sphère d'affinités assez actives, dès qu'il a été détruit dans sa constitution physique, dès qu'il se trouve sollicité par des réactifs assez énergiques pour s'adresser aux éléments mêmes.

Le ligneux se compose de carbone, d'hydrogène et d'oxygène, dans les proportions suivantes :

$$C^{12}H^{10}O^{10}.$$

L'eau froide ne l'altère pas; l'eau bouillante le désagrége dans les tissus où sa formation est récente et où sa cohésion est faible. Il offre alors des propriétés analogues à celles de la dextrine.

Sa densité est de 1, 525, mais comme il condense facilement les gaz, il arrive assez souvent qu'il surnage l'eau; conservé sous l'eau, il finit par noircir et acquiert une dureté remarquable.

L'action simultanée de l'air et de l'eau l'altère avec le temps; il se forme de l'acide carbonique; c'est dans ces conditions d'oxydation et d'humidité que le ligneux donne naissance à ces produits noirs, provenant des détritus végétaux et connus sous le nom d'*humus*.

On cite néanmoins des exemples de conservation après plusieurs siècles.

La présence des matières d'incrustation accélère et paraît même déterminer la décomposition du ligneux.

Distillé en vase clos, il donne des produits empyreumatiques et acides; chauffé à l'air, il s'enflamme. Soumis à la torréfaction, le ligneux perd ses propriétés physiques et devient analogue aux gommes. Il se dissout alors dans l'eau, où il forme une gelée tremblante, analogue à l'empois.

Le chlore humide et les chlorures d'oxyde à l'état de solution l'attaquent, l'oxydent, et, par une action prolongée, le détruisent complétement.

Les acides végétaux et minéraux sont sans action sur lui dans les mêmes circonstances où ils transforment l'amidon en sucre.

L'acide sulfurique présente les réactions les plus remarquables.

On peut, par un traitement convenable effectué à l'aide de l'acide sulfurique, convertir le ligneux en sucre de raisin. Cette transformation, réalisée pour la première fois par M. Braconnot, s'obtient de la manière suivante : dans un vase, qu'il est bon de choisir en métal et que l'on tient plongé dans l'eau, on arrose six parties de chiffons blancs avec huit parties et demie d'acide sulfurique concentré : les chiffons disparaissent, la matière se colore légèrement et noircit un peu; elle devient épaisse et visqueuse. Ainsi modifiée, elle est soluble dans l'eau et très-acide. On la dissout et on la sature par de la craie, puis on la précipite par l'alcool. Il se dépose ainsi une sorte de dextrine manifestant, sur le plan de polarisation de la lumière, une déviation aussi prononcée que la dextrine d'amidon.

Cette dextrine, soumise à l'ébullition de l'acide sulfurique affaibli, se convertit en sucre de raisin.

Suivant M. Braconnot, on peut retirer vingt-trois parties de sucre blanc de vingt parties de chiffons secs.

Lorsqu'on chauffe, dans la marmite de Papin, de la toile ou du papier avec de l'eau aiguisée par de l'acide sulfurique, une petite quantité devient soluble et se convertit en sucre de raisin.

Si l'on prend de l'acide sulfurique renfermant trois parties d'acide monohydraté et une partie d'eau, et qu'on le verse sur du coton contenu dans un mortier où on le broie durant une demi-minute, on trouve le ligneux converti en une substance gommeuse susceptible de bleuir par l'iode. Il faut, pour obtenir cette couleur, verser la teinture d'iode sur le mélange de coton et d'acide, sans attendre plus d'une demi-minute, puis ajouter de l'eau. La coloration bleue résiste aux lavages.

Cette réaction, découverte par Schleiden, appartient aussi au linge traité comme le coton par l'acide sulfurique, puis lavé à l'alcool et à l'eau.

Le linge bouilli quelque temps avec une lessive concentrée de potasse caustique, que l'on sature par l'acide acétique, se colore aussi en bleu par la teinture d'iode, pourvu qu'on ajoute ensuite de l'eau.

L'iode paraît posséder la propriété de communiquer cette teinte bleue à toutes les substances dans lesquelles il peut se fixer, à la manière des matières colorantes dans l'alumine et dans les oxydes métalliques.

La bouillie que l'on obtient avec le linge et l'acide sulfurique est susceptible de se dissoudre dans l'eau, et si alors on la sature par du carbonate de plomb ou de baryte, on obtient des sels solubles découverts par M. Braconnot. L'acide de ces sels contient de l'acide sulfurique combiné aux éléments du ligneux, il est liquide et incristallisable.

M. Blondeau de Carolles assure que la composition de l'acide composé varie avec la durée du contact de l'acide sulfurique et du ligneux; ainsi, dans le premier moment, le sel aurait pour formule :

$$C^{18}H^{12}O^{18}, 2SO^{3}, PbO + 2HO.$$

Après douze heures, il deviendrait :

$$C^{10}H^{10}O^{10}, 2SO^{3}, PbO, 2HO$$

et après vingt-quatre heures :

$$C^{4}H^{4}O^{4}, 2SO^{3}, PbO + 2HO.$$

L'acide sulfurique concentré, qu'on chauffe en présence du ligneux, se décompose entièrement en dégageant un mélange de plusieurs gaz, dans lesquels prédominent les acides carbonique et sulfureux ; on obtient, parmi les produits de la distillation, les acides acétique et formique, et il se forme en même temps un résidu noir attribué à du charbon, en raison de son aspect, mais dont l'examen laisse à désirer.

L'acide nitrique du commerce, chauffé avec le ligneux, le convertit en acide oxalique. Mais l'acide nitrique très-concentré, qu'on ne laisse qu'un instant au contact du papier, agit différemment. Il forme un produit analogue à la xyloïdine, constituant une espèce de nitrate. Le papier conserve sa forme et sa souplesse, mais il est devenu imperméable ; il s'enflamme en outre au contact d'un charbon rouge, et déflagre comme un nitrate sur des charbons ardents.

Comme les tissus de lin et de coton ne sont ni attaqués ni colorés par l'acide nitrique du commerce, M. Lefort a proposé cet acide pour distinguer, dans un tissu, le mélange de la soie ou de la laine avec le fil ou le coton. La soie ou la laine se colorent en jaune au contact de l'acide nitrique, tandis que le ligneux reste incolore. En faisant succéder l'action des alcalis à celle de l'acide nitrique, la coloration devient encore plus intense.

Cette réaction s'observe très-bien en employant l'acide nitrique du commerce dans lequel on laisse séjourner le tissu durant huit ou dix minutes. On lave ensuite avec une solution de carbonate alcalin.

Une solution concentrée de soude n'attaque pas le

ligneux, tel que le papier, tel que les fils de chanvre, de lin ou de coton. On peut même porter la solution à l'ébullition sans que le tissu ligneux soit endommagé. Ce caractère offre un autre moyen de distinguer les étoffes de soie ou de laine, c'est-à-dire d'une origine animale, des étoffes qui ont au contraire une origine organique.

La soie et la laine se dissolvent en effet très-facilement dans une lessive de soude bouillante, tandis que le coton résiste.

Il paraît même qu'on peut, à l'aide d'une solution concentrée de potasse caustique, distinguer les tissus de lin ou de chanvre des tissus de coton. Les premiers prennent une coloration jaune que ne présente pas le coton. M. Bottger conseille de dissoudre une partie de potasse dans une partie d'eau, et de faire bouillir pendant deux minutes le tissu plongé dans cette lessive concentrée.

Mais lorsqu'on fait agir la potasse et la soude solides sur le ligneux, en portant les alcalis à la fusion, il est entièrement détruit. Il se fait un dégagement d'hydrogène, et l'alcali se trouve combiné à l'acide oxalique et à des produits jaunes, bruns ou noirs, analogues aux produits humiques.

La cellulose de quelques végétaux dont l'organisation n'atteint jamais un grand développement, les *conferves*, par exemple, quelques *lichens*, un grand nombre de plantes *cryptogames*, et la cellulose de formation récente, quelle que soit son origine, ne résisteraient pas à l'action des alcalis; ce n'est pas de là qu'il faudrait chercher à extraire commodément le ligneux. Par des dispositions contraires, le bois qui a vieilli serait peu propre à cette préparation. Indépendamment des matières dont on comprend le passage et le dépôt, le bois fait contient encore des matières incrustantes de nature et de propriétés variables, dont on ne parviendrait pas à le dégager.

Il faut s'adresser aux plantes ligneuses et textiles, au chanvre et au coton, par exemple; mais, dans ces cas encore, on trouve plusieurs principes à éliminer, et chacun d'eux exige pour ainsi dire une opération spéciale. On peut encore partir de la moelle de sureau et du tissu intérieur de plusieurs végétaux.

En prenant la moelle de sureau, la substance doit être lavée à l'eau froide et à l'eau chaude. Elle est maintenue au contact d'une solution de potasse ou de soude au 10°, à + 80 + 100°, durant quelques heures; elle est lavée de nouveau, traitée par le chlore, puis derechef par la potasse, par les acides faibles et enfin les dissolvants les plus variés, l'eau, l'alcool et l'éther, et encore l'eau en dernier lieu.

Dans ces traitements successifs on se fonde sur l'insolubilité du ligneux et sur son inaltérabilité. Les mêmes propriétés expliquent les opérations auxquelles on a recours dans l'industrie pour blanchir le lin, le chanvre et le coton.

Dans les procédés anciens, lorsqu'on faisait blanchir les toiles en les exposant sur l'herbe humide, on comptait sur l'altérabilité des principes résineux et colorants qu'on voulait faire disparaître. Lorsqu'on a substitué à l'air humide le chlore humide, et, plus tard, les chlorures d'oxydes, on s'est appuyé sur les mêmes principes; on avait bien anciennement déjà fait l'application des liqueurs acides et alcalines.

Aujourd'hui, dans le blanchiment du coton, les moyens sont si bien combinés qu'on arrive au dernier traitement en vingt-quatre heures, quoiqu'il n'y ait pas moins de vingt opérations différentes.

La fabrication du papier repose encore sur la même base : on laissait autrefois le linge abandonné à une décomposition putride qui ménageait le ligneux et détruisait presque entièrement les autres principes organiques. On arrivait ensuite à une purification complète par des macérations et des lavages convenables.

On préfère maintenant à la décomposition lente et spontanée, la destruction par les agents chimiques, le chlorure de chaux, les acides, etc. Dans tous les cas, le ligneux doit être à un état de division extrême : on le convertit alors en une pâte qui est soumise, entre des cylindres, à une forte pression.

Dans ces diverses opérations, la fibre ligneuse conserve encore quelque chose de sa disposition primitive. Ainsi on a cherché successivement à faire du papier avec la paille, le foin, l'ortie, le houblon, la mauve, le chiendent, la réglisse, la guimauve, les joncs, l'écorce de tilleul, de saule, de tremble, les lichens, les feuilles de châtaignier, les tiges de pommes de terre, de maïs, la pulpe de betterave; le bois lui-même, le bois de sapin a été employé à fabriquer des cartons; mais le lin et le chanvre n'ont pu être égalés par aucune autre substance, et l'on ne peut y mêler le coton que dans une certaine proportion. Quelques papiers peuvent se fabriquer avec une écorce de nature particulière ; ainsi l'écorce du bambou et du mûrier à papier ont fourni un papier mince, doux et soyeux, le papier de Chine.

Quant aux applications du ligneux, il suffit de nommer le chanvre, le lin, le coton et le papier pour en faire comprendre tout le prix. L'utilité première du bois n'a pas besoin non plus d'être indiquée longuement.

§ IV. — Des gommes et des mucilages.

On désigne sous le nom de *gomme* et de *mucilage* des corps dont l'étude chimique est encore loin d'être complète. Ils se rattachent à l'amidon et au ligneux par les propriétés générales qui ont été signalées; ils se distinguent par quelques propriétés remarquables qui sont les suivantes :

1° Ils forment avec l'eau un liquide épais et mucilagineux qui sert de type, par sa consistance, à tous les liquides analogues. On caractérise un liquide en disant qu'il est gommeux ou mucilagineux, aussi bien qu'en lui attribuant la consistance de l'huile ou la fluidité de l'éther ;

2° Les gommes dissoutes ou gonflées par l'eau sont précipitées ou contractées par l'alcool. C'est sur ce caractère que réside le meilleur moyen de reconnaître la gomme dans un sirop. Les sirops de gomme ne contiennent souvent que du sucre, il suffit alors d'y ajouter de l'alcool pour découvrir la fraude. Le sirop simplement sucré se dissout dans l'alcool à 33° ; le sirop de gomme donne lieu à une séparation qui se fait avec une apparence laiteuse ;

3° Les gommes traitées par l'acide nitrique donnent naissance à de l'acide oxalique, et de plus à de l'acide mucique, acide blanc, insoluble dans l'eau froide, se distinguant ainsi sans peine de l'acide oxalique.

L'état gommeux des corps mérite de fixer l'attention plus qu'il ne l'a fait jusqu'ici. Au-dessous des trois grands états physiques qu'on est obligé d'inscrire au début de toutes les sciences naturelles, état solide, liquide et gazeux, il existe des états physiques secondaires qu'il est intéressant de prendre en considération. Les modifications de la matière liquide dans sa consistance portent certainement, dans la vie végétale et animale, des influences particulières qu'il faut s'efforcer de saisir.

Les principes gommeux ont la faculté d'étendre une sorte de réseau au sein des liquides où ils se développent, ou bien où ils se dissolvent. Dans l'un et l'autre cas, ils peuvent tenir en suspension et faire circuler des corps qui, dans toute autre condition, se trouveraient séparés et entraînés par la pesanteur.

Les gommes présentent des différences notables dans leur action à l'égard de l'eau ; les unes sont solubles dans l'eau froide, à laquelle elles cèdent un principe désigné sous le nom d'*arabine ;* les autres, insolubles à froid, se gonflent simplement au contact de l'eau ; mais elles se fluidifient par une ébullition prolongée, et se dissolvent ainsi dans l'eau chaude ; leur principe a reçu le nom de *cérasine.* D'autres enfin, insolubles dans l'eau froide et dans l'eau chaude, y prennent néanmoins une expansion si considérable qu'elles peuvent acquérir plusieurs centaines de fois leur volume. Leur principe se nomme *bassorine*. Il suffit d'en employer quelques millièmes pour rendre l'eau mucilagineuse. Il arrive assez ordinairement que ces principes sont unis les uns aux autres dans les différentes gommes naturelles. Cependant l'arabine constitue presque exclusivement la gomme arabique ; la cérasine se trouve en proportion notable dans la gomme de nos arbres fruitiers, sur les cerisiers, les pruniers, les amandiers. Enfin la bassorine fait la base de la gomme adragante.

Les gommes dissoutes ou délayées dans l'eau s'acidifient au contact de l'air.

Elles ne se colorent point par la teinture d'iode.

Elles ne se prêtent à l'action de l'eau qu'avec une lenteur extrême ; elles ne la cèdent ensuite qu'avec beaucoup de résistance.

Elles sont insolubles dans l'alcool, l'éther, les essences et les huiles.

L'acide sulfurique affaibli les convertit, par une ébullition prolongée, en une gomme très-soluble, analogue à la dextrine ; en prolongeant l'action, il se forme du sucre de raisin ; mais en même temps se sépare un résidu insoluble, de même composition que le ligneux. Il convient d'ajouter que la conversion des gommes en sucre de raisin ne se fait qu'avec une extrême difficulté.

Les gommes ne diffèrent entre elles, suivant quelques chimistes, que par leur état physique et leur manière d'être à l'égard de l'eau ; par une ébullition prolongée, la cérasine et la bassorine se convertiraient en arabine, ou bien au moins en une gomme soluble analogue à l'arabine.

Les gommes paraissent susceptibles d'entrer dans différentes combinaisons avec les alcalis, les oxydes, les acides et les sels eux-mêmes ; mais ces réactions réclameraient une étude nouvelle ; elles offriraient d'autant plus d'intérêt que les gommes naturelles retiennent toujours des quantités notables de sels qui s'y trouvent sans doute à l'état de combinaison. L'état des combinaisons artificielles porterait sans doute quelque lumière sur les produits retirés des végétaux.

Les gommes, qui consistent toutes en produits naturels, se distinguent des produits artificiels gommeux, tels que la dextrine, par la production de l'acide mucique. La gomme, modifiée par l'acide sulfurique, et réagissant sur le plan de polarisation à la manière de la dextrine, fournit encore de l'acide mucique.

Les sucs gommeux exsudent naturellement de certains végétaux, ou bien s'échappent par des incisions artificielles. Ce sont de petits végétaux nommés *astragales*, et cultivés particulièrement en Orient, qui fournissent la gomme adragante. Celle-ci se produit sous la forme d'un suc gommeux, très-épais, qui semble s'échapper avec effort, et qui se produit ainsi sous forme de lanières minces, contournées et vermiculées.

Arabine. — Elle exsude de plusieurs espèces d'acacia sous forme d'un suc qui durcit à l'air; on la tire principalement du Sénégal.

Elle est dure, d'une densité de 1,3 à 1,4; sa cassure est brillante et conchoïde. Sa saveur est fade et douceâtre. Elle est blanche, jaune ou brune, transparente. On la décolore très-bien par un courant de chlore dirigé dans la solution bouillante.

Elle contient 16 pour 100 d'eau qu'elle peut perdre par la dessiccation à + 100°. Elle renferme aussi constamment des principes salins dans la proportion de 3 pour 100.

A + 182 elle se ramollit et se laisse tirer en fils.

La dissolution concentrée (une partie de gomme pour trois parties d'eau) se prend en une masse gélatineuse lorsqu'on la broie avec le quart de son poids de borax. La potasse caustique coagule cette dissolution; le silicate de potasse la trouble aussi et détermine, au bout de quelque temps, un coagulum épais. Les différents coagulums formés par la potasse et par quelques sels sont solubles dans un excès de potasse.

La dissolution d'arabine ne réduit pas, même à l'aide de la chaleur, une dissolution de sel de cuivre dans la potasse caustique; mais il se forme ainsi un précipité bleuâtre, caractéristique de la gomme.

Vauquelin assure que l'action prolongée du chlore humide sur la gomme produit de l'acide citrique.

L'arabine, séchée à + 100°, a pour formule :

$$C^{12}H^{11}O^{11}.$$

Chauffée à + 130°, elle devient identique de composition avec l'amidon et se représente par :

$$C^{12}H^{10}O^{10}.$$

Cérasine. — Cette substance semble constituer simplement un état particulier de l'arabine; elle s'y trouve mélangée dans la gomme des cerisiers, des pruniers et des amandiers. Ces gommes indigènes, mises en digestion dans quatre cents parties d'eau à 20°, lui abandonnent 75 pour 100 d'une matière soluble, semblable à l'arabine.

La cérasine gonflée par l'eau froide, mais insoluble, se convertit sans peine, par une ébullition prolongée, en arabine.

La cérasine desséchée se réduit facilement en poudre; sa composition est la même que celle de l'arabine.

Bassorine. — La gomme adragante renferme des granules d'amidon, visibles au microscope; la teinture d'iode les colore lorsqu'on a fait une infusion de cette substance dans l'eau chaude. Néanmoins la bassorine paraît distincte de l'amidon. Elle se pulvérise difficilement, ne se dissout pas dans l'eau froide, et se ramollit seulement par une longue humectation. L'eau bouillante même ne la dissout pas d'une manière complète, et se borne à la convertir en mucilage. Les alcalis purs et le silicate de potasse dissolvent très-bien la bassorine.

Lorsqu'on la fait digérer dans l'acide sulfurique affaibli à une température de + 80 à + 100°, elle se dissout en grande partie ; la partie soluble consiste en sucre de raisin ; le résidu se représente dans sa composition par :

$$C^{12}H^9O^9.$$

L'analyse de la gomme adragante non modifiée la représente comme une combinaison de carbone et d'eau.

Le salep, qui s'extrait de la racine de plusieurs orchis, et qui a été considéré comme composé en partie de bassorine, se rapproche beaucoup des fécules ; il semble en constituer seulement une variété. Lorsqu'on chauffe quelques instants le salep avec l'acide sulfurique affaibli, sans aller jusqu'à sa conversion en sucre, on le trouve converti en dextrine ; il en offre les propriétés et la composition.

Mucilages. — On désigne plus particulièrement ainsi certains principes retirés des graines de lin, des pepins de coings, ou bien de la tige, des feuilles et des racines de plusieurs végétaux, tels que la mauve, la guimauve, la bourrache.

Les mucilages s'extraient en faisant macérer les plantes dans l'eau froide, ou en les mettant en infusion dans l'eau bouillante.

Le mucilage des pepins de coings ou des graines de lin s'obtient par l'ébullition dans l'eau ; on exprime ensuite, à travers une toile, la liqueur chargée de mucilage, puis on le précipite par l'alcool.

Tantôt les mucilages se rapprochent de l'amidon dont ils reproduisent les granulations et la coloration par l'iode : c'est ce qu'on observe dans le mucilage de la mauve et de la guimauve ; tantôt ils sont plus rapprochés de la gomme arabique : c'est ce qui s'observe dans le mucilage des graines de lin.

Dans tous les cas, les mucilages sont inséparables de principes salins dans lesquels domine le phosphate de chaux. Le mucilage de graine de lin donne jusqu'à 11,05 pour 100 de cendres. Ses éléments organiques se représentent par :

$$C^{12}H^{10}O^{10}.$$

Acide mucique. — Cet acide n'a été trouvé jusqu'ici que dans les produits de l'oxydation des gommes, des mucilages ou du sucre de lait par l'acide nitrique.

On dissout une partie de sucre de lait ou de gomme dans six parties d'acide nitrique de 1,42, étendu d'une partie d'eau. On chauffe dans une cornue de verre tant que dure l'ébullition. L'acide se dépose par le refroidissement du mélange.

La gomme fournit de l'acide mucique mélangé à du mucate de chaux; le sucre de lait donne de l'acide mucique exempt de toute combinaison.

L'acide mucique se purifie par des dissolutions réitérées dans l'eau bouillante dont il faut dix parties pour le dissoudre, et qui le laisse cristalliser par le refroidissement.

Il est insoluble dans l'alcool, soluble dans l'acide sulfurique concentré, qu'il colore en rouge cramoisi.

Par une ébullition prolongée, sa dissolution se trouve renfermer un acide modifié, beaucoup plus soluble que l'acide mucique normal.

L'acide mucique renferme :

$$C^{12}H^{8}O^{14} + 2HO.$$

Soumis à la dissolution, il se sublime à + 130 + 140°, en un produit acide appelé acide *pyromucique* :

$$C^{10}H^{3}O^{5} + HO.$$

Cet acide pyrogéné, dont l'aspect rappelle assez celui de l'acide benzoïque, se dissout dans quatre parties d'eau bouillante et vingt-six parties d'eau froide.

Il se forme par une élimination d'eau et d'acide carbonique, qui se fait aux dépens des éléments de l'acide mucique :

$$C^{12}H^{8}O^{14} + 2HO = C^{10}H^{3}O^{5}, HO + C^{2}O^{4} + 6HO.$$

Ac. mucique. Ac. pyromucique.

L'acide mucique forme des sels dans lesquels un ou deux équivalents d'eau sont remplacés par des bases.

Les sels alcalins sont solubles; l'acide mucique est éliminé de la combinaison saline par tous les acides minéraux.

L'acide mucique, modifié par son ébullition dans l'eau, est devenu soluble dans l'alcool et très-acide; il cristallise sous forme de tables à base carrée. Ses sels sont plus solubles, sauf le sel d'ammoniaque, qui est insoluble et se précipite même dans la liqueur chaude.

La dissolution dans l'eau régénère facilement l'acide mucique normal.

M. Malaguti a trouvé, dans l'analyse du sel d'argent anormal, un équivalent d'eau de plus que dans le sel ordinaire.

§ V. — Des sucres.

On a compris un grand nombre de substances organiques sous cette dénomination : tant que les propriétés chimiques des corps ont été ignorées, on rattachait au sucre toutes les substances qui en ont la saveur. Aujourd'hui on sait qu'en se bornant à ce seul caractère, on réunirait des substances hétérogènes.

On ne reconnaît plus comme sucre que les corps qui, à la saveur sucrée, joignent les propriétés suivantes : 1° Ils ont une composition chimique qui peut toujours se représenter par de l'eau et du charbon; 2° ils sont tous solubles dans l'eau et dans l'alcool, plus ou moins affaibli; 3° sous l'influence de la chaleur, ils se décomposent en donnant naissance à des produits bruns qui répandent une odeur de caramel; 4° ils se détruisent sous l'influence des ferments, et, dans des conditions de fermentation déterminées, produisent de l'alcool; 5° ils s'oxydent avec une extrême facilité et tendent à fournir, lorsqu'on les traite par l'acide nitrique, de l'acide oxalique et même de l'acide carbonique; 6° ils ne sont précipités ni par l'acétate ni par le sous-acétate de plomb.

Les sucres composent, dans la classification des principes organiques, un groupe qui renferme deux genres.

On distingue dans le premier genre trois espèces bien définies, qui sont : 1° le sucre de canne; 2° le sucre de raisin; 3° le sucre de fruit ou sucre incristallisable.

Ces différentes espèces sont bien susceptibles de subir encore certaines variations, celles-ci qui n'ont pas la valeur des caractères très-distincts qui séparent les trois espèces principales.

Le sucre de lait constitue un second genre à part.

L'étude plus minutieuse des principes sucrés contenus dans les végétaux conduira sans doute à admettre des espèces nouvelles; nous signalerons, en terminant l'examen des sucres, quelques recherches qui tendent à ce résultat.

1° *Sucre de canne.*

Le sucre de canne paraît avoir été connu de toute antiquité dans l'Inde et dans la Chine, d'où il fut primitivement rapporté par les Espagnols et les Portugais.

Aucune plante ne le contient en plus grande proportion que la canne à sucre, de la famille des graminées; on le trouve abondamment dans la betterave, la séve de l'érable, la citrouille et la tige du maïs, dans laquelle la quantité de sucre augmente lorsqu'on enlève à la plante le sommet destiné à produire les fleurs. Enfin il existe encore dans la châtaigne, le navet, la carotte, le coco, l'ananas et nombre de fruits des tropiques.

Le sucre cristallisé se représente par :

$$C^{12}H^{11}O^{11}.$$

Définition du sucre de canne. — Les caractères qui distinguent le sucre de canne des deux autres espèces, sont très-nombreux. On peut les résumer ainsi : —Le sucre de canne cristallise en prismes rhomboïdaux très-volumineux ; —il ne fond qu'à + 180°. —Lorsqu'on le fait dissoudre dans une dissolution concentrée de potasse caustique, et qu'on y verse quelques gouttes de sulfate de cuivre, on peut faire bouillir ce mélange sans qu'il se forme un dépôt rouge, abondant ; la liqueur se trouble à peine.—Le sucre de canne peut être mis en ébullition au contact de la potasse caustique, sans se colorer sensiblement. —Il se convertit, par son ébullition en présence d'une petite quantité d'un acide minéral et organique, en sucre de raisin.—Le sucre de canne ne fermente pas ; mais, au contact du ferment, il se convertit en sucre de fruit, qui est susceptible de fermenter. Enfin sa déviation sur le plan de polarisation s'exerce à droite et s'exprime par 56 [1].

Propriétés physiques et chimiques. — Le sucre est solide ; il présente plusieurs aspects bien distincts : sous forme de pain, ses cristaux sont blancs et agglomérés ; ils résultent d'une cristallisation confuse. Mais dans le sucre candi, qu'on obtient en laissant refroidir lentement une solution très-concentrée, il affecte une belle forme cristalline ; ce sont des prismes rhomboïdaux, à sommets dièdres, d'une densité de 1,6.

Si l'on fait fondre du sucre légèrement humecté, on arrive à une masse coulante, demi-fluide, qui, versée et roulée sur des tables de marbre, donne ce qu'on appelle le *sucre d'orge.* Dans cet état, le sucre est vitreux et transparent ; on n'y distingue plus aucune forme cristalline, mais il a conservé toutes les propriétés du sucre de canne. Au bout de quelque temps, le sucre d'orge devient opaque ; on

[1] M. Ventzke a comparé les différents sucres entre eux, quant à leur action sur la lumiere polarisée : il a employé vingt-cinq parties de sucre pour cent parties de dissolution.

remarque qu'à la surface se forme une couche cristalline, qui se détache sans peine. Le sucre d'orge qui est amorphe redevient sucre cristallisé. Il se passe là un changement physique, analogue à celui qui survient dans le biodure de mercure qui, de jaune devient rouge, ou bien dans le bichromate de potasse fondu, qui donne d'abord de beaux cristaux, lesquels se détruisent ensuite en une multitude de cristaux différents.

Le sucre paraît se modifier aussi par le choc, qui le rend phosphorescent et change légèrement sa saveur.

Le sucre fond à + 180°. Le sucre d'orge fond à une température moins haute. Si on maintient le sucre à son point de fusion durant quelque temps, on reconnaît, en le dissolvant ensuite, qu'il a perdu la propriété de cristalliser. Il n'agit plus alors sur la lumière polarisée, et de plus il fermente directement. On ne peut pas le confondre avec le sucre de fruit, qui dévie fortement à gauche : c'est une variété que M. Ventzke appelle *sucre de sirop*.

Exposé à une température de + 210 à + 220°, le sucre se convertit en caramel et perd deux équivalents d'eau. Il devient ainsi :

$$C^{12}H^9O^9.$$

Le caramel est un corps noir, très-soluble dans l'eau, qu'il colore fortement en brun. Il est déliquescent, insipide, non fermentescible.

Le caramel joue le rôle d'un acide faible; il se dissout très-bien dans une eau alcaline, forme un précipité noir, insoluble, avec l'eau de baryte, et se combine avec l'oxyde de plomb, en conservant tous ses éléments.

Lorsqu'on chauffe du caramel, il perd encore de l'eau et se change en un produit noir insoluble, sans éprouver d'autre modification.

Enfin, en continuant d'élever la température, on obtient des produits acides, des gaz inflammables et un résidu de charbon.

Tous ces produits se confondent lorsqu'on soumet brusquement le sucre à l'action de la chaleur.

Le sucre est soluble dans le tiers de son poids d'eau froide, et en toute proportion dans l'eau bouillante. L'alcool faible le dissout; mais l'alcool absolu n'en dissout point à froid et en dissout peu à chaud.

On peut précipiter, par l'alcool absolu, une solution aqueuse saturée de sucre de canne; c'est même là un moyen de purification.

Lorsqu'on maintient en ébullition, durant plusieurs jours, une solution aqueuse de sucre dans laquelle on renouvelle l'eau à mesure qu'elle s'évapore, le sucre se transforme en sucre de raisin et en sucre incristallisable.

M. Soubeiran a suivi les effets de l'ébullition du sucre dans l'eau, en opérant à l'abri du contact de l'air. La solution a été recouverte d'une couche d'huile, en même temps qu'on y dirigeait un courant d'acide carbonique, qui n'est sans doute pas resté étranger aux phénomènes observés par M. Soubeiran. En chauffant la liqueur sucrée, ainsi disposée, à la température que fournit un bain-marie contenant du sel marin en dissolution, le sucre examiné dans l'appareil de polarisation de M. Biot, a passé de la droite à 0°, en se colorant; puis il est arrivé à une déviation prononcée vers la gauche, en se colorant de plus en plus; mais en continuant l'opération, le sucre est revenu à 0° et a repassé de quelques degrés à droite. La liqueur était alors très-fortement colorée, chargée d'une matière brune insoluble, mais encore douce au goût. M. Soubeiran n'a pas examiné autrement les produits de cette réaction.

Lorsqu'on ajoute de l'alcali au sucre de canne, il est préservé des altérations que provoque l'eau traversée par un courant d'acide carbonique.

Dans la réaction de l'eau sur le sucre il se forme de l'acide acétique, de l'acide formique, et des produits noirs qui se rattachent à l'humus, et dont l'étude a été faite avec tant de soin par M. Mulder.

Quelques gouttes d'un acide énergique, tel que l'acide sulfurique ou oxalique, transforment entièrement, à l'aide de l'ébullition, une solution de sucre de canne en sucre de raisin. Si l'on continue la réaction, on arrive aux transformations du sucre de raisin sous l'influence des acides.

Lorsqu'on ajoute à un sirop visqueux et bouillant 1/20 de son poids d'acide oxalique, citrique ou malique, on le rend aussitôt fluide. Il perd par là la propriété de cristalliser, qu'on ne peut lui rendre en saturant l'acide par les alcalis; mais il peut encore fermenter; il paraît ainsi converti en sucre de fruit.

L'action des métalloïdes et des métaux sur le sucre n'a été l'objet d'aucune observation suivie.

Le chlore humide l'attaque fortement et forme des produits qui prennent également naissance dans l'oxydation du sucre par l'acide nitrique.

Le sucre de canne forme des combinaisons avec les oxydes alcalins, l'oxyde de plomb et le sel marin.

Les oxydes dont la combinaison a été étudiée sont ceux de baryum et de calcium.

La combinaison de baryte et de sucre se forme directement en employant deux solutions concentrées; le saccharate de baryte, qui est insoluble, se précipite. Il a pour formule :

$$C^{12}H^{9}O^{9}, BaO, HO.$$

Il absorbe rapidement l'acide carbonique de l'air.

On obtient le saccharate de chaux en dissolvant à une température modérée de l'hydrate de chaux dans une solution concentrée de sucre. Pour séparer la combinaison du sucre qui serait en excès, on a recours à l'alcool, qui précipite la combinaison, ou bien on profite d'une propriété très-remarquable du saccharate de chaux; ce composé est rendu insoluble par la chaleur et forme un précipité qui se lave très-bien à l'aide de l'eau bouillante. Par le refroidissement, il se redissout.

Le saccharate de chaux a pour formule :

$$C^{12}H^{9}O^{9}, CaO, HO.$$

Exposé au contact de l'air, il en absorbe l'acide carbonique et forme des cristaux rhomboïdaux aigus de carbonate de chaux hydraté.

Le saccharate de chaux se transforme, en vase clos, en oxalate, malate, acétate et carbonate de chaux.

Lorsqu'on distille un mélange intime d'une partie de sucre avec huit parties de chaux bien pulvérisée, on obtient quelques gaz combustibles, et en même temps deux liquides dont l'un, connu sous le nom d'*acétone*, se produit très-abondamment dans la distillation des acétates. L'autre est un produit particulier, d'après M. Frémy, qui le nomme *métacétone*. Il le représente par :

$$C^{6}H^{4}O.$$

Ce qui est la formule de l'acétone, moins un équivalent d'eau.

On forme un composé cristallin de sucre et de chlorure de sodium en abandonnant à l'évaporation spontanée une solution d'une partie de sel commun et de quatre parties de sucre. Il se forme d'abord du sucre candi dont il faut décanter l'eau mère, laquelle fournit ensuite la combinaison. C'est un corps d'une saveur douce et saline qui se liquéfie dans l'air humide. Il a pour formule :

$$C^{12}H^{11}O^{11} + C^{12}H^{9}O^{9}, ClNa, HO.$$

Le chlorure de potassium et d'ammonium fournit des composés analogues.

M. Stürenberg a décrit une combinaison de sucre et de borate de soude ; on mélange les deux dissolutions, puis on laisse cristalliser le borax; les eaux mères précipitées par l'alcool donnent la combinaison :

$$BoO^3, NaO + 3C^{12}H^{10}O^{10}.$$

Une dissolution bouillante de sucre dissout l'oxyde de plomb; par le refroidissement, on obtient des cristaux qui se représentent par :

$$C^{12}H^9O^9 + 2PbO + HO.$$

A + 150°, ce composé perd un équivalent d'eau.

M. Barreswil[1] a reconnu que le sulfate de cuivre pouvait former une combinaison définie avec le sucre.

Le sucre de canne paraît jouir d'un stabilité particulière lorsqu'on le fait bouillir au contact de la soude ou de la potasse caustique; il ne se colore pas d'abord d'une manière sensible; néanmoins les alcalis caustiques transforment, par l'ébullition soutenue, le sucre de canne en sucre de raisin, et ce dernier, par un contact prolongé, éprouve des transformations particulières.

Les solutions alcalines de sucre de canne dissolvent le peroxyde de fer et l'oxyde de cuivre; on comprend ainsi que les solutions salines de peroxyde de fer et de bioxyde de cuivre, qui contiennent du sucre, ne soient plus sensibles à l'action des alcalis.

L'acétate de plomb basique ne précipite pas la solution de sucre.

L'acide nitrique très-concentré forme avec le sucre un composé insoluble dans l'eau, mais soluble dans l'alcool; c'est une combinaison d'un aspect résinoïde, très-fusible à une douce chaleur, analogue aux combinaisons fournies par le ligneux et l'amidon.

L'acide nitrique du commerce attaque fortement le sucre et le convertit d'abord en un acide déliquescent, désigné sous le nom d'*acide oxysaccharique*, confondu quelque

[1] *Annuaire de chimie*, Paris, 1845, page 318.

temps avec l'acide malique; il se forme ensuite de l'acide oxalique, puis de l'acide carbonique.

L'acide nitrique très-affaibli le change seulement en sucre de raisin.

L'acide sulfurique concentré charbonne fortement le sucre; lorsqu'on soumet à la distillation un mélange de quatre parties d'eau, avec deux d'acide sulfurique et une de sucre, on en retire par la distillation de l'acide formique, tandis qu'il reste une masse noire charbonneuse.

Lorsqu'on projette peu à peu le sucre de canne dans l'acide sulfurique, il le colore en brun; mais si on neutralise l'excès d'acide par de la craie, il reste dans la liqueur une combinaison d'acide sulfurique et de sucre analogue à celle qui se forme dans l'action de l'acide sulfurique sur le sucre de raisin.

L'acide hydrochlorique concentré convertit d'abord le sucre de canne en sucre de raisin, et fait éprouver ensuite à ce dernier des transformations particulières.

Le sucre de canne dissout le carbonate de cuivre et le vert-de-gris; ces dissolutions sont vertes et ne précipitent plus par les alcalis.

Les sels de cuivre sont tous réduits par leur ébullition avec le sucre; l'acétate précipite du protoxyde de cuivre; le sulfate et le nitrate du cuivre métallique; le bichlorure passe à l'état de protochlorure.

Une solution de bichromate de potasse, mise en ébullition avec une dissolution de sucre, produit d'abord un composé brun dans lequel l'acide chromique est en partie désoxygéné.

Le peroxyde de fer forme une poudre puce moins oxydée.

L'acide arsénique donne une coloration rose, puis pourpre, puis brune.

Le bichlorure de mercure passe à l'état de calomel; le protochlorure d'or fournit de l'or métallique.

Le nitrate d'argent fournit une poudre noire de sous-oxyde ou de métal.

Préparation du sucre de canne.

Il existe deux grandes sources auxquelles on puise le sucre de canne : la canne à sucre et la betterave. L'érable fournit aussi des quantités considérables de sucre de canne. M. Berzélius porte de 7 à 12 millions de livres la quantité de sucre qu'on extrait de cet arbre, dans l'Amérique du nord. Ce sont trois variétés du sucre qui ne diffèrent que par l'origine, et entre lesquelles il faut reconnaître une identité chimique complète.

Extraction du sucre de betterave.

C'est à Margraff qu'on doit la découverte du sucre dans la racine de betterave.

L'exploitation du sucre contenu dans cette plante eut d'abord quelques succès en Prusse. Mais ce fut à partir du blocus continental imposé à l'Europe par Napoléon que cette fabrication devint avantageuse. Aujourd'hui elle rivalise encore avec la production des colonies.

Le sucre existe dans les racines de la betterave, dès que la plante commence à végéter ; il atteint la plus forte proportion au moment où la racine a pris tout son accroissement et lorsqu'elle cesse d'augmenter de poids et de volume. Cette époque arrive au mois d'octobre. La proportion de sucre diminue lorsque la plante fleurit ; elle disparaît lorsqu'elle produit de la graine.

Le jus de betterave le plus riche pèse 9 degrés à l'aréomètre de Baumé ; il peut contenir de 11 à 13 pour 100 de sucre.

La racine de betterave contient, d'après M. Braconnot, les différents principes dont l'énumération suit : 1° sucre cristallisable ; 2° sucre incristallisable ; 3° albumine ; 4° pectine ; 5° mucilage ; 6° ligneux ; 7° phosphate de magnésie; 8° oxalate de potasse; 9° malate de potasse; 10° phosphate de chaux; 11° oxalate de chaux; 12° acide gras; 13° chlorure de potassium; 14° sulfate de potasse; 15° nitrate de potasse; 16° oxyde de fer; 17° matière animalisée soluble dans l'eau; 18° matière odorante et âcre inconnue; 19° sel ammoniacal indéterminé en petite quantité; 20° acide pectique.

Ces différentes substances se partagent en matières solubles et insolubles.

La proportion des matériaux insolubles est de 14 à 15 pour 100. La partie soluble qui constitue ainsi 85 à 86 pour 100 du poids de la racine est extraite à l'aide d'opérations qui la réduisent en pulpe. La pulpe est ensuite exprimée.

Le jus doit être évaporé rapidement, puis décoloré et concentré jusqu'à ce qu'il cristallise.

L'industrie a introduit dans ces opérations des manœuvres nombreuses, qui ont toutes pour objet de conserver le sucre et de l'amener au plus grand état de blancheur et de pureté. Mais le problème est encore loin d'avoir reçu une solution complète, car on n'a guère retiré jusqu'ici que 8 à 9 pour 100 d'un jus qui contient au moins 10, et suivant quelques chimistes jusqu'à 12 et 13 pour 100 de sucre. L'histoire du sucre, telle qu'elle a été faite, permet de comprendre une partie des causes d'altération. Les opérations du raffinage achèvent de les expliquer.

Le jus primitif contient de l'albumine qui peut en amener la fermentation si l'on ne se hâte d'arriver à l'évaporation. Mais l'évaporation elle-même est une source d'altération, puisqu'il suffit de faire bouillir longtemps du sirop pour le rendre en partie incristallisable. L'acide pectique et la pectine, susceptible de se transformer en acide pectique, doivent apporter ici l'influence funeste des acides. Quant aux sels nombreux de chaux, de potasse, de magnésie et d'ammoniaque, bien qu'on n'ait point étudié jusqu'ici leur action d'une façon qui permette d'affirmer qu'ils sont nuisibles, on ne saurait les croire inertes. C'est à la chaux qu'on s'est le plus généralement arrêté pour procéder au traitement et à la purification.

La chaux sature les acides malique et pectique ; elle s'unit à l'albumine et aide à sa coagulation : enfin la chaux en excès forme avec le sucre une combinaison soluble à froid, mais insoluble à chaud et concourant à former un réseau qui entraîne les matières étrangères. Cette opération, qu'on désigne sous le nom de défécation, est suivie du traitement par le charbon, qui concourt puissamment à clarifier.

Lorsque le sirop est traité par la chaux, décoloré par le charbon, puis amené à un dégré de concentration suffisant, on le met cristalliser dans des vases particuliers percés de trous, lesquels sont bouchés jusqu'au moment où le sucre cristallise. Lorsque le sucre est pris, on laisse écouler la partie qui demeure liquide. Elle consiste surtout en sucre incristallisable. C'est de là que provient le produit connu sous le nom de mélasse, très-répandu autrefois, mais devenu plus rare à la suite des perfectionnements apportés à la fabrication du sucre.

On pourrait énumérer, au sujet du sucre et de sa purification, des procédés industriels nombreux et variés ; mais ce serait sortir de l'histoire générale de ce produit.

Extraction du sucre de canne.

Le jus de la canne à sucre, connu sous le nom de *vesou*, s'extrait de la plante, en la soumettant à l'action de la meule qui l'écrase, et en exprimant ensuite la partie solide désignée sous le nom de *bagasse*.

La canne ne paraît contenir qu'une assez faible proportion de ligneux, de 9 à 17 pour 100 ; mais la bagasse, retirée par les différents moulins appliqués au traitement de la canne, peut s'élever de 43 à 55 pour 100.

Le vesou contient de 18 à 20 pour 100 de sucre, qu'on est encore loin d'extraire en totalité. Il contient de l'albumine dont il faut craindre surtout l'action fermentescible avec la chaleur des pays intertropicaux. Ce vesou contient encore des sels et paraît acide ; mais ces derniers principes sont en proportion bien inférieure à celle qui est contenue dans le jus de betterave. M. Casaséca n'admet que 1[millième],4 en sels minéraux ; et 1[millième], 2 en produits organiques, de nature indéterminée, de sorte que l'extraction offre des facilités bien grandes. Elle s'exécute à l'aide d'opérations analogues à celles qui s'appliquent à l'extraction du sucre de canne.

La séve de l'érable s'obtient à l'aide de trous que l'on perce dans le tronc de l'arbre ; elle s'écoule, on la recueille et on l'évapore aussitôt jusqu'en consistance suffisante pour arriver à la cristallisation.

Le sucre de canne s'applique à de nombeux usages ; un des plus remarquables est celui qui a pour objet la conservation des substances animales et végétales. Le sucre soustrait les fruits à la décomposition rapide qui succède à leur maturité ; il ralentit également la destruction des matières animales et du sirop de sucre concentré, préserve longtemps la viande, et jusqu'aux globules du sang, de toute altération.

Sucre de raisin ou glucose.

Le sucre de raisin est un produit très-répandu dans la végétation. Les raisins, le miel des fleurs et des abeilles, la pulpe des fruits en contiennent de fortes proportions ; certaines urines peuvent en contenir jusqu'à 10 pour 100 de leur poids. Enfin le sucre de raisin peut être un produit artificiel.

Le sucre de canne, l'amidon, la gomme, le mucilage, le ligneux, le sucre de lait se convertissent en sucre de raisin.

Caractères distinctifs du sucre de raisin. — Sa cristallisation, plus difficile que celle du sucre de canne, se présente ordinairement sous forme mamelonnée : — la chaleur le ramollit à 60°;—l'ébullition au contact des alcalis le colore fortement en brun ;—sa dissolution bouillante réduit instantanément en protoxyde rouge la liqueur bleue formée par la potasse et les sels de bioxyde de cuivre; cette réaction précieuse a été découverte par M. Trommer. —Il dévie la lumière à droite, et cette déviation, évaluée par M. Ventzke, s'exprime par 46; — enfin il se convertit directement en alcool sous l'influence des ferments.

Le sucre de raisin se représente par :

$$C^{12}H^{14}O^{14}.$$

La chaleur le ramollit à + 60° environ ; il est tout à fait fluide à + 100°. C'est un premier caractère qui marque très-bien la différence qui existe entre lui et le sucre de canne. L'action continuée de la chaleur à + 100° lui enlève deux équivalents d'eau et le convertit en sucre incristallisable ; il est alors représenté par :

$$C^{12}H^{12}O^{12}.$$

Cette formule est aussi celle du sucre de fruit, et M. Mitscherlich ne paraît admettre aucune distinction entre le sucre de fruit proprement dit et le sucre incristallisable produit par le sucre de raisin.

Le sucre de raisin est moins soluble dans l'eau que le sucre de canne; il faut une partie et demie d'eau pour le convertir en un sirop toujours moins épais que celui de sucre de canne; toujours moins sucré, car il faut deux parties de sucre de raisin pour produire une saveur qui soit l'équivalent d'une partie de sucre de canne.

L'alcool, au contraire, dissout le sucre de raisin mieux que le sucre de canne. Il faut cinq parties d'alcool à 85 centièmes et vingt parties d'alcool absolu à + 25°.

Les alcalis se combinent assez difficilement au sucre de raisin; il en est de même de l'oxyde de plomb.

Le sel marin fournit avec lui de gros cristaux rhomboïdriques incolores, transparents et fragiles.

Lorsqu'on élève la température, les alcalis réagissent très-vivement sur le sucre de raisin. La liqueur devient brune, répand une odeur de sucre brûlé; il se forme des produits acides qui se combinent à la potasse; il se produit en même temps une matière brune qui sera ultérieurement examinée.

Les acides affaiblis altèrent instantanément le sucre de canne; ils agissent plus lentement sur le sucre de raisin, mais ils en amènent, à la longue, une altération profonde.

M. Malaguti a démontré qu'en faisant bouillir une solution acidule de sucre de raisin, il se formait de l'acide formique, ainsi que plusieurs composés bruns ou noirs, sur lesquels il a fourni quelques indications.

M. Malaguti a rangé les acides qui opèrent cette transformation dans l'ordre suivant, en commençant par le plus énergique : acides sulfurique, nitrique, hydrochlorique, oxalique, tartrique, racémique, phosphorique, phosphoreux, arsénique et arsénieux.

Lorsqu'on verse l'acide sulfurique concentré sur le sucre de raisin et qu'on évite l'échauffement, il se forme un acide sulfo-saccharique susceptible de donner avec la baryte un sel soluble qui se décompose, par l'ébullition, en sulfate insoluble et en sucre.

Les sels de bioxyde de cuivre et de mercure, le nitrate d'argent et les sels d'or sont réduits par le sucre de raisin.

La réaction découverte par M. Trommer a été mise à profit par M. Barreswil, pour déterminer la quantité de sucre de raisin contenue dans une dissolution.

M. Barreswil s'est assuré que la réaction de la solution potassique de bioxyde de cuivre était proportionnelle à la quantité de sucre engagée dans la réaction.

Comme on peut toujours convertir le sucre de canne en sucre de raisin, par l'ébullition de la liqueur sucrée avec quelques gouttes d'acide sulfurique, le procédé sacchari-métrique peut s'appliquer à la détermination de l'un ou de l'autre sucre, et même à la détermination de leur mélange.

L'exécution du procédé consiste à préparer d'abord une liqueur normale de cuivre, dont un volume déterminé détruit une quantité de sucre connue.

Cette liqueur cuivreuse se prépare en dissolvant ensemble du sulfate de cuivre, du tartrate de potasse et de la potasse caustique. On obtient ainsi une liqueur bleue que l'on mesure et que l'on porte à l'ébullition dans une petite capsule de porcelaine; on y ajoute ensuite, goutte à goutte, la solution saccharine contenue dans une burette graduée. A chaque addition il se produit un nuage jaune d'hydrate cuivreux qui surnage la liqueur et se convertit bientôt en une poudre rouge intense de protoxyde de cuivre qui se dépose. On arrive à détruire entièrement la coloration bleue; on s'arrête alors. Si l'on a voulu préparer la liqueur normale de bioxyde de cuivre, on est parti d'une dissolution sucrée qui a été composée et dont on connaît exactement les proportions en eau et en sucre. Si l'on recherche au contraire la quantité de sucre contenue dans un liquide, on a d'abord composé la liqueur normale de cuivre, et le volume de la liqueur sucrée employée pour obtenir la décoloration complète se trouve renfermer précisément la quantité de sucre à laquelle correspond la mesure de liqueur cuivreuse.

M. Biot est arrivé à évaluer avec exactitude la quantité de sucre de raisin contenue dans un liquide, en observant et mesurant la déviation exercée par cette dissolution sur la lumière polarisée. M. Biot a fourni tous les éléments numériques qui conduisent à cette détermination exacte, à la suite d'une opération pratique très-simple.

Extraction du sucre de raisin. — On peut extraire le sucre de raisin des raisins secs ou des raisins frais.

On pile les raisins secs et on les traite par de l'alcool qui enlève le sucre incristallisable. On exprime le résidu que l'on reprend ensuite par l'eau dans laquelle se dissout le sucre de raisin. Comme on dissout aussi du tartrate acide de potasse et des acides organiques, on doit saturer la solution par de la craie, clarifier soit à l'aide du charbon, soit à l'aide du blanc d'œuf, évaporer et faire cristalliser.

Le jus des raisins frais doit se traiter exactement comme l'infusion aqueuse des raisins secs.

Pour le miel, on opère de la même manière; on enlève par l'alcool le sucre incristallisable; le sucre de raisin est ensuite repris par l'eau. Les miels acides doivent être également saturés par de la craie. Il convient aussi de faire choix d'un miel solide, tel que celui de Narbonne. Le miel du mont Hymette est presque liquide et se trouve contenir très-peu de sucre cristallisable.

Lorsqu'on extrait le sucre des urines de diabétique, on évapore d'abord l'urine au bain-marie, puis on la reprend par l'alcool bouillant, marquant 34° à 35°. La liqueur alcoolique est décolorée par le charbon, puis, évaporée de nouveau, on l'amène ainsi à une consistance de sirop, et l'on peut, avec le temps, obtenir des cristaux que l'on purifie par des cristallisations réitérées; mais ceux-ci retiennent de l'urée, des sels potassiques et ammoniacaux, ils s'accompagnent toujours d'une odeur urineuse désagréable, et présentent un aspect de cassonade. Il est préférable, lorsque la liqueur qui résulte du traitement alcoolique est en consistance de sirop, de la faire refroidir en l'entourant de glace fondante que l'on renouvelle. Au bout de quelques jours, le sucre se prend en mamelons qu'on lave avec de l'alcool froid et très-concentré, jusqu'à ce qu'ils aient perdu toute odeur. On les laisse égoutter sur un filtre, puis on les dispose par petites portions isolées sur du papier joseph, où ils se dessèchent. Ils deviennent très-blancs. En reprenant le sucre ainsi préparé par de l'alcool absolu bouillant, on l'obtient en petits cristaux d'une blancheur et d'une pureté irréprochables.

Le sucre de raisin se produit très-rapidement aux dépens du sucre de canne. Il suffit de faire bouillir la dissolution de ce dernier, durant quelques instants, au contact d'un acide énergique.

La production du sucre de raisin avec le ligneux, la gomme et le sucre de lait, ne peut être envisagée jusqu'ici que comme une simple indication chimique, sans application possible.

Mais l'amidon est une source vraiment industrielle; c'est la substance à l'aide de laquelle se prépare le plus abondamment et le plus facilement le sucre de raisin. L'opération s'exécute en grand et s'accomplit en quelques instants.

On procédait autrefois par l'ébullition de l'amidon en présence de l'acide affaibli, durant douze ou quatorze heures. L'ébullition ne dure plus que quelques minutes.

On emploie les proportions suivantes : Eau, 1000 k.; acide sulfurique, 10 k., puis on porte la liqueur acidulée jusqu'à l'ébullition; on y fait tomber alors, par cuillerée d'un demi-kilogramme, 400 k. d'amidon. La saccharafication est immédiate. On attend huit ou dix minutes après la dernière addition d'amidon, puis on sature par la craie l'acide sulfurique qui est demeuré libre; on concentre et l'on décolore ensuite.

On peut encore opérer la transformation de l'amidon en sucre de raisin à l'aide du gluten, de l'albumine, et surtout de la diastase. Mais la conversion par l'acide sulfurique est préférable.

Dans toutes ces métamorphoses, qui aboutissent au sucre de raisin, il se fait une adjonction d'eau; il faut, en effet, pour constituer le sucre de raisin, ajouter quatre équivalents d'eau au ligneux et à l'amidon, trois au sucre de canne et deux au sucre de lait.

La facilité avec laquelle les aliments hydrocarbonés passent d'une forme à une autre leur est vraiment propre. Quant à la réaction en elle-même, elle n'offre guère d'analogie avec les combinaisons directes : les substances qui la provoquent sont de la nature la plus diverse; leur influence est rapide, et s'accomplit sur des masses, à la faveur de quantités très-faibles. Aucune relation de quantité, aucune règle d'affinité qui se fasse pressentir. Il est difficile de reconnaître et de signaler dans ces prénomènes autre chose que le contact même de la substance qui intervient, que ce soit l'acide oxalique ou la diastase, l'acide sulfurique, le gluten ou le ferment.

Du sucre incristallisable ou sucre de fruit.

Ce sucre se sépare très-bien des deux précédents; il existe dans le miel, dans les sucs végétaux, dans les fruits, les cerises, les groseilles, etc.; il se forme aussi très-bien aux dépens du sucre de canne et même du sucre de raisin, suivant M. Mitscherlich.

Il se caractérise par son état liquide, son extrême solubilité dans l'alcool, et son action sur la lumière polarisée qu'il dévie à gauche. M. Ventzke exprime cette déviation par 36.

Le sucre de fruit fermente directement, et réduit la liqueur alcaline de bioxyde de cuivre aussi facilement que le sucre de raisin.

Le sucre de fruit possède une composition qui s'exprime par :

$$C^{12}H^{12}O^{12}.$$

Il se trouve ainsi renfermer moins d'eau que le sucre de raisin, qui est solide.

Un fait, annoncé par M. Mitscherlich, rend la constitution et l'état physique du sucre incristallisable bien plus remarquables encore. Cet habile observateur a reconnu qu'en ajoutant au sucre de fruit assez d'eau pour lui en fournir deux équivalents de plus, on le convertissait en sucre de raisin. Le sucre liquide, uni à de l'eau, fournirait ainsi un sucre solide.

Le sucre de raisin devient incristallisable lorsqu'on lui enlève deux équivalents d'eau ; mais il peut les reprendre ; il reparaît alors avec toutes ses propriétés primitives.

Le sucre de fruit n'a pas été l'objet d'un examen aussi suivi que les deux espèces solides.

On n'en connaît aucune combinaison, et ses réactions ont été confondues jusqu'ici avec celles du sucre de raisin.

Il se produit dans l'action initiale des acides minéraux et organiques sur le sucre de canne ; on le retrouve aussi dans les produits de l'action de l'acide sulfurique sur la gomme et l'amidon.

Enfin, c'est à l'état de sucre de fruit que passe le sucre de canne avant d'entrer en fermentation. Cette conversion n'est pas due aux globules du ferment, mais à une matière soluble que ces globules cèdent à l'eau. Aussi la liqueur du ferment suffit-elle, en l'absence des globules, pour convertir le sucre de canne en sucre de fruit. Peut-être cette action n'est-elle due qu'à l'acidité de l'eau qui a lavé les globules du ferment.

L'alcool froid et concentré s'empare très-bien du sucre incristallisable contenu dans le miel, et l'abandonne ensuite par sa distillation.

Les trois espèces de sucre qui viennent d'être décrites sont très-certainement distinctes les unes des autres ; mais chacune d'elles est-elle bien simple ? ne sera-t-on pas forcé d'y introduire des distinctions nouvelles? Jusqu'ici les motifs ne seraient pas suffisants. Les caractères différentiels qu'on a indiqués sont peu nombreux et fort incertains. C'est ainsi que M. Bouchardat croit devoir distinguer une glucose dérivant de la gomme et du sucre de lait. Il s'obtiendrait en faisant bouillir pendant vingt-quatre heures de la gomme ou du sucre de lait avec cinq parties d'eau contenant un dixième d'acide sulfurique. Le sucre ainsi obtenu fournirait encore de l'acide mucique dans son oxydation par l'acide nitrique.

La glucose préparée par le sucre de canne s'altérerait aussi, suivant M. Bouchardat, plus promptement par son ébullition en présence de l'eau qui contient un dixième d'acide sulfurique.

Enfin M. Jacquelain a obtenu, en faisant agir 1/300 d'acide oxalique sur la dissolution d'amidon, à l'aide d'une forte pression, de la glucose qui possédait un pouvoir rotatoire double de celui qui est offert par la glucose ordinaire.

Ce sont autant de nuances qu'il serait inutile de discuter longuement : le mélange du sucre de fruit au sucre de raisin, une combinaison de gomme ou de sucre de lait avec le sucre de raisin, enfin quelques traces de substances étrangères peuvent expliquer les variations qui viennent d'être indiquées.

M. Wiggers assure avoir retiré un sucre particulier de l'ergot de seigle, et M. Johnston en signale encore un autre dans un produit de la Nouvelle-Hollande. Voici quelques indications sur ces deux espèces saccharines.

Sucre de l'ergot de seigle. — On traite par l'eau l'extrait alcoolique de seigle ergoté, puis on évapore la solution aqueuse jusqu'à consistance de sirop. Le produit est alors conservé quelque temps dans un endroit frais. Le sucre se dépose, sous forme de prismes obliques terminés par deux faces; les faces terminales surmontent les arêtes qui sont tronquées.

Le sucre d'ergot est incolore, transparent, fermentescible; soluble dans l'eau et l'alcool, insoluble dans l'éther.

Il brûle avec une odeur de caramel, fournit de l'acide oxalique par l'acide nitrique, mais ne réduit pas l'acétate de cuivre.

Sa composition serait aussi particulière et se représenterait par :

$$C^{12}H^{13}O^{13}.$$

Sucre d'eucalyptus. — Ce sucre a été apporté de Van Diemen, où il découle de quelques espèces d'eucalyptus, sous forme de petites masses molles, arrondies et jaunâtres, d'une saveur un peu moins douce que celle du sucre de canne.

Il est soluble dans l'eau et l'alcool, insoluble dans l'éther. Il cristallise, d'une solution alcoolique bouillante, en aiguilles blanches et déliées.

Sa composition est celle du sucre de raisin :

$$C^{12}H^{14}O^{14}.$$

M. Johnston double la formule, afin de mettre la composition du sucre en rapport avec une perte d'eau très-forte que supporte le sucre, de + 80 à + 146.

En l'exprimant par $C^{24}H^{28}O^{28}$, il abandonne ainsi sept équivalents d'eau, qu'il peut reprendre en se liquéfiant à l'air humide. Il cristallise alors de nouveau.

Sucre de diabètès insipide. — Les chimistes qui se sont occupés de l'étude du sucre des diabétiques ont tous reconnu qu'il existait dans les urines de ces malades une matière gommeuse, insipide, susceptible de fermenter. Cette matière, presque toujours mélangée au sucre sapide, mais dans des proportions très-variables, est beaucoup moins soluble dans l'alcool chaud et concentré. C'est même ainsi qu'on parvient à la séparer du sucre qui a été considéré jusqu'ici comme identique avec le sucre de raisin. Ce sucre insipide se distingue encore par une fusibilité particulière ; la chaleur le liquéfie à + 40°.

Du sucre de lait.

Le sucre de lait doit être considéré comme formant un genre à part. Il se caractérise surtout par la production de l'acide mucique lorsqu'on le traite par l'acide nitrique.

Il dévie la lumière polarisée à droite, et sa déviation s'exprime, d'après M. Venizke, par 43 ; il réduit très-bien l'oxyde de cuivre dissous dans la potasse caustique.

Il exige une température de 33° à 60° pour entrer en fermentation, et paraît d'abord se convertir en sucre de raisin. Sa conversion en sucre de raisin par les acides est loin de s'effectuer aussi facilement que celle du sucre de canne.

Lorsqu'on a caillé le lait par la présure ou par les acides, la partie aqueuse et limpide, connue sous le nom de *petit-lait*, renferme le sucre de lait en dissolution. Pour obtenir ce dernier, on évapore le petit-lait jusqu'à cristallisation. Le produit solide est redissous, purifié par le charbon végétal, et cristallisé à plusieurs reprises.

Le sucre de lait forme des cristaux solides, durs, craquant sous la dent, sucrant faiblement. Ils ont la forme de parallélipipèdes, terminés par une pyramide triangulaire : leur densité est de 1,545. Leur solution aqueuse possède une saveur peu prononcée ; il faut deux parties et demie d'eau bouillante, et six parties d'eau froide pour dissoudre ce sucre entièrement; mais une solution peut être amenée à un très-grand état de concentratiou; sans se solidifier immédiatement.

Il est insoluble dans l'alcool et l'éther.

Sa composition s'exprime par

$$C^{12}H^{12}O^{12}.$$

mais pour représenter, sans recourir aux fractions d'équivalents, la perte d'eau qu'il éprouve, il faut doubler la formule

$$C^{24}H^{24}O^{24}.$$

Il ne perd que deux équivalents d'eau, lorsqu'on chauffe les cristaux avec lenteur, de + 120° à 140°, et devient ainsi :

$$C^{24}H^{22}O^{22}.$$

mais soumis rapidement à une température de + 150°, il abandonne cinq équivalents d'eau et devient :

$$C^{24}H^{19}O^{19}.$$

Il entre alors en fusion et jaunit.

Brûlé au courant de l'air, il répand une odeur sensible de caramel.

Les acides affaiblis le convertissent en sucre de raisin, mais après une ébullition très-prolongée.

Il forme plusieurs combinaisons avec l'oxyde de plomb.

Il se dissout mieux dans les liqueurs acides ou alcalines que dans l'eau; l'hydrate de chaux le brunit et donne en même temps naissance à de l'acide acétique.

Il exerce, sur les solutions de cuivre, la même influence que les sucres de canne et de raisin.

Le sucre de lait absorbe le gaz ammoniac; il condense une forte quantité d'acide hydrochlorique que l'acide sulfurique déplace, en faisant effervescence.

M. Becquerel a fait voir le premier qu'en dissolvant l'oxyde de cuivre dans la potasse, on réduisait l'oxyde de cette dissolution par l'ébullition, en présence du sucre de lait.

L'acide nitrique convertit le sucre de lait en acides oxalique et mucique.

Le sucre de lait de la chèvre et de la brebis fournirait, suivant quelques chimistes, presque deux fois autant d'acide mucique que celui de femme ou de vache : on pourrait obtenir ainsi jusqu'à 0,416 d'acide mucique sur 1,0 de sucre de lait provenant de la chèvre ou de la brebis.

Cette variation dans les proportions d'acide mucique semblerait indiquer plusieurs espèces de sucre de lait.

Il faut une fois autant de ferment qu'avec le sucre de canne pour provoquer la fermentation alcoolique du sucre de lait.

§ VI. — De quelques produits de décomposition des aliments hydrocarbonés.

Action de l'acide nitrique. — Sans compter les produits indiqués dans les articles précédents, l'acide nitrique donne naissance, en oxydant les substances hydrocarbonées, à un acide qui a été confondu par Schèele avec l'acide malique.

Cet acide a reçu plusieurs noms, et a fait l'objet de travaux assez nombreux. On l'a appelé oxalhydrique, oxysaccharique, saccharique, etc.

Sa formation précède celle de l'acide oxalique, beaucoup plus oxydé que lui. MM. Guérin-Varry, Erdmann, Thaulow, Hess, ont étudié ses combinaisons et son mode de production. M. Heintz assure que le meilleur moyen de le préparer consiste à traiter une partie de sucre de canne par trois parties d'acide nitrique, d'une densité de 1,025; le mélange est porté à une température qui ne dépasse pas + 50°, afin d'éviter la formation d'acide oxalique.

Par l'addition du carbonate de potasse, il se produit un oxysaccharate acide de potasse très-peu soluble. Pour isoler l'acide, il faut, suivant M. Heintz, décomposer l'oxysaccharate de cadmium par l'hydrogène sulfuré. Le sel de plomb a une grande tendance à former des sels doubles; et l'excès d'acide sulfurique nécessaire pour décomposer le sel de baryte altère l'acide.

Cet acide très-soluble dans l'eau et dans l'alcool, peu soluble dans l'éther, paraît être tout à fait incristallisable.

Il ne précipite ni les sels de chaux ni ceux de baryte, bien qu'il trouble la chaux et la baryte en solution, lorsque les bases sont en excès.

M. Heintz a analysé le plus grand nombre des sels suivants :

Oxysaccharate acide de potasse; $C^{12}H^{9}O^{15}$, KO;

Oxysaccharate neutre, $C^{6}H^{4}O^{7}$, KO;

Oxysaccharate acide d'ammoniaque, $C^{12}H^9O^{15}$, AzH^3, HO.
Oxysaccharate de magnésie, $C^6H^4O^7$, MgO, 3HO, desséché à +100°.
Oxysaccharate de baryte, $C^6H^4O^7$, BaO.
Oxysaccharate de chaux, $C^6H^4O^7$, CaO, HO.
Oxysaccharate de zinc, $C^6H^4O^7$, ZnO, HO.

Le zinc et le fer sont dissous avec dégagement d'hydrogène par l'acide oxysaccharique.

Le zinc donne un sel acide dont la formule est :

$$C^{12}H^9O^{15}, 2ZnO.$$

On connaît aussi les sels suivants :

Oxysaccharate de cadmium.... $C^6H^4O^7$, CdO.
Sel double de plomb......... $C^6H^4O^7$, PbO + AzO^5, PbO.
Oxysaccharate de bismuth..... $C^6H^4O^7$, Bi^2O^3.
Oxysaccharate d'argent....... $C^6H^4O^7$, AgO.

Lorsqu'on ajoute de l'ammoniaque au sel d'argent, et que l'on chauffe le mélange dans un tube de verre, il se fait un dépôt métallique qui miroite les parois du verre.

Les alcalis en excès colorent l'acide oxysaccharique en noir.

Action des alcalis. — L'action des alcalis, celle des acides et la décomposition spontanée des substances hydrocarbonées, amènent la formation de produits noirs ou bruns, qui se confondent par leur aspect. Ces produits sont quelquefois identiques, malgré des sources aussi variées.

M. Mulder s'est livré sur ces combinaisons à des recherches étendues, qui permettent d'apprécier assez exactement leur composition générale et leurs propriétés essentielles.

L'action particulière des alcalis sur le sucre de raisin, a conduit M. Péligot à la découverte de deux acides, qu'il a nommés *glucique* et *mélassique*. Le premier est incolore, le second est brun. M. Mulder a reconnu la présence de deux acides analogues, dans les produits qui se forment par l'action des acides sur le sucre. Ils paraissent constituer les premiers termes de l'altération du sucre, et arrivent à produire sans peine les composés humiques noirs et bruns auxquels le sucre donne naissance, et dont M. Mulder a constaté l'identité avec ceux qui se retirent du terreau.

Acide glucique. — Le sucre de raisin dissout facilement un cinquième environ de son poids de la chaux qu'on lui présente à l'état de lait de chaux ou de chaux éteinte. Dans le principe, la chaux peut être séparée du sucre par l'acide carbonique; si l'on attend plusieurs semaines, l'acide carbonique n'enlève plus la chaux du sucre, qui est transformé en acide glucique; mais à l'aide de l'acide oxalique, on parvient sans peine à précipiter l'oxyde de calcium qui laisse l'acide glucique en liberté.

Lorsqu'on mêle une dissolution chaude et saturée d'hydrate de baryte avec du sucre d'amidon fondu à + 100°, il se manifeste une réaction des plus vives, et de l'acide glucique se combine à la baryte; mais il est mélangé dans cette réaction à une petite quantité d'acide brun.

En faisant bouillir une dissolution de sucre avec de l'acide sulfurique ou hydrochlorique dans les conditions convenables pour former les produits humiques, les 5 sixièmes du sucre se trouvent employés à former les acides formique et glucique, ainsi que l'acide apoglucique de M. Mulder.

L'acide glucique s'extrait sans peine, à la suite de sa formation, par le contact prolongé de la chaux éteinte, ou du lait de chaux. On précipite la liqueur par du sous-acétate de plomb, puis le glucate de plomb est décomposé par l'hydrogène sulfuré.

Lorsque l'acide glucique résulte de la réaction des acides hydrochlorique ou sulfurique, on sature la liqueur sur du carbonate de chaux, tant qu'il se fait une effervescence; on précipite ensuite en deux fois par le sous-acétate de plomb qui entraîne d'abord les matières brunes; la deuxième précipitation contient le glucate de plomb : elle est décomposée comme dans le cas précédent.

L'acide glucique est blanc, solide, d'un aspect gommeux, très-soluble dans l'eau, et attirant fortement l'humidité de l'air.

Cet acide se représente certainement dans sa composition par du carbone et de l'eau, mais il n'a pas été analysé à l'état de liberté.

M. Mulder a étudié le sel de chaux; il se forme d'abord un bisel par l'action directe de l'acide glucique sur le marbre; ce sel acide peut être évaporé en une masse gluante, épaisse, qui cristallise peu à peu et durcit. Il est très-soluble dans l'eau et dans l'alcool; si l'on ajoute à la dissolution de ce sel un peu moins de chaux hydratée qu'il n'en faut pour saturer la moitié de l'acide, la chaux se dissout, et l'on obtient un sel neutre que l'alcool précipite sous forme d'une gelée incolore. C'est un glucate auquel l'acide carbonique peut enlever la chaux en partie. Il est très-soluble dans l'eau, sa dissolution est précipitée par le sous-acétate de plomb, le nitrate d'argent et le protonitrate de mercure.

M. Mulder exprime la composition de ce sel de chaux, desséchée à $+ 100^{\circ}$, par :

$$2(C^{8}H^{5}O^{5}, CaO) + HO.$$

Le sel de plomb analysé par M. Péligot peut se représenter par :

$$C^{8}H^{6}O^{6} + 2PbO.$$

Les sels formés par l'acide glucique sont généralement solubles; les sels alcalins se colorent fortement en brun lorsqu'on les fait bouillir au contact de l'air.

L'acide glucique isolé se colore également lorsqu'on le fait bouillir à l'air libre; la présence des acides concentrés accélère cette coloration et amène alors la production des produits humiques. Mais les acides étendus sont sans action.

Le premier produit de la coloration de l'acide glucique

consiste en un acide nouveau que M. Mulder nomme *acide apoglucique*.

Acides apoglucique et mélassique. — S'il n'existe aucun doute sur l'identité de l'acide glucique, soit qu'il provienne de l'action des alcalis sur le sucre, soit qu'il provienne de l'action des acides, il n'en est pas de même des acides apoglucique et mélassique. Ces deux composés doivent pourtant être rapprochés l'un de l'autre.

M. Péligot obtient l'acide mélassique en faisant fondre du sucre d'amidon à +100° et en y ajoutant une dissolution chaude et saturée d'eau de baryte; en maintenant ensuite une température bouillante, il se produit une coloration brune très-intense due à l'acide mélassique. On ajoute au mélange un excès d'acide hydrochlorique, qui précipite l'acide mélassique sous forme d'un dépôt floconneux de couleur noire. On lave ce dépôt avec de l'acide hydrochlorique étendu, et l'on termine les lavages à l'eau.

Cet acide peut se représenter dans sa composition par :

$$C^{24}H^{12}O^{10}.$$

L'acide apoglucique de M. Mulder se sépare des produits qui résultent du traitement de la glucose par les acides. Lorsqu'on a saturé le mélange des acides formique, glucique et apoglucique par de la craie, on réduit la liqueur en consistance sirupeuse, et on la reprend par l'alcool qui ne dissout pas l'apoglucate de chaux. Ce sel reste sous forme d'un magma brun que l'on dissout avec une petite quantité d'eau et que l'on précipite ensuite par l'acétate de plomb.

L'hydrogène sulfuré décompose le sel plombique et met l'acide apoglucique en liberté. C'est un composé brun, amorphe, très-soluble dans l'eau, moins soluble dans l'alcool, insoluble dans l'éther.

Il forme des sels solubles, d'un rouge foncé, avec la potasse, la soude, la chaux, l'ammoniaque et la baryte.

Il précipite les sels de plomb, d'argent et de cuivre.

L'acide libre s'exprime par :

$$C^{18}H^{9}O^{8} + 2HO.$$

Le sel de chaux à + 120 :

$$C^{18}H^{9}O^{8}, 2HO + CaO.$$

Le même à + 130 :

$$C^{18}H^{9}O^{8}, HO + CaO.$$

Le sel de plomb à + 138 :

$$C^{18}H^{9}O^{8} + PbO.$$

Le sel de chaux est amorphe, et soluble dans l'eau; le charbon le sépare complétement de cette dissolution.

Lorsqu'on fait passer un courant de chlore dans la dissolution de ce sel, il se fait un précipité brun qui paraît analogue à celui qu'on obtient en traitant de même l'acide humique.

Les acides mélassique et apoglucique offrent l'un et l'autre une proportion d'hydrogène trop forte pour qu'on puisse les représenter par du carbone et de l'eau; mais leur composition ne diffère pas très-notablement. L'acide mélassique de M. Péligot est insoluble dans l'eau; l'acide apoglucique de M. Mulder s'y dissout. Ce sont sans doute deux termes distincts d'une même période de transformation.

M. Gottlieb a découvert des faits nouveaux et intéressants en faisant agir la potasse en solution très-concentrée sur le sucre, la gomme et l'amidon. Trois parties d'une solution de potasse ont été chauffées avec une partie de sucre; de l'hydrogène s'est dégagé, et la masse a bruni, en répandant une odeur de caramel. Le mélange est ensuite devenu plus épais et s'est en partie décoloré. M. Gottlieb arrête l'opération à ce moment. Le produit potassique est d'un brun clair après le refroidissement; traité par l'acide sulfurique, il dégage de l'acide carbonique et laisse déposer de l'oxalate acide de potasse. Le mélange d'acide sulfurique et du produit de la réaction, soumis à la distillation, donne de l'acide formique, de l'acide acétique, et un acide nouveau que M. Gottlieb nomme *métacétonique*.

Pour le dégager du mélange acide, on détruit d'abord l'acide formique par l'oxyde de mercure, puis on sature les deux acides restant par le carbonate de soude. L'acétate de soude cristallise avant le métacétonate presque incristallisable.

L'acide métacétonique est liquide, doué d'une odeur propre.

Son éther possède une odeur de fruit très-prononcée.

Il a pour formule :

$$C^6H^5O^3, HO.$$

Cet acide peut être considéré comme un produit d'oxydation du produit appelé *métacétone* par M. Frémy :

$$\underset{\text{Métacétone.}}{C^6H^5O} + O^2 = \underset{\text{Acide métacétonique anhydre.}}{C^6H^5O^3}.$$

On peut, en effet, régénérer ce même acide en traitant la métacétone par un mélange d'acide sulfurique et de bichromate de potasse. Il se forme toujours en même temps de l'acide acétique.

Il est probable que la potasse, ainsi que la chaux, convertit d'abord le sucre en métacétone, et que celle-ci, par l'action oxydante de la potasse, se change en acide métacétonique.

Action de la potasse fondue sur le ligneux. — M. Braconnot avait remarqué la conversion du ligneux en un produit brun analogue à l'humus, lorsqu'on traitait la sciure de bois par la potasse caustique en fusion.

M. Péligot a repris l'examen de cette réaction; il a reconnu que le produit brun découvert par M. Braconnot pouvait prendre naissance à la température de l'ébullition du mercure. Il se dégage de l'eau, de l'hydrogène, et plusieurs produits organiques volatils.

Lorsqu'on chauffe peu, le produit acide, qui reste combiné à la potasse, est jaune ou brun; en chauffant davantage, il est noir.

Le dernier terme de décomposition paraît aboutir à du charbon et à de la potasse; mais si l'hydrate de potasse est en excès et que la température soit suffisante, le charbon lui-même doit fournir du carbonate de potasse aux dépens de l'eau de l'hydrate de potasse dont l'hydrogène se dégage.

Les deux composés obtenus par M. Péligot ont été appelés *lignulmique* et *lignhumique* par M. Berzélius.

L'acide lignulmique n'a pas été analysé.

L'acide lignhumique renferme :

$$C^{27}H^{14}O^{6}.$$

M. Mulder a découvert des composés analogues, mais plus nombreux dans l'action de la potasse sur l'acide humique.

Action des acides sur le sucre. — L'étude difficile des combinaisons qui résultent de ces réactions a été tentée à plusieurs reprises par d'habiles chimistes. MM. Pol. Boullay, Braconnot, Malaguti, Stein, Hermann, ont contribué à l'éclairer par des faits intéressants. Mais c'est aux recherches ingénieuses et persévérantes de M. Mulder qu'on doit la découverte des relations qui lient ces produits les uns aux autres; c'est lui qui en a coordonné le mode de production, qui en a fixé la constitution moléculaire; c'est lui qui a su débrouiller l'influence des combinaisons intimes de l'ammoniaque dont la présence semblait créer des variétés sans nombre avec un même principe. Ce beau travail est digne de celui qu'on doit à M. Mulder sur les combinaisons protéiques.

Ulmine et acide ulmique. — Ces deux combinaisons prennent simultanément naissance lorsqu'on traite le sucre par l'acide hydrochlorique ou l'acide sulfurique à une température de + 80°. On fait réagir vingt-deux parties de sucre, quarante parties d'eau et une partie d'acide sulfurique concentré. La liqueur se colore peu à peu ; elle dépose des flocons bruns qui consistent en ulmate d'ulmine.

L'ulmate d'ulmine, sèche à + 16°, se représente par :

$$C^{40}H^{16}O^{14}.$$

Si l'on traite ce premier produit par une dissolution de potasse, il se forme une dissolution très-brune d'ulmate de potasse, tandis que l'ulmine reste indissoute.

L'ulmine est aussi composée de :

$$C^{40}H^{16}O^{14}.$$

Quant à l'acide ulmique, il est séparé de la potasse par l'acide hydrochlorique en excès; l'acide ulmique se dépose sous forme de flocons gélatineux solubles dans l'eau, mais insolubles dans une eau acide ou chargée de sels.

On le débarrasse difficilement des principes solubles, en présence desquels il se précipite.

On ne dessèche bien l'acide ulmique qu'à une température de +140°. A +170° il éprouve une perte d'eau qui est complète à + 195°. A + 140°, l'acide est hydraté et se trouve isomère de l'ulmine; mais à + 195° il est anhydre : il a perdu deux équivalents d'eau; il devient :

$$C^{40}H^{14}O^{12}.$$

Cette formule est celle de l'acide combiné.

Ainsi l'ulmate d'ammoniaque se représente par :

$$C^{40}O^{14}O^{12} + AzH^{3}, HO.$$

Ce sel retient l'ammoniaque avec opiniâtreté. Lorsqu'on traite la dissolution par les sels métalliques on obtient des sels doubles : ainsi le précipité obtenu avec les sels d'argent renferme :

$$C^{40}H^{14}O^{12}, AzH^{3}, HO + C^{40}H^{14}O^{12}, AgO.$$

L'ulmate d'ammoniaque ne perd pas son ammoniaque à

+ 140° : il perd ensuite de l'eau à + 170°. Il ne cède l'ammoniaque qu'à + 190°. A la même température il ne tarde pas à se décomposer en fournissant de l'acide acétique.

L'acide ulmique se combine à un équivalent d'oxyde de cuivre, à quatre équivalents d'oxyde de plomb : le sel de baryte contient un équivalent et demi d'acide pour un équivalent de base.

Humine et acide humique.—Lorsqu'on fait agir le sucre et le mélange acide précédemment indiqué, dans le vide, au lieu d'opérer sous la pression atmosphérique, l'humine et l'acide humique remplacent l'ulmate d'ulmine. Cette différence de résultat est uniquement due à la pression, car, en dirigeant un courant d'hydrogène ou d'azote dans le mélange de sucre et d'acide, c'est de l'ulmine qui prend naissance. Il se produit aussi de l'acide formique dans ce dernier cas : ainsi on ne saurait en attribuer la production uniquement à l'oxygène de l'air.

Lorsqu'on a obtenu l'ulmate d'ulmine dans la préparation qui a été indiquée, on peut très-bien le convertir en acide humique et en humine. Il suffit pour cela de séparer l'ulmate brun du sucre excédant, et de le faire bouillir dans un acide étendu. Il se produit alors de l'humine et de l'acide humique : l'oxygène de l'air intervient dans cette conversion. L'acide humique tend aussi à se transformer en humine par le contact des acides concentrés. On le sépare de l'humine lorsque ces deux substances se sont produites simultanément à l'aide de la potasse, qui laisse l'humine indissoute.

L'humine et l'acide humique sont de couleur brune très-foncée, presque noire.

L'humine a pour formule :

$$C^{40}H^{15}O^{15}.$$

Elle dérive manifestement de l'ulmine par oxydation : un équivalent d'hydrogène de cette dernière a été enlevé et remplacé par un équivalent d'oxygène.

Ulmine, $C^{40}H^{16}O^{14} = C^{40}H^{15}, H, O^{14}$.
Humine, $C^{40}H^{15}O^{15} = C^{40}H^{15}, O, O^{14}$.

L'acide humique hydraté est isomère de l'humine ; mais il perd trois équivalents d'eau par la chaleur, et devient :

$$C^{40}H^{12}O^{12}.$$

Le sel ammoniacal, chauffé à + 140°, est composé de :

$$C^{40}H^{12}O^{12} + AzH^3, HO.$$

Le sel d'argent, desséché à + 100°, se représente par :

$$C^{40}H^{16}O^{15} + AgO.$$

A + 140° il devient :

$$C^{40}H^{12}O^{12}, AgO.$$

Le sucre ne fournit qu'un sixième de son poids en produits humiques et ulmiques. La quantité de l'acide employé à la transformation peut influencer la durée de l'opération, mais elle ne change pas la proportion des substances obtenues. Le reste du sucre se trouve représenté par les acides glucique, apoglucique et formique.

Lorsqu'on insiste sur l'action des acides, l'acide humique se trouve converti en un corps noir tout à fait insoluble, qui est composé de :

$$C^{34}H^{13}O^{9}.$$

Il se dégage en même temps de l'acide formique.

La potasse très-concentrée fournit le même corps noir lorsqu'on la fait agir sur l'acide humique.

Ce composé noir se brûle avec difficulté ; le chlore est sans action sur lui : l'acide nitrique le convertit en acide apocrénique. Lorsqu'on prolonge l'action de la potasse caustique en élevant la température de plus en plus, on obtient des corps noirs dont la composition peut être représentée pour l'un par :

$$C^{34}H^{10}O^{6}$$

pour l'autre par :

$$C^{34}H^7O^3.$$

En comparant ces trois composés :

1er produit.

$$C^{34}H^7O^3 + 6HO = C^{34}H^{13}O^9.$$

2e produit.

$$C^{34}H^7O^3 + 3HO = C^{34}H^{10}O^6.$$

3e produit.

$$C^{34}H^7O^3.$$

On voit que l'action continuée de la potasse amène incessamment de nouvelles soustractions d'eau.

Action du chlore sur les produits humiques. — L'ulmine et l'acide ulmique, l'humine et l'acide humique, traités par un courant de chlore en présence de l'eau, se convertissent en une poudre d'un brun rouge, qui est la même pour tous ces produits. Les sels alcalins humiques et ulmiques engendrent aussi le même composé.

C'est une combinaison acide, sans odeur, soluble dans l'acide sulfurique concentré, d'où l'eau la précipite. Elle est aussi soluble dans l'alcool.

Cet acide chlorohumique forme des sels particuliers ; il se décompose par son ébullition dans une lessive de potasse ; l'acide hydrochlorique précipite de l'acide humique de la liqueur alcaline. Cet acide, à + 100, renferme :

$$C^{32}H^{12}ClO^{16}, HO.$$

A + 155°, il perd un équivalent d'eau.

Le sel de baryte a pour formule :

$$C^{32}H^{12}ClO^{16}, BaO, HO.$$

En dirigeant un courant de chlore dans l'humate d'ammoniaque, on obtient une combinaison plus chlorée que la précédente, de couleur plus foncée ; elle contient :

$$C^{32}H^{14}Cl^2O^{18}.$$

Action de l'acide nitrique sur les produits humiques. — Tous les produits humiques et ulmiques donnent, avec l'acide nitrique de force moyenne, une poudre couleur de rouille.

C'est une substance acide, solide, amorphe, soluble dans l'eau et dans l'alcool, insoluble dans l'éther, colorant l'acide sulfurique en rouge de sang, et se combinant très-bien aux alcalis pour former des sels solubles colorés en rouge.

Les sels alcalins donnent, avec les sels métalliques, des précipités bruns gélatineux.

Lorsqu'on fait bouillir cet acide avec de la potasse caustique, on dégage de l'ammoniaque, et les acides précipitent de la lessive alcaline de l'acide humique.

Pour comprendre la constitution de cet acide, il faut considérer qu'il consiste réellement en un sel d'ammoniaque qui se représente par :

$$C^{48}H^{12}O^{24}, HO + AzH^3, HO.$$

$C^{48}H^{12}O^{24}$ représente un acide anhydre appelé *apocrénique* par M. Mulder. Cet acide, comme on le verra plus loin, se trouve contenu dans la terre végétale.

Produits humiques résultant de la décomposition spontanée des végétaux.

M. Mulder a examiné les matières brunes contenues dans la tourbe, le terreau et la terre végétale ; il n'a par tardé à y reconnaître des produits identiques avec ceux qui dérivent du sucre ; quelques différences d'hydratation rappellent à peine les deux origines distinctes.

Une tourbe légère de la Frise, après avoir été épuisée par l'alcool, fut traitée par le carbonate de soude, qui laissa de l'ulmine mêlée aux détritus végétaux, tandis que l'acide ulmique fut dissous par le carbonate alcalin.

L'acide ulmique précipité par les acides ne différait de

l'acide ulmique du sucre que par sa décomposition plus prompte à + 140°.

Il forme à cette température de l'acide formique et de l'eau qu'on n'obtient avec l'acide ulmique artificiel qu'à + 195°.

Cet acide de la tourbe contient :

$$C^{40}H^{16}O^{14}, 2HO.$$

Le sel ammoniacal, séché à + 140°, est composé de :

$$C^{40}H^{16}O^{14} + AzH^3, HO.$$

Cet acide ulmique renferme aussi deux équivalents d'eau de plus que celui du sucre.

De la tourbe noire, tirée du lac de Harlem, a donné à M. Mulder un acide humique ammoniacal représenté par :

$$C^{40}H^{14}O^{12}, 3HO + AzH^3, HO.$$

Ce composé conserve toute son eau à + 140°. Il ne diffère pas autrement de l'acide humique du sucre. Il retient aussi l'ammoniaque dans une affinité très-étroite ; il la conserve lorsqu'on précipite, par l'acide hydrochlorique, sa dissolution dans le carbonate de soude.

Une mousse pourrie et pulvérulente, retirée d'un vieux saule, après avoir été traitée par l'alcool, puis par le carbonate de soude, a cédé à ce dernier de l'acide humique. Cet acide, précipité par l'acide hydrochlorique, a fourni un sel ammoniacal qui, séché à + 140°, était composé de :

$$C^{40}H^{12}O^{12}, 4HO + AzH^3, HO.$$

Cet acide humique retient ainsi quatre équivalents d'eau de plus que celui du sucre.

Le composé ammoniacal, traité successivement par la potasse et l'acide hydrochlorique, donne un bihumate qui a pour formule :

$$2(C^{40}H^{12}O^{12}, 3HO) + AzH^3, HO \text{ à } 140°.$$

Traité par le carbonate de soude et l'acide hydrochlorique, il conduit au bihumate d'ammoniaque du sucre.

$$2(C^{40}H^{12}O^{12}) + AzH^3, HO.$$

Différentes terres, extraites des jardins, des champs, d'une prairie, d'une plantation de chênes, ont fourni des combinaisons humiques dans lesquelles l'acide, associé à l'ammoniaque, retient encore des quantités d'eau qui varient de deux à cinq équivalents.

Un seul des produits de l'humus s'est écarté sensiblement de la formule de l'acide humique; il provenait d'une plantation d'arbres fruitiers. M. Mulder en a fait un acide à part qu'il nomme *géique*.

Cet acide géique a été extrait sous forme d'une combinaison ammoniacale qui pouvait se représenter par :

$$C^{40}H^{12}O^{14} + 2AzH^3, HO.$$

Acides crénique et apocrénique. — Ces deux acides se trouvent dans tous les terreaux; on les extrait de la manière suivante :

Le terreau est traité par l'eau chaude et épuisé ensuite par une dissolution bouillante de carbonate de soude. Le sel alcalin dissout l'acide humique ainsi que les acides crénique et apocrénique. On précipite l'acide humique par l'acide sulfurique; la liqueur acide est filtrée; elle retient les deux acides nouveaux. On la sature d'abord avec du carbonate de soude, puis on l'acidule légèrement avec de l'acide acétique. On y verse alors de l'acétate de cuivre qui précipite de l'apocrénate de cuivre. Le crénate reste en dissolution, on le précipite par une addition de carbonate d'ammoniaque, dont il faut employer en léger excès.

L'acide apocrénique ne diffère pas de l'acide obtenu à l'aide de l'acide nitrique et des produits humiques. Les difficultés à surmonter dans l'étude de l'acide apocrénique résident dans la nature de ses combinaisons intimes avec l'ammoniaque.

L'acide hydraté libre de toute combinaison avec l'ammoniaque est composé de :

$$C^{48}H^{12}O^{24} + 2HO.$$

On le sépare du sel de cuivre par un courant d'hydrogène sulfuré.

M. Mulder a décrit les combinaisons suivantes, soit parmi les produits naturels, soit parmi ceux qu'il a préparés directement :

$$2(C^{48}H^{12}O^{24}) + AzH^3, HO + 18HO.$$
$$2(C^{48}H^{12}O^{24}) + 2AzH^3, HO + 8HO.$$
$$C^{48}H^{12}O^{24} + 3AzH^3, HO.$$
$$C^{48}H^{12}O^{24} + AzH^3, HO + HO.$$
$$C^{48}H^{12}O^{24} + 4CuO + HO.$$
$$C^{48}H^{12}O^{24} + AzH^3, HO + 4PbO + HO.$$

Quant à l'acide *crénique,* il n'a pas encore été rencontré parmi les produits de décomposition artificielle des substances hydrocarbonées.

Il existe dans les terreaux à l'état de combinaison ammoniacale; ainsi un terreau a fourni un crénate ammoniacal qui doit se représenter par :

$$C^{24}H^{12}O^{16} + AzH^3, HO + HO.$$

Un autre crénate contenait :

$$2(C^{24}H^{12}O^{16}) + AzH^3, HO + 2HO.$$

Lorsqu'on traite ces combinaisons ammoniacales par de l'acide acétique fort, et qu'on y ajoute de l'acétate de cuivre on obtient un crénate de cuivre dont l'acide crénique retient à la place de l'ammoniaque trois équivalents d'eau :

$$C^{24}H^{12}O^{16} + 3HO.$$

L'acide crénique et ses sels se convertissent au contact de l'air en acide apocrénique.

Acide humique provenant des substances protéiques et

de la suie. — L'acide hydrochlorique concentré convertit la protéine en humine et en acide humique ; ce dernier se sépare à l'état de combinaison ammoniacale, et se représente dans ce cas par :

$$C^{40}H^{12}O^{12} + AzH^{3}, HO.$$

Cette transformation, découverte par M. Mulder, se fait aux dépens de l'albumine et de la fibrine, lorsque l'oxygène de l'air trouve accès.

Braconnot avait reconnu dans la suie un composé qu'il avait considéré comme de l'acide humique. M. Mulder a extrait cet acide en faisant bouillir la suie avec de l'eau, puis avec du carbonate de soude. Il a précipité ensuite par l'acide hydrochlorique : l'acide précipité a été levé à l'eau bien qu'il y soit un peu soluble, et mis en digestion avec de l'alcool. Séché enfin à + 140°, le composé humique s'est trouvé représenté dans sa constitution par une combinaison d'humate d'ammoniaque et de naphtaline :

$$C^{40}H^{12}O^{12} + 2AzH^{3}, HO + C^{10}H^{4}.$$

Ce composé se détruit en effet à + 210°, en donnant naissance à de l'ammoniaque et à de la naphtaline. La naphtaline est un produit ordinaire de la décomposition des substances organiques. Son étude appartient à la deuxième section des substances organiques.

§ VII. — De la fermentation des substances hydrocarbonées.

Les substances hydrocarbonées ont une aptitude toute particulière à se métamorphoser. Cette disposition ne se décèle point énergiquement dans les produits purs, isolés, tels que les procédés chimiques les dégagent pour en réduire l'étude aux termes les plus simples. Mais dans les conditions normales de leur production et de leur existence, le sucre, l'amidon et leurs annexes se trouvent entourés de circonstances qui tendent incessamment à les détruire.

Dans cette œuvre de transformation, les produits secondaires sont nombreux : tous les efforts des chimistes ont pour but de les séparer les uns des autres et de les définir clairement.

La formation des composés humiques marque l'extrémité d'une de ces périodes de destruction.

La conversion de l'amidon en sucre, par la diastase ou par le gluten, offre un exemple net et précis dont tous les termes se circonscrivent avec facilité.

Les phénomènes de la fermentation sont du même ordre; ce sont des phénomènes de décomposition; ils occupent une place importante au milieu de ces phases nombreuses de transformation dans lesquelles s'engagent les substances hydrocarbonées.

On trouve toujours des relations faciles à établir entre les produits qui résultent de la fermentation et la source même à laquelle on les puise. Ainsi, lorsque le sucre engendre l'alcool, la formation de ce dernier s'accompagne toujours d'une quantité d'acide carbonique, qui, réunie à l'alcool, représente tous les éléments du sucre :

$$2C^4HO^2 + 4CO^2 = C^{12}H^{12}O^{12}.$$

Alcool. Ac. carb. Sucre de fruit.

Dans la conversion du sucre en acide lactique, la composition même du sucre se retrouve dans l'acide lactique :

$$C^{12}H^{12}O^{12} = 2C^6H^5O^5, HO.$$

Sucre de fruit. Acide lactique.

Lorsqu'au lieu de l'acide lactique l'acide butyrique prend naissance, on reproduit encore par une équation simple la constitution du sucre :

$$C^8H^7O^3, HO + 4CO^24 + 4H = C^{12}H^{12}O^{12}.$$

Acide butyrique. Ac. carb. Hydrogène. Sucre de fruit.

La formation de l'acide butyrique s'accompagne, en

effet, d'un dégagement d'acide carbonique et d'hydrogène.

Mais s'il est facile de retrouver toutes les molécules du sucre et des substances hydrocarbonées, dans les principes que l'acte de la fermentation en fait sortir, il n'est pas également simple et facile d'indiquer avec certitude toutes les circonstances qui impriment à la fermentation une direction déterminée. L'alcool, l'acide lactique et l'acide butyrique, qui offrent trois substances si distinctes, se forment dans des mélanges à peu près semblables, dont la nature chimique ne fait soupçonner aucune des réactions vives et profondes qui s'accomplissent; à plus forte raison n'y pressent-on pas des résultats aussi divers.

Lorsque des circonstances qu'il était impossible de prévoir, lorsque des influences presque imperceptibles amènent des différences radicales, on comprend que les moindres détails acquièrent une importance toute particulière. C'est ce qui est arrivé forcément dans l'étude des phénomènes de la fermentation. On a été conduit à dresser un inventaire minutieux, dont l'intérêt et l'utilité ne seraient pas compris, si l'on ne connaissait toutes les variations, toute la fugacité du phénomène en lui-même.

Mais pourquoi attacher une importance aussi grande à l'étude de la fermentation? Pourquoi y porter cette recherche laborieuse des détails?

La fermentation met en œuvre des matériaux indispensables à l'entretien de la vie animale ; elle les soumet à une élaboration lente, qui exige la température même à laquelle les fonctions vitales s'exécutent, et ses produits se confondent souvent avec les produits mêmes de nos sécrétions. Il n'en faut pas davantage pour que ce phénomène réclame des études persévérantes. Il y a, dans son aspect le plus extérieur, un caractère propre qui l'a fait distinguer dès les premiers temps de l'observation. Les analogies avec les phénomènes physiologiques les plus intimes ont été pressantes de suite, très-vaguement sans doute dans le principe; mais ces rapprochements résistent encore aujourd'hui, et les faits les plus récents, loin d'y porter atteinte, sont venus leur communiquer un nouveau degré d'importance et d'intérêt.

La fermentation des substances hydrocarbonées est devenue, en outre, le type des transformations chimiques qui se développent aux dépens de substances organiques très-complexes; et ces dernières sont précisément celles dont la nature et le mode d'action chimique présentaient le plus d'obscurité.

La fermentation ne s'empare des substances hydrocarbonées qu'autant qu'elles sont transformées en sucre de fruit ou en sucre de raisin; elles peuvent aboutir toutes, comme on l'a vu, à l'un ou à l'autre état. Ce premier élément de la fermentation doit se trouver en présence d'un autre élément non moins essentiel, qui a son point de départ dans une substance albuminoïde.

La matière protéique aboutit au *ferment* proprement dit et le représente en quelque sorte; le sucre reçoit l'impression du ferment et fournit les produits de la fermentation.

Les conditions secondaires dans lesquelles la fermentation se développe déterminent la variété des produits qui lui doivent son origine. L'acidité ou la neutralité de la liqueur, au sein de laquelle le sucre et le ferment se rencontrent, provoquera la formation de l'alcool ou celle de l'acide lactique.

On trouve dans ces conditions secondaires la base des divisions principales qu'il faut apporter dans l'étude de la fermentation.

La conversion du sucre en alcool a été l'objet de l'étude la plus suivie; la fermentation alcoolique se présente ainsi naturellement la première.

Les fermentations lactique et butyrique seront examinées

ensuite. Les deux acides qui en résultent ont acquis une importance réelle par leur présence dans l'économie animale; et des études récentes les ont très-bien caractérisés.

Le sucre se transforme encore, au contact des matières albuminoïdes, en produits différents de ceux qui précèdent; ainsi la mannite, certaines matières visqueuses, et l'acide acétique lui-même, semblent se rattacher au sucre et dériver de fermentations spéciales beaucoup moins connues que les trois autres, mais qui présentent des indications très-dignes de remarque.

Fermentation alcoolique.

La fabrication de la bière s'accompagne de la formation d'un produit particulier qui est connu sous le nom de *levure*. Cette substance constitue un véritable ferment. Si l'on fait un mélange d'eau, de levure de bière et de sucre de canne, et qu'on introduise le tout dans un flacon, on ne tarde pas à y observer tous les phénomènes de la fermentation. En supposant qu'on expose le flacon à une température de + 25 à + 30°, le ferment, qui avait d'abord gagné le fond du liquide, est, au bout de quelques heures, amené à la surface par des bulles gazeuses dont le nombre s'accroît sans cesse, et que l'on peut recueillir à l'aide d'un tube recourbé. Elles consistent en acide carbonique pur, et le liquide contenu dans le flacon ne tarde pas à acquérir une odeur alcoolique très-prononcée.

Les proportions les plus convenables pour une fermentation rapide ont été indiquées par M. Colin. Il conseille de prendre une partie de sucre pour trois ou quatre parties d'eau. Il suffit d'employer le quart du sucre en levure fraîche.

Il faut toujours deux ou trois jours pour arriver à la conversion complète en alcool et en acide carbonique. Mais aucune partie du sucre n'y échappe.

De son côté, le ferment résiste en grande partie; le sucre

n'en détruit guère que 2 pour 100 de son poids; le reste demeure propre à provoquer une fermentation nouvelle.

Lorsqu'on examine l'état de la liqueur pendant la durée de l'opération, on reconnaît qu'elle est constamment acide. Quant au sucre, il se convertit progressivement en sucre de fruit, si l'on est parti du sucre de canne. Le sucre de raisin, au contraire, se change directement en alcool et fermente beaucoup plus vite. La conversion du sucre de canne en sucre de fruit exige ainsi un temps notable; elle se fait très-bien, comme on l'a vu plus haut, à l'aide des eaux de lavage du ferment; mais le ferment lavé peut aussi la produire, bien qu'avec une grande lenteur.

M. H. Rose a remarqué qu'il fallait six fois autant de ferment pour que le sucre de canne fermentât aussi vite que le sucre de raisin. Des expériences délicates, exécutées par M. Mitscherlich, lui ont démontré que la conversion du sucre en alcool ne se faisait qu'au contact même de la matière solide et insoluble de la levure.

La levure qui résiste à la fermentation ne change ni d'aspect ni de propriétés, mais celle qui a été détruite se trouve représentée par une substance grise, sans forme déterminée, insoluble dans l'eau, à peine azotée, tout à fait inerte; détritus véritable de la levure, très-distinct de celle-ci, qu'il est toujours facile de reconnaître dans son état d'intégrité. L'azote primitivement contenu dans la levure s'est converti en ammoniaque.

Levure.—Voici maintenant ce que l'examen de la levure permet d'y reconnaître :

Elle se présente sous forme d'une bouillie écumeuse, grise, pultacée, imprégnée d'une quantité plus ou moins grande des matières solubles qui se produisent dans la fabrication de la bière.

Pour la débarrasser de ces matières et de quelques corps insolubles, on la délaie dans quinze ou vingt fois son poids d'eau, puis on la jette sur une toile d'un tissu médiocrement serré, à travers laquelle on la fait passer en l'agitant et la pressant avec une forte spatule.

L'émulsion épaisse ainsi obtenue est distribuée sur plusieurs filtres, par lesquels le liquide s'échappe avec lenteur; au bout de quelque temps, la levure s'est déposée sur le filtre, d'où l'on décante la dernière portion de liquide. On étale alors le filtre et on enlève la levure.

La levure est fortement adhérente à des principes acides qu'on n'en sépare qu'après des lavages très-prolongés. Elle conserve toujours une odeur particulière qui s'exhale avec force de la levure recueillie dans les brasseries.

Examinée au microscope, la levure présente une forme globulaire : ce sont des globules ovoïdes, souvent isolés, quelquefois soudés deux à deux, très-souvent accolés à un globule plus petit qui paraît faire corps avec le globule principal. Ces globules, décrits par M. Desmazières, ont été mis par lui au nombre des mycodermes, sous le nom de *mycodermæ cerevisiæ*.

Leur diamètre atteint une dimension de $\frac{1}{100}$ à $\frac{1}{400}$ de millimètre. Ces dimensions semblent en rapport avec certaines conditions de la fermentation qui seront indiquées plus loin.

Le ferment desséché prend la forme d'une substance dure, cornée, demi-transparente, d'un gris rougeâtre. Mais il ne perd pas ainsi ses propriétés; il suffit de l'humecter pour lui rendre son aspect et son activité.

L'analyse du ferment démontre qu'il est composé d'une matière azotée qui le rapproche beaucoup de la protéine, et qui est presque identique avec une modification de la caséine, analysée par M. Mulder. Le ferment renferme en outre une matière non azotée, insoluble, constituant l'enveloppe cellulaire des globules, et offrant la constitution de l'amidon et du ligneux. Cette dernière substance se convertit en sucre de raisin lorsqu'on la traite par l'acide sulfurique. Elle est insoluble dans une lessive alcaline, qui dissout très-bien, au contraire, la substance albuminoïde du ferment.

Pour constater cette constitution curieuse du ferment, que MM. Schlossberger et Mitscherlich sont arrivés à déterminer en même temps, il faut traiter les globules successivement par l'eau, l'alcool à froid et à chaud, enfin par l'éther. On enlève aussi aux globules des principes huileux et des matériaux salins qui s'y trouvent fortement retenus. Ces traitements rendent les globules blancs et pulvérulents sans altérer leur forme; mais ils les rendent impropres à la fermentation.

Il suffit de faire bouillir le ferment durant quelques instants dans l'eau, pour lui enlever la propriété fermentescible. Mais il reprend cette propriété par le contact de l'air ou par l'action de la pile.

La composition de la levure rend raison de sa décomposition par la chaleur qui donne naissance à des produits ammonicaux, fétides, analogues à ceux des substances albuminoïdes; elle explique son altération au contact de l'air, qui s'accompagne d'abord d'une forte odeur de fromage, et plus tard d'émanations putrides insupportables. On comprend sans peine que le ferment colore l'acide hydrochlorique en violet; qu'il produise du chlorite et du tritoxyde de protéine dans les mêmes conditions que l'albumine; qu'il se conserve lorsqu'on le délaie dans du sucre ou dans de la mélasse, et se trouve fortement troublé dans ses propriétés, par l'intervention d'un grand nombre de substances.

Tous les réactifs qui se signalent par des effets particuliers sur les principes albuminoïdes doivent exercer une influence prononcée sur le ferment lui-même.

M. Quévenne a noté avec soin l'action de plusieurs substances, dont le cadre a été étendu par M. Bouchardat : la créosote, les essences de térébenthine, de citron, d'anis, de girofle et de moutarde, annulent la fermentation. Le nitrate d'argent, l'acétate de cuivre, le bichlorure de mercure, l'alun, les acides nitrique, hydrochlorique, sulfurique, oxalique et cyanhydrique, agissent dans le même sens. Le brome est dans le même cas. L'acide arsénieux ralentit légèrement la fermentation. Les acides faibles, employés en petite quantité, activent au contraire le mouvement fermentescible. On savait depuis longtemps que le bioxyde de mercure entrave la fermentation.

Il est assez remarquable que le tanin soit sans action.

Quant aux alcalis, ils suspendent complétement la fermentation ou bien lui impriment une direction particulière ; à moins cependant qu'ils ne soient employés en très-petite proportion. Ils se saturent alors, et la fermentation alcoolique reprend sa marche habituelle.

Origine de la levure et des ferments alcooliques. — Lorsqu'au mélange de sucre et de levure on ajoute une matière albuminoïde, le sucre ne subit pas seul l'influence du ferment; la matière albuminoïde elle-même s'engage dans une métamorphose toute particulière, elle se convertit en levure; de sorte que la présence du ferment engendre le ferment. C'est ainsi que dans les brasseries la levure qu'on emploie se trouve, à la fin de l'opération, fortement accrue, et qu'on en retire des cuves sept ou huit fois plus qu'on n'en introduit. Les matières albuminoïdes sont les seules qui puissent concourir à cette reproduction du ferment. L'albumine, la caséine, le gluten, la fibrine peuvent indifféremment s'y employer.

On attribue encore la même propriété à la colle de poisson et à la gélatine.

Les matières albuminoïdes peuvent même en l'absence de ces levures agir sur le sucre et provoquer la formation de l'alcool. Mais il faut qu'elles se convertissent préalablement en ferment, et cette conversion ne saurait s'effectuer sans l'intervention de l'air. Cette influence de l'air a été établie de la manière la plus décisive dans une expérience que l'on doit à M. Gay-Lussac. Il a pris des grains de raisin intacts, et les a introduits sur la cuve à mercure, dans une éprouvette de verre lavée avec soin par de l'acide carbonique. Après avoir expulsé tout l'air, à l'aide de ce dernier gaz, il a écrasé les grains de raisin; leur jus a occupé le sommet de la cloche et s'est conservé intact; une seule bulle d'air a suffi pour provoquer la fermentation qui s'établit habituellement dans le moût de raisin. Ce dernier contient, en effet, du sucre et de l'albumine. Tant que ces principes sont enfermés dans le grain, ils restent en présence l'un de l'autre sans action sensible. Mais dès que l'enveloppe est rompue, l'albumine s'altère au contact de l'oxygène, se change en ferment et réagit alors sur le sucre des raisins. Les fruits charnus et sucrés présentent tous des phénomènes analogues.

L'accès de l'air n'est pas nécessaire lorsqu'on dirige dans les mélanges propres à fermenter un courant électrique. Mais il est probable qu'alors la décomposition de l'eau fournit l'oxygène nécessaire à la réaction initiale.

Que le ferment dérive des substances albuminoïdes modifiées par l'atmosphère, ou bien de ces mêmes substances transformées par l'acte même de la fermentation, au milieu du mouvement qui est imprimé aux molécules du sucre, son aspect, ses propriétés, sa composition, restent toujours semblables.

Son développement a été suivi, le microscope à la main, par M. Cagniard-Latour. Dès que le ferment est en train de se régénérer, on voit les globules s'agiter en tous sens. Suivant M. Turpin, ils deviennent plus volumineux, ils produisent ces petits appendices qui sont soudés au corps des globules; ces appendices se détachent, vivent isolément, grossissent et donnent naissance à de nouveaux bourgeons.

Toutes les substances albuminoïdes, mises au contact du sucre, n'engendrent pas le ferment avec la même rapidité.

M. Colin, à qui l'on doit une grande partie des recherches qui ont éclairé l'origine et l'action des ferments, a fait sur ce point des remarques importantes. Tandis que la levure de bière excite la fermentation alcoolique en quelques minutes, de + 18 à + 20°, le blanc d'œuf exige trois semaines au moins, et encore faut-il que la température soit portée à + 35°. Elle devient continue au bout de ce temps, mais elle est très-faible encore.

M. Bouchardat assure qu'il suffit de quarante-huit heures à + 25°, pour déterminer la fermentation alcoolique, lorsqu'on emploie l'albumine cérébrale d'un homme adulte. Il a délayé 25 grammes de cerveau dans un litre d'eau, avec 250 grammes de sucre. Dans une autre expérience disposée de même, il a employé le cerveau d'un animal qui venait de naître ; la fermentation alcoolique ne s'est plus développée : elle s'est trouvée remplacée par la fermentation visqueuse, qui sera examinée plus loin.

Suivant ce dernier observateur, les blancs d'œufs qui agissent si lentement, dans les conditions signalées par M. Colin, recevraient une activité toute particulière de la présence du tanin. Ainsi, en faisant dissoudre deux blancs d'œufs et 500 grammes de sucre dans deux litres d'eau contenant $\frac{1}{1000}$ d'acide hydrochlorique, l'addition de 10 grammes de tanin établirait dans ce mélange la fermentation alcoolique au bout de quarante-huit heures, par une température de + 25°.

Le ferment alcoolique ne présente aucune modification bien apparente dans les circonstances précédentes. Si l'on se tient au voisinage d'une température de + 20 à + 25°, ce sont toujours les globules de la levure qui se produisent, globules ovoïdes, dont le diamètre est d'un centième de millimètre environ, se soudant deux à deux, et accomplissant en peu de jours l'acte de la fermentation. Mais si la température est inférieure, et ne dépasse pas + 7 à + 10°, le ferment qui accompagne la transformation alcoolique change d'aspect et de nature. Les globules plus petits sont toujours isolés; leur action fermentiscible se produit avec lenteur, et n'est terminée qu'après deux ou trois mois. Alors le ferment n'est plus remué par un mouvement rapide et entraîné à la surface du liquide : il se dépose au contraire et s'accumule paisiblement au fond. Ce dernier état du ferment constitue *la lie;* on le distingue en l'appelant *ferment de la lie;* le premier état se retrouve constamment dans la levure, qui se désigne plus particulièrement sous le nom de *ferment de la levure.*

Le ferment de la lie peut procéder du ferment de la levure, lorsque la liqueur chargée de sucre et de principes albuminoïdes est maintenue à une température de + 7 à + 10°. Il se produit néanmoins dans ce cas un mélange des deux ferments; mais le ferment rapide monte à la surface, le ferment lent se rassemble au fond. On les sépare ainsi l'un de l'autre. Lorsqu'on part au contraire du ferment de la lie, placé dans des conditions convenables, il se produit à peine quelques traces de ferment de levure.

M. Mitscherlich pense que le ferment de la lie ne se multiplie pas par bourgeons, comme le ferment de la levure, mais qu'il se trouve rempli de spores plus petits qui s'échappent des globules anciens, et constituent autant de globules nouveaux.

Dans certaines contrées de l'Allemagne, en Bavière surtout, on s'attache à substituer, dans la fabrication de la bière, l'action lente de la lie à l'action rapide de la levure. La bière en reçoit des qualités toutes particulières. Il paraît que la lie peut continuer son action fermentescible en présence de quantités d'alcool plus fortes que celles qui sont compatibles avec la fermentation alcoolique. Elle peut agir encore au sein de liqueurs qui contiennent 16 pour 100 d'alcool. La lie est impropre à la panification, qui exige un développement de gaz très-prompt, tandis que la levure convient très-bien à cette opération.

De la nature du ferment.—L'examen microscopique du ferment alcoolique, sous ses deux formes de levure et de lie, a soulevé, dans ces derniers temps, des discussions qui ont eu surtout pour objet de fixer la nature de cette substance curieuse. Le ferment est-il simplement constitué par une matière globuleuse, inorganisée, dont la forme est purement accidentelle ? ou bien, au contraire, le ferment appartient-il aux êtres vivants, et dans cette supposition faut-il le rattacher aux animalcules ou bien aux végétations inférieures? Telles sont les propositions diverses dont le ferment a forcément amené l'examen. C'est ce qu'on a pris l'habitude d'appeler bien improprement les *théories de la fermentation*.

L'organisation du ferment en globules, en globules analogues à ceux qui se retrouvent partout où s'accomplit le travail intime de la vie, n'est plus un fait contestable. Sa composition chimique très-complexe, son mode de production tout particulier, s'accordent avec la forme, pour y signaler un être vraiment organisé; mais quand on veut pousser les conclusions plus loin, on se trouve aussitôt arrêté. Rapportera-t-on aux mycodermes un être qui se nourrit d'albumine et de sucre, qui sécrète l'acide carbonique en abondance et verse des torrents d'alcool ? Il faut convenir qu'il n'y a rien d'analogue dans les exemples que fournit la végétation à tous ses degrés. Cherchera-t-on des animalcules, avec les idées qu'on est en droit de se faire de l'animalité, dans un liquide qu'une seule bulle d'oxygène excite, et qui se remplit bientôt de globules, lesquels se développent, se multiplient, et, sans aucun aliment atmosphérique, engendrent des proportions toujours croissantes d'acide carbonique ?

Il existe sans doute dans ce premier état de la matière organisée, qui se traduit par la forme globuleuse, des ressources qu'il ne faut point chercher à évaluer suivant les règles et les effets ordinaires des grandes créations végétales et animales. Chaque observation nouvelle, exercée avec plus de rigueur et de délicatesse, apporte dans ces questions des données inattendues. Ce sont ici des corpuscules verts (MM. Morren), doués de mouvement, qui deviennent une source d'oxygène. Ailleurs (MM. J. Decaisne et Gustave Thuret) des fucus laissent échapper de leurs organes sexuels des corpuscules, renfermant chacun un globule rouge, armés chacun de deux cils tenus, à l'aide desquels ils se meuvent avec une extrême vivacité. Ainsi des plantes marines sécrètent des globules animés d'un mouvement propre ; des corpuscules mobiles versent de l'oxygène.

Tous ces phénomènes ne sont-ils pas l'indice de faits particuliers qui résistent aux conclusions qu'on voudrait y introduire en partant d'un ordre de phénomènes très-éloignés, et bien évidemment distincts?

Il faut insister sur l'examen de la matière globuleuse ; son étude ne peut manquer de conduire aux faits généraux qui la caractérisent.

Au milieu des doutes que soulève la nature du ferment, il n'est pas inutile de signaler une circonstance dont la découverte est due aux études micrographiques.

Le *penicilium glaucum* accompagne ordinairement la production du ferment. C'est une plante mycodermique qui se développe toujours, ainsi qu'il a été dit plus haut, sur les substances albumineuses auxquelles on communique une réaction acide. La présence de cette végétation est-elle sollicitée par la réaction acide du ferment et par sa nature albuminoïde ; ou bien est-elle liée à la formation même du ferment qui se trouverait sous sa dépendance? Cette dernière opinion a été soutenue par M. Turpin ; mais jusqu'ici la coexistence fréquente du ferment et du penicilium glaucum est le seul fait qu'on soit autorisé à admettre.

Il n'est pas rare d'observer des liqueurs chargées de substances albumineuses et contenant, en outre, une proportion notable de sucre, au sein desquelles le penicilium glaucum parcourt toutes les phases de son développement bien avant que la fermentation se manifeste.

Fermentation lactique et butyrique.

Les différentes circonstances qui accompagnent la conversion du sucre en acides lactique et butyrique ne sont pas aussi complétement analysées que celles qui se rattachent à la production de l'alcool. On ignore, pour la fermentation butyrique du moins, si le ferment s'y trouve organisé, s'il se multiplie, et quelle est sa constitution chimique. Peut-être cette conversion de principes hydrocarbonés en acides repose-t-elle sur une simple action catalytique analogue à celle qu'exerce la diastase sur l'amidon.

Ce qu'on sait de plus précis sur la conversion du sucre ou de ses congénérés en acides lactique et butyrique conduit à penser qu'elle s'effectue principalement sous l'influence de l'alcalinité ou de la neutralité du mélange.

M. Lehmann attribue, en outre, une importance particulière à la présence des matières grasses dans la transformation lactique du sucre. Il assure même qu'elle ne peut s'effectuer sans cette intervention des corps gras. Il faudrait ainsi le triple concours de toutes les classes alimentaires pour métamorphoser l'une d'elles en acide lactique.

Les indications fournies par MM. Frémy et Bontron sur la formation de l'acide lactique ne font aucune mention de l'influence des corps gras. Ils indiquent deux modes de préparation distincts ; dans le premier, ils usent indifféremment du sucre de lait, du sucre de canne, de raisin, ou de la dextrine. Les substances sont mises au contact de la diastase exposée durant quelques jours à un air humide. Ainsi, en humectant de l'orge germée, en l'exposant à l'air pendant deux ou trois jours, on a la réunion des principales circonstances propres à fournir l'acide lactique.

L'orge ainsi traitée est broyée et délayée dans de l'eau,

et abandonnée durant quelques jours à une température de + 25 à + 30°. On sature ensuite la liqueur, devenue très-acide, par de la chaux; on filtre, on évapore en consistance d'extrait, puis on reprend par l'alcool bouillant, dans lequel le lactate de chaux cristallise.

Dans le second procédé indiqué par MM. Frémy et Boutron, on part du lait caillé, dont le coagulum se représente par une combinaison insoluble de caséum et d'acide lactique. En ajoutant du bicarbonate de soude au lait, l'acide lactique se combine à la soude, la caséine se dissout dans le bicarbonate et devient propre à produire un nouveau coagulum, également dû à une nouvelle formation d'acide lactique.

On peut aussi, par des additions successives de bicarbonate de soude, arriver à transformer des quantités notables de sucre de lait en acide lactique.

M. Lehmann s'est assuré que l'albumine, la caséine, la fibrine et la globuline, à l'état coagulé ou non coagulé, pouvaient très-bien se remplacer dans la fermentation lactique, et convertissaient la même quantité de sucre de lait en acide lactique.

Il n'existe ainsi aucun rapport spécial entre le sucre de lait et la caséine. Quant au remplacement du sucre de lait, le sucre de raisin est la substance qui convient le mieux. Le sucre de canne s'acidifie plus lentement, l'amidon encore plus lentement, et la gomme résiste.

M. Lehmann emploie indistinctement plusieurs variétés d'huile; ainsi l'huile de jaune d'œuf, les huiles végétales siccatives et non siccatives et la graisse phosphorée du cerveau. Il fixe les proportions suivantes comme les plus convenables : sucre de lait, 100; huile d'œuf, 19,2; albumine, 4,7.

La température la plus avantageuse est de 35 à 40°; à une température supérieure ou inférieure, il se forme des produits étrangers.

Un petit excès d'alcali active la réaction, tandis qu'un grand excès l'entrave.

L'albumine coagulée et la fibrine qu'on emploie dans cette fermentation passent à l'état d'albumine soluble, que l'on retrouve intacte, même après avoir entretenu la fermentation lactique durant cinq mois.

Il ne se forme, suivant M. Lehmann, ni ferment ni moisissure lorsque l'opération est bien conduite.

MM. Pelouze et Gélis ont reconnu que l'acide butyrique pouvait prendre naissance dans des conditions qui semblent se confondre avec le point de départ de la fermentation lactique. Ils emploient indistinctement des sucres cristallisables et incristallisables, du sucre de lait et de la dextrine, et opèrent de la manière suivante : dans un flacon qui peut rester ouvert ou fermé par un bouchon surmonté d'un tube propre à recueillir le gaz, ils ont introduit : 1° une solution de sucre de fécules marquant de 8 à 10° au pèse-sirop de Baumé (on peut opérer en une seule fois sur 50 ou 60 kilogrammes de sucre); 2° une quantité de craie égale à la moitié du sucre employé; 3° une quantité de caséum ou de gluten représentant, à l'état sec, 8 ou 10 pour 100 du poids du sucre contenu dans la dissolution. Quant au caséum et au gluten, ils peuvent s'employer dans un état quelconque. Le fromage mou, les fromages de Brie, de Marolles, de Géromé, ou bien le gluten récemment préparé, ne fournissent pas de résultats sensiblement différents.

Le sucre éprouve une première transformation en matière visqueuse, sans mannite; à celle-ci succède la fermentation lactique, à laquelle on peut s'arrêter pour la préparation de l'acide lactique ; c'est en dernier lieu que se produit l'acide butyrique.

L'achèvement des métamorphoses exige de six semaines à trois mois; elles s'accompagnent d'un dégagement de gaz hydrogène et d'acide carbonique en proportions variables. Dans le principe, c'est l'acide carbonique qui abonde; le mélange gazeux ne contient que 10 ou 15 pour 100 d'hydrogène ; plus tard ce dernier gaz atteint la proportion de 55 à 60 pour 100.

Quant aux produits fixes, ils consistent en butyrate, lactate et acétate de chaux. On y trouve aussi de l'alcool et une petite quantité de matière odorante.

De quelques autres fermentations.

Quelques produits différents de l'alcool et des acides lactique et butyrique ont déjà été signalés dans l'examen des phénomènes de la fermentation.

Le sucre peut, en effet, donner naissance à une matière visqueuse particulière, qui ressemble assez aux mucilages, et dont on ignore encore la composition. MM. Frémy et Boutron assurent que la mannite en dérive à la faveur de conditions fermentescibles particulières qu'ils se proposent de faire connaître ; et M. Blondeau de Carolles pense que l'acide acétique peut se former directement aux dépens du sucre, sans aucune intervention atmosphérique.

La matière visqueuse par laquelle on passe, suivant MM. Pelouze et Gélis[1], avant d'arriver à la formation d'acide lactique, se produit à l'aide de la levure de bière que l'on a fait bouillir dans l'eau.

M. Desfosse conseille de dissoudre du sucre dans cette décoction préalablement filtrée, et d'en ajouter assez pour que la dissolution marque 6 à 8° au pèse-sirop. Le liquide doit être maintenu ensuite dans un endroit chaud. La liqueur prend l'aspect d'un mucilage épais de graine de lin et dégage de l'acide carbonique et de l'hydrogène.

M. Péligot a observé des globules particuliers dans cette fermentation ; ces globules, analogues à ceux de la levure de bière, sont susceptibles de produire la fermentation visqueuse dans les solutions sucrées où on les dépose.

[1] *Annuaire de chimie*, 1845, page 463.

Le gluten cède aussi à l'eau bouillante une matière propre à engendrer cette fermentation. M. Bouchardat signale aussi le cerveau des jeunes animaux comme une sorte de ferment visqueux.

La matière visqueuse se dissout à la manière des gommes; elle se convertit, par l'acide nitrique, en acide oxalique, sans acide mucique.

La mannite est une substance indifférente composée de $C^6H^7O^6$, qui se trouve en abondance dans la manne et dans le suc de plusieurs végétaux; ses propriétés seront exposées dans le chapitre suivant.

Quant à l'acide acétique, il se serait produit aux dépens du sucre dans une expérience que M. Blondeau de Carolles décrit ainsi : on met 500 grammes de sucre de canne en dissolution dans un litre d'eau : après avoir ajouté 200 grammes de fromage blanc ordinaire, on introduit le tout dans un matras, auquel on adapte un tube qui se rend dans une éprouvette contenant du mercure. L'appareil est maintenu, durant un mois, à une température de + 20°; il ne se forme aucun gaz; le caséum se rassemble en une croûte infecte, couverte de moisissures, et le liquide, très-acide, contient l'acide acétique, mélangé à du sucre incristallisable.

La fermentation acétique pourrait se représenter par une transformation isomérique du sucre :

$$\underset{\text{Sucre de fruit.}}{C^{12}H^{12}O^{12}} = \underset{\text{Acide acétique.}}{3C^4H^4O^4}.$$

CHAPITRE III.

DES PRODUITS DE LA FERMENTATION DU SUCRE, ET DES COMPOSÉS QUI EN DÉRIVENT.

Les principaux composés auxquels la fermentation du sucre donne naissance, sont l'alcool, les acides lactique et butyrique et la mannite.

Les acides lactique et butyrique d'une nature acide bien déterminée auraient pu, sans inconvénient, se placer parmi les produits qui se rattachent aux substances hydrocarbonées; bien que leur étude ait reçu dans ces derniers temps de notables développements, elle n'eût point souffert à être ainsi intercalée. On doit en dire autant de la mannite, dont l'examen chimique est encore fort restreint; mais l'histoire de l'alcool comprend tout un ensemble de faits nombreux, variés, d'un intérêt extrême et presque tous étudiés d'une manière irréprochable. Ces faits servent à définir plusieurs groupements organiques devenus comme autant de types, autour desquels se réunissent une multitude de principes organiques.

Il est bon en classant ici les produits alcooliques d'en faire sentir toute l'importance. Ce ne sont plus des substances alimentaires qu'il faut voir dans l'alcool ni dans les acides acétique et butyrique. Ces composés se rattachent au sucre, à l'amidon et aux gommes, au même titre que les acides humique et mucique ; au même titre que le sucre de gélatine ou la leucine se rattachent aux substances albuminoïdes. Tous ces produits divisés appartiennent rigoureusement à la deuxième section des substances organiques, aux substances non alimentaires dont il sera facile d'indiquer plus tard les caractères essentiels.

Mais l'alcool se rattache au sucre par une succession de faits qui s'éclairent mutuellement et qu'il y aurait grand désavantage à séparer. De l'alcool à l'éther, ou bien à l'aldéhyde, ou bien encore à l'acide acétique, le passage devient presque nécessaire : la liaison est naturelle.

Si cette étude amène l'exposition de quelques règles générales qui sont réellement propres aux substances organiques de la seconde section, ces règles ne perdront pas à se produire au sujet de composés tels que l'alcool et l'éther, dont les propriétés chimiques sont presque toujours liées à des faits pratiques. D'ailleurs ces règles sont assez importantes pour qu'elles puissent être rappelées lorsqu'il s'agira des principales subdivisions des substances organiques non alimentaires.

Les produits qui dérivent de la fermentation du sucre peuvent se rattacher aux titres suivants :

1° De l'alcool ;

2° De l'éther simple ;

3° Des éthers salins ;

4° De quelques combinaisons alcooliques et éthérées ;

5° De quelques composés qui conservent le groupement alcoolique, mercaptan, etc. ;

6° De l'hydrogène bicarboné, de l'aldéhyde, du chloral, etc. ;

7° De l'acide acétique ;

8° De l'hydrogène protocarboné, de l'acétone, du cacodyle ;

9° De l'acide lactique ;

10° De l'acide butyrique ;

11° De la mannite.

§ 1. — De l'alcool.

Sources de l'alcool. — L'alcool, dont l'industrie fait usage, n'a jusqu'ici qu'une seule origine qui réside dans le sucre, et la fermentation est le seul moyen qui serve à le produire.

M. Deville a reconnu qu'une substance appartenant à la classe des baumes pouvait fournir à la distillation de l'éther benzoïque. M. Gerhardt assure que l'action de l'acide nitrique sur la brucine engendre de l'éther nitreux. Il faut donc enregistrer ces deux origines de l'alcool, pour être complet; mais ces deux faits ne présentent jusqu'ici que l'intérêt d'une réaction curieuse.

Quant à certains produits, tels que les éthers composés, qui peuvent donner naissance à l'alcool, et qui pourtant ne le contiennent pas tout formé, comme ils dérivent eux-mêmes de l'alcool, on accomplit ainsi un cercle de réactions qui ramènent au point de départ, et le sucre demeure le vrai générateur de l'alcool.

On comprend très-bien, en se reportant aux transformations des aliments hydrocarbonés, qu'on puisse obtenir de l'alcool à l'aide du froment, du seigle, de l'avoine, du maïs, des haricots, des pois, des lentilles, de la pomme de terre, du marronnier d'Inde, des fruits du chêne ou du châtaignier. Les liqueurs alcooliques qu'on prépare ainsi dérivent toujours du sucre qui n'existe pas dans ces substances, mais qui se forme secondairement aux dépens de l'amidon qu'elles contiennent. Par une série de transformations analogues le ligneux lui-même peut donner naissance à de l'alcool.

La composition de l'alcool se représente par :

$$C^4H^6O^2.$$

En retranchant deux équivalents d'alcool d'un équivalent de sucre de fruit, on a une différence de quatre équivalents d'acide carbonique :

$$\begin{array}{l} C^{12}H^{12}O^{12} \\ C^8\ H^{12}O^4 \\ \hline C^4 \qquad O^8. \end{array}$$

L'acide carbonique est en effet le seul produit dont la formation accompagne celle de l'alcool.

L'alcool pur est un liquide transparent, très-fluide, d'une odeur forte qui n'est pas désagréable ; d'une saveur chaude et presque caustique.

Il pèse 0,792.

Le plus grand froid qu'on ait pu produire ne l'a pas solidifié : un mélange d'acide carbonique solide et d'éther arrive à lui communiquer une consistance assez épaisse. Le froid intense obtenu par M. Faraday ne produit pas d'autre effet.

Il bout à + 78° sans altération ; mais si la vapeur est dirigée à travers un tube de porcelaine ou de verre chauffé au rouge, il se décompose en différents produits solides, liquides et gazeux. La présence de la mousse de platine abaisse beaucoup le degré où cette décomposition a lieu. Cette différence est assez grande pour qu'en dirigeant de l'alcool à travers deux tubes chauffés de même, dont l'un est vide, tandis que l'autre est rempli de mousse de platine, l'alcool se décompose du côté du métal, tandis qu'il distille intact dans le tube vide.

Alcool et eau. — L'alcool se combine très-bien à l'eau. Cette union s'accompagne d'un phénomène de contraction et de chaleur ; la diminution du volume la plus sensible se fait remarquer lorsqu'on mélange à + 15°

53,7 vol. d'alcool.
49,8 vol. d'eau.
―――
103,7

Les 103,7 du mélange se réduisent à 100. Ces proportions correspondent à un équiv. d'alcool ($C^4H^6O^2$) pour six équiv. d'eau (6HO).

L'alcool absolu mêlé à la neige produit un froid très-intense qui peut aller à — 37°.

L'addition de l'eau augmente la densité de l'alcool. Ces variations dans la densité sont une expression si fidèle de la présence de l'eau dans ce liquide qu'elles servent très-bien à mesurer le degré alcoolique d'un liquide ; mais comme l'opération à l'aide de laquelle on détermine la densité d'un liquide exige une certaine habitude des expériences délicates de la physique, on a appliqué à l'alcool un instrument désigné sous le nom de *pèse-liqueur*. C'est un aréomètre simple dont la tige porte des graduations qui sont en rapport avec la richesse alcoolique du liquide où l'on plonge l'instrument.

M. Gay-Lussac a gradué ainsi un aréomètre qui indique la proportion d'alcool en centièmes. Le 0° correspond à l'eau pure ; le 100ᵉ degré à l'alcool absolu.

Il ne faut pas oublier que cette échelle indique des relations de volume et non de poids.

Avant l'invention de cet instrument, le commerce avait adopté un *pèse-alcool* désigné sous le nom d'*aréomètre de Cartier*. La tige porte des divisions qui partent de 10 et vont jusqu'à 44. Le point de départ correspond à l'eau pure et 44 à l'alcool absolu. On se sert encore dans le commerce de ce mode d'appréciation. Comme la température change la densité de l'alcool et, par suite, les résultats que peuvent fournir les alcoomètres, on doit opérer de + 12°, 5 à + 15°. Ces différences dues à la température sont considérables. Ainsi, en se servant de l'alcoomètre de Cartier, 6° degrés Réaumur font varier d'un degré l'alcool à 33° ; il suffit de 5° R. pour faire varier d'un degré l'alcool à 36°. De l'alcool à 20° change d'un degré alcoolique par une variation de 8 degrés thermométriques.

Il existe des tables indiquant la densité qui correspond à chaque degré de l'aréomètre de Cartier, ainsi que celle qui correspond à chaque degré de l'aréomètre centésimal. On peut très-bien, en les rapprochant, convertir l'un dans l'autre les degrés des deux échelles.

Correspondance des degrés de l'aréomètre de Cartier avec les densités à + 15.

DEGRÉS de CARTIER.	DENSITÉS.	DEGRÉS de CARTIER.	DENSITÉS.	DEGRÉS de CARTIER.	DENSITÉS.
10	1,009	21	0,922	33	0,851
11	0,992	22	0,916	34	0,845
12	0,985	23	0,909	35	0,840
13	0,977	24	0,903	36	0,835
14	0,970	25	0,897	37	0,830
15	0,963	26	0,891	38	0,825
16	0,956	27	0,885	39	0,819
17	0,949	28	0,879	40	0,815
18	0,942	29	0,872	41	0,809
19	0,935	21	0,867	42	0,804
20	0,929	32	0,862	43	0,799
		33	0,856	44	0,794

Correspondance des degrés de l'aréomètre centésimal avec les densités de l'alcool à + 12°,5.

DEGRÉS de L'ALCOOL.	DENSITÉS.	DEGRÉS de L'ALCOOL.	DENSITÉS.	DEGRÉS de L'ALCOOL.	DENSITÉS.
0	1,000	10	0,987	20	0,976
1	0,999	11	0,986	21	0,975
2	0,997	12	0,984	22	0,974
3	0,996	13	0,983	23	0,973
4	0,994	14	0,982	24	0,972
5	0,993	15	0,081	25	0,971
6	0,992	16	0,980	26	0,970
7	0,990	17	0,979	27	0,969
8	0,980	18	0,978	28	0,968
9	0,988	19	0,977	29	0,967

DEGRÉS de L'ALCOOL.	DENSITÉS.	DEGRÉS de L'ALCOOL.	DENSITÉS.	DEGRÉS de L'ALCOOL.	DENSITÉS
30	0,966	54	0,928	78	0,871
31	0,965	55	0,926	79	0,868
32	0,964	56	0,924	80	0,865
33	0,963	57	0,922	81	0,863
34	0,962	58	0,920	82	0,860
35	0,960	59	0,918	83	0,857
36	0,959	60	0,915	84	0,854
37	0,957	61	0,913	85	0,851
38	0,956	62	0,911	86	0,848
39	0,954	63	0,909	87	0,845
40	0,953	64	0,906	88	0,842
41	0,951	65	0,904	89	0,838
42	0,949	66	0,902	90	0,835
43	0,948	67	0,899	91	0,832
44	0,946	68	0,896	92	0,829
45	0,945	69	0,893	93	0,826
46	0,943	70	0,891	94	0,822
47	0,941	71	0,888	95	0,818
48	0,940	72	0,886	96	0,814
49	0,938	73	0,884	97	0,810
50	0,936	74	0,881	98	0,805
51	0,934	75	0,879	99	0,800
52	0,932	76	0,876	100	0,795
53	0,930	77	0,874		

Comme les aréomètres sont toujours d'une confection assez défectueuse, on est sûr d'arriver à déterminer le degré en partant de la densité du liquide; mais on ne possède pas la même certitude pour arriver du degré à la densité.

Lorsque l'alcool marque de + 20 à + 23° de Cartier, il constitue ordinairement l'eau-de-vie; à + 34 et au-dessus, on lui donne le nom d'esprit.

La présence de l'eau dans l'alcool en affaiblit la volatilité; mais lorsque l'addition ne dépasse pas de 1 à 2 p. 100, la volatilité est augmentée : et de l'alcool qui contient 6 pour 100 d'eau est aussi volatil que l'alcool absolu; mais lorsque l'eau d'hydratation dépasse cette proportion, c'est l'alcool qui distille le premier.

On ne peut jamais amener par la distillation l'alcool à marquer plus de 37° Cart., ou 92 centés. Il contient ainsi de 82 à 85 pour 100 d'alcool réel, et correspond à peu près à une combinaison d'un équivalent d'eau avec un équivalent d'alcool.

Lorsque la proportion d'alcool mêlée à l'eau est considérable, la distillation entraîne simultanément l'alcool et l'eau; mais lorsque l'eau ne contient pas plus de 12 à 15 pour 100 d'alcool, ce produit se trouve dans le premier tiers volatilisé. M. Gay-Lussac a fondé sur ce principe un moyen très-pratique qui permet d'apprécier la quantité d'alcool contenue dans les vins. Il emploie un petit alambic dans lequel on introduit 150 cent. du vin à essayer; on en recueille 50 C. C. que l'on reçoit dans une éprouvette graduée et on y plonge l'aréomètre. L'instrument indique un degré dont on doit prendre le tiers pour représenter la richesse alcoolique du vin. On peut très-bien distiller un peu moins ou un peu plus de 50 C. C. sans nuire au résultat de l'opération; mais il faut, par un calcul facile à exécuter, tenir compte de cette différence.

Les instruments désignés sous le nom d'*œnomètre* ou *pèse-vin*, qu'on a conseillé d'introduire dans le vin, sont d'une infidélité certaine, à cause de la quantité très-variable des principes salins. Ceux-ci, par leur présence seule, impriment des modifications toutes particulières à la densité.

Constitution de l'alcool. — Pour suivre avec facilité l'histoire chimique de l'alcool, il faut considérer que dans le nombre des éléments qui le composent, quelques-uns occupent une position particulière.

Les molécules de l'alcool peuvent être disposées de la manière suivante :

$$C^4H^4 + HO + HO.$$

C^4H^4 compose un groupement intérieur dans lequel le nombre des molécules est fixe. Leur nature est variable cependant, et H^4 peut être remplacé par d'autres éléments, tels que le chlore; mais il ne peut être enlevé sans remplacement.

La partie extérieure à C^4H^4 peut être modifiée de plusieurs façons : 1° les deux équivalents d'eau HO + HO peuvent s'enlever l'un après l'autre ou tous les deux ensemble ; 2° les deux équivalents d'hydrogène contenus dans HO + HO peuvent être enlevés sans remplacement aucun; 3° ils peuvent être enlevés et remplacés par des équivalents égaux d'un autre corps, l'oxygène par exemple.

Cette disposition moléculaire de l'alcool se retrouve dans toutes ses réactions.

Réactions de l'alcool.—L'alcool dissout l'oxygène en plus forte proportion que ne fait l'eau; il en prend 16 centièmes, tandis que l'eau n'en absorbe que 65 millièmes. L'oxygène ainsi dissous est chassé sous forme de bulles, lorsqu'on mêle l'alcool à l'eau.

Si la température est très-élevée, l'alcool absolu brûle au contact de l'air avec une flamme qui éclaire peu et qui peut laisser un résidu de suie, lorsqu'elle touche un corps froid. L'alcool aqueux brûle avec une flamme bleuâtre et ne donne point de suie.

Si on fait un mélange d'oxygène et de vapeur alcoolique et qu'on y fasse passer ensuite l'étincelle électrique, il se produit une violente explosion.

Mais si l'intervention de l'oxygène se fait à la faveur d'un corps de contact, les phénomènes se passent différemment. Ainsi, vient-on à éteindre une lampe alimentée par l'alcool, dont la mèche est entourée par un fil de platine, on voit celui-ci devenir incandescent et en même temps il se répand une odeur piquante et désagréable. Arrose-t-on du noir de platine par de l'alcool, celui-ci s'enflamme. Si l'alcool imbibe de la mousse de platine, et trouve ensuite l'oxygène de l'air; s'il humecte des corps spongieux, tels que des copeaux de bois, il produit encore le même corps piquant, et, plus tard, un corps très-acide. Le premier de ces composés a été nommé *aldéhyde*, le second, *acide acétique*.

En comparant la composition de ces deux produits à celle de l'alcool, on trouve que l'alcool perd deux équiv. d'hydrogène pour produire l'aldéhyde :

$$\underset{\text{Alcool.}}{C^4H^6O^2} - 2H = \underset{\text{Aldéhyde.}}{C^4H^4O^2}.$$

Quant à l'acide acétique, il se forme par la réunion de deux équiv. d'oxygène aux éléments de l'aldéhyde :

$$\underset{\text{Aldéhyde.}}{C^4H^4O^2} + O^2.$$

On peut dire encore que les deux équivalents d'hydrogène de l'alcool, étrangers au groupement intérieur, sont d'abord enlevés, puis remplacés par deux équivalents d'oxygène.

L'alcool dissout le soufre : la dissolution faite à chaud laisse déposer à froid de petits cristaux de soufre peu colorés : le soufre réagit sur les éléments de l'alcool lorsqu'il en rencontre la vapeur à une température un peu haute; mais les produits qui se forment ne sont pas connus.

Le chlore rappelle l'action catalytique de l'oxygène; ainsi, en agissant sur de l'alcool étendu de dix à douze parties d'eau, il produit de l'aldéhyde et de l'acide hydrochlorique; plus tard, il produit de l'acide acétique et de l'acide hydrochlorique.

L'alcool contenant 20 p. 100 d'eau absorbe le chlore et, par une addition d'eau, donne naissance à un produit préparé autrefois de diverses façons et connu sous le nom d'éther chloré pesant ; ce composé paraît constituer un mélange.

Lorsqu'on fait agir le chlore sur l'alcool absolu, la première phase de décomposition est toujours la même, mais comme la seconde ne se produit qu'en raison de la présence de l'eau, elle diffère nécessairement. L'alcool perd d'abord 2 équiv. d'hydrogène, mais le reste de la molécule $C^4 H^4 O^2$ est ensuite modifié. 3 équiv. d'hydrogène sont enlevés et remplacés par 3 équiv. de chlore.

$$C^4Cl^3HO^2.$$

Le composé ainsi obtenu porte le nom de *chloral;* ses propriétés et sa composition offrent des analogies remarquables avec les propriétés et la composition de l'aldéhyde ; c'est là que l'étude du chloral se présentera avec le plus de simplicité.

Le brome forme le bômal en agissant sur l'alcool absolu.

L'iode se dissout en proportion d'autant plus forte dans l'alcool que celui-ci est plus concentré, cette dissolution est brune ; l'eau en précipite l'iode. L'iode réagit avec le temps forme de l'éther iodhydrique et sans doute encore d'autres produits qui n'ont pas été étudiés.

Le charbon, le bore, l'arsenic et le silicium semblent sans action sur l'alcool.

Parmi les métaux, le potassium et le sodium sont les seuls qui agissent sans le concours de l'air. Leur action porte sur l'un des deux équivalents d'eau, qu'il faut considérer, dans les réactions de l'alcool, comme occupant une situation particulière. De l'hydrogène se dégage et le potassium le remplace dans une proportion équivalente. On a un composé ainsi formé :

Alcool potassié : $C^4H^4, HO, KO.$

L'alcool donne naissance à un grand nombre de composés dans lesquels on observe une constitution correspondant à celle de cet alcool potassié. (*Voir* Mercaptan, etc.)

Les métaux que l'acide acétique peut attaquer avec le secours de l'oxygène de l'atmosphère, s'attaquent aussi par l'action simultanée de l'oxygène et de l'alcool. Ce dernier se convertit préalablement en acide acétique et il se forme ensuite un acétate. Le fer, le zinc, le plomb, le cuivre sont dans ce cas.

Le mercure, l'or, l'argent, le platine sont entièrement indifférents à l'action de l'alcool et de l'oxygène.

Les alcalis hydratés se comportent, suivant MM. Dumas et Stas, d'une manière très-remarquable à l'égard de l'alcool, lorsqu'ils sont mis au contact de sa vapeur convenablement échauffée. Il suffit d'une température inférieure au rouge pour provoquer la réaction. De l'hydrogène se dégage et l'alcool se trouve converti en acétate.

Les alcalis exercent ici leur action comburante ordinaire. L'oxydation se fait aux dépens de l'eau de combinaison de l'hydrate de potasse:

$$C^4H^6O^2 + KO, HO = \underset{\text{Acétate de potasse.}}{C^4H^3O^3 KO} + 4H.$$

L'action des oxydes terreux et métalliques n'a pas été étudiée.

Les acides insolubles ou peu solubles formés par les métaux ou les métalloïdes sont sans action bien sensible sur l'alcool : tels sont les acides silicique, antimonique, arsénieux.

L'acide iodique anhydre ou bien combiné à un équivalent d'eau se dissout très-bien dans l'alcool concentré; l'acide iodique à un tiers d'équivalent d'eau ne s'y dissout pas sensiblement.

Certains acides qui cèdent facilement leur oxygène sont réduits par l'alcool. De ce nombre sont les acides chromique, nitrique, chlorique, bromique, etc.

Mais les acides solubles et avides d'eau tendent tout à la fois à se dissoudre dans l'alcool et à se combiner à ses éléments. Ces réactions doivent être rapprochées de diverses combinaisons de l'alcool qui seront discutées plus loin.

De l'alcool envisagé comme dissolvant. — Indépendamment des affinités générales de l'alcool, on lui trouve un pouvoir dissolvant particulier.

On a vu qu'il dissolvait l'oxygène mieux que l'eau ; il en est encore de même des oxydes d'azote et de l'acide carbonique. Il dissout les hydrates de potasse et de soude, qui l'altèrent assez fortement en donnant naissance à une matière brune, résinoïde, qui n'est pas sans analogie avec un produit dérivé de l'aldéhyde[1]; l'alcool dissout aussi l'ammoniaque, les sulfures, les cyanures alcalins, et un grand nombre de sels déliquescents. Il ne dissout par les sels minéraux insolubles ou peu solubles dans l'eau; le bichlorure de mer-

[1] L'alcool est très-disposé à s'oxyder, lorsqu'il contient des alcalis en dissolution. Il devient ainsi un agent de réduction dont les effets peuvent s'utiliser. M. Liébig obtient du platine dans son plus grand état de division à l'aide de la potasse et de l'alcool. Il dissout à chaud du protochlorure de platine dans une lessive concentrée de potasse caustique, et pendant que la liqueur est encore chaude, il y verse peu à peu de l'alcool en remuant le mélange jusqu'à ce qu'il s'établisse une effervescence qui provient d'un dégagement d'acide carbonique, et qui est si forte qu'il faut employer un vase très-grand pour ne rien perdre. Le platine se précipite sous forme d'une poudre noire. On décante la liqueur, et on fait bouillir le précipité successivement avec de l'alcool, de l'acide hydrochlorique, de la potasse, et enfin quatre ou cinq fois avec de l'eau, pour le débarrasser de tous les corps étrangers. Dans cet état de division extrême, le platine jouit au plus haut degré des propriétés catalytiques déjà si intenses dans la mousse de platine.

Les sels de platine peuvent encore fournir par leur mélange avec l'alcool des composés très-curieux qui se rattachent aux produits dérivés de l'alcool.

Le chlore, le brome et l'iode donnent aussi naissance à des composés tout particuliers, lorsqu'ils sont soumis à l'action simultanée de l'alcool et des alcalis ; ces composés sont dans un rapport de composition intime avec l'hydrogène protocarboné. (*Voir* plus loin.)

cure fait exception, ainsi que le bibromure et le biodure du même métal. L'alcool dissout aussi un grand nombre de principes organiques et assez souvent ceux qui sont insolubles dans l'eau.

Les sels insolubles ou peu solubles dans l'alcool peuvent néanmoins communiquer à sa flamme des colorations qui leur sont propres. Les sels de baryte colorent l'alcool en vert clair, la strontiane en rouge, les sels de cuivre en vert intense, les sels de chaux en pourpre. La quantité de substance qui se trouve ainsi entraînée est tout à fait minime. On peut, avec un milligramme de substance, colorer la flamme de l'alcool et retrouver le milligramme à peu près intact. C'est une atténuation de la matière qui égale celle du musc et des matières volatiles les plus diffusibles.

Lorsqu'un sel minéral se trouve tout à la fois très-soluble dans l'eau et insoluble dans l'alcool, si l'on mélange sa solution aqueuse à de l'alcool, il se produit un phénomène remarquable : l'alcool surnage la solution saline, comme pourrait faire une couche d'huile. Ce phénomène est très-marqué lorsqu'on ajoute de l'alcool à une solution de carbonate de potasse. M. André a montré que les choses se passent de même en employant le sulfate de magnésie, le sulfate de soude, et jusqu'à un certain point tous les sels qui, se dissolvant très-bien dans l'eau, étaient insolubles dans l'alcool.

Cette propriété permet de séparer une très-petite quantité d'alcool délayé dans une grande quantité d'eau et de le faire apparaître de suite avec ses propriétés caractéristiques. On verse le liquide dans lequel on soupçonne la présence de l'alcool dans un tube contenant du carbonate de potasse desséché ; on agite quelques instants en fermant l'extrémité ouverte du tube. L'alcool ne tarde pas à nager à la surface du liquide. Cette séparation s'effectue même avec une solution concentrée de carbonate de potasse. On peut ainsi faire apparaître immédiatement l'alcool dans le vin, mais en y versant préalablement de l'acétate de plomb basique ou bien en l'agitant d'abord avec de l'oxyde de plomb.

L'alcool exerce des influences remarquables sur l'affinité des substances qui s'y trouvent dissoutes. Ainsi les acides nitrique, hydrochlorique, sulfurique et acétique dissous dans l'alcool absolu, ne décomposent pas le carbonate de potasse. M. Pelouze a montré que l'acide carbonique, au contraire, décompose l'acétate de potasse, dissous dans l'alcool, et déplace l'acide acétique.

L'étude des substances organiques fait connaître un grand nombre de réactions qui ne s'accomplissent qu'à la faveur de l'alcool et auxquelles la présence de l'eau apporte un obstacle absolu.

L'alcool enlève aux matières albuminoïdes l'eau qui paraît indispensable à leurs métamorphoses, aussi ces matières s'y conservent-elles très-bien.

Quant à l'ivresse que provoquent les liqueurs fermentées, elle est principalement due à la présence de l'alcool; mais cette ivresse reçoit des caractères particuliers des principes qui se trouvent mélangés aux liqueurs enivrantes. Néanmoins, l'ingestion copieuse de l'alcool pur est mortelle.

Préparation de l'alcool. — C'est par la distillation qu'on sépare l'alcool des produits nombreux qui l'accompagnent dans la bière, dans le cidre ou dans le vin et dans tous les liquides qui ont subi la fermentation spiritueuse. Comme le cidre et la bière ne contiennent que quelques centièmes d'alcool, on donne la préférence au vin et particulièrement aux vins du Midi qui, doués d'une richesse alcoolique particulière, peuvent fournir de 15 à 18 pour 100 d'alcool.

Les appareils distillatoires ont reçu des modifications nombreuses dans lesquelles on s'est surtout proposé pour but d'utiliser toute la chaleur employée à volatiliser l'alcool.

Adam eut le premier l'idée de faire arriver la vapeur dans des flacons analogues aux flacons de Woulf. Les premiers flacons étaient remplis de vin; recevant les vapeurs alcooliques, ils s'échauffaient et rendaient celles-ci aux flacons vides, plus abondantes et plus chargées d'alcool.

On est parvenu à utiliser toute la chaleur émise par la condensation des vapeurs aqueuses et alcooliques. L'appareil est en outre disposé de manière à marcher continuellement et à fournir à tous les instants de l'opération l'alcool le plus faible aussi bien que le plus concentré. Aujourd'hui, le quart du combustible employé autrefois suffit à la distillation.

Comme l'alcool obtenu par la distillation ne marque jamais que 36° Cart., on est obligé, pour l'avoir anhydre, de recourir à d'autres moyens. On lui enlève son eau à l'aide du carbonate de potasse desséché, ou mieux de la chaux anhydre. La chaux en petits fragments est très-commode; si elle était par trop divisée, il pourrait se faire que l'échauffement fût assez fort pour briser les vases où le mélange se serait effectué. On doit laisser séjourner au moins 24 heures l'alcool sur la chaux, et renouveler l'action de cette dernière, si la première concentration n'est pas suffisante. — On peut encore rendre l'alcool anhydre dans le vide ou bien en vase clos au-dessus de la chaux employée en grand excès : mais l'opération exige un temps très-long.

L'alcool abandonne son eau lorsqu'il est tenu dans une vessie dégraissée et enduite d'une couche de gélatine. La gélatine, avide d'eau, l'enlève à l'alcool et la cède ensuite à l'atmosphère. On ne peut cependant obtenir ainsi de l'alcool tout à fait absolu.

L'alcool qui provient de l'eau-de-vie de pommes de terre ou de grain est souillé par une petite quantité d'une huile essentielle très-odorante qu'on a cherché à enlever par plusieurs procédés; l'un d'eux consiste dans l'emploi du charbon de bois éteint et récemment pulvérisé. On fait digérer l'alcool sur le charbon.

De quelques combinaisons de l'alcool et des produits qui en résultent.

Lorsque l'alcool dissout très-facilement certaines substances minérales ou organiques et que celles-ci sont douées d'une affinité très-vive pour l'eau, l'alcool remplace jusqu'à un certain point l'eau à leur égard, et se combine de toutes pièces. C'est ainsi que certains sels, le chlorure de calcium, le nitrate de chaux et de magnésie, les chlorures de zinc et de manganèse se combinent à l'alcool.

Des acides d'une affinité énergique sont dans le même cas; l'acide sulfurique se combine à l'alcool, les acides phosphorique, arsénique en font autant.

Les acides hydrochlorique, hydrobromique et hydriodique pris à l'état de gaz, se dissolvent en proportion énorme dans l'alcool absolu, contractant sans doute aussi des combinaisons particulières avec lui.

Enfin, cette affinité de l'alcool paraît s'exercer dans les directions les plus diverses, à l'égard des chlorures d'étain, d'arsenic, d'antimoine, de fer, de silicium et d'aluminium; les fluorures de bore et de silicium s'unissent avec l'alcool et donnent naissance à des produits fort remarquables sur lesquels M. Kulmann a dans ces derniers temps appelé l'attention et fourni de curieux détails.

Ces différentes combinaisons de l'alcool sont décomposées par la chaleur. Si la décomposition s'effectue à une basse température, soit qu'on ait diminué la pression, soit que le composé résiste peu, même à la pression ordinaire, les éléments de l'alcool distillent intacts.

Mais dans le plus grand nombre des cas il n'en est pas ainsi; la combinaison se détruit et laisse échapper plusieurs produits nouveaux distincts de l'alcool.

Dans cette décomposition, l'alcool se sépare assez souvent d'un équivalent d'eau; il produit ainsi l'éther C^4H^4,HO.

Quelquefois la molécule d'éther est modifiée par substitution; elle renferme un équivalent de chlore, de brome, de soufre, à la place d'un équivalent d'oxygène.

Il peut arriver aussi que la molécule éthérée se trouve combinée aux éléments d'un acide anhydre, tel que l'acide nitrique AzO^5, l'acide oxalique C^2O^3, l'acide formique C^2HO^3, etc.

Enfin, l'alcool engendre des carbures d'hydrogène et paraît supporter une modification plus profonde que dans les cas précédents.

Les combinaisons de l'alcool et les produits qui résultent de leur décomposition donnent naissance à des catégories nombreuses. On ne saurait les exposer toutes avec détail. Celles qui ont reçu des applications intéressantes, ou bien dont l'étude a servi d'appui à quelques discussions théoriques, recevront seules quelques développements.

Il importe peu de placer dans cette exposition les combinaisons de l'alcool après les produits éthérés qui en résultent. Comme l'éther se reproduit dans ces réactions avec une fréquence extrême, comme il en constitue d'ailleurs le terme le plus remarquable, il est bon que son étude précède.

§ II. — De l'éther. — Oxyde d'éthyle. — Éther sulfurique. — Éther simple.

L'éther a depuis longtemps le privilége de fixer l'attention des chimistes. La faveur dont ce composé, très-remarquable d'ailleurs, a joui dans les premiers temps de sa découverte tient à des causes différentes.

Dans le principe, sa préparation était secrète ; on lui attachait des vertus merveilleuses; il n'en fallait pas davantage pour le faire rechercher avec ardeur par les derniers adeptes de l'alchimie. Plus tard, lorsque cette préparation fut bien connue, elle permit de l'obtenir assez facilement. L'éther se trouva doué de propriétés qui en faisaient reconnaître la pureté d'une manière certaine, ce qui est une condition indispensable de l'examen chimique des corps. Sa composition fut aussi déterminée dès que l'étude des substances organiques eut pris quelque précision ; il se prêta ensuite, sans trop de résistance, aux réactions qui furent tentées sur lui. Il offrit enfin un mode de combinaison simple, régulier, infiniment varié, qui conservait quelque ressemblance avec les combinaisons minérales, mais s'en séparait aussi par des caractères essentiels. On crut distinguer dans les propriétés de l'éther, les lois de la matière organique tout entière. Il y eut entraînement, et l'étude des composés éthérés fut comme le rendez-vous des chimistes adonnés aux recherches de chimie organique.

Si les espérances qui étaient entrées dans quelques esprits ne se sont point réalisées; si les réactions de l'éther ne règlent point les réactions de la chimie organique, l'éther est au moins resté un principe organique parfaitement connu. Son importance théorique a diminué ; mais les différentes parties de son histoire, aujourd'hui très-étendue, ont fourni matière à plusieurs travaux devenus de véritables modèles sur les points qui s'y trouvent abordés. Ces travaux remarquables sont dus aux chimistes les plus éminents, depuis Vauquelin, Fourcroy et Sérullas, jusqu'à MM. Zeise, Mitscherlich, Gay-Lussac, Liébig, Thénard, Dumas, Malagutti et Regnault.

Les considérations qui précèdent expliquent l'importance qu'on avait attachée jusqu'ici à la découverte de l'éther, aux modifications qui ont été apportées dans sa préparation et aux théories qu'on a basées sur son mode de production. Ces différents points ne sauraient trouver ici un long développement; ils se rattachent à l'histoire générale de la chimie.

L'éther est une substance liquide, transparente, incolore, très-fluide. Son odeur agréable et diffusible a quelque chose de caractéristique, sa saveur est chaude et même âcre; mais elle devient ensuite très-fraîche. Sa densité est de 0,7115 à +24° C., 0,7237 à +12° 5 C.

Lorsqu'on en verse quelques gouttes sur la peau, il produit un froid sensible; ce qui appartient à tous les corps très-volatils. Il entre en effet en ébullition à + 35°; il se solidifie par le froid.

La chaleur rouge le décompose en donnant naissance à un dépôt de charbon et à plusieurs produits mal définis. A un rouge obscur, il se forme des produits différents, de l'aldéhyde, des carbures d'hydrogène, etc.

Les propriétés chimiques de l'éther rappellent fortement celles de l'alcool; il faut reprendre pour l'étude de ces propriétés la formation de l'éther aux dépens de l'alcool et les rapports de composition.

L'alcool a pour formule $C^4H^6O^2$, d'où l'on retranche un équivalent d'eau pour arriver à la formule de l'éther :

$$\begin{array}{rl} & C^4H^6O^2 \\ & -H\,O \\ \hline \text{Éther} & C^4H^5O = C^4H^4,HO. \end{array}$$

La vapeur d'éther pèse 2,586 d'après les expériences de M. Gay-Lussac; la densité théorique est de 2,583 en supposant que huit volumes de vapeur du carbone, dix volumes d'hydrogène et un volume d'oxygène soient condensés en deux volumes de vapeur d'éther.

L'éther s'enflamme comme toute substance organique très-hydrogénée et très-carbonée; il se réduit facilement en vapeur, et si l'on en verse quelques gouttes dans un flacon d'oxygène pur dont on approche ensuite une allumette enflammée, il se produit une forte détonation. La combustion peut s'accomplir dans l'eudiomètre à l'aide de l'étincelle électrique; à la température ordinaire, l'éther absorbe de l'oxygène et forme de l'acide acétique.

$$C^4H^5O + 4O = C^4H^3O^3, HO + HO.$$

Deux équivalents d'hydrogène se trouvent enlevés par de l'oxygène et remplacés par lui en équivalents égaux. Il suffit pour obtenir de l'acide acétique de faire bouillir l'éther au contact de l'air; mais il se forme au commencement de l'éther acétique, de sorte que la liqueur ne devient pas de suite acide.

M. Gay-Lussac a fait l'examen d'un flacon contenant de l'éther depuis plusieurs années et qui avait été ouvert de temps en temps; il y a signalé l'existence de plusieurs produits, dont l'un huileux et l'autre d'une consistance de cire; mais il n'a pas fait connaître la nature de ces produits.

Sous l'influence d'une combustion lente, à la faveur des corps de contact, l'éther s'altère comme l'alcool : il fournit des produits parmi lesquels se reconnaissent les acides acétique et formique, ainsi que l'acétal et l'aldéhyde. Cette combinaison catalytique est assez active pour entretenir au rouge un morceau d'éponge de platine préalablement chauffée et placée ensuite au-dessus de l'éther; ou bien pour faire rougir un fil de platine enroulé autour de la mèche d'une lampe que l'éther alimente.

Les mêmes produits se forment encore lorsqu'on fait chauffer une brique à 150° et qu'on laisse tomber l'éther goutte à goutte sur elle : on voit dans l'obscurité une flamme bleue peu lumineuse partout où tombe l'éther; la brique fait ici l'office de corps catalytique.

L'azote paraît se dissoudre dans l'éther, qui en prendrait jusqu'à 17 pour 100 suivant Dœbereiner.

Le soufre se dissout dans l'éther, même à froid; il s'en dissout environ 1 pour 100.

Le phosphore est dissous dans la proportion de 2 p. 100. Si l'on concentre la liqueur après que la dissolution s'est effectuée, le phosphore cristallise par le refroidissement.

L'action prolongée du phosphore sur l'éther, avec ou sans le concours de la potasse, donne naissance à des produits particuliers signalés par M. Zeise, qui n'en a pas encore fait connaître l'étude détaillée.

Lorsqu'on fait tomber de l'éther dans un flacon de chlore et qu'on l'allume ensuite, il se fait une légère explosion et du charbon se dépose. Si l'on plonge de l'éther enflammé dans un flacon plein de chlore, il continue de brûler en déposant une quantité de charbon considérable.

Ether chloré. — Mais si l'éther se trouve en excès et que l'on opère à la lumière diffuse, le chlore est absorbé; il agit sur deux équivalents d'hydrogène qui sont remplacés par deux équivalents de chlore : C^4H^5O se convertit en

$$C^4H^3Cl^2O.$$

Ce produit, découvert par M. Malagutti, se convertit en acétate lorsqu'il est traité par une solution alcoolique de potasse.

Dans l'action du chlore sur l'éther il ne faut pas trop refroidir; autrement l'acide hydrochlorique, agissant sur l'éther, forme de l'éther hydrochlorique dont la décomposition par le chlore mêle des produits étrangers à ceux que fournit l'éther ordinaire.

L'éther chloré est un liquide incolore, pesant, oléagineux, sans action sur les couleurs végétales et possédant une odeur particulière qui rappelle celle du fenouil. Il entre en ébullition à +140° et se décompose en même temps.

Chauffé en présence du potassium, il lui cède un équivalent de chlore et devient :

$$C^4H^3ClO.$$

Soumis à l'action de l'hydrogène sulfuré, il donne naissance à deux produits découverts par M. Malagutti ; le premier s'exprime par :

$$C^4H^3S^2O, \text{ \textit{éther sulfuré.}}$$

Il est solide, cristallin, un peu moins soluble dans l'alcool que le second qui a pour formule :

$C^4H^3SCl O$, *éther chlorosulfuré.*

Dans la formation de ces deux produits il se dégage de l'acide hydrochlorique ; le soufre remplace le chlore équivalent pour équivalent. Ces deux produits sont convertis par une solution alcoolique de potasse en acétate alcalin ; il se forme en même temps du sulfure de potassium et, dans le second cas, un mélange de sulfure et de chlorure.

L'éther chloré, traité de nouveau par le chlore, abandonne tout son hydrogène lorsqu'on fait intervenir l'influence des rayons directs du soleil. L'hydrogène est remplacé par une proportion équivalente de chlore et le composé nouveau, découvert par M. Regnault, s'exprime par :

C^4Cl^5O.

C'est un corps solide, cristallin, qu'on peut nommer *éther perchloré*. Il fond à 69° et ne se volatilise pas encore à +280°.

M. Malagutti a reconnu que cette combinaison pouvait se dédoubler. Les faits curieux qu'il a découverts au sujet de l'éther perchloré seront étudiés plus convenablement au paragraphe de l'aldéhyde.

M. Félix d'Arcet a obtenu, dans une préparation de liqueur des Hollandais, une substance à laquelle il a donné le nom de *chloréthéral,* et qui se trouve avoir pour formule :

$C^4H^4Cl O$.

Elle se rattache comme tous les produits précédents à l'éther et en indique sans doute le premier degré de chloruration.

On a en définitive la série suivante :

Éther............ C^4H^5O.

Chloréthéral........	$C^4\underline{H^4ClO}$.
Éther chloré........	$C^4\underline{H^3Cl^2O}$.
Éther perchloré.....	C^4Cl^5O.
Éther sulfuré.......	$C^4\underline{H^4ClO}$.
Éther chlorosulfuré..	$C^4\underline{H^3ClSO}$.

C'est là un des exemples les plus marquants de la permanence de certains groupements moléculaires qui ont été si nettement établis par les expériences de M. Regnault sur les éthers.

Le brome se dissout en proportion très-considérable dans l'éther qui se trouve ensuite attaqué. Cette affinité de l'éther pour le brome est suffisante pour qu'on puisse, à l'aide de l'éther, séparer le brome contenu dans une solution aqueuse.

L'iode est aussi dissous en proportion très-notable.

L'eau et l'éther peuvent reproduire l'alcool par un contact très-prolongé, à la température ordinaire; mais on dirige vainement de l'eau et de l'éther à $+130°$, à travers des tubes remplis de substances poreuses. Ils demeurent sans action l'un sur l'autre.

L'eau dissout l'éther et réciproquement l'éther dissout l'eau. Ainsi dix parties d'eau dissolvent une partie d'éther : trente-six parties d'éther dissolvent une partie d'eau. Les deux liquides une fois saturés ne se mélangent plus.

L'alcool et l'éther se mélangent et se dissolvent mutuellement en toute proportion. L'eau sépare ce mélange et fait surnager l'éther, lorsque celui-ci dépasse la proportion d'un cinquième. D'où il résulte que l'alcool séparé de l'éther par l'eau contient encore un cinquième de son volume en éther. On retire très-bien ce dernier par la distillation.

On obtient la liqueur d'Hoffmann en faisant un mélange de trois parties d'alcool et d'une partie d'éther.

L'éther chauffé au contact des alcalis hydratés produit de

l'acide acétique ; à froid la transformation s'opère, si l'air trouve un libre accès.

Le sodium et le potassium dégagent de l'hydrogène lorsqu'on les chauffe avec l'éther; mais celui-ci est détruit et donne naissance à des composés hydrocarburés dont la composition laisse encore des doutes.

Quant aux autres métaux, ils agissent sur l'éther comme sur l'alcool, suivant leur tendance à s'oxyder et à former des acétates.

Le gaz ammoniac se dissout dans l'éther.

L'action des acides sur l'éther n'a pas été suivie avec autant de soin que pour l'alcool.

On sait que l'acide sulfurique absorbe l'éther. La chaleur opère ensuite des décompositions particulières.

L'acide nitrique l'attaque et donne naissance à plusieurs produits d'oxydation, acides acétique, formique, oxalique, carbonique et aldéhyde.

Le gaz chlorhydrique se dissout dans l'éther et donne par la distillation de l'éther chlorhydrique :

$$C^4H^5O + ClH = \underset{\text{Éther chlorhydrique.}}{C^4H^5Cl} + HO.$$

M. Kulmann a reconnu que l'éther se combine très-bien avec le perchlorure de fer ; il en résulte une combinaison cristalline. Le perchlorure d'étain donne un composé analogue cristallisable, distillant sans altération.

L'éther, aussi bien que l'alcool, constitue un dissolvant particulier. Quelques chlorures métalliques s'y dissolvent : ainsi le chlorure de zinc, le bichlorure de mercure, le perchlorure d'or ; le bichlorure de mercure est enlevé à l'eau par une agitation avec l'éther.

L'éther dissout un grand nombre de substances organiques qui échappent à l'eau et à l'alcool. Il paraît exercer de préférence sa force dissolvante à l'égard des substances organiques très-carbonées : ainsi les huiles grasses ou essentielles et quelques résines. Ce rapport assez remarquable rappelle que l'eau dissout principalement les produits d'oxydation, le mercure, les métaux. On peut dire jusqu'à un certain point des dissolvants : *similia similibus*.

Préparation de l'éther[1].

Pour produire l'éther, il faut prendre trois parties d'acide sulfurique du commerce, pesant soixante-six au pèse-acide, d'une densité de 1,85, et contenant environ un équivalent

[1] La découverte de l'éther et de ses principales propriétés est un point de l'histoire des faits chimiques sur lequel les auteurs sont presque tous revenus avec complaisance.

Le journal de l'abbé Rozier fournit de nombreux documents qu'il est facile de résumer.

Duhamel et Grosse ont fait connaître, en France, les propriétés de l'éther dans un Mémoire publié en 1734. Plusieurs chimistes avaient bien avant eux tenté la réaction de l'huile de vitriol sur l'esprit-de-vin; quelques-uns de leurs résultats prouvent même qu'ils avaient obtenu l'éther, mais ils ne l'avaient pas nettement séparé et distingué. Ce mérite appartient à Frobénius qui l'isola, le fabriqua même assez en grand, et envoya de l'éther à Geoffroy. Grosse en reçut aussi plusieurs flacons de Hanchwitz. C'est sur cet éther que Grosse et Duhamel firent leurs expériences. Ils essayèrent de le reproduire en employant divers mélanges d'huile et d'esprit, mais ils n'y parvinrent pas d'une manière constante. Hellot qui avait travaillé aux expériences de Grosse et Duhamel, les répéta de son côté et leur écrivit une lettre dans laquelle il signalait, entre autres moyens de chauffage, le feu de la lampe. Ce fut la première indication d'une température modérée. Cadet montra toute l'importance de cette application de la température et donna le conseil de reverser jusqu'à sept fois la même quantité d'alcool sur le résidu de la première opération, assurant qu'on obtenait chaque fois une même dose d'éther. Demachy annonça, dans l'*art du distillateur d'eaux-fortes*, publié à la même époque que les recherches de Cadet, qu'on pouvait distiller jusqu'à cinq ou six fois, trois pintes d'esprit de mélasse sur deux pintes d'huile de vitriol.

Baumé contesta à Cadet la priorité du procédé qu'il annonçait comme nouveau; il prétendit qu'il était connu de tous ceux qui fabriquent l'éther en grand; il fit en outre trois citations assez anciennes tirées des travaux de Pott et de Kunckel, dans lesquelles il trouvait que le procédé de Cadet est formellement énoncé.

Pott s'était borné à indiquer qu'on peut distiller une seconde fois sur le résidu, mais il ajoutait que la petite quantité d'éther retirée dans

d'eau, et deux parties d'alcool à 85 cent. On fait le mélange dans un vase métallique, afin d'éviter l'élévation de température, puis on l'introduit dans un appareil distillatoire convenable.

Dans les laboratoires, l'appareil consiste en une cornue tubulée portant un tube en S, dont l'extrémité inférieure effilée ne doit pas toucher le mélange lorsqu'il est introduit dans la cornue. Au col de celle-ci s'adapte un petit tube légèrement coudé qui permet de la pencher en arrière et d'élever son col. Ce petit tube de jonction s'adapte à la partie interne d'un tube réfrigérant incessamment traversé par un courant d'eau froide. Le tube réfrigérant lui-même s'adapte à un vaste ballon portant un long tube de dégagement.

On porte alors rapidement le mélange à l'ébullition qui se fait très-bien à la température de + 140°. Il distille d'abord un peu d'alcool, et bientôt ensuite un mélange d'eau et d'éther, formant deux couches distinctes et entraînant encore un peu d'alcool dans leur volatilisation.

On ne peut séparer ainsi que les deux tiers de l'alcool ajouté; en poussant plus loin la réaction, la température s'élève et l'on obtient des produits très-différents de l'éther. Mais comme l'acide sulfurique reste dans la cornue sans éprouver une altération bien sensible, on peut remplacer l'alcool à mesure que le niveau baisse. On marque sur la panse de la cornue le niveau du mélange, et on le rétablit en introduisant de l'alcool par le tube en S.

M. Dominé a constaté qu'une partie d'acide sulfurique pouvait éthérifier cinquante parties d'alcool; mais après ce terme, il se forme de l'huile de vin qui altère le produit.

Pour purifier l'éther, on le mêle avec un lait de chaux

cette seconde opération ne vaut pas la peine d'être recueillie. Quant aux indications de Kunckel, elles sont encore plus vagues que celles de Pott.

Ces discussions de Cadet et de Baumé, prolongées jusqu'en 1775, et tout à fait oubliées aujourd'hui, conduisent aux recherches plus récentes consignées dans plusieurs traités de chimie.

dont on prend un volume égal ; on le laisse au contact quelque temps, puis on distille au bain-marie. L'éther est débarrassé par la chaux des produits acides qu'il peut contenir ; l'eau sert à retenir l'alcool, et la première moitié du produit distillé peut être considérée comme de l'éther ne contenant qu'un peu d'eau. Celle-ci s'enlève facilement en faisant digérer l'éther sur du chlorure de calcium ; on le sépare ensuite en chauffant dans de l'eau bouillante le vase où il a digéré sur le chlorure. On peut même le conserver ainsi en digestion et ne le séparer qu'au moment de s'en servir.

Lorsqu'on emploie un excédant d'eau, l'éthérification n'a pas lieu. Lorsque c'est l'alcool qui se trouve en excès, il distille intact jusqu'à ce que les proportions aient été ramenées à la quantité indiquée pour le point de départ. M. H. Rose a remarqué néanmoins qu'il peut se former, dans ce dernier cas, de l'éther à une température inférieure à $+140°$: sa production commence au voisinage de $+100°$; la température s'élève à mesure que la proportion d'alcool diminue.

Lorsqu'on mélange l'acide sulfurique à l'alcool dans les proportions convenables pour obtenir l'éther, il se forme un composé d'acide sulfurique et d'alcool qu'on a désigné sous le nom d'acide *sulfovinique*.

Cet acide renferme deux équivalents d'acide sulfurique pour un équivalent d'alcool. Son existence est sans doute compatible avec des variations assez grandes dans l'hydratation de l'alcool et de l'acide sulfurique ; car on peut éthérifier un mélange qui renfermera :

$$2SO^3 + C^4H^6O + 6HO$$

aussi bien qu'un mélange renfermant moitié moins d'eau et qui serait composé, par conséquent, de deux équivalents d'acide monohydrate pour un équivalent d'alcool absolu.

C'est à la décomposition de l'acide sulfovinique par la

chaleur qu'il faut attribuer la production de l'éther. Ce dernier se forme presque toutes les fois que les combinaisons de l'alcool sont détruites par une température voisine de + 140°. D'autres composés éthérés peuvent aussi prendre naissance; ces composés très-rapprochés de l'éther seront examinés ultérieurement.

M. Mitscherlich considère l'action de l'acide sulfurique sur l'alcool comme un phénomène de contact. Cette opinion doit se prendre comme une expression très-hardie de l'influence qu'il faut attribuer aux substances catalytiques ; mais elle ne se prête pas à une explication complète des diverses circonstances dans lesquelles l'alcool s'éthérifie.

§ III. — Des éthers salins.

L'action des acides sur l'alcool et la décomposition de certaines combinaisons alcooliques donnent naissance à deux catégories d'éthers : dans la première, le groupement de l'éther est modifié par la substitution équivalente d'un métalloïde à l'oxygène; ce sont les éthers simples ou haloïdes.

Ces éthers se représentent de la manière suivante :

Ether hydrochlorique..... C^4H^5Cl.
Ether hydrobromique..... C^4H^5Br.
Ether hydriodique........ C^4H^5I.
Ether hydrosulfurique.... C^4H^5S.

Dans la deuxième catégorie, la molécule de l'éther reste intacte; elle se combine aux éléments de certains acides anhydres qui, le plus souvent, n'ont jamais été obtenus isolés d'un équivalent d'eau; on a ainsi :

L'éther carbonique.... CO^2, C^4H^5O.
L'éther nitrique....... AzO^5, C^4H^5O.
L'éther perchlorique... ClO^7, C^4H^5O.
L'éther oxalique...... C^2O^3, C^4H^5O etc.

On peut les appeler éthers composés ou amphides.

Ces deux séries éthérées possèdent plusieurs caractères remarquables qui les accompagnent dans les combinaisons les plus variées ; ils sont presque tous volatils, ils sont doués d'une odeur fort pénétrante, souvent très-suave ; leur saveur est sucrée, chaude. Ils sont tous combustibles.

Le métalloïde, tel que le chlore, ou bien l'acide, tel que l'acide oxalique qui entrent dans leur composition, ne sont nullement décelés par les réactifs ordinaires du chlore ou de l'acide oxalique.

Lorsqu'on traite ces éthers par le chlore, ils perdent ordinairement deux molécules d'hydrogène qui se trouvent remplacées par deux molécules de chlore : mais si l'action du chlore est secondée par l'action de la chaleur ou de la lumière, l'hydrogène de l'éther peut être enlevé complétement et remplacé par le chlore en proportion équivalente.

Ces éthers, généralement insolubles dans l'eau, sont solubles dans l'alcool ; si dans cet état de dissolution on les traite par la soude ou la potasse caustique, ils sont décomposés. L'éther régénère de l'alcool, tandis que le métalloïde se porte sur le métal alcalin, tandis que l'acide se combine à la soude ou à la potasse.

Lorsqu'on n'emploie que la moitié de la base nécessaire pour opérer la décomposition de l'éther, il arrive assez souvent que l'acide de l'éther reste en combinaison avec l'alcool et forme un composé acide analogue à l'acide sulfovinique.

Les éthers salins paraissent susceptibles de se combiner à certains chlorures, tels que ceux d'étain et d'antimoine.

Les éthers salins se forment quelquefois en distillant leurs acides avec l'alcool ou l'éther ; mais, le plus souvent, il faut ajouter au mélange d'acide et d'alcool un second acide très-énergique. On a recours surtout aux acides sulfurique et chlorhydrique. Ces acides, très-avides d'eau, peuvent avoir pour effet d'amener l'acide éthérifié à un état particulier d'hydratation favorable à la production de l'éther.

L'expérience a démontré, en effet, que l'alcool absolu et les acides concentrés s'éthérifiaient facilement; et lorsqu'on fait agir l'acide sulfurique sur une dissolution alcoolique d'acide iodique, on précipite ce dernier dans un état d'hydratation tout particulier. Mais l'on peut s'expliquer encore l'intervention de ces acides par une action catalytique qui s'exercerait tout à la fois sur l'acide et sur l'alcool; que l'on suppose l'alcool et l'acide formique en présence l'un de l'autre :

C^4H^5O, HO, alcool.

C^2HO^3, HO, acide formique.

Si l'acide sulfurique vient à agir sur leurs éléments en écartant l'eau de part et d'autre, il pourra très-bien se faire qu'à la suite de cette nouvelle disposition moléculaire le groupement C^4H^5O entre dans la sphère d'attraction du groupement C^2HO^3, et se combine à lui. On conçoit de cette façon qu'un même agent catalytique puisse unir et séparer en même temps.

PREMIÈRE CLASSE DES ÉTHERS SALINS.

Éther hydrochlorique, C^4H^5CL.

Cet éther se forme toutes les fois qu'on mélange l'alcool ou l'éther à l'acide chlorhydrique gazeux ou liquide dans son maximum de concentration. On l'obtient encore lorsqu'on décompose par la chaleur les composés d'alcool et de chlorure de fer, d'étain, d'antimoine, rappelés au souvenir des chimistes, ou découverts par M. Kulmann.

La préparation s'effectue très-bien en saturant d'abord de l'alcool par du gaz chlorhydrique. On chauffe le mélange, et le produit qui s'en échappe est dirigé dans un flacon à demi rempli d'eau et refroidi de + 10 à + 20°. A ce flacon communique un tube de chlorure de calcium dont l'extrémité s'adapte à un autre flacon entouré d'un mélange réfrigérant. L'éther hydrochlorique se lave ainsi dans l'eau du premier flacon, se dessèche sur le chlorure de calcium, et se condense dans le dernier flacon fortement refroidi.

M. Regnault prépare l'éther hydrochlorique en chauffant dans un ballon un mélange d'acide et d'alcool. Le gaz traverse un premier flacon renfermant un peu d'eau, puis un second contenant de l'acide sulfurique concentré, enfin un troisième flacon laveur renfermant de l'eau. Au sortir de ce troisième flacon, l'éther doit passer sur du chlorure de calcium, si on veut l'obtenir sec, et se condenser à l'aide d'un mélange réfrigérant.

C'est un liquide incolore, d'une odeur un peu alliacée ; il bout à + 11°, sa densité est de 0,874 à + 5°.

Il produit sur la peau une vive impression de froid.

L'eau dissout un volume du gaz égal au sien ; l'alcool le dissout en toute proportion. Ces dissolutions ne troublent point le nitrate d'argent. L'éther hydrochlorique brûle avec une flamme verte à ses bords et en répandant de l'acide chlorhydrique.

M. Thénard a démontré que la chaleur le décomposait en volumes égaux d'acide hydrochlorique et de gaz oléfiant.

L'acide sulfurique tend d'abord à se combiner; mais il décompose ensuite l'éther en acide hydrochlorique et en hydrogène bicarboné.

L'éther hydrochlorique forme plusieurs combinaisons intéressantes signalées par M. Kulmann ; elles seront étudiées dans le paragraphe suivant.

L'action du chlore sur l'éther hydrochlorique a été suivie par M. Regnault avec un soin particulier.

Le chlore n'agit pas sur l'éther hydrochlorique dans un lieu peu éclairé, mais au premier contact des rayons directs du soleil la réaction s'établit, et, dès qu'elle est engagée, elle se continue très-bien à l'ombre, et ne s'arrête pas même lorsque le jour vient à tomber. On fait arriver dans un même ballon le chlore et l'éther en ayant soin de tenir ce dernier en excès. Le ballon est garni d'une pointe qui plonge dans un flacon où se condense une partie du produit chloré; une autre partie est entraînée dans un second flacon, à demi rempli d'eau et bien refroidi.

Il se forme une liqueur éthérée plus lourde que l'eau, qui doit être lavée à l'eau, distillée au bain-marie et rectifiée en dernier lieu sur de la chaux vive.

L'éther hydrochlorique perd dans cette réaction un équivalent d'hydrogène qui est remplacé par un équivalent de chlore :

$$\underline{C^4H^4Cl, Cl}.$$

Cet éther hydrochlorique monochloré est incolore, très-fluide, d'une odeur tout à fait semblable à celle de la liqueur des Hollandais, d'une saveur sucrée et poivrée à la fois. Sa densité est de 1,174 à +17; il bout à +64°.

La potasse en solution alcoolique et le potassium sont sans action sur cette combinaison.

L'éther hydrochlorique monochloré absorbe de grandes quantités de chlore, et se colore en jaune; c'est une dissolution sans réaction sensible, tant qu'on se tient dans l'obscurité, mais, en passant à la lumière, il se forme des produits nouveaux de plus en plus chlorés.

En ménageant cette action secondaire du chlore, M. Regnault a obtenu successivement:

L'éther hydrochlorique bichloré..... $\underline{C^4H^3Cl^2Cl}$.

L'éther hydrochlorique trichloré..... $\underline{C^4H^2Cl^3Cl}$.

L'éther hydrochlorique quadrichloré.. $\underline{C^4HCl^4Cl}$.

L'éther hydrochlorique quintichloré.. C^4Cl^5Cl.

Le dernier terme de cette réaction n'est autre que le sesquichlorure de carbone que M. Laurent était déjà parvenu à obtenir en faisant agir le chlore en excès sur l'éther hydrochlorique.

L'éther bichloré de la série précédente $C^4H^2Cl^3Cl$ est liquide; il a une densité de 1,872, et bout à +75°. On ne l'altère qu'avec une extrême difficulté, par une dissolution alcoolique de potasse; il fournit alors un peu d'acétate alcalin, échangeant ses trois équivalents de chlore contre trois équivalents d'oxygène.

L'éther trichloré $C^4H^2Cl^3Cl$ est liquide aussi; sa densité est de 1,530 à +17°; il bout vers 102°.

La solution alcoolique de potasse l'altère, mais sans fournir aucune réaction nette.

L'éther quadrichloré C^4HCl^4Cl, examiné par M. Regnault, retenait une petite quantité d'éther trichloré; il avait pour densité 1,644 et bouillait à +146°.

Le sesquichlorure du carbone C^4Cl^4Cl bout à + 180°.

Cette constitution des combinaisons chlorées de l'éther hydrochlorique offre un nouvel exemple de la fixité des groupements moléculaires; chacun des termes qui s'y trouve compris représente, d'après les expériences de M. Regnault, quatre volumes de vapeur.

La densité de la vapeur d'éther hydrochlorique représente aussi quatre volumes; tandis que l'éther ordinaire n'en représente que deux. Les produits chlorés fournis par ce dernier se décomposent par la chaleur, de manière à ne pouvoir donner la densité de leur vapeur.

Éther hydrobromique, C^4H^5Br.

Cette combinaison a été découverte par Sérullas, qui la prépare en faisant réagir simultanément le brome et le phosphore sur l'alcool. On introduit dans une cornue de verre tubulé quarante parties d'alcool à 84° cent., une partie de phosphore, puis on verse goutte à goutte de sept à huit parties de brome. L'acide hydrobromique qui résulte de l'action du phosphure de brome sur l'eau, éthérifie l'alcool. La réaction se fait avec chaleur; il faut néanmoins chauffer pour séparer l'éther hydrobromique. De l'alcool distille en même temps, mais on sépare l'éther par une addition d'eau. On doit ensuite le laver avec un peu de lessive alcaline, puis le sécher sur du chlorure de calcium et le distiller.

C'est un liquide incolore, très-volatil, d'une odeur éthérée très-pénétrante, plus pesant que l'eau qui ne le dissout pas, mais soluble en toute proportion dans l'alcool et l'éther.

Bien que son mode de préparation ne laisse aucun doute sur sa nature, son analyse n'a pas été faite.

Éther hydriodique, C^4H^5I.

Cet éther a été trouvé par M. Gay-Lussac, qui l'obtient en distillant un mélange d'alcool et d'acide hydriodique, ou bien en introduisant dans une cornue deux parties et demie de phosphure d'iode avec une partie d'alcool à 85° cent. Le mélange d'acide et d'alcool est préférable.

Le produit de la distillation doit être lavé avec de l'eau alcaline, séché sur du chlorure de calcium et distillé.

C'est un liquide incolore, d'une odeur éthérée qui n'est pas désagréable. Sa densité est de 1,9206 à +22°,3; il bout à 64°,8 et la densité de sa vapeur qui représente quatre volumes est de 5,4.

Il se colore à l'air; mais la potasse en solution aqueuse ou le mercure métallique lui enlèvent rapidement l'iode qui le colore. Il se décompose sur des charbons ardents lorsqu'on le fait tomber goutte à goutte; mais il ne s'enflamme point.

Sa vapeur, dirigée à travers un tube de porcelaine chauffé au rouge, donne une matière solide, cristalline, jaunâtre, identique d'après l'examen qu'en a fait M. E. Kopp, avec l'hydriodate d'iodure d'aldéhydène :

$$C^4H^4I^2.$$

La densité de sa vapeur a été déterminée par M. Gay-Lussac; mais son analyse n'a pas été faite.

Éther hydrosulfurique, C^4H^5S.

Ce composé, découvert par M. Regnault, résulte de l'action de l'éther hydrochlorique sur le monosulfure de potassium en solution alcoolique. Le monosulfure doit être alcalin, s'il n'est exactement neutre. La présence de l'hydrogène sulfuré ou du soufre donnerait naissance à des produits différents.

On sature d'abord la dissolution de monosulfure par l'éther hydrochlorique, et lorsque le gaz cesse de s'absorber, on chauffe. Du chlorure de potassium se dépose. On distille en entretenant le courant d'éther hydrochlorique. L'éther hydrosulfurique se volatilise : on le condense par le froid; il est lavé à plusieurs reprises avec l'eau, puis traité par le chlorure de calcium et distillé.

Il a une odeur alliacée, très-pénétrante, désagréable. Sa densité à + 20° est de 0,825; il bout à + 73°.

Sa vapeur renferme deux volumes et pèse 3,1386.

M. Regnault a fait connaître aussi l'action du chlore sur l'éther hydrosulfurique. Lorsqu'on le projette dans un flacon rempli de chlore, il prend feu; mais si on dirige le courant de chlore dans l'éther hydrosulfurique, abrité de la lumière directe du soleil, le chlore s'absorbe, de l'acide hydrochlorique se dégage; et si l'action commencée à la lumière diffuse est continuée à la lumière solaire que l'on rend successivement plus intense, on convertit l'éther hydrosulfurique en un liquide huileux, jaune, d'une odeur extrêmement fétide et persistante.

Cette combinaison débarrassée d'acide hydrochlorique entre en ébullition à + 160°, mais s'altère aussi très-sensiblement.

Sa densité est de 1,673 à 24°.

Sa composition est représentée par :

$$C^4HCl^4S.$$

C'est de l'éther hydrosulfurique quadrichloré. Ainsi dans l'éther hydrosulfurique le soufre n'est pas déplacé par le chlore. Ce fait est un des plus remarquables exemples des effets de la combinaison intime ; elle soustrait ici le soufre à l'action du chlore, de même qu'elle dissimule le chlore de l'éther hydrochlorique simple ou chloruré en présence de ses réactifs ordinaires. M. Regnault pense que l'éther hydrosulfurique quadrichloruré n'est qu'un des termes chlorurés qui pourraient se former aux dépens de cet éther aussi bien qu'avec l'éther hydrochlorique.

Mais l'odeur repoussante et malsaine de ces produits apporte des difficultés particulières à leur examen.

L'éther hydrosulfurique se trouve en rapport avec une combinaison appelée *mercaptan* :

$$C^3H^6S, HS.$$

Les relations sont exactement les mêmes que celles de l'éther avec l'alcool. Le mercaptan sera étudié dans un paragraphe suivant.

Éther hydrocyanique, C^4H^6, C^2Az.

M. Pelouze prépare ce corps en exposant à une douce chaleur un mélange sec de sulfovinate de potasse et de cyanure de potassium, en parties égales.

L'éther ainsi obtenu est condensé dans une cornue refroidie, puis rectifié avec ménagement sur du chlorure de calcium.

C'est un liquide vénéneux, incolore, d'une odeur d'ail très-forte. Il bout à + 82°, sa densité est de 0,787.

Il est inflammable, insoluble dans l'eau, soluble dans l'alcool et l'éther.

L'oxyde de mercure le décompose, tandis que les alcalis sont sans action sur lui.

On doit concevoir la production de l'éther hydrocyanique et celle de tous les éthers qui contiennent un métalloïde en remplacement de l'oxygène de l'éther ordinaire, comme le résultat de l'action des hydracides de ces métalloïdes sur l'éther. La combinaison est intime et se fait avec élimination d'eau; on a ainsi :

$$C^4H^5O + C^2AzH = C^4H^5C^2Az + HO.$$
$$C^4H^5O + ClH = C^4H^5Cl + HO.$$
$$C^4H^5O + IH = C^4H^5I + HO \text{ etc.}$$

Dans la production de l'éther hydrosulfurique, c'est du chlorure de potassium qui se trouve éliminé.

$$C^4H^5Cl + KS = C^4H^5S + KCl.$$

Il faut rattacher aux éthers salins qui viennent d'être examinés :

1° L'éther sélénié C^4H^5Se, obtenu par M. Loewig de la même manière que l'éther hydrocyanique.

2° L'éther telluré C^4H^5TE préparé par M. Woehler en distillant une solution aqueuse de sulfovinate de baryte avec du tellurure de sodium. C'est un liquide d'un rouge jaunâtre foncé, plus pesant que l'eau, d'une odeur désagréable. Il bout au-dessous de + 100°, s'altère au contact de l'air et brûle en répandant des vapeurs d'acide tellureux.

Le sulfocyanure de potassium distillé avec un mélange d'alcool et d'acide sulfurique donne naissance à un liquide huileux qui est sans doute de nature éthérée.

DEUXIÈME CLASSE DES ÉTHERS SALINS.

La deuxième classe des éthers salins comprend toutes les combinaisons de l'éther avec les oxacides minéraux ou organiques.

Ces composés se forment toujours par une combinaison intime des deux groupements, à la suite de laquelle l'alcool et le plus souvent l'acide combiné abandonnent de l'eau.

Les éthers formés par des acides minéraux ou par des acides organiques déjà décrits sont les seuls qui puissent être indiqués ici : les autres produits éthérés du même ordre seront décrits avec leurs acides respectifs.

Quelques autres combinaisons éthérées formées par des composés analogues aux acides, trouveront aussi leur place à côté des éthers salins de la deuxième classe.

Éther perchlorique, ClO^7, C^4H^5O.

M. Woehler a reconnu que l'acide perchlorique éthérifie l'alcool, sans donner naissance à aucun produit particulier. Mais en distillant un mélange de sulfovinate de potasse et de perchlorate de baryte, MM. Clark Hare, et Martin K. Boyé, ont obtenu un éther très-dangereux à manier, en raison de ses propriétés fulminantes.

On doit agir sur une très-petite quantité de mélange, sept à huit grammes environ ; on distille dans une petite cornue et le produit est reçu dans un vase refroidi. Il ne faut pas chauffer au-dessus de + 170°. On doit entourer l'appareil d'écrans propres à préserver l'opérateur en cas d'explosion.

L'éther perchlorique est liquide, transparent, doué d'une odeur particulière, agréable, et d'une saveur douceâtre, puis mordicante.

Il est plus pesant que l'eau, non volatil à la température de l'eau bouillante.

Insoluble dans l'eau, mais très-soluble dans l'alcool, il est précipité de ce dernier dissolvant par une addition d'eau.

Il fait explosion avec une violence extrême par la chaleur, par le frottement, et souvent sans cause appréciable.

Il faut le recevoir au moment de la préparation dans un récipient contenant un peu d'alcool absolu. On le précipite ensuite par l'eau au moment de tenter quelque expérience sur lui.

La dissolution alcoolique est immédiatement décomposée

par la potasse caustique dissoute dans l'alcool; il se précipite du perchlorate de potasse.

Les éléments de l'éther perchlorique peuvent se traduire par :

$$4CO + 4HO + ClH = C^4H^6O, ClO^7.$$

Il paraît qu'en effet son explosion donne naissance à de l'oxyde de carbone, de l'eau et de l'acide hydrochlorique.

Éther nitreux, AzO^3, C^4H^5O.

Cette combinaison découverte par Kunkel, se forme dans l'action de l'acide nitrique du commerce sur l'alcool. Les indications qui ont été fournies sur sa préparation sont extrêmement variées. M. Thénard conseille de mettre dans une cornue spacieuse parties égales d'alcool à 0,85° et d'acide nitrique de 1,3. La cornue est ensuite mise en communication avec un appareil de Woulf, dont tous les flacons sont fortement refroidis.

Dès que la réaction s'engage dans la cornue, on la refroidit avec une éponge.

Black introduit, dans un flacon, neuf parties d'alcool à 83°; au moyen d'un entonnoir allongé qui plonge, on fait arriver quatre parties d'eau au-dessous de l'alcool; enfin, en dessous de l'eau, on fait pénétrer par le même moyen huit parties d'acide fumant et concentré; on ferme ensuite le flacon avec un bouchon auquel est adapté un tube qui se rend dans un autre flacon à demi rempli d'alcool. On abandonne l'appareil au repos durant vingt-quatre ou quarante-huit heures à une température de + 15°.

L'éther nitreux se rend en partie dans l'alcool et surnage en partie la liqueur acide du premier flacon.

La méthode de Black écarte la formation de produits très-variés qui accompagnent la réaction vive de l'acide nitrique sur l'alcool. Mais on peut la simplifier en mélangeant avec précaution dans un vase de platine refroidi de l'alcool à 35° et l'acide nitrique pur à quatre équiv. d'eau, en volumes égaux, et en introduisant le tout dans un flacon maintenu durant un jour ou deux à la température de la glace fondante. Il se forme une énorme quantité d'éther nitreux qui surnage la liqueur acide.

M. Pedroni assure qu'on évite la formation des produits accessoires en employant les proportions suivantes : nitrate d'ammoniaque cristallisé, 11 grammes; acide sulfurique, 8 grammes; alcool, 9 grammes; on chauffe ensuite sans autre précaution. Il est probable que la présence de l'ammoniaque empêche la production trop abondante de l'acide nitreux auquel est dû le mouvement tumultueux qui se propage entre les éléments de l'alcool et de l'acide nitrique.

On peut aussi, suivant M. Liébig, diriger dans de l'alcool les vapeurs nitreuses que produit la réaction de l'acide nitrique sur l'amidon.

L'éther nitreux se purifie par des lavages à l'eau, puis par la rectification sur un mélange de chlorure de calcium et de magnésie.

Cet éther est d'un jaune pâle, son odeur éthérée a été comparée à celle des pommes de reinette; sa saveur douceâtre et brûlante rappelle aussi celle des pommes mûres.

Sa densité est de 0,886° à + 4°. Il bout à + 21°, il est inflammable et brûle avec une flamme blanche et claire.

La chaleur le décompose dans un tube de porcelaine avec formation d'éther, d'azote, de bioxyde d'azote et d'hydrocyanate d'ammoniaque.

Les alcalis en solution alcoolique le décomposent rapidement en donnant naissance à des nitrites.

Il se décompose au contact de l'eau qui n'en dissout que des traces; il se décompose même spontanément en formant du bioxyde d'azote et un produit acide que l'on croit être de l'acide malique. On assure qu'il se conserve mieux lorsqu'il a été placé sur du peroxyde de manganèse et distillé ensuite sur de la magnésie.

Il se dissout dans l'alcool et forme ainsi un produit connu sous le nom d'*esprit de nitre dulcifié*.

Éther nitrique, AzO^5, C^4H^5O.

On prépare cet éther en prenant un volume d'acide nitrique concentré, très-pur, d'une densité de 1,4, et deux volumes d'alcool à 35°, ce qui fait à peu près poids égal d'acide et d'alcool.

On ajoute à ce mélange un gramme environ de nitrate d'urée pour une quantité d'acide et d'alcool qui ne doit pas dépasser 120 à 150 grammes. On dirige l'opération avec d'autant plus de sûreté que le mélange sur lequel on opère est moins considérable. On doit chauffer doucement; le premier produit de la distillation ne contient que de l'alcool affaibli; mais bientôt l'éther nitrique s'annonce par une odeur particulière; et en ajoutant de l'eau au produit distillé, il s'en sépare un liquide plus lourd que l'eau, qui est l'éther nitrique. Plus tard, l'éther nitrique est si abondant qu'il forme une couche plus dense dans le récipient même.

Si l'on pousse la distillation jusqu'à ce qu'on ait chassé tout le mélange d'alcool et d'acide de la cornue qui le contient, on retombe tout à fait, à la fin de l'opération, dans les réactions tumultueuses de l'alcool. Mais en s'arrêtant lorsqu'il ne reste plus que le huitième environ du mélange, le nitrate d'urée est à peu près intact, et il ne tarde pas à se déposer au milieu du résidu fortement acide; le résidu peut servir à une seconde, une troisième et même une quatrième distillation.

On lave l'éther avec une solution alcaline, puis avec de l'eau distillée; on le laisse ensuite un jour ou deux au contact du chlorure de calcium réduit en morceaux, et l'on distille. Une solution aqueuse de potasse caustique concentrée est sans action sur l'éther nitrique; mais une solution alcoolique le décompose même à froid, et l'on obtient des cristaux abondants de nitrate de potasse sans le moindre mélange de nitrite.

Son odeur douce et suave ne rappelle nullement celle de l'éther nitreux.

Sa saveur, très-sucrée, laisse un arrière-goût d'amertume légère.

Sa densité, plus forte que celle de l'eau, est de 1,112 à + 17°; il entre en ébullition à + 85°.

Il s'enflamme et brûle avec une flamme blanche très-prononcée.

Il se décompose à une température un peu supérieure à son point d'ébullition, et fait quelquefois explosion.

L'acide nitrique concentré détruit l'éther nitrique.

L'acide chlorhydrique le détruit aussi en formant de l'eau régale.

L'acide sulfurique à un équivalent d'eau dissout le quart de son poids d'éther nitrique sans aucun phénomène apparent dans le principe, si on ajoute l'éther peu à peu. Mais, au bout de quelques instants, le mélange répand des vapeurs d'acide nitrique, et, un peu plus tard, il se fait un grand échauffement de la liqueur avec production de gaz nitreux; l'acide sulfurique noircit, et tout l'éther se trouve détruit.

L'iode se dissout dans l'éther, et lui communique une belle coloration violette.

Le chlore l'attaque promptement et le détruit.

Il est entièrement insoluble dans l'eau : mille parties d'eau ne diminuent pas sensiblement une partie d'éther nitrique; il se dissout au contraire en toute proportion dans l'alcool, d'où il est facilement précipité par une petite quantité d'eau.

L'intervention du nitrate d'urée dans la production de l'éther nitrique s'explique par la réaction de l'urée sur l'acide nitreux; ces deux corps se détruisent en produisant des volumes égaux d'azote et d'acide carbonique : de sorte que la présence de l'urée prévient la formation de l'acide nitreux.

Ainsi, ce n'est que du moment où l'acide nitreux se mêle à l'acide nitrique qu'il développe entre les éléments de l'alcool les transformations qu'on a l'habitude d'attribuer à l'acide nitrique seul. On peut même dire que ce dernier n'est plus la seule cause, ni même la cause directe de cette réaction tumultueuse, et n'agit en quelque sorte que comme source d'acide nitreux.

Éther borique, $2(BO^3)C^4H^5O$.

L'alcool distillé sur l'acide borique en entraîne des proportions notables; les éléments de l'alcool et de l'acide borique peuvent en outre se combiner pour former un véritable *éther borique*. Voici quelle méthode a été suivie par M. Ébelmen pour préparer cette combinaison : on mêle ensemble des poids égaux d'acide borique fondu, réduit en poudre fine, et d'alcool absolu; on obtient bientôt un dégagement considérable de chaleur. En cherchant à chasser l'alcool par la distillation, on trouve que la température peut s'élever, dans l'intérieur de la cornue, bien au delà du point d'ébullition de l'alcool, avant que tout ce liquide ait disparu. En arrêtant la distillation vers 110 degrés, puis traitant la masse refroidie par l'éther anhydre, décantant la solution éthérée et la chauffant progressivement au bain d'huile jusqu'à 200 degrés, on obtient pour résidu de cette distillation un liquide visqueux qui donne à cette température des fumées blanches assez abondantes à l'air, et qui se solidifie par le refroidissement.

Ce composé se rapproche beaucoup, par ses propriétés physiques, de l'acide borique et des borates métalliques, qui prennent, comme on sait, l'état vitreux par la fusion. C'est un véritable verre transparent, mais un verre déjà un peu mou à la température ordinaire, et qui peut se tirer en fils très-déliés vers 40 ou 50 degrés; il a une faible odeur éthérée, une saveur brûlante. Placé sur la peau, il y occasionne une impression très-sensible de chaleur, et se transforme bientôt en une poussière blanche d'acide borique. Il blanchit également à l'air; mais cette altération n'est que superficielle pour les fragments d'un certain volume.

Soumis à l'action de la chaleur, il se décompose vers 300 degrés, en produisant un dégagement abondant d'un gaz qui présente tous les caractères du gaz oléfiant. Ce gaz brûle avec une flamme verte, ce qui tient à ce qu'il entraîne une certaine quantité d'éther borique non décomposé; mais l'addition d'un peu d'eau lui fait perdre cette propriété.

Trituré dans l'eau tiède, l'éther borique se décompose avec un dégagement considérable de chaleur, en acide borique et en alcool. Il se dissout en toute proportion dans l'alcool et dans l'éther; l'eau fait prendre en masse ces dissolutions. Quand on distille une solution alcoolique d'éther borique, l'alcool distillé entraîne une quantité très-notable de ce corps, qui lui donne la propriété de brûler avec une flamme verte et de se troubler par l'eau.

Éthers siliciques.

L'action de l'alcool absolu sur le chlorure de silicium a permis à M. Ébelmen de préparer deux combinaisons bien définies de l'éther avec la silice. On verse avec précaution de l'alcool absolu dans du chlorure de silicium; il se produit une réaction très-vive, un dégagement abondant de gaz acide chlorhydrique et un abaissement considérable de température.

Lorsque le poids de l'alcool ajouté s'est levé un peu au-dessus du poids de chlorure de silicium, on n'observe plus de dégagement de gaz, et la liqueur s'échauffe alors très-sensiblement. Si l'on soumet le mélange à la distillation, il passe d'abord une certaine quantité d'éther hydrochlorique, puis la majeure partie du liquide contenu dans la cornue distille entre 160 et 170 degrés. On met ce premier produit à part, et l'on continue la distillation, qui ne se termine qu'au delà de 300 degrés. Il ne reste dans la cornue que des traces insignifiantes de silice.

Le produit distillé entre 160 et 170 degrés a été rectifié jusqu'à ce que son point d'ébullition devînt fixe entre 162 et 163 degrés; on a obtenu ainsi un liquide incolore, d'une odeur éthérée et pénétrante, d'une forte saveur poivrée, dont la densité est de 0,942. L'eau ne le dissout pas et ne le décompose que très-lentement avec dépôt de silice. Il est tout à fait neutre au papier réactif. L'alcool et l'éther le dissolvent en toute proportion. Les alcalis en solution alcoolique le dissolvent rapidement, et l'on peut, au moyen des acides, séparer la silice à l'état gélatineux. Quelques gouttes projetées sur une capsule de platine rougie, brûlent avec une flamme blanche en déposant de la silice en poudre impalpable.

L'analyse de ce composé montre que le carbone et l'hydrogène s'y trouvent dans les mêmes proportions que dans l'éther ordinaire, et que la silice y contient la même quantité d'oxygène que la base. Si l'on admet, avec M. Berzélius et la plupart des chimistes, le nombre 277,32 pour l'équivalent du silicium, et SiO^3 pour la formule de la silice, on trouve pour la formule de l'éther,

$$SiO^3, 3C^4H^5O.$$

Si au contraire on prend le tiers du nombre précédent, ou 92,44, pour l'équivalent du silicium, et SiO pour la formule de la silice comme M. Dumas l'a proposé, la formule de l'éther silicique devient semblable à celle des autres éthers composés, et se trouve représentée par :

$$SiO, C^4H^5O.$$

La densité de sa vapeur a été trouvée égale à 7,18 ; le calcul donne 7,234, en admettant que SiO, C^4H^5O représente un volume de vapeur; ce mode de condensation ne s'était pas encore présenté dans les éthers composés.

En fractionnant le produit qui distille entre 170 et 300 degrés, et l'analysant, on trouve que le carbone et l'hydrogène s'y rencontrent constamment dans le même rapport que dans l'éther, mais que la proportion de silice augmente avec la température. Le liquide distillé au delà de 300 degrés est incolore, et possède une odeur faible et une saveur toute différente de celle de l'éther précédent. Sa densité est de 1,035. L'action de l'eau et des alcalis sur ce composé est tout à fait la même que sur l'éther SiO, C^4H^5O; son analyse conduit à la formule :

$$2(SiO)\ C^4H^5O.$$

L'acide silicique forme donc au moins deux éthers, et ce fait, unique jusqu'à présent dans l'histoire de ces sortes de composés, mérite d'être rapproché de l'existence des nombreux silicates métalliques à divers degrés de saturation que nous offre le règne minéral.

Éther carbonique, CO^2, C^4H^5O.

Cet éther a été découvert par M. Ettling dans l'action du potassium ou du sodium sur l'éther oxalique. Ce procédé curieux est jusqu'ici le seul qui ait permis de préparer l'éther carbonique.

On fait tomber des fragments de potassium ou de sodium dans l'éther oxalique chaud, tant qu'il se dégage du gaz; on enlève l'excès du métal; on ajoute de l'eau qui forme une bouillie brune que l'on distille. L'éther carbonique occupe la couche supérieure du produit distillé; on le lave, puis on le rectifie sur du chlorure de calcium. Décomposé par la potasse alcoolique, il ne doit fournir aucune trace d'oxalate.

L'action du métal alcalin paraît dissocier les éléments de

l'éther oxalique en enlevant de l'oxyde de carbone qui se dégage et peut-être se combine en partie au métal.

L'éther oxalique se représente en effet par de l'éther carbonique et de l'oxyde de carbone.

L'éther carbonique est un liquide incolore, très-fluide, d'une odeur aromatique, d'une saveur brûlante ; il pèse 0,965 à + 19°. — Il bout à +138°, s'enflamme difficilement et brûle avec une flamme bleue.

Il est insoluble dans l'eau, soluble dans l'alcool où il peut être décomposé par les alcalis dissous en carbonate alcalin et en alcool.

M. Cahours a reconnu qu'en faisant agir le chlore sur l'éther carbonique, on substituait d'abord deux équivalents de chlore à deux équivalents d'hydrogène, et qu'en s'aidant ensuite de la lumière solaire, on remplaçait tout l'hydrogène de l'éther par du chlore.

M. Cahours a ainsi découvert les deux combinaisons suivantes :

$$CO^2,\ \underline{C^4H^3Cl^2O}.$$

et $$CO^2,\ C^4Cl^5O.$$

Cette dernière combinaison est blanche et cristallisée.

Éther chloroxycarbonique, $C^2O^3Cl,\ C^4H^5O$.

M. Dumas est parvenu à obtenir un produit éthéré tout particulier, en faisant agir le gaz chloroxycarbonique sur l'alcool absolu. La température s'élève beaucoup et le liquide se sépare en deux couches dont la plus pesante représente le produit éthéré.

On purifie cet éther en le faisant digérer sur de la litharge et du chlorure de calcium et le soumettant ensuite à la distillation.

Il est liquide, incolore, neutre, d'une odeur suffocante qui fait pleurer : il pèse 1,133 à + 15°, bout à + 94° et brûle avec une flamme verte.

L'eau bouillante le décompose ; l'acide sulfurique en dégage de l'acide hydrochlorique et le charbonne ensuite. L'ammoniaque donne naissance à du sel ammoniac et à un produit particulier que M. Dumas a appelé *uréthane*.

Cet éther peut être envisagé comme une combinaison d'éther carbonique CO^2,C^4H^5O et de gaz chloroxycarbonique CO,Cl.

Uréthane ou éther carbamique. — L'ammoniaque provoque une élimination d'acide hydrochlorique, en réagissant par ses éléments sur l'éther chloroxycarbonique ; l'acide hydrochlorique se combine ensuite à l'ammoniaque excédante.

$$\underset{\text{Eth. chloroxycarb.}}{C^2O^3Cl,\ C^4H^5O} + 2AzH^3 = \underset{\text{Uréthane.}}{C^2O^3,AzH^2,\ C^4H^5O} + ClH,\ AzH^3.$$

L'ammoniaque liquide réagit sur l'éther en élevant la température : on évapore la dissolution à siccité au-dessus de l'acide sulfurique, puis on distille à une douce chaleur.

L'uréthane se liquéfie, distille et cristallise par le refroidissement en lames d'un blanc nacré. Elle fond à + 100° et bout à +180° sans altération. Elle est soluble dans l'eau et l'alcool, d'où elle cristallise en cristaux volumineux.

Elle est sans action sur les dissolutions métalliques ; la chaleur la décompose en dégageant de l'ammoniaque ; les alcalis la détruisent : les produits qui en résultent n'ont pas été déterminés.

L'uréthane peut être envisagée comme l'éther d'un acide particulier, C^2O^3, AzH^2, acide carbamique, lequel existerait dans le carbonate d'ammoniaque anhydre.

$$2(CO^2,\ AzH^3) = \underset{\text{Carbamate d'ammoniaque.}}{C^2O^3,\ AzH^2 + AzH^3,HO.}$$

Éther oxalique, C^2O^3, C^4H^5O.

Découvert par M. Thénard, cet éther peut s'obtenir en mêlant quinze parties d'acide oxalique, cinq d'acide sulfurique concentré et dix-huit d'alcool; on distille jusqu'à ce qu'il se dégage un peu d'éther, puis on verse de l'eau sur le résidu : l'éther se sépare ainsi et est ensuite lavé.

MM. Dumas et Boullay qui ont analysé cet éther, conseillent de mélanger une partie d'alcool avec une partie de suroxalate de potasse et deux parties d'acide sulfurique. On distille et l'on reporte dans la cornue les premiers produits de la distillation. On arrive ainsi à un produit oléagineux qui tombe au fond du récipient et qui consiste en éther oxalique.

M. Gaultier de Claubry conseille de faire tomber l'alcool absolu goutte à goutte sur l'acide oxalique en fusion.

L'éther oxalique pur est incolore, d'une consistance oléagineuse; il pèse 1,0929 et bout à + 184°. Il possède une odeur aromatique et se mêle en toute proportion avec l'alcool et l'éther; lorsqu'il est pur il se conserve longtemps au contact de l'eau; mais il suffit que celle-ci renferme de petites quantités d'acide, d'alcali ou d'alcool pour qu'elle transforme l'éther en acide oxalique et alcool.

Lorsqu'on agite de l'éther oxalique avec de l'ammoniaque et de l'eau, il se produit, suivant la remarque de Bauhof, un produit blanc, cristallisé, de nature particulière, dans lequel M. Liébig a reconnu les propriétés et la composition de l'oxamide.

Oxaméthane. — Éther oxamique, $C^2O^2, AzH^2, C^2O^3 + C^4H^5O$.

Lorsqu'on sature l'alcool absolu de gaz ammoniac, et qu'on l'ajoute ensuite goutte à goutte à de l'éther oxalique, il se produit une combinaison particulière découverte par M. Dumas qui l'a nommée *oxaméthane*. M. Balard a fait connaître la vraie composition de cette substance en trouvant l'acide oxamique.

Ce dernier acide se représente par

$$C^2O^2, AzH^2, C^2O^3 + HO.$$

L'équivalent d'eau qui peut s'échanger contre un équivalent

d'oxyde métallique est remplacé dans l'oxaméthane par un équivalent d'éther.

L'éther oxamique forme des cristaux feuilletés, d'un aspect gras, fusibles à + 100° et distillant à + 220°, sans altération. Il est soluble dans l'eau et dans l'alcool ; il ne précipite point le sous-acétate de plomb. Sa dissolution aqueuse se décompose par l'ébullition en bioxalate d'ammoniaque et en alcool. L'ammoniaque en excès le décompose aussi rapidement en oxalate.

L'éther oxamique se forme par la réaction de deux équivalents d'éther oxalique sur un équivalent de gaz ammoniacal. Un équivalent d'alcool se trouve éliminé :

$$2(C^2O^3, C^4H^5O) + AzH^3 = C^2O^2, AzH^2, C^2O^3, C^4H^5O + C^4H^5O, HO.$$

Action du chlore sur l'éther oxalique.

Cette action a été examinée par M. Malagutti avec un soin particulier.

Le produit extrême obtenu en faisant agir le chlore sur l'éther oxalique se représente par :

$$C^2O^3, C^4Cl^5O.$$

Tout l'hydrogène est remplacé par une proportion équivalente de chlore.

Cet éther chloroxalique est incolore, solide, cristallin, sans odeur et sans saveur, fusible à + 144°, température à laquelle il commence à se décomposer.

Il est insoluble dans l'eau, mais à l'air humide il se liquéfie, répand des vapeurs d'acide hydrochlorique et se décompose.

Il est décomposé sur-le-champ au contact de l'alcool, de l'esprit de bois, de l'huile de pommes de terre, de l'essence de térébenthine, de l'acétone. L'éther sulfurique et les éthers composés le détruisent aussi.

Le gaz ammoniac donne lieu à un résultat analogue à

celui qu'on obtient avec l'éther oxalique dans la production de l'oxaméthane. Il se forme en réalité de l'éther oxamique perchloré :

$$C^2O^2, AzH^2, C^2O^3, C^4Cl^5O.$$

Au moment de la réaction du gaz ammoniac sur l'éther oxalique perchloré, on voit apparaître une fumée blanche qui se dépose en cristaux déliés, tandis qu'un produit volatil et fétide prend aussi naissance.

L'éther oxamique perchloré est soluble dans l'eau bouillante, d'où il se dépose par le refroidissement en cristaux aciculaires et prismatiques.

Les eaux mères contiennent une substance particulière qui les colore en jaune et qui se dépose en petites boules dures, de cassure vitreuse.

L'éther oxamique perchloré fond à + 134° et se sublime très-rapidement. Il bout à + 200°.

M. la Prévostaye a comparé les formes cristallines de l'éther oxamique avec celles de l'éther oxamique perchloré ; il les a trouvées identiques et appartenant toutes deux au système rhomboédrique.

L'ammoniaque liquide produit de l'oxamide en réagissant sur l'éther oxalique perchloré. La réaction se fait avec une extrême énergie.

L'action de la potasse caustique sur l'éther oxalique perchloré donne naissance à des produits particuliers, indépendamment de l'oxalate et du chlorure potassiques qui se forment.

Lorsqu'on dissout le même éther dans l'alcool, il est décomposé ainsi qu'il a été dit plus haut; il se fait un faible dégagement d'oxyde de carbone accompagné quelquefois d'acide carbonique. En versant de l'eau dans l'alcool où la décomposition s'est faite on en sépare une huile légèrement jaunâtre qui a pour composition :

$$C^8Cl^5O^7 = 2C^2O^3 + C^4Cl^5O.$$

La liqueur qui surnage cette huile contient encore d'autres produits acides indéterminés.

Éther formique, C^2HO^3, C^4H^5O.

Cet éther, découvert par Afzélius, a été étudié par Gehlen, qui le préparait en distillant ensemble de l'acide formique concentré et de l'alcool absolu.

M. Woehler a fait connaître un procédé indiqué plus haut (pag. 57) à l'aide duquel cet éther se prépare avec abondance. On peut encore mélanger sept parties de formiate de soude sec, dix parties d'acide sulfurique du commerce, et neuf parties d'alcool à 90 cent.; on distille ensuite.

On traite l'éther par un lait de chaux et on le rectifie en dernier lieu sur du chlorure de calcium.

L'éther formique est très-fluide, d'une odeur suave, d'une saveur fraîche et épicée; il pèse 0,912 et bout à + 53°,4. Il est soluble dans dix parties d'eau et soluble en toute proportion dans l'alcool et l'éther.

Les alcalis caustiques convertissent promptement la solution alcoolique en formiate alcalin. L'acétate de plomb tribasique peut à la longue effectuer la même transformation.

M. Malagutti a reconnu que l'action du chlore se portant d'abord sur deux équivalents d'hydrogène qui sont enlevés à l'éther et remplacés par du chlore, il se forme ainsi un éther formique chloré représenté par :

$$C^2HO^3, C^4H^3Cl^2O.$$

Cet éther chloré pèse 1,161 à + 16° et bout un peu au-dessus de + 100°, en même temps il se décompose. L'eau le détruit, mais avec lenteur. Le contact des alcalis, en solution alcoolique, le transforme en acétate, formiate et chlorure alcalins.

Éther cyanurique.

MM. Woehler et Liébig désignent ainsi un produit qui s'obtient en dirigeant des vapeurs d'acide cyanique hydraté dans un mélange d'alcool et d'éther, jusqu'à refus complet. Après vingt quatre heures de repos la combinaison cristallise : on la sépare de la cyamélide qui se forme en même temps, à l'aide de l'eau ou de l'alcool bouillants.

L'éther cyanurique cristallise par le refroidissement en prismes ou en aiguilles incolores d'un grand éclat. Il est sans saveur et sans odeur ; sans action sur les couleurs végétales et les solutions métalliques.

Quand on le chauffe, il fond en un liquide incolore qui se volatilise dans des vases ouverts et se condense dans l'air sous forme de flocons légers, neigeux, très-volumineux.

Il abandonne de l'eau et de l'alcool à la distillation sèche, laissant un résidu d'acide cyanurique. Les alcalis le convertissent en alcool, cyanurate et cyanate.

Cette combinaison se représente par deux molécules d'acide cyanique hydraté et une molécule d'éther.

$$2(C^2Az, O, HO) + C^4H^5O.$$

Éther chlorocyanique.

M. Aimé a fait connaître une combinaison qu'il obtient en dirigeant un courant de chlore sec dans une solution alcoolique de cyanure de mercure. Lorsque l'action du chlore est épuisée, on ajoute de l'eau qui précipite un liquide incolore, d'une odeur alliacée, d'une saveur d'amande amère. Il pèse 1,12 et bout à + 50; il est insoluble dans l'eau, au contact de laquelle il se décompose à l'aide de la chaleur. Il se dissout dans l'alcool qui le décompose également. Sa composition lui assigne pour formule :

$$C^2Az, Cl + C^4H^5O.$$

Éther et chlorure de cyanogène.

M. Stenhouse a signalé une combinaison différente du composé de M. Aimé, en agissant dans des circonstances analogues. M. Stenhouse fait agir aussi le chlore sec sur une dissolution alcoolique de cyanure de mercure ou d'acide prussique. On emploie de 120 à 130 grammes de cyanure et un poids égal d'alcool fort : on s'arrête lorsqu'il se dégage, du mélange d'alcool et de cyanure, du gaz acide carbonique en même temps que du sel ammoniac se dépose.

L'addition de l'eau sépare un corps solide qui cristallise en aiguilles d'un blanc d'argent.

Cette combinaison est neutre, insipide, inodore, fusible à + 140°, se décomposant à + 160° ; soluble à chaud dans l'eau, à froid dans l'alcool et l'éther.

L'ammoniaque et l'acide sulfurique dissolvent la combinaison de M. Stenhouse sans altération. La potasse caustique la décompose, dégage de l'ammoniaque et devient brune. La formule brute renferme :

$$C^8H^7AzClO^4.$$

Parmi les arrangements nombreux que peut prendre cette formule, on trouve qu'elle peut se décomposer en éther formique, cyanogène et acide hydrochlorique :

$$C^8H^7AzClO^4 = C^2HO^3, C^4H^5O + C^2Az + HCl.$$

Éther mucique, $C^6H^4O^7$, C^4H^5O.

M. Malaguti prépare cet éther en dissolvant une partie d'acide mucique dans quatre parties d'acide sulfurique, à l'aide d'une douce chaleur. Lorsque la dissolution est faite, on laisse refroidir, puis on y mêle quatre parties d'alcool concentré ; après vingt-quatre heures l'éther mucique s'est pris en une masse solide et cristalline, qu'on laisse égoutter et qu'on redissout à chaud dans l'alcool.

Cet éther cristallise en prismes à quatre faces, tronqués obliquement aux extrémités. Les cristaux séparés d'une dissolution alcoolique sont d'une densité de 1,17 à + 20°; ils fondent à + 158° et se décomposent à + 170°.

Dissous dans l'eau bouillante et cristallisé par le refroidissement, cet éther a une densité de 1,32 à + 20°.

Éther pyromucique, $C^{10}H^{3}O^{5}$, $C^{4}H^{5}O$.

Il est insoluble dans l'éther.

Préparé aussi par M. Malagutti, cet éther s'obtient avec un mélange de dix parties d'acide pyromucique, vingt parties d'alcool et cinq parties d'acide hydrochlorique concentré. On distille et recohobe le même mélange quatre ou cinq fois.

A la dernière distillation, l'addition de l'eau sépare un corps huileux qui ne tarde pas à cristalliser.

Cet éther est gras au toucher; il offre une odeur qui rappelle celle de la naphtaline. Sa saveur est fraîche d'abord, ensuite piquante et amère.

Il pèse 1,297 à + 20°, fond à + 34, bout entre 208° et 210°. La vapeur pèse 4,859. Peu soluble dans l'eau, il se dissout en toute proportion dans l'alcool et l'éther.

L'acide sulfurique le dissout à froid sans décomposition, et le détruit à chaud. L'acide nitrique le dissout aussi sans l'altérer; l'acide hydrochlorique très-concentré le décompose à l'aide de la chaleur.

Cet éther absorbe du chlore sec, et se combine à lui sans élimination d'hydrogène. Il se forme un corps liquide, incolore, transparent, d'une odeur forte et d'une saveur amère et persistante; il pèse 1,496 à + 19°,5. Il n'est pas volatil, s'altère dans l'eau; se dissout bien dans l'alcool et l'éther. Arrosé d'une solution chaude et concentrée de potasse caustique, il donne une masse coagulée, blanche, qui, bouillie en présence de l'eau, dégage de l'alcool, tandis que la potasse se combine à des produits colorés. Le chlore porte ainsi son action sur l'acide et laisse l'éther intact; c'est de tout point une exception à l'action ordinaire du chlore sur les éthers.

Cet éther chloré s'exprime par :

$$C^{10}H^{8}O^{5}, Cl^{4} + C^{4}H^{6}O.$$

§ IV. — **De quelques composés alcooliques et éthérés.**

Les éléments de l'alcool ou de l'éther sont susceptibles de contracter des combinaisons assez nombreuses qui ont été signalées précédemment.

L'éther hydrochlorique est dans le même cas, et plusieurs éthers salins pourraient, sans doute, former des combinaisons analogues.

Les composés de cet ordre qui ont été le plus étudiés sont ceux dans la constitution desquels on fait entrer un acide minéral ou organique. On les a particulièrement désignés sous le nom d'acides *viniques*, parce qu'ils sont susceptibles de se combiner à des bases et d'engendrer ainsi des séries salines très-variées et très-étendues.

Combinaisons de l'alcool. — On doit à M. Graham quelques indications assez précises sur les composés formés par l'alcool avec quelques sels minéraux.

Le nitrate de magnésie se dissout dans quatre parties d'alcool froid et deux parties d'alcool bouillant ; cette dissolution laisse déposer des cristaux fusibles, nacrés, qui renferment, suivant M. Graham, 73 pour 100 d'alcool.

Le nitrate de chaux se dissout avec la même facilité ; mais la liqueur ne cristallise qu'à l'aide d'un froid un peu vif ; ce composé ressemble au précédent et renferme 41 pour 100 d'alcool.

Le chlorure de manganèse se dissout comme les deux sels précédents, avec chaleur, et la liqueur concentrée abandonne des cristaux qui contiennent 52 pour 100 d'alcool.

Le chlorure de calcium sec se combine avec grand dégagement de chaleur. La solution est épaisse, visqueuse, transparente : elle bout à + 86°. Quand elle est saturée et qu'on la laisse refroidir, elle fournit des cristaux lamelleux, rectangulaires qui sont déliquescents et auxquels M. Graham assigne pour formule :

$$CaCl + 2(C^4H^6O^2).$$

Le chlorure de zinc peut encore s'unir à l'alcool ; cette combinaison se détruit par la chaleur et fournit des quantités d'éther très-considérables. M. Masson est parvenu à éthérifier ainsi l'alcool, à peu près comme avec l'acide sulfurique. M. Kulmann assure qu'il se forme aussi de l'éther hydrochlorique dans cette réaction du chlorure de zinc. M. Masson a constaté la production de deux carbures d'hydrogène particuliers, lorsque le chlorure de zinc agissait sur l'alcool à une température de + 160° à + 200°. Ces deux carbures d'hydrogène sont liquides; l'un bout à + 100° et se représente par C^8H^7 ; l'autre bout à + 300° et a pour composition C^8H^9. La somme de ces deux formules représente le noyau intérieur de l'alcool :

$$C^8H^7 + C^8H^9 = 4C^4H^4.$$

Les indications les plus récentes sur les combinaisons de l'alcool avec le perchlorure d'étain, le perchlorure de fer, le perchlorure d'antimoine, le chlorure d'arsenic, le chlorure d'aluminium ont été fournies par M. Kulmann; on a vu précédemment tout le parti que M. Ébelmen a su tirer de l'action du chlorure de silicium sur l'alcool.

Perchlorure d'étain et alcool. — Ces deux corps se combinent, soit à l'état de vapeur, soit à l'état liquide. La combinaison est solide, cristalline, incolore, d'une odeur aromatique, lorsqu'on la sature d'alcool. Elle fond à 75° et ne répand aucune fumée à la température ordinaire. La combinaison paraît se faire entre des proportions variables des deux composants. Lorsqu'elle est chauffée à une température qui dépasse + 130° à + 140°, il y a formation d'éther hydrochlorique mêlé d'éther ordinaire. Ces éthers ne se dégagent pas toujours à l'état de liberté; mais souvent, et surtout à la fin de l'opération, ils fournissent avec le perchlorure d'étain des combinaisons cristallisables.

Les proportions les plus convenables pour éthérifier l'alcool et mettre les éthers en liberté, sont celles d'un équivalent de perchlorure pour un équivalent d'alcool absolu, ou bien de trois équivalents de perchlorure pour quatre équivalents d'alcool. En employant une quantité d'alcool supérieure à trois équivalents pour deux équivalents de perchlorure, une partie de l'alcool n'est pas éthérifiée.

Lorsqu'on élève la quantité du perchlorure au delà d'un équivalent pour un équivalent d'alcool, la proportion d'éther hydrochlorique augmente, et celui-ci tend à se combiner au perchlorure métallique.

Dans le premier contact de l'alcool absolu et du perchlorure, le produit qui se forme est toujours cristallin, à moins que la quantité d'alcool n'excède les proportions qui viennent d'être indiquées.

Un peu d'eau ne nuit pas à l'éthérification de l'alcool par le chlorure d'étain.

Lorsqu'on soustrait le mélange à la pression atmosphérique, l'éthérification n'a plus lieu d'une manière sensible.

Perchlorure de fer et alcool. — Lorsque ces deux corps sont au contact l'un de l'autre, ils donnent lieu à une grande élévation de température. Il se fait une masse épaisse d'où la chaleur dégage de l'éther. Les proportions les plus favorables à l'éthérification ordinaire sont un équivalent de perchlorure de fer Fe^2Cl^3 et deux équivalents d'alcool; avec une quantité d'alcool moindre, il se produit de l'éther hydrochlorique.

Chlorures d'antimoine. — Hellot a signalé une combinaison cristalline de protochlorure d'antimoine et d'alcool.

Ce qu'on sait de l'action du perchlorure d'antimoine sur l'alcool est dû à M. Kulmann. Il se fait au contact une élévation de température considérable : ce mélange des deux liquides se colore en brun et ne cristallise pas par le refroidissement. Lorsqu'on chauffe la combinaison, elle fournit de l'éther hydrochlorique à + 140° ; si le perchlorure est en grand excès, l'éther hydrochlorique prend naissance déjà à + 85°.

Chlorure d'arsenic et alcool. — Les deux liquides s'échauffent en se mélangeant; mais leur séparation peut se faire par la chaleur sans que l'éther apparaisse. L'alcool distille à + 115°. L'ébullition cesse à + 130° et ne recommence qu'à + 189° pour fournir du chlorure d'arsenic.

Chlorure d'aluminium et alcool.—La combinaison se fait avec élévation de température; il en résulte un liquide visqueux, incolore ou jaunâtre En chauffant, l'alcool distille d'abord avec un peu de chlorure qui lui donne une odeur d'ail très-désagréable; vers 170°, le mélange se colore légèrement, de l'éther hydrochlorique se dégage. A + 200° apraît de l'acide hydrochlorique; on a de l'alumine pour résidu.

Fluorure de bore et alcool. — MM. Gay-Lussac et Thénard ont reconnu les premiers l'existence d'un éther dans les produits de l'action du gaz fluoborique sur l'alcool.

M. Desfosses a constaté que l'éther produit consistait en éther ordinaire.

Suivant M. Kulmann, le produit de la distillation consiste en une combinaison d'éther C^4H^5O et de fluorure de bore; ce composé se détruit au contact de l'eau et abandonne l'éther, tandis que le fluorure de bore fournit les produits de sa décomposition accoutumée.

L'acide fluoborique est absorbé par l'alcool absolu avec dégagement de chaleur : il se fait un liquide incolore, formant à l'air et régénérant l'alcool au contact de l'eau. L'alcool saturé d'acide fluoborique abandonne à la distillation de + 140° à + 170°, un composé liquide, incolore qui brûle avec une belle flamme verte et répand une abondante fumée blanche. Ce composé ne cède tout l'éther au contact de l'eau que par l'ébullition. M. Kulmann, à qui ces détails sont dus, a pu régénérer la même combinaison avec l'éther et le fluorure de bore.

Fluorure de silicium et alcool. — M. Kulmann refuse à ce mélange la propriété de fournir de l'éther. Le fluorure de silicium est absorbé avec grand dégagement de chaleur; la combinaison ainsi produite bout à + 80° et distille sans altération ; chauffée à + 150° + 160°, elle distille toujours intacte.

Ce composé alcoolique brûle avec une flamme rougeâtre, répand d'abondantes vapeurs blanches et donne lieu à un dépôt de silice. L'eau et mieux une solution alcaline le décomposent en donnant toujours de l'alcool sans trace d'éther.

Combinaisons de l'éther simple.

Ce qu'on sait sur les combinaisons directes de l'éther simple, se réduit à quelques assertions très-brèves de M. Kulmann.

Plusieurs composés d'éther simple, C^4H^5O, et de perchlorure métallique cristallisent avec une grande facilité lorsqu'ils sont exposés à l'air sec ; à une température élevée, la plupart se volatilisent sans décomposition.

La combinaison de perchlorure de fer et d'éther cristallise lentement en tables rectangulaires.

Le perchlorure d'étain donne un composé éthéré d'un aspect brillant et dont la cristallisation est d'une netteté remarquable. Ce composé s'obtient par l'union des deux principes, soit à l'état liquide, soit à l'état de vapeur. Il distille sans altération à la température de + 80°.

La réaction de l'acide fluoborique sur l'alcool absolu a encore démontré à M. Kulmann, ainsi qu'on l'a vu, que l'éther simple pouvait se combiner au fluorure de bore.

L'éther absorbe l'acide sulfurique anhydre et paraît susceptible de se combiner à lui; mais il en résulte promptement de nombreux produits de décomposition.

Combinaisons de l'éther hydrochlorique.

Perchlorure d'étain. — Il se combine avec l'éther hydrochlorique, sans dégagement de chaleur. Le produit de la réaction est incolore, liquide, fumant à l'air. En l'exposant à une évaporation lente, dans une atmosphère d'air séchée par la chaux vive, il cristallise et donne lieu à une végétation qui dépasse de plus d'un centimètre les bords de la capsule qui a contenu le liquide. Les cristaux ont la disposition de barbes de plume. L'eau les détruit en régénérant une partie de l'éther hydrochlorique. Le composé récent ne donne pas de résidu dans cette destruction exercée par l'eau.

Perchlorure d'antimoine. — Il absorbe l'éther hydrochlorique, avec production de chaleur. La combinaison est liquide, incolore, fumante. Dans l'air sec, elle se prend en masse cristalline; mais bientôt la masse redevient liquide, se colore en brun et laisse déposer des cristaux de protochlorure d'antimoine. Le liquide brun, mêlé à l'eau, se sépare d'une matière brune huileuse.

Perchlorure de fer. — La combinaison avec l'éther hydrochlorique cristallise confusément dans une atmosphère desséchée par la chaux. L'eau la décompose et élimine l'éther hydrochlorique.

Les différentes combinaisons de l'éther hydrochlorique avec les chlorures volatils, sont dans une sorte de correspondance avec les éthers salins de la deuxième classe. Les chlorures volatils représentent les oxacides dans la série des combinaisons chlorées; ils s'unissent ici à l'éther hydrochlorique, comme l'éther simple aux acides.

L'éther hydrochlorique est absorbé en très-grande quantité par l'acide sulfurique anhydre. Il en résulte un produit liquide, très-fumant, dont le mélange avec l'eau donne naissance à un corps huileux particulier.

La combinaison d'éther hydrochlorique et d'acide sulfurique ne bout qu'à + 130°; une partie se distille sans altération, mais une autre partie est profondément altérée, le liquide se colore en brun et dégage de l'acide sulfureux. Lorsque cette combinaison a été détruite par l'addition de l'eau, le corps huileux laisse une solution aqueuse, très-acide, qui, mêlée à chaud à une dissolution de chlorure de baryum, abandonne, par le refroidissement, une cristallisation abondante et soyeuse d'un sel barytique.

Quant au corps huileux, il a une forte odeur d'ail; il détermine le larmoiement et se colore en pourpre par l'iode. Sa pesanteur spécifique diffère peu de celle de l'eau : néanmoins, dans l'eau pure, il se dépose. Peu soluble dans l'eau froide, plus soluble dans l'eau chaude, il fournit une dissolution que les sels d'argent précipitent, mais dans laquelle les réactifs ne dénotent pas l'acide sulfurique.

Combinaison de l'alcool avec les acides. — Acides viniques.

L'alcool se combine très-bien à un grand nombre d'acides pour constituer des produits qui conservent la propriété de s'unir aux bases.

Les sels qui se forment ainsi sont stables; ils peuvent se dissoudre, cristalliser et se dissoudre de nouveau sans altération : mais lorsqu'on isole l'acide en le séparant de la base, il se détruit très-facilement dans l'eau bouillante et même dans l'eau froide : on retrouve alors l'acide et l'alcool.

L'acide minéral ou organique qui se combine ainsi à l'alcool contracte sans doute une union très-intime, car ses propriétés caractéristiques disparaissent. L'acide sulfurique combiné à l'alcool ne précipite plus la baryte, ni l'acide oxalique la chaux.

Alcool et acide sulfurique. — Acide sulfovinique.

On obtient très-bien l'acide sulfovinique en faisant un mélange d'alcool et d'acide sulfurique, dans des proportions convenables.

M. Marchand, qui a fait une étude particulière de l'acide sulfovinique et de ses combinaisons, conseille d'ajouter de l'alcool absolu à de l'acide sulfurique monohydraté, de manière à ne pas dépasser la température de + 60 + 70°. Il convient de prendre un vase métallique pour satisfaire à cette dernière condition.

Comme la réaction paraît se passer entre deux équivalents d'acide sulfurique et un équivalent d'alcool, il convient de prendre des poids d'alcool et d'acide qui se rapprochent de ces proportions équivalentes.

M. Liébig assure qu'on peut encore former de l'acide sulfovinique en faisant passer de la vapeur d'éther dans l'acide sulfurique jusqu'à refus. Après quelques heures on étend d'eau, une partie de l'éther se sépare; l'autre reste en combinaison et constitue l'acide vinique.

Dans tous les cas, on étend d'eau la liqueur acide, puis on sature par du carbonate de baryte ou de plomb; il se produit une grande quantité de sulfate insoluble et de sulfovinate soluble. On peut ensuite traiter le sel soluble de baryte par l'acide sulfurique, ou celui de plomb par l'hydrogène sulfuré; mais l'acide sulfovinique ne se concentre qu'avec une extrême difficulté. Il tend incessamment à se décomposer en alcool et en acide sulfurique.

Lorsqu'on a fait le mélange d'acide sulfurique et d'alcool dans les proportions qui ont été indiquées, on reconnaît très-bien que l'alcool n'y existe plus. Si l'on chauffe en effet à + 100°, on ne retire pas d'alcool, qui pourtant bout à + 78°. Si l'on fait passer un courant de chlore dans le mélange, il ne se forme pas d'acide chlorhydrique, ce qui a toujours lieu avec l'alcool.

M. Marchand est parvenu à concentrer, en le conservant intact, l'acide sulfovinique séparé du sel barytique. Il le met dans le vide au-dessus du chlorure de calcium poreux. L'acide arrive à une densité de 1,315 à 1,317 à + 17°. Dans cet état, soumis à l'analyse, il a fourni des nombres qui permettent de le représenter par :

$$2SO^3, C^4H^5O, HO.$$

Les bases remplacent l'équivalent d'eau dans leur combinaison avec l'acide sulfovinique; ainsi le sel de potasse s'exprime par :

$$2SO^3, C^4H^5O, KO.$$

La production de l'éther simple est un phénomène propre à la décomposition de l'acide sulfovinique, qui l'engendre en effet très-bien lorsqu'il est chauffé à + 140°; mais lorsqu'on chauffe dans le vide l'acide sulfovinique ou bien le mélange d'alcool absolu et d'acide sulfurique monohydraté, le plus propre à constituer l'acide et par suite à s'éthérifier, les choses se passent autrement que sous la pression atmosphérique. M. Kulmann, qui a fait cette remarque importante, a chauffé graduellement le mélange soustrait à la pression de l'air; à + 86° le mélange entra d'abord en ébullition et abandonna de l'alcool absolu; cette distillation d'alcool continua jusqu'à + 104°. La quantité de ce corps s'éleva successivement jusqu'à un quart environ de l'alcool employé, sans qu'il ait été possible de constater la formation de l'éther; à + 104°, des vapeurs blanches se condensèrent dans le récipient sous forme d'une huile incolore, d'une saveur âcre et d'une odeur aromatique. Cette huile était accompagnée d'une grande quantité d'eau : la chaleur fut portée à + 145°; le même mélange d'huile et d'eau fut recueilli dans le récipient : ce fut seulement à la fin que l'acide sulfureux se produisit.

M. Kulmann considère que le produit huileux obtenu

à + 104° est analogue à celui que l'on désigne sous le nom d'*huile de vin*, et qui s'obtient dans l'action ordinaire de l'acide sulfurique sur l'alcool de + 160 à + 180°. Ne serait-il pas possible que le véritable éther sulfurique SO^3, C^4H^5O, produit encore inconnu, eût pris naissance dans cette distillation avec abaissement de pression? La comparaison de ces différents produits huileux, satellites presque inséparables de l'éther, est encore loin d'avoir reçu tous les développements qu'elle réclame.

Sulfovinates. — Lorsque l'acide sulfovinique a atteint son maximum de concentration, ce n'est plus de l'éther qu'il fournit à la distillation ; il se forme un corps oléagineux, l'acide se colore et du gaz sulfureux se dégage.

L'acide sulfovinique et ses différents sels distillés avec d'autres sels ont une tendance particulière à éthérifier l'acide de ces derniers. Ainsi l'acétate et le formiate de potasse distillés avec l'acide sulfovinique fournissent les éthers acétique et formique.

Les sulfovinates anhydres soumis à la distillation donnent une proportion notable d'huile de vin.

Ils sont généralement très-solubles, cristallisables et presque toujours hydratés : quelquefois l'eau ne peut être expulsée ni par la chaleur ni dans le vide.

On prépare les sulfovinates en précipitant par le carbonate ou le sulfate de la base les sels solubles de baryte, de chaux ou de plomb.

Voici quelques formules extraites du travail de M. Marchand sur les sulfovinates :

Sulfovinate de potasse, $2SO^3, C^4H^5O, KO$.

Sulfovinate de soude, $2SO^3, C^4H^5O, NaO, 2HO$.
Très-efflorescent.

Sulfovinate d'ammoniaque, $2SO^3, C^4H^5O, AzH^3, HO$.

Sulfovinate de lithine, $2SO^3, C^4H^5O, LiO, 2HO$.
L'eau s'enlève dans le vide.

Sulfovinate de baryte, $2SO^3, C^4H^5O, BaO, 2HO$.

L'alcool absolu peut enlever un équivalent d'eau au sulfovinate de baryte. Ces deux équivalents d'eau s'enlèvent dans le vide sec à + 50°.

Sulfovinate de strontiane, $2SO^3, C^4H^5O, StO$.

Sulfovinate de chaux, $2SO^3, C^4H^5O, CaO, 2HO$.

L'eau s'enlève dans le vide.

Sulfovinate de magnésie, $2SO^3, C^4H^5O, MgO, 4HO$.

Deux équivalents d'eau se perdent dans le vide, où le sel peut devenir anhydre ; la perte fractionnée par deux équivalents d'eau n'est pas irréprochablement établie.

Sulfovinate de manganèse, $2SO^3, C^4H^5O, MnO, 4HO$.

Il perd toute son eau dans le vide, mais avec une lenteur extrême.

Sulfovinate de cuivre, $2SO^3, C^4H^5O, CuO, 4HO$.

Son eau ne se perd pas dans le vide.

Sulfovinate de zinc, $2SO^3, C^4H^5O, ZnO, 2HO$.

Le vide enlève l'eau.

Sulfovinate d'argent, $2SO^3, C^4O^5O, AgO, 2HO$.

L'eau résiste au vide.

Sulfovinate de plomb, $2SO^3, C^4H^5O, PbO, 2HO$.

Se déshydrate dans le vide.

Sulfovinate de plomb basique, $2SO^3, C^4H^5O, 2PbO$.

Acide phosphovinique, $PhO^5, C^4H^5O, 2HO$.

Cet acide a été découvert par M. Lassaigne ; étudié plus tard par M. Pelouze, puis par M. Liébig, il est aujourd'hui bien connu dans sa constitution.

On mêle ensemble cent parties d'alcool à quatre-vingt-quinze et cent parties d'acide phosphorique sirupeux.

On chauffe jusqu'à + 80° et l'on maintient quelque temps cette température ; on laisse reposer durant vingt-quatre heures ; on étend ce mélange, après le repos, avec huit ou dix fois son volume d'eau, et l'on sature avec du carbonate de baryte très-fin : on fait bouillir pour séparer l'alcool, puis on refroidit jusqu'à + 70° et l'on filtre. Le sel barytique cristallise ; comme il est très-soluble dans l'eau, on le décompose par l'acide sulfurique pour obtenir l'acide phosphovinique pur. Cent parties de sel cristallisé exigent quinze parties et demie d'acide sulfurique concentré.

L'acide libre doit être évaporé dans le vide au-dessus de l'acide sulfurique : il acquiert ainsi une consistance sirupeuse.

On peut aussi décomposer le phosphovinate de plomb par l'hydrogène sulfuré.

Dans l'action de l'acide phosphorique sur l'alcool, le quart de l'acide seulement passe à l'état d'acide vinique. Avec de l'acide phosphorique affaibli la combinaison ne se fait pas.

La solution aqueuse d'acide phosphovinique résiste à l'ébullition lorsqu'elle est étendue ; mais, concentrée, elle dégage de l'éther, de l'alcool, de l'hydrogène bicarboné et de l'huile de vin. En même temps l'acide se colore.

Lorsqu'on fait tomber l'alcool absolu sur l'acide phosphorique anhydre obtenu par la combustion du phosphore dans l'oxygène, il se fait un grand dégagement de chaleur, la masse devient sirupeuse, sa distillation ne fournit ni alcool, ni éther, mais du gaz oléfiant.

Il est probable que dans ce dernier cas l'acide phosphorique est combiné dans un état d'hydratation différent de celui qui entre dans la constitution de l'acide phosphovinique, découvert par M. Lassaigne.

La composition du sel de baryte qui sert à la préparation de l'acide phosphovinique se représente par :

$$PhO^5, C^4H^5O, 2BaO + 12HO.$$

Il perd toute son eau à + 150°.

Acide arséniovinique, $ArO^5, 2C^4H^5O + HO$.

Cet acide s'obtiendrait, d'après M. d'Arcet, en chauffant de l'acide arsénique concentré avec de l'alcool. L'équivalent d'eau qui entre dans sa composition serait susceptible d'être remplacé par un équivalent de base.

Le sel de baryte aurait pour formule :

$$ArO^5, 2C^4H^5O + BaO.$$

Acide carbovinique.

L'acide carbovinique n'a pu être isolé, mais le carbovinate de potasse a été obtenu par MM. Dumas et Péligot.

On dissout dans de l'alcool anhydre de l'hydrate de potasse bien fondu, puis on dirige un courant d'acide carbonique dans la solution refroidie. La liqueur se trouble et finit par se prendre en masse. Il se forme un mélange de carbonate, bicarbonate, et carbovinate de potasse; on lave avec l'éther, puis on verse de l'alcool absolu sur le mélange salin, le carbovinate seul s'y dissout.

On laisse tomber la dissolution dans de l'éther bien déshydraté qui précipite le carbovinate de potasse.

Ce sel est desséché promptement dans le vide au-dessus de l'acide sulfurique.

Sa composition s'exprime par :

$$2CO^2, C^4H^5O, KO.$$

Il se présente sous forme de paillettes blanches, nacrées, grasses au toucher.

Il se décompose à la distillation en acide carbonique, gaz combustible et liqueur éthérée; son résidu consiste en charbon et carbonate de potasse.

L'eau le décompose instantanément en alcool et bicarbonate de potasse.

Acide oxalovinique.

Cet acide ne peut se former directement, et lorsqu'il est formé on n'en peut concentrer la dissolution aqueuse sans qu'elle se décompose. M. Mitscherlich, qui a découvert la combinaison de l'acide avec la potasse, la prépare à l'aide de l'éther oxalique. Il dissout cet éther dans l'alcool absolu et ajoute à cette dissolution la quantité de solution alcoolique d'hydrate de potasse strictement nécessaire pour neutraliser la moitié de l'acide oxalique combiné dans l'éther. Le sel se sépare sous forme de paillettes cristallines insolubles dans l'alcool.

Ce sel a pour formule :

$$2C^2O^3, C^4H^5O, KO.$$

Il cristallise dans une liqueur composée d'alcool et d'eau ; les acides métalliques ajoutés à la dissolution le décomposent peu à peu.

A l'état sec il supporte une température de $+ 100°$ sans décomposition.

La dissolution alcoolique est décomposée par l'acide hydrofluosilicique qui précipite la potasse et met l'acide oxalovinique en liberté ; mais ce dernier ne peut être concentré, il se décompose rapidement en alcool et acide oxalique.

Néanmoins, l'acide mis en liberté par l'acide hydrofluosilicique, peut agir sur les carbonates de chaux, de baryte, ou sur les bases faibles et fournir des oxalovinates de ces bases.

Acide chloroxalovinique.

L'éther oxamique perchloré, découvert par M. Malagutti :

$$C^2O^2, AzH^2, C^2O^3, C^4Cl^5O$$

se dissout lentement dans l'ammoniaque caustique et se transforme en un nouveau sel, dans lequel se trouve un acide correspondant à l'acide oxalovinique, mais où tout l'hydrogène de la molécule éthérée se trouve remplacé par de chlore :

$$2C^2O^3, C^4Cl^5O, HO.$$

Lorsque l'ammoniaque liquide a décomposé l'éther oxamique perchloré, on s'occupe de séparer l'ammoniaque en ajoutant à la dissolution un petit excès de carbonate de soude, et on évapore à siccité dans le vide, au-dessus de l'acide sulfurique. Quand l'ammoniaque est entièrement chassée, on dissout le sel dans l'eau et l'on sature la soude aussi exactement que possible par l'acide sulfurique. Si l'on ajoute un excès de ce dernier, on l'enlève par de l'eau de baryte, puis on évapore au bain-marie, d'abord, et enfin au-dessus de l'acide sulfurique. On traite ensuite par l'alcool anhydre qui sépare l'acide chloroxalovinique du sulfate de soude.

Cet acide chloré se présente sous forme d'aiguilles incolores, d'une saveur brûlante, qui blanchissent la langue et fondent avec une grande facilité; elles sont en outre très-déliquescentes et se dissolvent en toute proportion dans l'eau, l'alcool et l'éther.

Cet acide forme, avec les bases ou leurs carbonates, des sels particuliers.

M. Malagutti a trouvé deux équivalents d'eau dans l'analyse de l'acide libre :

$$2C^2O^3 + C^4Cl^5O + 2HO;$$

mais un seul équivalent, sans doute, est remplacé par les bases.

Acide vinique de M. Zeise.

Une découverte très-curieuse de M. Zeise a étendu le cadre des acides viniques de la manière la plus inattendue.

Il a dissous une partie d'hydrate de potasse dans douze

parties d'alcool de 0,8, ou dans six parties d'alcool absolu, puis il y a ajouté du sulfure de carbone goutte à goutte jusqu'à ce que la liqueur alcoolique eût perdu toute réaction alcaline. Il se forme dans ces conditions un sel potassique tout particulier qui s'exprime par :

$$2CS^2 + C^4H^5O, KO.$$

C'est un sel vinique dans lequel le sulfure de carbone tient la place des acides.

L'acide et la série saline à laquelle il donne naissance, ont été parfaitement analysés par M. Zeise. M. Couerbe a fait connaître quelques faits intéressants relatifs aux produits pyrogénés que fournissent les combinaisons de M. Zeise.

L'acide sulfocarbovinique avait d'abord été appelé *acide xanthique* par M. Zeise; on peut, une fois la constitution bien établie, conserver ce nom, qui abrége l'appellation.

Acide xanthique. — Sulfocarbovinique, $2CS^2 + C^4H^5O + HO$.

On isole cet acide en versant sur le sel potassique les acides hydrochlorique et sulfurique étendus de quatre ou cinq volumes d'eau. Au bout de deux ou trois minutes, il se fait une liqueur laiteuse à laquelle on ajoute quatre ou cinq volumes d'eau, en versant peu à peu, sans agiter la liqueur. L'acide xanthique se rassemble au fond du vase, sous forme d'une huile qu'on lave avec cinquante ou soixante volumes d'eau, en ayant toujours soin de mêler doucement l'eau et l'acide.

L'acide xanthique est liquide, oléagineux, incolore, plus pesant que l'eau ; son odeur est forte et particulière ; sa saveur âcre et acide devient bientôt astringente et amère. Il rougit, puis décolore le papier de tournesol.

Il brûle avec une forte odeur d'acide sulfureux. A + 24°, la décomposition commence : il s'échauffe, entre en ébullition, donne d'abord du sulfure de carbone, puis du sulfure de carbone et de l'eau.

Il se détruit à l'air en se recouvrant d'une couche blanche.

Il est insoluble dans l'eau et néanmoins décompose les carbonates alcalins en chassant l'acide carbonique.

L'iode le décompose, forme de l'acide hydriodique et laisse un corps oléagineux, insoluble dans l'eau.

Le sulfure de carbone dissous dans l'alcool a une grande tendance à former des xanthates; mais ces sels ne se produisent pas lorsqu'on substitue l'éther à l'alcool.

Les xanthates alcalins sont solubles dans l'eau; les xanthates métalliques sont jaunes et insolubles. Leur distillation fournit plusieurs produits gazeux ou liquides signalés en partie par M. Zeise et soumis à un nouvel examen par M. Couerbe.

Le xanthate de potasse cristallise dans la réaction qui a été indiquée comme point de départ de ces différentes combinaisons. Il forme des aiguilles brillantes, incolores, qui se colorent en jaune à l'air, lorsqu'elles sont humides; mais exprimées entre des feuilles de papier Joseph, et placées dans le vide, elles supportent une température de + 200°.

Ce sel n'est pas déliquescent, bien qu'il se dissolve très-facilement dans l'eau; il est soluble encore dans l'alcool, insoluble dans l'éther et dans l'huile de pétrole.

Sa dissolution aqueuse devient laiteuse à l'air et de neutre se fait alcaline : à l'abri de l'air, elle se conserve à + 60°; elle se détruit par l'ébullition; sa solution alcoolique se conserve.

Le sel de soude cristallise.

Le sel ammoniacal existe à l'état solide.

Le xanthate de baryte formé avec la baryte anhydre, l'alcool absolu et le sulfure de carbone, se présente en une masse visqueuse qui paraît renfermer :

$$2CS^2, C^4H^5O, BaO, HO.$$

Cette masse visqueuse se change en poudre blanche dans le vide au-dessus de l'acide sulfurique; si on ajoute quelques gouttes d'eau à la matière visqueuse, elle se convertit en une masse cristalline, soluble dans l'eau, d'où elle se dépose par l'évaporation en lamelles ou en étoiles incolores. Dans cet état, le sel de baryte renferme deux équivalents d'eau :

$$2CS^2, C^4H^5O, BaO, 2HO.$$

Le xanthate de plomb s'obtient à l'aide du xanthate de potasse et de l'acétate de plomb, dissous l'un et l'autre dans l'alcool; il se fait à la suite du mélange un dépôt d'aiguilles cristallines jaunes. Ce sel n'est pas décomposé par l'hydrogène sulfuré gazeux.

Le xanthate de cuivre n'existe qu'à l'état de protosel : c'est le protosel qui se forme même lorsqu'on ajoute un bisel de cuivre à une dissolution de xanthate de potasse.

Ce protoxanthate de cuivre est jaune, floconneux, d'une grande stabilité. Sa production, aux dépens d'un bisel, est accompagnée d'un corps particulier, de consistance huileuse, qui consisterait simplement en carbone et en hydrogène dans les proportions du gaz oléfiant, et se produirait encore, suivant M. Zeise, lorsqu'on dissout le protoxanthate de cuivre dans l'acide nitrique.

Distillation des xanthates.

M. Couerbe a étudié la distillation des xanthates de potasse et d'oxyde de plomb.

Le xanthate de potasse, qui ne se décompose qu'à +200°, laisse pour résidu du pentasulfure de potassium KS^5 et du charbon.

Le xanthate de plomb fournit du monosulfure plombique PbS, et peu de charbon.

Les deux sels fournissent en même temps des liquides et du gaz.

Le gaz offre une constitution particulière : il se compose de deux volumes d'hydrogène, deux volumes de soufre, deux volumes de carbone et deux volumes d'oxygène, condensés en cinq volumes :

$$C^2O^2S^2H.$$

L'éther, l'alcool et les huiles volatiles absorbent abondamment ce nouveau gaz, que M. Couerbe appelle *xanthique*.

Quant aux liquides, ils renferment du carbure de soufre, du mercaptan, et deux composés nouveaux : le *xanthile* $C^4H^5O^3$, fourni surtout par le xanthate de potasse, et la *xantharine* $C^4H^6OS + C^4H^3O^3$, obtenu principalement dans la distillation du xanthate de plomb.

Xanthile, $C^4H^5O^3$.

Le xanthile se trouve mêlé à la xantharine dans les produits pyrogénés du xanthate de potasse. Lorsqu'on a chauffé ces produits à + 100°, on a pour résidu le xanthile et la xantharine. En ajoutant une solution alcoolique de potasse, la xantharine est détruite, et dès qu'on ajoute de l'eau, le xanthile vient nager à la surface du liquide. Il est recueilli, lavé, séché sur du chlorure de calcium.

Ce corps est un liquide incolore doué d'une odeur pénétrante et nauséabonde ; il pèse 0,894°, bout à + 130°. La densité de sa vapeur est de 3,564°.

Il est insoluble dans l'eau, soluble dans l'alcool et l'éther.

Xantharine, $C^4H^6SO + C^4H^3O^3$.

On retire cette seconde combinaison des produits que fournit la distillation du xanthate de plomb : on obtient ainsi 54 pour 100 de produit liquide. Ce liquide très-complexe fournit du mercaptan, du sulfure de carbone et de l'alcool de + 60 à + 140°. A partir de + 140°, c'est surtout de la xantharine qui distille. On la reprend par la potasse et l'eau, sur lesquelles on la redistille afin d'enlever le soufre.

La xantharine est liquide, incolore, d'une odeur particulière et agréable, d'une saveur douce; sa densité est de 1,012; sa vapeur pèse 4,541.

Elle produit avec une dissolution alcoolique de potasse un sel blanc cristallin, qu'on purifie en le lavant avec l'éther.

M. Couerbe représente cette combinaison par :

$$KS^3 + 3C^4H^3O^3, KO,$$

combinaison de trisulfure de potassium et d'acétate de potasse.

§ V. — De quelques composés qui conservent le groupement alcoolique.

Cette série, encore peu nombreuse, se distingue par la conservation numérique des éléments qui composent l'alcool. C'est à M. Zeise qu'on doit la découverte des produits qui s'y rattachent; ils constituent, sans contredit, une des modifications les plus singulières que puisse présenter le groupement alcoolique dans la nature de ses molécules.

Le type de cette série a reçu le nom de *mercaptan*; il se représente par :

$$C^4H^5S, HS.$$

C'est un alcool dont tout l'oxygène est remplacé par du soufre :

$$C^4H^5O, HO.$$

L'éther hydrosulfurique C^4H^5S se rattache au mercaptan au même titre que l'éther simple à l'alcool :

Alcool....	$C^4H^5O, HO.$	Mercaptan	$C^4H^5S, HS.$
Éther... .	$C^4H^5O.$	Éther hydrosulfurique.	$C^4H^5S.$

Mais au mercaptan se rapportent encore de nombreux composés dans lesquels les métaux prennent place, se substituant à une molécule d'hydrogène.

Ces composés métalliques ont été appelés *mercaptides* par M. Zeise.

Leur formule générale se représente par :

$$C^4H^5S, MS.$$

Les mêmes composés métalliques doivent exister pour l'alcool

$$C^4H^5O, MO ;$$

mais on n'en connaît jusqu'ici qu'un seul terme représenté par le produit de l'action du potassium sur l'alcool :

C^4H^5O, KO. Alcool potassié.

Ce qu'on sait de précis sur cette dernière combinaison est dû à M. Liébig.

Alcool potassié, C^4H^5O, KO.

Lorsqu'on fait agir le potassium sur l'alcool absolu à une température de + 50°, il se dégage de l'hydrogène pur ; ce gaz est délogé par le potassium, qui prend sa place et forme un composé solide, cristallin, soluble à chaud dans l'alcool, se détruisant, au contact de l'eau, en alcool et en potasse.

Cette combinaison se dissout très-bien à chaud dans l'alcool absolu ; elle cristallise par le refroidissement en gros cristaux prismatiques ; elle se décompose à + 80°. On peut la dessécher au-dessus de l'acide sulfurique.

Le sodium forme une combinaison analogue. Il est probable que les solutions alcooliques de quelques métaux pourraient fournir, par double échange, des composés qui conserveraient aussi le groupement alcoolique.

Mercaptan. — Alcool sulfhydrique, C^4H^5S, HS.

Le mercaptan s'obtient en distillant au bain-marie une dissolution concentrée de sulfovinate de chaux, d'une pesanteur spécifique de 1,28, mélangée avec un volume égal au sien d'une solution de potasse de même densité qui a été saturée de gaz sulfhydrique. Le produit a besoin ensuite d'être rectifié sur un peu d'alcool sulfomercurique, composé dérivant du mercaptan, et très-facile à obtenir.

Selon M. Woehler, on sature par la potasse de l'alcool mélangé d'acide sulfurique dans les proportions qui donnent l'acide sulfovinique; il se précipite du sulfate de potasse; on ajoute à la liqueur alcoolique un excès de potasse, puis on sature par l'hydrogène sulfuré et l'on soumet à la distillation.

M. Regnault a montré qu'on obtenait très-bien le mercaptan en remplaçant le monosulfure de potassium par du sulfhydrate de sulfure, dans la méthode qu'il a fait connaître en découvrant l'éther hydrosulfurique.

Le mercaptan est un liquide incolore et transparent, fluide comme l'éther et doué d'une odeur d'oignon insupportable. Il bout à + 36°; cette propriété permet de le séparer des produits qui peuvent l'accompagner dans ses différents modes de préparation. Sa densité est de 0,842 à + 15°. Le froid le solidifie. Il se dissout dans l'eau en proportion assez sensible pour lui communiquer son odeur; il est très-soluble dans l'alcool et dans l'éther.

Il est très-inflammable et brûle avec une flamme bleue.

Sa volatilisation est assez rapide pour qu'il se solidifie lorsqu'on en suspend une goutte à l'extrémité d'un tube que l'on agite.

M. Bunsen a trouvé que la densité de sa vapeur se représentait par 2,11.

Il dissout le soufre et le phosphore; l'iode le colore en brun. Si l'on ajoute ensuite de l'eau la coloration disparaît.

Lorsqu'on chauffe le mercaptan avec le potassium ou le sodium, il éprouve une décomposition semblable à celle de l'alcool : il dégage de l'hydrogène et forme un alcool sulfopotassique :

$$C^4H^5S, HS + K = C^4H^5 S, KS + H.$$

Ce composé se dissout dans l'alcool sans altération;

il s'en sépare sous forme solide par évaporation. Lorsqu'on mêle la solution alcoolique aux autres solutions métalliques, à celles de cuivre, de mercure, par exemple, il se fait un échange à la suite duquel le potassium se trouve remplacé par un autre métal. Ainsi avec une solution de sel de plomb ou de bichlorure de mercure, on obtient :

$$C^4H^5S, HgS,$$
$$C^4H^5S, PbS.$$

Les mêmes combinaisons se forment encore lorsqu'on mêle différentes solutions alcooliques de sels de mercure, de plomb, de cuivre, d'or à une solution alcoolique de mercaptan.

L'oxyde de mercure donne la combinaison mercurique avec une facilité toute particulière. Cette circonstance a engagé M. Zeise à appeler le nouvel alcool, mercaptan, *mercurium captans*.

Voici quelques détails sur les mercaptides : ils sont presque tous dus à M. Zeise.

Alcool sulfopotassique, C^4H^5S, KS.

Lorsque le potassium a agi sur le mercaptan, on obtient par l'évaporation une masse blanche, grenue, sans éclat, qui à l'état sec peut se chauffer jusqu'à + 100°. Cette combinaison est soluble dans l'alcool et dans l'eau : la solution aqueuse s'altère ; la solution alcoolique, au contraire, se conserve. Tant que la solution aqueuse précipite les sels de plomb en jaune, l'alcool sulfopotassique peut être considéré comme intact. Dès que sa décomposition s'est faite les sels de plomb précipitent en blanc. Les acides régénèrent le mercaptan aux dépens de la combinaison sulfopotassique.

Alcool sulfoplombique, C^4H^5S, PbS.

On l'obtient en dissolvant l'acétate de plomb dans l'alcool et en y ajoutant une solution alcoolique de mercaptan.

Le précipité est jaune, un peu cristallisé ; le mercaptan doit être en excès, autrement le composé plombique se redissout et donne, après quelques instants, des aiguilles ou des paillettes jaunes, éclatantes qui constituent sans doute une combinaison différente. L'alcool sulfopotassique n'est pas décomposé par la potasse. On ne peut l'obtenir avec le nitrate de plomb, mais il se forme très-bien avec le carbonate.

La combinaison du mercaptan avec l'oxyde de cuivre s'obtient en arrosant ce dernier avec l'alcool hydrosulfurique. Après vingt-quatre heures de contact on obtient une masse molle et incolore d'où l'on expulse par la chaleur l'excès de mercaptan.

Alcool sulfomercurique, C^4H^5S, HgS.

On verse peu à peu une solution alcoolique de mercaptan (trois à quatre parties) sur du bioxyde de mercure (une partie) en ayant soin de refroidir. On laisse ensuite les substances au contact durant quelque temps, puis on chauffe doucement. L'excès de mercaptan se volatilise ; l'on chauffe jusqu'à fusion et l'on obtient une masse cristalline incolore, peu odorante, assez analogue au blanc de baleine. L'alcool sulfomercurique fond de 85 à + 87° et coule comme une huile grasse ; il se décompose à + 125°.

Il est inflammable, peu soluble dans l'eau, plus soluble dans l'alcool ; ses dissolutions ne s'altèrent pas même à chaud : la potasse caustique en dissolution est sans action sur lui.

Il se combine au bichlorure de mercure.

La distillation le décompose en produits non examinés.

L'or et le platine entrent dans l'alcool hydrosulfurique aussi bien que les métaux précédents et forment des composés stables et bien définis.

Il faut rattacher aux combinaisons hydrosulfuriques de l'alcool et de l'éther, une matière jaune, huileuse qui se forme en substituant le trisulfure de potassium au sulfhydrate de sulfure dans les réactions propres à engendrer le mercaptan.

Il se forme ainsi dans la distillation une matière jaune, huileuse, volatile à + 50°, à peu près aussi dense que l'eau, se dissolvant dans l'alcool et dans l'éther, mais insoluble dans l'eau.

Ce produit, indiqué par M. Zeise, doit être considéré, d'après l'analyse de M. Pyrame-Morin, comme une combinaison de soufre et d'éther hydrosulfurique :

C^4H^5S, S éther hydrosulfurique sulfuré.

Les dissolutions alcooliques de cette combinaison sont précipitées par l'acétate de plomb et par le bichlorure de mercure. L'oxyde de mercure s'y unit en formant une masse jaune.

La potasse détruit l'éther sulfhydrique sulfuré.

Ether sulfocarbonique, CS^2, C^4H^5S.

C'est encore ici qu'il convient de placer un composé éthéré découvert par M. Schweizer ; ce chimiste a appliqué au sulfocarbure de potassium CS^2,KS, le procédé mis en usage par M. Regnault dans la préparation de l'éther hydrosulfurique. Le sulfocarbure de potassium a reçu des vapeurs d'éther hydrochlorique et a donné naissance à un composé éthéré qui doit être représenté par :

$$CS^2, C^4H^5S.$$

C'est un éther sulfuré rigoureusement correspondant à l'éther carbonique :

$$CO^2, C^4H^5O.$$

L'oxygène est remplacé par le soufre équivalent pour équivalent.

M. Berzélius avait très-bien entrevu la possibilité de former des combinaisons éthérées ainsi constituées. Il est probable que d'autres sulfures pourront remplacer le sulfure de carbone et s'unir à l'éther hydrosulfurique.

L'éther sulfocarbonique est liquide, plus pesant que l'eau, soluble dans l'alcool et dans l'éther; il est jaune, d'une odeur d'ail et d'une saveur sucrée qui rappelle celle de l'anis. Il se colore en rouge foncé sous l'influence de la chaleur, bout à + 16° et brûle avec une flamme bleue.

Action de l'acide nitrique sur le mercaptan.

Il était nécessaire de connaître la constitution du mercaptan pour comprendre la formation d'un composé de nature acide qui se rattache sans doute aux acides viniques.

Ce composé a été obtenu par M. Lœwig en versant le mercaptan goutte à goutte dans de l'acide nitrique chaud. On laisse le mercaptan se dissoudre avant d'en ajouter une nouvelle quantité, et finalement tout l'acide nitrique se détruit.

On évapore la dissolution au bain-marie jusqu'à consistance sirupeuse, ou bien jusqu'à ce que tout l'acide nitrique soit chassé : on sature par du carbonate de baryte, on filtre et on évapore jusqu'à cristallisation.

On peut mettre l'acide nouveau en liberté par l'acide sulfurique : l'excès d'acide serait enlevé par du carbonate de plomb, l'on précipiterait ensuite le métal par de l'hydrogène sulfuré.

L'acide ne cristallise pas : il s'évapore en consistance sirupeuse; possède une saveur âcre et désagréable. Tous les sels qu'il forme sont solubles.

Le sel de baryte cristallise en tables rhomboïdales obliques, incolores, très-solubles dans l'eau et insolubles dans l'alcool anhydre. Le sel de baryte renferme un équivalent d'eau qu'il perd à + 100°; il résiste ensuite à une chaleur assez élevée. La composition du sel anhydre se représente par :

S^2O^2, C^4H^5O, BaO hyposulfovinite de baryte.

Cette formule est celle d'un sel vinique formé par l'acide hyposulfureux; son mode de formation ne repousse pas une semblable disposition moléculaire. L'acide sulfurique, résultant de l'oxydation d'une partie du soufre, peut très-bien réagir sur une autre partie du mercaptan, et donner ainsi naissance à l'acide hyposulfureux qui se trouve immédiatement éthérifié.

§ VI. — Hydrogène bicarboné. — Aldéhyde. — Chloral et quelques annexes.

Lorsque le groupement de l'alcool subit l'épreuve d'affinités très-énergiques; lorsque les réactifs qui se sont arrêtés à la molécule de l'éther, pénètrent en quelque sorte plus profondément, l'alcool, qu'il a été utile de représenter par C^4H^4,HO,HO, se trouve séparé sans retour des deux molécules d'eau qui occupent dans sa constitution une place particulière. C'est alors l'hydrogène bicarboné composé de C^4H^4 qui apparaît dans toutes les réactions ; on l'y retrouve avec une aptitude de combinaison aussi variée, aussi nettement caractérisée que celle qui appartient à l'alcool ou à l'éther.

On peut isoler ces faits de l'alcool, lorsqu'on se préoccupe surtout de certaines relations numériques qui apparaissent dans les composés organiques; mais si l'on s'attache au contraire à observer les phénomènes chimiques dans l'ordre où ils se produisent et à les présenter avec les relations nombreuses qui en composent l'histoire essentielle, les modifications de l'hydrogène bicarboné sont inséparables des métamorphoses alcooliques.

On aboutit à l'hydrogène bicarboné, lorsque les combinaisons de l'alcool ou de l'éther se détruisent à une température assez haute, ou bien renferment parmi leurs composants un principe doué d'une grande affinité pour l'eau. On aboutit à des produits qui se rattachent à l'hydrogène bicarboné, lorsqu'on traite l'alcool par le chlore, ou bien par un oxydant énergique. La décomposition ultime des éthers conduit également à des composés que leur constitution et leurs propriétés lient nécessairement à l'hydrogène bicarboné.

La disposition constitutionnelle la plus remarquable de l'hydrogène bicarboné, consiste dans la facilité avec laquelle deux molécules (O^2,Cl^2) s'adjoignent aux éléments qui le composent :

$$C^4H^4.$$

Une fois cette adjonction faite, l'hydrogène bicarboné ne varie plus dans le nombre de ses éléments; mais il y supporte des mutations complètes dans leur nature; ainsi l'hydrogène s'enlève partiellement ou complétement par du chlore, du brome, etc., qui le remplacent équivalent pour équivalent.

Les composés suivants dérivent très-bien de l'alcool, des éthers ou de l'hydrogène bicarboné, et donnent une idée exacte des modifications qui s'opèrent dans le groupement de l'hydrogène bicarboné.

C^4H^4 gaz oléfiant;
$C^4\underline{H^3Cl}$ gaz monochloré;
$C^4\underline{H^2Cl^2}$ gaz bichloré;
$C^4\underline{HCl^3}$ gaz trichloré.
C^4Cl^4 protochlorure de carbone, ou chloréthose.
$C^4\underline{Cl^3O}$ chloroxéthose.
C^4H^4, O^2 aldéhyde.
$C^4\underline{HCl^3}, O^2$ chloral.
C^4H^4, Cl^2 liqueur des Hollandais.
$C^4\underline{H^3Cl}, Cl^2$ — monochlorée.
$C^4\underline{H^2Cl^2}, Cl^2$ — bichlorée.
$C^8\underline{HCl^3}, Cl^2$ — trichlorée.
C^4Cl^4, Cl^2 sesquichlorure de carbone.
C^4Cl^4, O^2 aldéhyde perchloré.

C^4Cl^3O, Cl^2 chlorure de chloroxéthose.

C^4Cl^4, Br^2 bromure de chloréthose.

C^4Cl^3O, Br^2 bromure de chloroxéthose.

Si l'on ajoute que l'hydrogène bicarboné ainsi que les produits qui en dérivent sont susceptibles de contracter de nombreuses combinaisons avec les corps les plus variés, par exemple l'acide sulfurique avec le gaz oléfiant, le protochlorure de carbone C^4Cl^4, avec l'acide sulfureux, on comprendra quelle multitude de produits peuvent dériver de l'hydrogène bicarboné.

Il faut dire encore, pour montrer de suite toute la fécondité des productions organiques, que l'hydrogène bicarboné se forme en même temps que deux isomères, l'un liquide, l'autre solide ; que cette différence des états physiques, qui entraîne sans doute des relations chimiques toutes spéciales, se reproduit dans l'aldéhyde dont on connaît aussi trois états isomériques, et dans le chloral qui en possède au moins deux.

Hydrogène bicarboné : C^4H^4, gaz oléfiant.

Lorsqu'on cherche à retirer du mélange d'acide sulfurique et d'alcool propre à fournir l'éther, plus des deux tiers de l'alcool employé, ou bien encore lorsque le mélange primitif est immédiatement chauffé de $+ 160°$ à $+ 170°$, on trouve que le dernier tiers subit un mode de décomposition tout particulier. L'éther se détruit, en abandonnant de l'eau, de l'hydrogène bicarboné et un corps huileux, liquide, connu sous le nom d'huile douce ou d'huile pesante de vin.

La cornue contient un mélange noirâtre, très-acide, composé de plusieurs produits dont la constitution s'explique en partie par l'action du gaz oléfiant sur l'acide sulfurique.

La réaction s'accompagne encore ordinairement d'une production d'acide sulfureux et d'un peu d'oxyde de carbone.

M. Ébelmen conseille de préparer le gaz oléfiant en

chauffant dans un ballon un mélange de trois parties d'acide borique fondu et d'une partie d'alcool absolu : on obtient un dégagement abondant et régulier de gaz oléfiant sans que la masse se charbonne.

M. Kulmann avait déjà remarqué que l'acide phosphorique anhydre mis au contact de l'alcool absolu, ne cède que du gaz oléfiant lorsqu'on soumet la combinaison à une température de + 175 à + 200°.

Pour purifier l'hydrogène bicarboné de l'éther et de l'acide sulfureux qui l'accompagnent, il convient de lui faire traverser deux flacons laveurs remplis, l'un de potasse en solution, l'autre d'acide sulfurique concentré. La potasse arrête l'acide sulfureux, l'acide sulfurique arrête l'éther, on peut ensuite laver et dessécher le gaz.

Le gaz oléfiant ne se produit pas seulement dans la destruction des composés alcooliques et éthérés, il se retrouve encore dans les produits pyrogénés d'un grand nombre de substances organiques, les huiles, les essences, le caoutchouc, etc. On doit lui attribuer en grande partie la blancheur et l'éclat de la flamme des gaz combustibles.

C'est d'ailleurs un gaz incoercible, incolore, d'une odeur faiblement éthérée. Il a presque la densité de l'air atmosphérique 0,9852.

La chaleur rouge et l'électricité le décomposent en donnant naissance à du charbon et à du gaz des marais :

$$C^4H^4 = C^2 + C^2H^4, \text{ gaz des marais.}$$

Lorsqu'on brûle le gaz oléfiant avec trois fois son volume d'oxygène, il double de volume et se trouve remplacé par de l'acide carbonique. La détonation est si forte qu'elle brise souvent l'eudiomètre, lorsqu'on la provoque à l'aide de l'étincelle électrique.

L'eau dissout quinze centièmes environ de gaz oléfiant.

M. Despretz a reconnu que le gaz oléfiant était absorbé par le chlorure de soufre, qu'il formait avec lui une liqueur épaisse, d'une odeur désagréable, et moins volatile que l'eau.

Le perchlorure d'antimoine $SbCl^6$, absorbe aussi, suivant la remarque de M. Woehler, le gaz oléfiant; et si l'on chauffe ensuite la combinaison, il se dégage de la liqueur des Hollandais et en même temps se forme du protochlorure d'antimoine.

Les réactions du chlore, du brome, de l'iode et de l'acide sulfurique anhydre ont engendré un grand nombre de combinaisons sur lesquelles il est nécessaire de donner quelques détails.

Action du chlore. — Le chlore sec n'agit pas sur le gaz oléfiant; mais si l'humidité intervient, la réaction s'accomplit avec production d'un liquide huileux, incolore, découvert par quatre chimistes hollandais, nommés Diemann, Troostwyk, Lauwerenburg et Vrolich. Le même composé, étudié plus tard par MM. Colin et Robiquet, a donné lieu à des observations nouvelles de la part de M. Laurent; M. Regnault en a fait l'objet de recherches très-approfondies.

L'action du chlore sur l'hydrogène bicarboné est successive et produit :

$$1^{\circ}\ \underline{C^4H^3Cl},\ HCl = C^4H^4Cl^2.$$
$$2^{\circ}\ C^4\underline{H^2Cl^2},\ HCl = C^4H^3Cl^3.$$
$$3^{\circ}\ C^4\underline{HCl^3},\ HCl = C^4H^2Cl^4.$$
$$4^{\circ}\ C^4Cl^4Cl^2 = C^4Cl^6.$$

M. Regnault fait observer que les trois premiers termes sont isomères de trois termes obtenus dans l'action du chlore sur l'éther hydrochlorique; on a vu en effet qu'on obtenait, à l'aide du chlore et de l'éther hydrochlorique, des composés chlorés qui s'expriment par :

$$1^{\circ}\ \underline{C^4H^4Cl},\ Cl = C^4H^4Cl^2.$$
$$2^{\circ}\ \underline{C^4H^3Cl^2},\ Cl = C^4H^3Cl^3.$$

3° $C^4H^2Cl^3, Cl = C^4H^2Cl^4$.

4° C^4Cl^5, Cl.

Les trois premiers termes offrent de part et d'autre le même poids dans les densités de leurs vapeurs.

Les deux séries aboutissent à un composé qui est le même, le sesquichlorure de carbone; mais en poursuivant l'examen comparatif de ces deux séries, M. Regnault a reconnu que les termes dérivés de l'hydrogène bicarboné sont soumis à une action très-remarquable, tant de la part du potassium que de la part de l'hydrate de potasse en solution alcoolique. Ils perdent tous dans cette réaction un équivalent d'acide hydrochlorique et deviennent :

1° C^4H^3Cl, hydrogène bicarboné monochloré.
2° $C^4H^2Cl^2$ — — bichloré.
3° C^4HCl^3 — — trichloré.

Avec les composés dérivés de l'éther hydrochlorique rien de semblable ne se produit.

Voici quelques indications sommaires sur ces produits chlorés :

$C^4H^3 Cl, HCl$, *liqueur des Hollandais*. — Les deux gaz convenablement dirigés sont mélangés dans un ballon de verre à pointe qui plonge dans un flacon à demi rempli d'eau ; l'huile ne tarde pas à se former et à se condenser au fond de l'eau.

La liqueur est ensuite lavée et rectifiée sur du chlorure de calcium.

C'est un liquide limpide ; incolore, sucré, d'une odeur suave. Sa densité est de 1,24. Sa vapeur pèse 3,4484. Il bout à + 85°.

La liqueur des Hollandais brûle lorsqu'elle est légèrement échauffée et répand d'abondantes vapeurs d'acide hydrochlorique.

Elle est insoluble dans l'eau; soluble dans l'alcool et l'éther. Traitée par une nouvelle quantité de chlore la liqueur des Hollandais fournit le second terme de chloruration :

$$C^4H^3Cl, HCl.$$

Si elle est dissoute dans l'alcool et mélangée à du monosulfure de potassium, elle laisse déposer un précipité blanc qui a pour formule :

$$C^4H^3S, HS.$$

Mélangée à du bisulfure de potassium, elle se trouve convertie au bout de quelques jours en un composé blanc, amorphe, peu soluble dans l'alcool et dans l'éther, qui est composé de :

$$C^4H^3S^3, HS.$$

Ces combinaisons, étudiées par MM. Lewig et Weidmann, sont encore beaucoup plus sulfurées, suivant les mêmes chimistes, si l'on remplace le bisulfure de potassium par du trisulfure ou du pentasulfure. Ces composés sulfurés, traités par l'acide nitrique, donnent un composé acide cristallisable. Lorsque la solution alcoolique de la liqueur des Hollandais a reçu de l'hydrosulfate de sulfure, à la place des sulfures précédents, on en retire par la distillation un liquide alcoolique qui retient une combinaison composée de :

$$C^4H^4S^2 + 2HS.$$

Ce composé est précipitable par les sels métalliques et fournit entre autres une combinaison plombique qui s'exprime par :

$$C^4H^4 S^2 + 2PbS.$$

La liqueur des Hollandais traitée par le potassium ou bien par une solution alcoolique de potasse caustique, dégage un gaz particulier d'odeur alliacée, liquéfiable à — 17° : c'est l'hydrogène bicarboné monochloré :

$$C^4H^3Cl.$$

L'action du chlore le convertit en :

$$C^4H^3Cl^2, HCl.$$

Deuxième terme de l'action du chlore sur le gaz oléfiant.

$C^4H^2Cl^2$, HCl, liqueur des Hollandais bichlorée.

Ce composé s'obtient très-bien en faisant arriver l'hydrogène bicarboné monochloré sur du perchlorure d'antimoine et en distillant ensuite. On rectifie le produit sur de la chaux.

C'est un corps huileux, éthéré, qui bout à + 115° ; sa densité est de 1,412 à + 17°. Sa vapeur pèse 4,7°.

Décomposé par la potasse en solution alcoolique ou par le potassium, il fournit l'hydrogène bicarboné bichloré $C^4H^2Cl^2$, liquide volatil de + 35 à + 40°, d'une odeur alliacée, pesant 1,250 à + 15°.

Troisième terme de l'action du chlore sur le gaz oléfiant.

C^4HCl^3, HCl, liqueur des Hollandais trichlorée.

C'est un liquide huileux, éthéré, d'une densité de 1,576, qui bout à + 135°. Sa vapeur pèse 5,796.

Il s'obtient par l'action du chlore sur le terme précédent.

Décomposé par la potasse en solution alcoolique, il fournit l'hydrogène bicarboné trichloré :

$$C^4HCl^3.$$

Chlorures de carbone.

Enfin l'action ultime du chlore sur le gaz oléfiant conduit au sesquichlorure de carbone solide obtenu par Faraday :

$$C^4Cl^6.$$

Ce chlorure, dirigé à travers un tube chauffé au rouge et rempli de fragments de verre, se décompose en chlore et en protochlorure de carbone :

$$C^4Cl^6 = C^4Cl^4 + Cl^2.$$

Le même protochlorure s'obtient, suivant M. Regnault, en chauffant le sesquichlorure de carbone avec une solution alcoolique d'hydrosulfate de sulfure de potassium ; il se fait une réaction vive : du chlorure de potassium se dépose, de l'hydrogène sulfuré se dégage et la liqueur alcoolique cède à la distillation le protochlorure de carbone. Il est dissous dans l'alcool dont on le sépare en ajoutant de l'eau ; il se précipite sous forme d'un liquide d'une densité de 1,619 à + 20° ; bouillant à + 122°.

Ce protochlorure peut encore abandonner du chlore lorsqu'on le fait passer à travers un tube chauffé au rouge ; il fournit des aiguilles fines, cristallines, solubles dans l'éther, qui ont pour formule C^2Cl. C'est le chlorure de Julin qu'une température plus forte peut décomposer en carbone et chlore.

Les chlorures de carbone sont susceptibles de former de remarquables combinaisons qui seront indiquées plus convenablement après l'examen du chloral et du chloroforme.

Action du brome et de l'iode sur le gaz oléfiant.

Le brome forme avec l'hydrogène bicarboné un composé analogue à la liqueur des Hollandais : C^4H^3Br,HBr. Ce composé, indiqué par Sérullas, est liquide, incolore, d'une saveur sucrée et d'une odeur agréable.

Il se purifie de la même manière que la liqueur des Hollandais.

Sa densité est de 2,163 à + 21° ; il bout à + 129,5 et se congèle à — 12° — 15°. Sa vapeur pèse 6,485°.

M. Regnault en a séparé un équivalent d'acide hydrobromique par le traitement de la potasse alcoolique ; il se forme ainsi C^4H^3Br, gaz d'une odeur alliacée, facile à condenser, à l'aide d'un mélange réfrigérant.

La densité de ce gaz est de 3,691.

L'iode produit un corps solide, analogue aux précédents :

$$C^4H^3I, HI.$$

M. Faraday l'a découvert en faisant agir l'iode à l'aide des rayons lumineux sur l'hydrogène bicarboné. M. Regnault a montré qu'il suffisait de maintenir l'iode à une température de + 50 à + 60° ; et M. E. Kopp a reconnu que cette même combinaison s'obtenait dans la décomposition de l'éther hydriodique par la chaleur.

La combinaison de l'iode avec le gaz oléfiant est solide, d'un blanc jaunâtre, fusible à + 73°.

Ce composé se dissout dans l'éther et dans l'alcool ; il se sépare de ce dernier dissolvant en aiguilles longues, flexibles, très-brillantes, légèrement jaunâtres et qui blanchissent à l'air.

Le chlore le décompose et produit du chlorure d'iode et de la liqueur des Hollandais.

La potasse en solution alcoolique en dégage un liquide qui consiste sans doute en hydrogène bicarboné monoiodé.

Action de l'acide sulfurique anhydre sur le gaz oléfiant.

M. Regnault a reconnu qu'il se forme un produit acide susceptible de donner des combinaisons isomériques de l'acide sulfovinique, lorsque l'hydrogène bicarboné est absorbé par l'acide sulfurique anhydre.

M. Magnus a décrit les différentes phases de la réaction de la manière suivante :

1° Quatre équivalents d'acide sulfurique anhydre se fixent sur un équivalent d'hydrogène bicarboné, il en résulte un produit particulier qui se représente par :

$$4SO^3 + C^4H^4.$$

Cette combinaison a été appelée par M. Magnus, *sulfate de carbyle.*

2° Le sulfate de carbyle mis au contact de l'eau en fixe

trois équivalents; il constitue ainsi un acide particulier, appelé *acide éthionique* et dans la formule duquel deux équivalents d'eau peuvent être remplacés par deux équivalents de base.

Ainsi l'acide éthionique se représente par :

$$4SO^3 + C^4H^4 + HO + 2HO$$

et le sel de baryte par :

$$4SO^3 + C^4H^4 + HO + 2BaO.$$

3° Si l'on fait bouillir l'acide éthionique au contact de l'eau, il se détruit, abandonne de l'acide sulfurique libre et de plus un nouvel acide, isomère de l'acide sulfovinique et désigné sous le nom d'*acide iséthionique*.

Le sel de baryte a pour formule :

$$2SO^3 + C^4H^4, HO, BaO.$$

Ces deux acides se retrouvent dans les produits noirs provenant du mélange d'alcool et d'acide sulfurique employé à la préparation du gaz oléfiant. Ils existent aussi dans les composés acides que forment l'éther et l'alcool absolu avec l'acide sulfurique anhydre.

Toutes ces relations s'expliquent sans difficulté.

Les acides éthionique et iséthionique ne paraissent pas toutefois les seuls produits qu'on puisse retirer de l'action de l'acide sulfurique anhydre ou très-concentré, refroidi ou chauffé, tant sur l'alcool que sur l'éther et l'hydrogène bicarboné, mais cette étude laisse encore beaucoup à désirer ; et si l'on écarte les indications douteuses, on se bornera à celles qui précèdent.

Huile de vin pesante.

Les composés acides qui viennent d'être signalés s'accompagnent le plus ordinairement d'une production de matière huileuse volatile, qui, sans doute, n'est pas identique dans les circonstances assez diverses où sa formation est indiquée. Néanmoins, le corps huileux qui apparaît assez ordinairement lorsque l'éther cesse de se dégager du mélange éthérifiant d'alcool et d'acide sulfurique, ou bien lorsqu'on distille un sulfovinate, semble constituer une même substance désignée sous le nom d'*huile douce de vin* ou d'*huile de vin pesante*.

C'est un liquide oléagineux, aromatique, plus pesant que l'eau, bouillant à + 280° et composé de :

$$2SO^3, C^4H^5O, C^4H^4.$$

C'est une sorte d'acide sulfovinique dans lequel l'équivalent d'eau basique se trouve remplacé par C^4H^4. L'huile douce de vin se décompose dans l'eau bouillante en acide sulfovinique et en un composé huileux, plus léger que l'eau, qui a été désigné sous le nom d'*huile légère du vin*.

Ce dernier composé doit être considéré comme un mélange; soumis en effet à l'action d'une basse température, il abandonne une combinaison solide appelée *éthérine*; la partie liquide qui surnage prend le nom d'*éthérole*.

L'éthérine et l'éthérole sont isomères entre eux et, de plus, isomères du gaz oléfiant. Cette découverte remarquable fut faite par Sérullas. L'éthérine et l'éthérole sont volatils à une température voisine de + 260° à + 280°.

L'huile de vin légère peut être absorbée par l'acide sulfurique et former un acide qui, suivant M. Marchand, serait analogue à l'éthionate de baryte. Ces deux isomères, qui peuvent sans doute fournir avec l'acide sulfurique des acides isomères, livreront peut-être par leur étude l'explication des différents acides contenus dans le résidu de l'éthérification.

Lorsqu'on rectifie sur de la chaux des quantités un peu considérables d'éther brut, on recueille un liquide jaune, présentant la consistance de l'huile d'olive, ayant pour densité 0,917° et bouillant à + 280°. Rectifié plusieurs fois sur de la chaux vive, puis sur du potassium, ce liquide devient incolore.

Ce composé consiste en un carbure d'hydrogène très-avide d'oxygène et distinct sans doute des carbures d'hydrogène découverts par Sérullas, car M. Regnault, qui en a fait l'étude, lui a trouvé la composition de l'essence de térébenthine avec une densité de vapeur double :

$$C^5H^4.$$

M. Regnault a rapproché ce carbure d'hydrogène du *pétrolène* retiré des bitumes par M. Boussingault.

Action du bichlorure de platine sur l'alcool.

L'action du bichlorure de platine sur l'alcool a fixé l'attention de plusieurs chimistes : MM. Dœbereiner, Berzélius et Liébig ont fait connaître des faits intéressants qui s'y rattachent. Mais c'est surtout aux recherches de M. Zeise qu'on doit des notions positives sur ces combinaisons curieuses qui se rattachent sensiblement à la constitution du gaz oléfiant ou de quelque isomère. Les résultats de M. Zeise ont présenté une incorporation parfaite du platine aux groupements organiques. C'est un des premiers exemples et des plus frappants des combinaisons métalliques intimes.

Le groupement le plus simple de cette série s'exprime par :

$$C^4H^4 + PtCl.$$

Des arrangements différents ont été proposés par M. Liébig qui retranche de la formule un équivalent d'hydrogène; M. Malagutti y ajoute au contraire un équivalent d'oxygène.

La formule de M. Zeise s'accorde également avec les nombres de l'analyse, les réactions du composé nouveau et les circonstances de sa production.

Au groupement primitif se rattachent des groupements plus complexes, qui sont les suivants :

C^4H^4, PtCl + PtCl.
C^4H^4, PtCl + PtCl, KCl.
C^4H^4, PtCl + PtCl, AzH3.

Chloroplatinite double d'hydrogène bicarboné, C^4H^4, PtCl, PtCl.

On obtient cette combinaison en dissolvant dans l'alcool du bichlorure de platine pur et exempt d'acide nitrique; on peut maintenir sans inconvénient un excès d'acide hydrochlorique.

Cette réaction s'accompagne d'une réduction du bichlorure de platine et d'une oxydation partielle des éléments de l'alcool. Il se forme en effet du protochlorure de platine, de l'aldéhyde, de l'éther acétique et de l'éther hydrochlorique. Le produit nouveau reste en dissolution; il se conserve surtout en présence d'un excès d'acide hydrochlorique; on évapore dans le vide au-dessus de la chaux caustique, et néanmoins une partie du produit se décompose. Le résidu est repris par l'eau aiguisée d'acide hydrochlorique et évaporé de nouveau.

On peut encore dissoudre le chlorure double de sodium et de platine NaCl + $PtCl^2$, dans de l'alcool et ajouter un peu d'acide hydrochlorique. La réaction est moins énergique; on distille; le résidu de la cornue est filtré et mêlé à de l'ammoniaque caustique. S'il se précipite du chlorure double de platine et d'ammoniaque, tout le bichlorure de platine n'a pas été réduit : on ajoute alors assez d'ammoniaque pour le précipiter, mais pas assez pour saturer tout l'acide hydrochlorique; on fait évaporer alors. Par ce moyen, il se forme un sel d'ammoniac double. On en rassemble les cristaux, on les débarrasse de l'eau mère qui contient du chlorure de sodium, on le dissout dans une petite quantité d'eau renfermant de l'acide hydrochlorique. On précipite aussi exactement que possible le sel ammoniac formé par du bichlorure de platine, puis on fait évaporer dans le vide, jusqu'à siccité, le liquide jaune qui surnage le précipité de platine et d'ammoniaque.

Dans les deux procédés qui viennent d'être indiqués, on obtient une masse gommeuse, jaune de miel, mêlée de grains opaques. Ce composé noircit et s'altère au contact de la lumière, contre laquelle il faut le préserver dans le courant de l'opération et lorsqu'on veut le conserver.

Il est soluble dans l'eau et l'alcool qu'il colore en jaune; sa dissolution est surtout facilitée par un peu d'acide hydrochlorique.

L'ébullition décompose sa dissolution : l'acide hydrochlorique maintient quelque temps la combinaison.

La solution alcoolique desséchée sur du verre ou sur de la porcelaine, puis chauffée jusqu'au rouge, laisse un enduit miroitant de platine métallique.

La dissolution aqueuse mélangée et agitée avec de l'hydrate de magnésie, donne du chlorure de magnésium et forme en même temps une masse mucilagineuse d'un gris brun, qui ne tarde pas à noircir et d'où l'on peut séparer l'excès de magnésie par l'acide nitrique. Il semble que ce soit la combinaison primitive dans laquelle l'oxygène aurait remplacé le chlore :

$$C^4H^4, PtO + PtO;$$

mais les analyses manquent pour établir cette constitution. Cette combinaison d'oxyde platinique se consume avec explosion, lorsqu'on la chauffe, et laisse du platine métallique.

Chloroplatinite simple d'hydrogène bicarboné, C^4H^4, PtCl.

On enlève à la combinaison précédente la moitié du chlorure de platine qu'elle contient, en ajoutant à sa dissolution du nitrate d'argent aussi longtemps qu'il se forme un précipité. Cette réaction précipite la moitié du chlorure de platine à l'état de chlorure double de platine et d'argent. La liqueur filtrée et séparée ainsi du chlorure d'argent et de platine ne tarde pas à se troubler et à donner un dépôt noir renfermant du carbone, de l'hydrogène et du platine.

On obtient des produits noirs analogues lorsqu'on fait agir le bioxyde de platine ou bien le protochlorure du même métal sur l'alcool.

Chloroplatinite potassique d'hydrogène bicarboné,
C^4H^4, PtCl, KCl + 2HO.

Ce sel a été obtenu par M. Berzélius en distillant une solution alcoolique de chlorure double de sodium et de platine, et en saturant ensuite le résidu acide de la distillation par du carbonate de potasse. Au bout de douze heures il se dépose de beaux cristaux d'un sel jaune, transparent, qu'on peut redissoudre et faire cristalliser dans l'eau.

M. Zeise obtient le même sel en mêlant du chlorure de potassium à la combinaison primitive :

$$C^4H^4, \text{PtCl}, \text{PtCl}.$$

Les deux équivalents d'eau que contient la combinaison potassique s'enlèvent dans le vide ou bien à + 100° par un courant d'air sec. Soluble dans cinq parties d'eau chaude, cette combinaison est un peu moins soluble dans l'alcool; la chaleur la détruit, la lumière l'altère.

La réaction de la solution aqueuse est acide; sa saveur est astringente, métallique et persistante; elle commence à se décomposer à + 90°.

Les acides hydrochlorique et sulfurique lui communiquent une grande stabilité; le gaz hydrogène y provoque un dépôt noir.

Le chlore forme un chlorure double de platine et de potassium et en même temps du sesquichlorure de carbone C^4Cl^6.

Les chlorures de sodium et d'ammonium forment des sels analogues au précédent.

Si l'on ajoute de l'ammoniaque caustique à tous les composés précédents, on trouve qu'il se forme un même produit représenté par :

$$C^4H^4, PtCl + PtCl, AzH3.$$

C'est un sel jaune, peu soluble dans l'eau, qui diffère peu par ses propriétés des sels précédents.

De l'aldéhyde, $C^4H^4O^2 = C^4H^3O, HO$.

Ce composé a été découvert par M. Dœbereiner; mais c'est aux recherches de M. Liébig qu'on doit les notions exactes qu'on possède aujourd'hui sur sa composition et ses propriétés.

L'aldéhyde peut se représenter comme une molécule d'éther dans laquelle un équivalent d'oxygène a remplacé un équivalent d'hydrogène :

C^4H^4O, O, aldéhyde.
C^4H^5O, éther.

On peut l'envisager encore comme de l'hydrogène bicarboné uni à deux équivalents d'oxygène de même qu'il est uni à deux équivalents de chlore dans la liqueur des Hollandais :

C^4H^3Cl, HCl, liqueur des Hollandais.
C^4H^3O, HO, aldéhyde.

Enfin on déduit très-bien la formule de l'aldéhyde de celle de l'alcool, en retranchant de cette dernière deux équivalents d'hydrogène :

$$\underset{\text{Alcool.}}{C^4H^6O^2} - H^2 = \underset{\text{Aldéhyde.}}{C^4H^4O^2}.$$

Les différentes interprétations de la constitution de l'aldéhyde en marquent les relations essentielles. Les discussions de cette nature n'ont pas d'autre avantage ni en réalité d'autre objet.

L'aldéhyde est un produit ordinaire de l'oxydation et de la destruction des substances alcooliques et éthérées.

On prépare l'aldéhyde, suivant M. Liébig, en distillant à une douce chaleur un mélange de six parties d'acide sulfurique, quatre parties d'eau, quatre parties d'alcool à quatre-vingt centièmes et six parties de peroxyde de manganèse bien pulvérisé. La cornue doit être assez grande pour contenir le triple du mélange ; on recueille le produit dans un récipient fortement refroidi. Quand la masse ne se boursoufle plus dans la cornue, on retire le liquide condensé pour le rectifier à deux reprises sur du chlorure de calcium. De cette manière on obtient enfin un liquide qui n'est plus que de l'aldéhyde souillé d'un peu d'alcool, d'eau et d'éther acétique et formique. On le mélange ensuite avec de l'éther et on le sature par du gaz ammoniac; il se sépare bientôt des cristaux qu'on lave avec de l'éther et qu'on laisse ensuite sécher à l'air.

Ces cristaux consistent en une combinaison d'aldéhyde et d'ammoniaque :

$$C^4H^4O^2, AzH^3.$$

C'est en les traitant par l'acide sulfurique qu'on obtient l'aldéhyde pur.

On distille au bain-marie un mélange de deux parties d'aldéhyde ammoniaque dissoutes dans deux parties d'eau, avec trois parties d'acide sulfurique affaibli de quatre parties d'eau. On recueille l'aldéhyde dans un récipient bien refroidi.

On rectifie ensuite sur du chlorure de calcium en chauffant de + 25 à + 30°.

L'aldéhyde est un liquide incolore, très-limpide, d'une odeur forte, suffocante. Il bout à + 21,8 et pèse 0,790 à + 18°; il est miscible, en toute proportion, à l'eau, l'alcool et l'éther. On ne saurait le séparer de sa solution alcoolique. Il brûle avec une flamme blanche; il est sans action sur les couleurs végétales.

Le phosphore, le soufre et l'iode s'y dissolvent. Le brome et le chlore donnent des produits chlorés qui semblent aboutir au chloral et au bromal.

L'oxygène de l'air est absorbé et convertit l'aldéhyde en acide acétique.

Tous les oxydants le convertissent aussi en acide acétique.

L'acide sulfurique concentré s'épaissit et brunit au contact de l'aldéhyde, et abandonne au bout de quelque temps des flocons charbonneux.

La potasse brunit lorsqu'on chauffe sa dissolution aqueuse avec l'aldéhyde.

L'oxyde d'argent est réduit, dans le même cas, et le métal miroite les parois du tube dans lequel le mélange est soumis à l'action de la chaleur.

En ajoutant un peu d'ammoniaque caustique aux liqueurs qui contiennent de l'aldéhyde, le nitrate d'argent produit les mêmes effets que l'oxyde.

Lorsqu'on introduit des morceaux de potassium dans l'aldéhyde, il se fait un dégagement d'hydrogène; la liqueur entre en ébullition et laisse une masse solide alcaline, soluble dans l'eau, réduisant les sels d'argent, mais ne reproduisant pas l'aldéhyde par l'action des acides.

L'aldéhyde donne au contact des alcalis une masse résineuse de nature indéterminée.

Transformation isomérique de l'aldéhyde.

M. Fehling nomme *élaldéhyde* une modification isomérique de l'aldéhyde qui se produit lorsque cette dernière combinaison pure et anhydre est conservée à la température de 0°.

L'élaldéhyde se change en une masse cristalline, incolore, semblable à la glace, fusible à + 2°.

L'odeur de l'aldéhyde s'y conserve à peine ; le liquide, plus léger que l'eau qui ne le dissout pas, bout à + 94°, est très-inflammable et brûle avec une flamme bleue.

L'élaldéhyde ne brunit pas avec la potasse, ne réduit pas les sels d'argent et ne se combine pas à l'ammoniaque.

Sa vapeur pèse 4,437, trois fois plus que celle de l'aldéhyde.

Métaldéhyde. — M. Liébig a reconnu qu'à la température ordinaire l'aldéhyde éprouvait une transformation isomérique différente de la précédente.

Il se forme des aiguilles blanches, prismatiques, dures et friables qui se volatilisent à + 120° sans se fondre.

Ce troisième état isomérique de l'aldéhyde a été appelé *métaldéhyde*.

Aldéhyde ammoniaque, $C^4H^6O^2$, AzH^3.

La combinaison d'aldéhyde et d'ammoniaque cristallise en rhomboèdres aigus d'un volume assez considérable ; elle est incolore, transparente, d'une odeur particulière.

Ces cristaux fondent de + 70 à + 80° et distillent sans altération à + 100°.

Ils jaunissent peu à peu à l'air et prennent une odeur de plume brûlée.

Ils se dissolvent dans l'eau et l'alcool.

Le nitrate d'argent produit dans la dissolution concentrée d'aldéhyde ammoniaque un précipité soluble dans l'eau, insoluble dans l'alcool, qui paraît renfermer les deux substances en combinaison, nitrate d'argent et aldéhyde ammoniaque. La chaleur décompose ce précipité qui miroite le tube dans lequel on le chauffe.

Acide aldéhydique. — Acide acéteux. — Acide lampique.

Lorsqu'on chauffe l'oxyde d'argent avec de l'aldéhyde, une partie de l'oxyde d'argent reste en dissolution dans la liqueur. Il y est combiné à un produit acide qu'on peut éliminer à l'aide de l'hydrogène sulfuré qui précipite l'argent.

Ce produit acide sature les bases, mais il est d'une instabilité particulière même en combinaison. Ainsi, dès qu'on évapore les solutions salines qu'il compose, celles-ci brunissent. L'aldéhydate de baryte mêlé à du nitrate d'argent ou de mercure, donne par l'ébullition un dépôt de mercure ou d'argent; et la baryte se trouve saturée par de l'acide acétique. Cet acide doit être considéré comme un intermédiaire, par son degré d'oxydation à l'aldéhyde et à l'acide acétique ; mais il est impossible jusqu'ici d'en indiquer autrement la composition.

Serait-ce un acide vinique contenant de l'acide acétique? ou plutôt l'aldéhyde ne pourrait-il pas entrer en combinaison intime avec l'acide acétique? Ce sont des questions que l'on est en droit de s'adresser, mais que de nouvelles recherches pourront seules résoudre.

On a rapproché de l'acide aldéhydique un acide obtenu par la combustion catalytique de l'alcool, et appelé *lampique*, à cause de son origine ; mais l'identité des deux produits est loin d'être définitivement établie.

Acétal, $C^8H^9O^3$.

L'action du noir de platine sur les vapeurs alcooliques en présence de l'oxygène, donne naissance à un produit distinct de l'aldéhyde et de l'acide lampique. M. Dœbereiner en a fait la découverte. On le nomme *acétal*; pour le préparer on introduit dans un bocal haut et à large ouverture une couche d'alcool de deux ou trois centimètres d'épaisseur. On suspend au-dessus de ce liquide trois ou quatre verres de montre contenant une couche épaisse de noir de platine, humecté d'un peu d'eau. Le vase est abandonné durant plusieurs jours dans un lieu chaud. L'alcool devient acide; il se forme de l'acétal, de l'éther acétique et de l'aldéhyde. On neutralise l'acide par du carbonate de chaux, on distille le produit, puis on le laisse au contact du chlorure de calcium tant que celui-ci est mouillé. L'eau et l'alcool sont retenus par le chlorure de calcium. L'acétal, l'aldéhyde et l'éther acétique se séparent sous forme d'une couche très-fluide. On chauffe alors dans une cornue jusqu'à + 94°. L'éther et l'aldéhyde, plus volatils, sont entraînés les premiers; l'acétal ne distille qu'à + 95,2.

L'acétal est un liquide incolore, très-fluide; doué d'une odeur qui rappelle celle des vins de Hongrie, il est soluble dans six à sept parties d'eau et se mêle en toute proportion à l'alcool.

Il ne brunit pas de suite au contact d'une solution alcoolique de potasse; mais avec le temps cette coloration se produit; l'oxygène est absorbé.

M. Regnault a fait remarquer qu'on pouvait considérer l'acétal comme formé par le groupement de deux molécules d'éther réunies en un seul groupement. Cette molécule double est modifiée par la substitution d'un équivalent d'oxygène à un équivalent d'hydrogène :

$$\underset{\text{Éther.}}{C^8H^{10}O^2} \ldots\ldots \underset{\text{Acétal.}}{C^8\overline{H^9O}O^2}.$$

On pourrait aussi considérer l'acétal comme un éther aldéhydique :

$$C^4H^4O^2 + C^4H^5O.$$

La matière résinoïde brune qui se forme par l'action de la potasse sur l'aldéhyde et sur l'acétal, n'a pas encore été analysée ; elle est soluble dans l'alcool, insoluble dans l'eau ; séparable des alcalis par l'action des acides. Elle offre l'aspect d'une masse brune qui, pulvérisée et chauffée à +100°, répand une odeur de savon désagréable et quelquefois prend feu spontanément.

Du chloral, C^4HCl^3, O^2.

Cette combinaison a été surtout étudiée par MM. Dumas et Liébig : on peut considérer le chloral comme de l'aldéhyde dans lequel trois équivalents de chlore remplacent trois équivalents d'hydrogène.

Le chloral s'obtient en effet par l'action du chlore sur l'aldéhyde, mais il est mélangé d'autres produits chlorés; on le prépare en dirigeant un courant de chlore dans de l'alcool absolu. Le chlore doit être parfaitement desséché et dans le principe on doit refroidir le ballon qui contient l'alcool ; mais au bout de quelques heures il ne se produit plus aucun échauffement, et, pour continuer l'action du chlore, il faut chauffer le ballon.

L'opération est terminée lorsque le chlore traverse la liqueur bouillante sans qu'il s'en dégage de l'acide hydrochlorique. Ce dernier gaz se produit dans le commencement en grande abondance; plus tard sa formation se ralentit et cesse enfin. L'alcool se trouve alors converti en une masse oléagineuse, pesante, quelquefois cristalline. On fait digérer cette masse avec deux ou trois fois son volume d'acide sulfurique; on agite à une douce température; le chloral se rassemble à la surface de l'acide sulfurique sous forme d'une huile limpide. On le décante, puis on le maintient quelque temps en ébullition pour chasser l'acide hydrochlorique et l'alcool. On le distille enfin sur de l'acide sulfurique à volume égal.

On achève d'enlever les dernières traces d'acide hydrochlorique en rectifiant le chloral sur de la chaux éteinte et calcinée au rouge.

Le chloral est liquide, oléagineux, incolore, gras au toucher. Son odeur est pénétrante et désagréable; sa saveur est grasse, puis caustique; il fait sur le papier une tache qui disparaît. Il pèse 1,502 à + 18° et distille sans altération à + 94°. Sa vapeur égale 5,0 et représente quatre volumes.

Le chloral est soluble dans l'alcool et dans l'éther. Il dissout lui-même le soufre, le phosphore et l'iode.

Lorsqu'on en dirige la vapeur sur de la chaux ou de la baryte chauffées au rouge, il se décompose entièrement, donne de l'oxyde de carbone, du chlorure de calcium ou de baryum et du charbon.

Le chloral se combine très-bien à un équivalent d'eau :

$$C^4HCl^3O^2, HO.$$

Il forme ainsi une masse cristalline, incolore, soluble dans l'eau, et rappelant fortement l'odeur et la saveur du chloral.

Cet hydrate peut se distiller sans décomposition. Lorsqu'on le fait bouillir en présence des alcalis caustiques, il se dédouble et produit du formiate alcalin et du chloroforme :

$$KO + C^4HCl^3O^2, HO = \underset{\text{Formiate.}}{C^2HO^3, KO} + \underset{\text{Chloroforme.}}{C^2HCl^3}.$$

Le chloroforme correspond à l'acide formique : l'oxygène de cet acide est remplacé par du chlore, et en effet le chloroforme peut se convertir en formiate. Ces réactions se représenteront dans l'étude de l'hydrogène protocarboné :

$$C^2H^4.$$

Lorsque le chloral est abandonné à lui-même dans un flacon bouché, il se change peu à peu en une matière blanche, amorphe, insoluble, d'un aspect de porcelaine; c'est un état isomérique du chloral. On peut, ainsi que l'a montré M. Regnault, enfermer le chloral insoluble dans un tube recourbé en siphon que l'on effile ensuite à la lampe.

On chauffe ensuite le chloral insoluble, et de 200 à 250° il repasse à l'état de chloral anhydre et liquide.

Le chloral qui correspond par sa composition avec l'aldéhyde, trouve une relation nouvelle dans cette conversion isomérique.

Bromal. — M. Lœwig a préparé avec le brome et l'alcool absolu une combinaison analogue au choral :

$$C^4HBr^3O^2.$$

Le bromal se prépare et se purifie de même que le chloral ; c'est un liquide incolore, huileux, qui pèse 3,34 et bout un peu au-dessous de + 100°. Il se dissout dans l'alcool et l'éther ainsi que dans l'eau, qui se combine à lui et forme un hydrate.

Lorsqu'on ajoute simultanément de l'iode et de l'alcool absolu à de l'acide nitrique très-concentré, on obtient un liquide oléagineux, peu stable. Suivant M. Aimé, on prépare un liquide qui ferait soupçonner l'existence de l'iodal, en mélangeant quatre parties d'alcool, une partie d'iode et une partie d'acide nitrique fumant dans un flacon légèrement bouché. Cette substance se décomposerait au contact des alcalis de la même façon que le chloral et déposerait des cristaux blancs, lorsqu'elle est conservée sous l'eau.

Aldéhyde chloré, $C^4Cl^4O^2$.

Lorsqu'on a remplacé tout l'hydrogène de l'éther par du chlore, on obtient un composé que M. Regnault a nommé *éther perchloré,* C^4Cl^5O. La production de cette combinaison s'accompagne souvent d'une formation de sesquichlorure de carbone. M. Malagutti a reconnu que, dans ce dernier cas, le sesquichlorure de carbone était toujours accompagné proportionnellement par un nouveau corps qui a pour formule :

$$C^4Cl^4O^2.$$

C'est du chloral dont le dernier équivalent d'hydrogène est

remplacé par du chlore : ou bien encore de l'aldéhyde dont tout l'hydrogène se trouve substitué par du chlore.

La production de ce composé s'explique par le dédoublement de deux molécules d'éther perchloré :

$$2C^4Cl^5O = C^4Cl^6 + C^4Cl^4O^2.$$

Éther perchloré. Sesquichlorure. Aldéhyde chloré.

On peut d'ailleurs dédoubler très-nettement l'éther perchloré en sesquichlorure de carbone et en aldéhyde chloré, il suffit de chauffer à + 300°.

L'aldéhyde perchloré est liquide, volatil, fumant, bouillant de + 100° à + 105°; d'une odeur suffocante et insupportable, neutre, tachant la peau en blanc et cautérisant la langue.

L'aldéhyde chloré se change au contact de l'eau en acides chloracétique et hydrochlorique; au contact de l'alcool absolu il se forme de l'éther chloracétique et de l'acide hydrochlorique.

Lorsqu'on traite l'éther perchloré pur par du monosulfure de potassium, on en sépare deux molécules de chlore et l'on obtient un corps nouveau découvert par M. Malagutti, qui le nomme *chloroxéthose :*

$$C^4Cl^3O.$$

Ce groupement se rattache manifestement à celui de l'hydrogène bicarboné; mais le chloroxéthose possède la propriété très-remarquable de se combiner de nouveau avec deux équivalents de chlore, lorsqu'on l'expose dans ce gaz à l'action de la lumière discrète. Il régénère ainsi l'éther perchloré :

$$C^4Cl^3O, Cl^2 = C^4Cl^5O;$$

ce n'est pas seulement un état isomérique, c'est l'éther perchloré même qui se trouve reproduit. L'éther perchloré paraît se rattacher ainsi au groupement du gaz oléfiant modifié par addition.

On peut remplacer les deux équivalents de chlore qui se combinent au chloroxéthose de M. Malagutti par deux équivalents de brome et produire ainsi :

$$C^4Cl^3O, Br^2,$$

bromure de chloroxéthose.

M. Malagutti est parvenu de même à combiner le brome au protochlorure de carbone et à former ainsi un terme correspondant au sesquichlorure qui s'exprime par :

$$C^4Cl^4, Br^2,$$

et possède exactement la même forme cristalline.

Le bromure de chloroxéthose :

$$C^4Cl^3O, Br^2$$

possède la même forme géométrique que l'éther perchloré; sa densité est de 2,500, il fond à + 96° et se décompose à + 180°.

Ces résultats établis par M. Malagutti avec une remarquable précision, trouvent un nouvel intérêt par leurs relations avec l'acide chloracétique, dont l'étude accompagnera celle de l'acide acétique.

§ VII. — Acide acétique. — Vinaigre. — Esprit acide du bois.

L'acide acétique appartient à la série alcoolique; sa formule se représente par celle de l'alcool, dans laquelle deux équivalents d'hydrogène sont remplacés par deux équivalents d'oxygène :

$C^4H^6O^2$, alcool.
$C^4H^4O^4$, acide acétique.

Dans la formule de l'acide acétique, un équivalent d'eau se remplace très-bien par un équivalent de base.

$C^4H^3O^3$, MO représente la formule de plusieurs acétates.

L'acide acétique, dans le cas le plus ordinaire, est le produit de la réaction ménagée de l'oxygène sur l'alcool; mais il se puise encore à une autre source fort remarquable; ainsi tous les végétaux fournissent du vinaigre à la distillation.

Ce fait n'est pas d'observation nouvelle; Boerhaave avait retiré du bois un liquide qu'il nommait esprit acide du bois. Il avait remarqué que les bois les plus denses en donnent le plus : ce qui s'explique par la conversion du ligneux en acide acétique. Le sucre, l'amidon, la gomme, et sans doute d'autres principes végétaux, peuvent concourir à cette production; mais le ligneux y contribue d'une manière particulière. M. Payen a remarqué, en outre, que les bois chargés d'incrustations étaient très-propres à cette production.

M. Stolze a établi le rendement de plusieurs espèces de bois en acide acétique. Le bois de frêne est celui qui en fournit le plus, tandis que le bois de sapin en fournit le moins.

Il existe encore d'autres circonstances beaucoup plus rares dans lesquelles on rencontre l'acide acétique; ainsi il se présente dans plusieurs végétaux à l'état d'acétate : on l'a signalé dans la sueur, dans le lait, dans l'urine où il paraît se former surtout par la destruction d'une matière particulière. Il se montre aussi comme un produit ordinaire de la décomposition des végétaux, sous l'influence des acides énergiques; enfin l'aldéhyde, qui paraît servir d'intermédiaire à sa formation dans l'oxydation lente de l'alcool, peut très-bien le produire lorsqu'elle a été formée directement. Ce dernier mode ramène à l'alcool, qui est la source principale.

Propriétés. — L'acide acétique pur $C^4H^4O^4$ est un corps solide à +17°, blanc, cristallin. Sa densité est de 1,063; son odeur est vive et pénétrante; sa saveur est mordicante, il fait naître des ampoules sur la peau aussi bien que les acides minéraux.

Il se liquéfie de $+7$ à $+20°$, et entre en ébullition à $+120°$. Sa vapeur s'enflamme et éprouve une combustion complète.

Lorsqu'on dirige des vapeurs d'acide acétique à travers un tube de porcelaine, elles se décomposent et produisent de l'acide carbonique, de l'acétone et quelques gaz combustibles; si l'on remplit le tube de mousse de platine, la décomposition se fait à une température assez basse pour que l'acide distille intact dans le tube vide, tandis qu'il se décompose entièrement au contact du platine. Les produits de décomposition ont également changé de nature. Il se produit, avec la mousse de platine, à peu près volumes égaux d'acide carbonique et de gaz des marais :

$$C^4H^4O^4 = C^2O^4 + C^2H^4.$$

L'acide acétique se dissout en toute proportion dans l'eau. Tant qu'un équivalent d'acide $C^4H^4O^4$ n'a pas reçu plus de deux équivalents d'eau 2HO, la densité de l'acide s'accroît ; il parvient ainsi à un poids spécifique de 1,079. Sa décomposition est alors bien définie ; il se représente par : $C^4H^3O^3$, 3HO. Une plus grande quantité d'eau affaiblit sa densité.

M. Deville a déterminé l'indice de réfraction de l'acide acétique dans ses différents états d'hydratation ; il a reconnu que l'acide le plus dense est celui qui possède l'indice de réfraction le plus grand. Cet indice décroît ensuite lorsque la quantité d'eau dépasse trois équivalents. Ainsi :

$C^4H^3O^3$, HO	pèse 1,063	et fournit pour indice	1,3753.
$C^4H^3O^3$,3HO	— 1,079	—	1,5781.

La densité de la vapeur a donné lieu à des remarques fort importantes. M. Dumas avait reconnu que cette densité, qui s'exprime par 2,78 à $+152°$, doit se représenter par trois volumes, ce qui constitue une sorte d'anomalie. M. Cahours a fait rentrer cette densité dans les condensations ordinaires en élevant davantage la température. Cette densité, déterminée à +210°, 231°, a représenté quatre volumes de vapeur, et a dû s'exprimer par 2,09.

Parmi les métalloïdes, le chlore seul exerce une action notable sur l'acide acétique. Mais il faut distinguer l'acide acétique anhydre de celui qui est hydraté. Ce dernier s'oxyde simplement, forme d'abord de l'acide oxalique, et finalement de l'acide carbonique. Quant à l'acide anhydre, il perd trois équivalents d'hydrogène, qui se trouvent remplacés par trois équivalents de chlore :

$C^4H^3O^3, HO.$	—	$C^4Cl^3O^3, HO.$
Acide acétique.		Acide chloracétique.

Cet acide chloré a été découvert par M. Dumas, et soumis à une étude très-complète dont les résultats seront indiqués dans un article à part.

Les métaux alcalins agissent sans doute sur l'acide acétique ; mais cette réaction n'a pas été examinée jusqu'ici. Les autres métaux ne s'attaquent pas au contact de l'acide acétique, à moins que l'air ne trouve accès. Le métal, dans ce dernier cas, s'oxyde rapidement et forme un acétate ; tels sont le fer, le zinc, le plomb, l'étain, le cuivre. Les métaux des sections inférieures, le mercure, l'argent, l'or et le platine restent intacts et résistent à l'action combinée de l'oxygène et de l'acide.

L'acide sulfurique anhydre se combine très-bien à l'acide acétique ; il en résulte un acide complexe étudié par M. Melsens. Cet acide et ses combinaisons seront examinés ultérieurement.

L'acide nitrique paraît sans action sur l'acide acétique : au moins ne l'oxyde-t-il point, même à l'aide de la chaleur.

Les oxydes se combinent à l'acide acétique ; les oxydes alcalins hydratés, la potasse, la soude, la baryte, et même la chaux, employés en excès, lui font éprouver un mode de destruction très-remarquable, signalé pour la première fois par M. Persoz. L'oxyde fixe tout l'acide carbonique qui peut se produire aux dépens des éléments de l'acide acétique, et met en liberté l'excédant de carbone combiné à l'hydrogène. L'on arrive ainsi à produire du carbonate alcalin et de l'hydrogène protocarboné :

$$C^4H^4O^4 + 2KO = 2CO^2, KO + C^2H^4.$$

Préparation de l'acide acétique.

L'acide acétique se trouve tout formé dans les produits de la distillation du bois. Ces produits se représentent par un liquide de composition très-complexe, dans lequel on distingue surtout une portion noire, goudronneuse, qui gagne le fond, tandis qu'une autre partie aqueuse et acide vient à la surface. C'est dans cette couche supérieure que se trouve l'acide acétique; elle est décantée et soumise à la distillation; on la prive ainsi d'une certaine quantité de produits empyreumatiques qui adhèrent fortement.

Toutes les opérations qui portent sur l'acide ainsi obtenu, ont pour objet de le conserver en détruisant les parties pyrogénées qui l'accompagnent.

Dans une première méthode, le produit acide de la seconde distillation est saturé par de la craie. On obtient ainsi de l'acétate de chaux soluble que l'on décompose à l'aide du sulfate de soude; il se forme par double décomposition de l'acétate de soude et du sulfate de chaux. L'acétate de soude très-soluble est décanté, puis évaporé à siccité et légèrement calciné. Il se trouve ainsi dépouillé d'une partie des matières organiques, empyreumatiques ou autres qui suivent l'acide acétique à travers toutes ces épreuves. On traite enfin l'acétate de soude par l'acide sulfurique et l'on distille; on emploie en acide, 9, 7 et en acétate, 3;

on fait le mélange et l'on distille, on met de côté le premier tiers qui est plus faible, les deux tiers suivants sont très-concentrés, mais comme ils entraînent de l'acide sulfurique et du sulfate, il convient de les rectifier sur de l'acétate de soude anhydre. Si l'acide contenait en outre de l'acide sulfureux, il faudrait ajouter un peu d'oxyde puce, avant sa rectification.

On peut, en recourant à une méthode différente de la première, employer un vingtième environ d'acide sulfurique et de peroxyde de manganèse que l'on mélange à l'acide acétique du bois, on distille ensuite : l'action oxydante se porte de préférence dans le courant de la distillation sur les matières étrangères à l'acide acétique, et celui-ci est dépouillé de toute odeur empyreumatique.

Pour arriver à l'acide pur, d'une constitution déterminée, $C^4H^4O^4$, on fait cristalliser l'acide à l'aide d'un mélange réfrigérant; l'acide le plus concentré cristallise le premier; on le sépare, et par des congélations successives, on arrive à le rendre anhydre.

On peut à l'aide du sulfate de soude anhydre amener l'acide acétique faible à un degré de concentration assez avancé; mais il n'enlève rien à l'acide, lorsque celui-ci ne contient plus que 20 pour 100 d'eau. Un acide très-concentré pourrait déshydrater le sulfate de soude cristallisé.

Acide acétique de l'alcool.— La conversion de l'alcool en acide acétique, s'effectue dans des circonstances assez variées; cette opération conduit surtout à la préparation du vinaigre proprement dit.

On comprend très-bien, d'abord, que le point de départ, au lieu d'exister dans l'alcool même, se trouve dans une substance productrice de l'alcool. Ainsi le sucre, le miel et l'amidon lui-même peuvent produire un vinaigre propre aux usages domestiques.

On obtient un bon vinaigre en employant les mélanges suivants :

Sucre, 124; levure, 80; eau, 868; après un mois de contact on filtre :

On peut prendre encore eau, 1 litre; levure, 25 grammes; amidon converti en empois, 25 grammes; le vinaigre est formé après huit jours de contact.

Quant aux vins, ils tournent à l'acidité avec une extrême facilité, surtout lorsqu'ils ne sont pas dépouillés des matières azotées que la fermentation en précipite plus tard.

Les vins vieux qui ont fait leur dépôt, résistent au contraire à l'acescence. Il en est de même de la bière jeune qui s'acidifie très-facilement, mais qui maintenue en un lieu frais, quatre ou cinq semaines durant, forme un précipité, devient limpide et ne tourne plus à l'aigre.

On retire encore du vinaigre des différents alcools provenant des mélasses, des pommes de terre, des grains; mais il est bon d'y ajouter une autre substance azotée, telle que la levure : l'alcool doit en outre être affaibli, autrement l'oxydation n'aurait pas lieu.

On attribue aussi une grande efficacité à une matière muqueuse désignée sous le nom de mère du vinaigre [1].

[1] M. Mulder a examiné la mère du vinaigre : il pense que cette masse gélatineuse est une plante qui appartient aux mycodermes. Il n'y a pas trouvé, toutefois, d'organes analogues aux sporidies sphériques. Lorsqu'on laisse cette matière muqueuse égoutter et sécher sur du papier Joseph, elle se réduit en une pellicule mince et transparente sans odeur ni saveur. L'eau bouillante et l'alcool n'en dissolvent pas trace. Après la calcination, elle laisse des cendres. Soumise à la distillation sèche, elle produit une liqueur acide d'où la potasse dégage de l'ammoniaque. L'acide sulfurique ne l'attaque pas à la température ordinaire; mais il lui communique une couleur rouge qui passe ensuite au noir; il la détruit à l'aide de la chaleur. Elle se colore par l'acide nitrique en jaune et s'y dissout lentement sous l'influence de la chaleur.

Trois échantillons différents retirés d'un vinaigre où l'on conservait des groseilles rouges et des concombres, ont donné, à l'analyse, des résultats identiques.

La mère du vinaigre contient en centièmes :

Carbone. 46,15

Dans les circonstances qui précédent, l'influence du ferment ne suffit pas, il faut encore le concours de l'oxygène de l'air. Le ferment n'en concourt pas moins d'une manière indubitable à produire le résultat; mais dans certaines conditions, on n'emploie que des proportions minimes de ferment.

Ces conditions de l'acidification étudiées dans ces derniers temps avec un soin extrême, ont trouvé l'application la plus heureuse dans la fabrication du vinaigre.

Le point de départ de ces améliorations industrielles est parfaitement établi par l'action du platine divisé sur l'alcool absolu; Dœbereiner a reconnu qu'il se produit simplement une absorption d'oxygène. On est parvenu à remplacer le platine par d'autres corps poreux, tels que des copeaux de bois sur lesquels l'alcool aqueux filtre goutte à goutte; il y arrive par des ficelles le long desquelles il glisse avec lenteur. L'alcool retrouve ainsi incessamment le contact de l'air, et si l'air est convenablement renouvelé, si la température ne s'abaisse point au-dessous de 20 à 25°, la liqueur alcoolique se trouve entièrement convertie en acide acétique. La liqueur alcoolique doit contenir environ un neuvième d'alcool absolu; on y ajoute un millième d'une substance fermentescible du jus de betteraves, de topinambours, de la petite bière, etc.

Hydrogène	6,48
Azote.	3,99
Oxygène.	43,36

M. Mulder a retrouvé en outre les propriétés de la cellulose et de la protéine dans la substance qui compose la mère du vinaigre. L'acide acétique et la potasse dissolvent en effet de la protéine et laissent un résidu de ligneux. Le ferrocyanure de potassium précipite la protéine dissoute par l'acide acétique.

M. Mulder conclut des nombres analytiques qui ont été indiqués que la mère du vinaigre contient un équivalent de protéine, $C^{40}H^{31}Ax^{5}O^{12}$, et quatre équivalents de cellulose qu'il exprime par $C^{24}H^{21}O^{21}$; ce dernier équivalent est sensiblement double de celui qui a été adopté précédemment.

Les copeaux de hêtre sont contenus dans de vastes tonneaux dont les parois criblées de trous laissent circuler l'air en liberté; le vinaigre formé s'échappe par la partie inférieure.

Si la conversion n'est pas complète après le premier passage du liquide alcoolique, on le soumet une seconde fois dans l'appareil à l'action oxygénante de l'air.

Le meilleur vinaigre est celui qui provient de vins assez riches en alcool; la présence de quelques matières étrangères, telles que l'éther acétique ou le bitartrate de potasse, est loin de nuire à leur usage culinaire et pharmaceutique. Les vinaigres provenant d'autres liquides alcooliques peuvent se substituer au vinaigre de vin dans ses principales applications. L'acide acétique du bois est moins propre à l'usage interne, mais il convient très-bien au traitement extérieur des ulcères et des plaies.

L'acide acétique très-concentré s'emploie dans les syncopes et ranime quelquefois par son odeur piquante. Le vinaigre fort arrête la putréfaction et peut conserver quelque temps les viandes et les matières animales.

On ne trouve jamais dans le vinaigre du bois certains infusoires connus sous le nom d'anguilles du vinaigre (*vibrio aceti*). Ces animalcules se reconnaissent très-bien à l'aide du microscope dans le vinaigre du vin où ils existent souvent. On peut les détruire en faisant passer le vinaigre dans un tube d'étain tourné en spirale et chauffé de + 90 à + 100°. Les vibrions périssent et ne se montrent plus; on en sépare les débris par une simple filtration.

Un bon vinaigre, indépendamment de son origine, que l'on reconnaît surtout par un goût exercé, doit avoir encore une force voulue. Il faut que 100 grammes saturent et, par conséquent, dissolvent 8 grammes de craie.

Les acides minéraux constituent, par leur présence dans le vinaigre, une altération et presque toujours une fraude qui doivent le faire repousser. Ces acides se reconnaissent par leurs réactions appropriées.

Acétates.

L'acide acétique donne naissance, par sa combinaison avec les bases, à une série de sels qui intéressent par leurs applications et par leurs propriétés, ou bien par la production de plusieurs produits nouveaux.

Les acétates sont généralement des sels solubles. La proportion de l'acide à l'égard de la base paraît assez variable pour quelques sels, sans doute parce que l'on est encore loin de connaître la constitution des différentes bases produites par chaque métal.

Les acétates dissous, les acétates alcalins, en particulier, sont altérés au contact de l'air. De l'acide carbonique se fixe sur la base et, en même temps il se forme des matières d'un aspect gélatineux, qui prennent également naissance dans le vinaigre ancien, et qui ne paraissent pas différer du produit désigné sous le nom de mère du vinaigre.

Tous les acétates sont décomposés par la chaleur ; les acétates alcalins fournissent ainsi à la distillation un liquide désigné sous le nom d'*acétone*. La composition de ce produit explique très-bien sa formation. Il a en effet pour formule C^3H^3O, et l'on trouve qu'en retranchant cette formule d'un acétate alcalin anhydre, il reste du carbonate alcalin :

$C^4H^3O^3$, MO. Acétate alcalin.
C^3H^3O. — Acétone.

$C\ O^2$, MO. Carbonate alcalin.

C'est ainsi que se passe en effet la décomposition principale.

Les acétates des sections inférieures, tels que ceux d'argent et de mercure, laissent un résidu métallique et offrent nécessairement un autre mode de décomposition ; ils produisent de l'acide acétique, de l'acide carbonique et de l'eau.

Les acétates intermédiaires donnent en même temps les acides acétique et carbonique, de l'acétone et de l'eau.

Tous les acétates sont décomposés par l'acide sulfurique qui en dégage à l'aide de la chaleur un produit volatil acide, que l'on peut recueillir. Cet acide volatil, doué de l'odeur pénétrante qui caractérise l'acide acétique, se reconnaît en outre à la propriété de dissoudre des quantités notables d'oxyde de plomb et de prendre ainsi une réaction alcaline. On peut ensuite, à l'aide de l'acide carbonique, précipiter plus des deux tiers de l'oxyde dissous, à l'état de carbonate de plomb. Cette contre-épreuve est nécessaire pour distinguer l'acide acétique de l'acide formique qui, dans les mêmes circonstances, prend aussi une réaction alcaline.

Les acétates, chauffés avec une petite quantité de potasse et d'acide arsénieux, dégagent une odeur d'ail très-prononcée.

Il est inutile d'ajouter que l'ensemble des réactions qui vient d'être signalé sert également à faire reconnaître l'acide libre.

Acétate de potasse, $C^4H^3O^3$, KO.

Ce sel s'obtient en saturant le vinaigre par le carbonate de potasse, et en évaporant ensuite jusqu'à siccité. Il faut maintenir l'acide acétique en excès, et retirer les croûtes cristallines qui se forment à la surface jusqu'à ce que tout le liquide ait disparu.

L'acétate de potasse cristallise difficilement; il possède une saveur salée, mais faible, et qui n'est pas désagréable. Il se dissout très-bien dans l'eau et dans l'alcool; sa dissolution aqueuse devient fortement décolorante lorsqu'on y dirige un courant de chlore ; elle peut dissoudre à chaud une quantité assez forte de sulfate de plomb qu'elle n'abandonne qu'en partie par le refroidissement.

L'acétate de potasse, distillé avec l'acide arsénieux, produit la liqueur fumante de Cadet. Ce composé curieux, spontanément inflammable à l'air, est devenu, entre les mains de M. Bunsen, le point de départ d'un admirable travail. C'est l'odeur produite par la liqueur fumante de Cadet qui permet de reconnaître la présence de l'acide acétique, même en proportion minime ; on sature d'abord l'acide par la potasse ; on dessèche la combinaison, puis on y ajoute l'acide arsénieux et l'on chauffe.

Biacétate de potasse. — Thomson avait indiqué un biacétate de potasse sur lequel M. Melsens a fourni des indications précises et intéressantes. Il obtient ce sel en sursaturant l'acétate de potasse par de l'acide acétique distillé, évaporant et laissant cristalliser. Il a la forme de lamelles ou d'aiguilles prismatiques et, dans tous les cas, sa composition se représente par :

$$C^4H^3O^3, KO + C^4H^4O^4.$$

Ce sel très-déliquescent peut être chauffé dans le vide jusqu'à + 120° sans perdre plus de deux ou trois millièmes de son poids. Il fond à +148, entre en ébullition à + 200° et abandonne alors de l'acide acétique cristallisable, qui peut très-bien se préparer ainsi ; à + 300° des produits de décomposition prennent naissance.

Ce procédé fournit en acide acétique monhydraté le tiers du poids du biacétate employé.

L'acide acétique moyennement dilué se fixe sur l'acétate neutre de potasse ; lorsqu'on le chauffe au contact de ce sel, il laisse passer d'abord son eau à la distillation et fournit aisément par cette rectification de l'acide très-concentré. Il ne faudrait pas partir d'un acide trop affaibli, car le biacétate de potasse est détruit lui-même par la vapeur d'eau.

Acétate de soude, $C^4H^3O^3, NaO, 6HO$.

Ce sel cristallise en prismes obliques à base rhombe, tronqués aux angles et aux arêtes latérales ; il peut se présenter en aiguilles allongées ou en prismes cannelés. Sa cristallisation ne s'effectue pas toujours d'ailleurs avec la même facilité ; elle résiste parfois même dans un état de concentration très-avancée ; d'autres fois elle se fait subitement par l'addition d'un corps anguleux.

Ce sel a une saveur salée, agréable et fraîche ; il est soluble dans trois parties d'eau froide et dans cinq parties d'alcool. Il peut se fondre dans son eau d'hydratation qui se dissipe dans l'air sec ; mais il se liquéfie de nouveau par la chaleur et supporte, sans décomposition, une température portée au rouge obscur. Le sel anhydre fondu éclate, par le refroidissement, avec bruit et se projette dans toutes les directions. L'acétate de soude se forme très-bien lorsqu'on mélange l'acétate de chaux au sulfate de soude. Lorsqu'on emploie des dissolutions concentrées et bouillantes des deux sels, il se précipite un sulfate double de chaux et de soude. Mais on peut très-bien saturer le carbonate de soude par l'acide acétique, quelle que soit l'origine de ce dernier, évaporer à siccité et reprendre par l'eau le sel fortement chauffé. L'acétate est ensuite purifié par des cristallisations réitérées.

Acétate d'ammoniaque. — L'acide acétique se sature très-bien par le gaz ammoniac, et forme ainsi un sel neutre, qui a été très-utile en médecine, où il était anciennement connu sous le nom d'*esprit de Mindérer*.

Ce sel peut être obtenu à l'état solide en saturant l'acide acétique cristallisable par du gaz ammoniac, ou bien en faisant fondre le biacétate d'ammoniaque au bain-marie, et en le saturant ensuite avec du gaz ammoniac. Ce sel est solide, blanc, inodore, d'une saveur salée et un peu brûlante.

Il est soluble dans l'alcool et dans l'eau. La chaleur lui enlève de l'ammoniaque et le convertit en bisel ; la solution aqueuse se convertit aussi par l'évaporation et l'ébullition en biacétate.

Ainsi l'acétate d'ammoniaque neutre ne saurait être concentré sans subir une décomposition sensible ; mais il s'obtient très-bien en dissolution, soit par double décomposition, soit par la saturation directe de l'acide acétique à l'aide de l'ammoniaque caustique ou du carbonate d'ammoniaque. On s'arrête, dans ce dernier cas, au moment où la liqueur est neutre.

Le *biacétate d'ammoniaque* se concentre très-bien, se distille même sous forme d'un liquide pesant, épais et incolore qui se solidifie à la température ordinaire. Il est déliquescent et soluble, en toute proportion, dans l'alcool et dans l'eau.

L'*acétate de baryte* cristallise en prismes obliques, à huit pans et à base rhombe ; ces cristaux sont d'une blancheur éclatante. Sa saveur est piquante et désagréable. Il est plus soluble dans l'eau à froid qu'à chaud. Il est peu soluble dans l'alcool. Les cristaux formés au-dessous de + 15° ont pour composition :

$$C^4H^3O^3, BaO, 3HO.$$

Ils s'effleurissent à une température plus haute et ne renferment plus que :

$$C^4H^3O^3, BaO, HO.$$

L'*acétate de strontiane* est décrit avec quatre équivalents d'eau $C^4H^3O^3$, SrO, 4HO, lorsqu'il est cristallisé à + 15° ou au-dessous ; à une température plus élevée il ne renfermerait plus qu'un demi-équivalent d'eau :

$$C^4H^3O^3, SrO, \frac{HO.}{2}$$

L'*acétate de chaux* ne peut s'obtenir par l'action de

l'acide acétique anhydre sur le marbre; le carbonate calcaire n'est décomposé qu'autant qu'on ajoute de l'eau.

Ce sel cristallise avec une quantité d'eau qui n'a pas été déterminée; il est très-soluble dans l'eau et cristallise en prismes ou en aiguilles d'une saveur âcre et salée. Chauffé un peu au-dessus de 100°, il devient phosphorescent lorsqu'on le porte dans l'obscurité.

M. Fritsche a obtenu une combinaison d'acétate de chaux et de chlorure de calcium en dissolvant des équivalents égaux des deux sels. Ce sel a pour formule :

$$C^4H^3O^3, CaO + CaCl + 10HO.$$

Les dix équivalents d'eau s'enlèvent à + 100°.

L'*acétate de magnésie* est signalé comme une masse déliquescente, gommeuse, incristallisable et soluble dans l'alcool.

L'*acétate de protoxyde de manganèse* cristallise en tables d'un rouge améthyste, inaltérable à l'air, soluble dans l'alcool et dans l'eau froide.

L'*acétate de zinc* cristallise en lames hexagones, flexibles, blanches, d'un aspect gras et d'un éclat nacré. Il renferme trois équivalents d'eau, et s'exprime par :

$$C^4H^3O^3, ZnO, 3HO.$$

Il est efflorescent et très-soluble dans l'eau.

M. Schindler a décrit un acétate avec un seul équivalent d'eau; le même chimiste assure qu'en faisant bouillir le premier sel avec de l'alcool, on obtient un sel basique qui se représente par :

$$C^4H^3O^3, 3ZnO.$$

L'*acétate de protoxyde de fer* se présente sous formes d'aiguilles soyeuses, fines, sans doute hydratées; elles sont d'un vert très-clair, très-solubles dans l'eau et fort altérables à l'air.

L'*acétate de nickel* renferme de l'eau d'hydratation qui

s'enlève en partie par efflorescence : ses cristaux sont verts, solubles dans six parties d'eau, et insolubles dans l'alcool.

L'*acétate de cobalt* se prend par la concentration d'une liqueur aqueuse eu une masse violette, cristalline, déliquescente. Il forme une encre sympathique, incolore à froid, et devenant bleue par la chaleur. M. Ilsemann indique pour cette encre de prendre seize parties de vinaigre distillé, une partie d'oxyde de cobalt, de réduire la dissolution jusqu'aux trois quarts de son volume, de filtrer, d'évaporer jusqu'à moitié, et d'ajouter à la liqueur un quart de sel marin.

L'*acétate d'alumine* se prépare en versant le sulfate d'alumine dans l'acétate de baryte, jusqu'à cessation de précipité. On filtre et l'on évapore dans le vide. On obtient une mousse gommeuse que l'action de la plus faible chaleur décompose en acide acétique et en acétate d'alumine basique.

La dissolution aqueuse de ce sel peut être chauffée sans aucun phénomène apparent, tant qu'elle ne renferme aucun sel étranger ; mais en y ajoutant du sulfate de potasse ou de soude, et plusieurs autres sels à base alcaline ou terreuse, M. Gay-Lussac a reconnu que la liqueur se troublait à chaud et formait un précipité qui se redissout à froid. L'acétate d'alumine sert en teinture comme mordant.

L'*acétate de peroxyde de fer* s'obtient de la même façon que le sel d'alumine ; il présente la même particularité lorsqu'il est dissous et qu'on vient à le chauffer. Il est aussi employé comme mordant, mais principalement dans l'application des couleurs foncées, tandis que l'acétate d'alumine convient aux couleurs claires et vives. Une toile imprégnée d'acétate de fer contracte une inflammabilité très-remarquable et devient propre à la confection des moxas. Les acétates de plomb et de manganèse communiquent la même propriété à la toile.

Acétates de plomb.

L'acide acétique forme, avec l'oxyde de plomb, plusieurs combinaisons qui sont ainsi formulées :

$C^4H^3O^3$, PbO, 3HO....... Acétate neutre.
$2C^4H^3O^3 + 3PbO$........ Acétate sesquibasique.
$C^4H^3O^3$, 3PbO........... Acétate tribasique.
$C^4H^3O^3$, 6PbO........... Acétate sexbasique.

Acétate neutre. — $C^4H^3O^3$, PbO, 3HO. Ce sel perd ses trois équivalents d'eau dans le vide, au-dessus de l'acide sulfurique ; il cristallise aussi à l'état anhydre, lorsqu'on la fait dissoudre dans l'alcool absolu.

Il cristallise en aiguilles ou en prismes droits rhomboïdaux, terminés par des sommets dièdres ; ces cristaux blancs et transparents ont une saveur douceâtre qui devient ensuite fort désagréable. Ils s'effleurissent à l'air et fondent à + 57,5 ; maintenus à cette température, ils deviennent anhydres et solides. En chauffant davantage, le sel fond encore, abandonne les éléments de l'acide acétique jusqu'à ce qu'il ne retienne plus que les deux tiers de l'acide primitif, et se prend alors en une masse blanche et poreuse qui, dissoute dans l'eau, fournit l'acétate sesquibasique.

L'acétate neutre est soluble à froid dans une partie et demie d'eau et dans huit parties d'alcool. La solution aqueuse est troublée par l'acide carbonique, et laisse déposer jusqu'à 54, 68 pour 100 de carbonate de plomb.

On obtient l'acétate de plomb neutre en dissolvant la litharge dans l'acide acétique ; on rend ensuite la liqueur acide, et comme la litharge peut contenir de l'oxyde de cuivre, on ajoute à la dissolution des lames de plomb qui précipitent le cuivre à l'état métallique. Cette action du plomb est assez efficace pour qu'on puisse préparer les acétates de plomb dans des vases de cuivre, en ayant soin d'y maintenir durant l'opération une lame de plomb.

On peut encore, en suivant une autre méthode, réduire le plomb en lames minces qui trempent en partie dans l'acide acétique. L'air fait les frais de l'oxydation. Dans chaque préparation, il faut évaporer la liqueur et faire cristalliser l'acétate de plomb.

Acétate sesquibasique, $2C^4H^3O^3 + 3PbO$.

Ce sel résulte de la décomposition ménagée de l'acétate neutre par la chaleur.

Il est soluble dans l'eau et dans l'alcool ; sa réaction est alcaline. Il fournit de l'acétone, des produits empyreumatiques et du gaz par sa décomposition ignée.

Acétate tribasique, $C^4H^3O^3 + 3PbO$.

Sous-acétate de plomb. — Ce sel s'obtient cristallisé en ajoutant, à une dissolution d'acétate neutre saturée à froid, un cinquième de son volume d'ammoniaque caustique. On peut aussi le préparer en faisant digérer l'acétate neutre de plomb sur un excès de litharge ; le sel basique se produit aussi bien à froid qu'à chaud. Il est très-soluble dans l'eau, d'où il se sépare par l'évaporation en une masse blanche, opaque, composée d'aiguilles très-fines. Il est insoluble dans l'alcool, qui trouble fortement la solution aqueuse ; celle-ci est très-sensible à l'action de l'acide carbonique qui précipite du carbonate. La solution très-concentrée d'acétate tribasique porte le nom *d'extrait de Saturne* ; affaiblie, on la nomme vulgairement *eau de Goulard.* L'acétate tribasique précipite la gomme, le tanin, l'empois, les matières extractives des végétaux, mais il ne précipite pas le sucre.

Acétate sexbasique, $C^4H^3O^3, 6PbO$.

Lorsqu'on fait bouillir la litharge dans une solution très-affaiblie d'acétate de plomb neutre, ou bien lorsqu'on verse dans les acétates précédents un excès d'ammoniaque, on obtient un acétate de plomb sexbasique. Ce sel, examiné au microscope, présente un aspect cristallin ; c'est à sa présence qu'est due l'écume blanche ainsi que le dépôt qui prennent naissance dans la préparation de l'acétate tribasique.

L'acétate sexbasique est peu soluble dans l'eau bouillante, d'où il se dépose en cristaux brillants ressemblant à des barbes de plume. Ce sel est hydraté ; mais il perd, dans le vide, toute l'eau qu'il contient.

Acétates de cuivre.

L'existence d'un acétate de protoxyde de cuivre est assez douteuse ; mais les combinaisons formées par l'acide acétique et le bioxyde de cuivre sont très-variées. Les travaux de M. Berzélius ont surtout contribué à distinguer les suivantes :

$C^4H^3O^3$, CuO, 5HO, acétate neutre hydraté, sel de M. Woehler.
$C^4H^3O^3$, CuO, HO, acétate neutre ou verdet.
$2C^4H^3O^3 + 3CuO + 6HO$, acétate sesquibasique.
$C^4H^3O^3$, 2CuO, 6HO, acétate bibasique ou vert-de-gris.
$2(C^4H^3O^3 + 3CuO) + 3HO$, acétate tribasique.
$C^4H^3O^3$, 48CuO, 24HO, acétate polybasique, admis par M. Berzélius.

L'acétate neutre hydraté $C^4H^3O^3$, CuO, 5HO ne s'obtient qu'à une température voisine de +8°. M. Woelher l'a observé le premier. Ces cristaux très-volumineux ont la forme de parallélipipèdes obliques ; ils sont d'un bleu très-vif. Si on les retire de la liqueur où ils se sont formés, et qu'on cherche à les conserver, ils se convertissent en une masse d'un vert noirâtre pour peu que la température dépasse simplement celle à laquelle ils ont pris naissance. Ils se changent ainsi en verdet ou acétate monobasique.

L'acétate neutre monobasique $C^4H^3O^3$, CuO, HO, qu'on nomme encore verdet ou sel de Vénus, cristallise en prismes rhomboïdaux d'un vert tellement foncé, que les cristaux les plus gros semblent presque noirs. On le rencontre souvent en grappes que l'on conserve dans une atmosphère imprégnée de quelques vapeurs d'acide acétique ; à l'air il s'altère légèrement à la surface, et se recouvre d'une poudre d'un vert clair.

Ce sel, chauffé vivement, s'enflamme et brûle avec une flamme verte très-prononcée. Distillé en vase clos, il fournit un acide très-concentré, employé comme acide radical pour exciter la membrane muqueuse du nez. Dans cette distillation, l'acide se trouve mélangé d'acétone ; le dôme de la cornue se tapisse d'une poudre blanche lanugineuse qui est regardée comme de l'acétate de protoxyde de cuivre. Le résidu de la cornue est un mélange de cuivre divisé et de matière charbonneuse ; ce résidu s'oxyde et brûle comme de l'amadou lorsqu'on le chauffe au contact de l'air.

Acétate sesquibasique, $2C^4H^3O^3 + 3CuO + 6HO$.

Lorsque le vert-de-gris est lessivé par de l'eau tiède, il se décompose en un sel peu soluble, qui consiste en acétate tribasique et en un autre sel qui se dissout. Ce dernier est l'acétate sesquibasique. Il se dépose lorsqu'on abandonne la dissolution à l'évaporation spontanée, ou bien lorsqu'on y ajoute de l'alcool.

Ce sel est tantôt amorphe, tantôt cristallisé en écailles d'un bleu pâle ; il est très-soluble dans l'eau chaude, peu soluble dans l'eau froide, et insoluble dans l'alcool. Chauffé à $+100°$, il perd trois équivalents d'eau, et devient :

$$2C^4H^3O^3 + 3CuO + 3HO.$$

Acétate bibasique ou vert-de-gris, $C^4H^3O^3, 2CuO, 6HO$.

La composition qui est indiquée n'appartient pas toujours au vert-de-gris du commerce ; lorsque ce produit est bleuâtre, il consiste surtout en acétate sesquibasique ; lorsqu'il est, au contraire, d'un vert pâle, il est formé réellement d'acétate bibasique. Dans ce dernier cas, cependant, de l'acétate tribasique peut exister à l'état de mélange.

Le vert-de-gris délayé dans l'eau forme une bouillie dans laquelle on distingue une multitude de petites aiguilles cristallines qui surnagent en partie.

Ce produit s'obtient en plaçant des lames de cuivre entre des rondelles de drap trempées dans le vinaigre, ou bien en superposant des couches alternatives de lames de cuivre et de marc de raisin déjà acidifié. Au bout de quelques semaines, on retire ces lames, on les humecte, et, plus tard, on détache le vert-de-gris.

On désigne encore sous le nom de vert-de-gris toutes les croûtes bleues ou verdâtres qui se forment au contact du cuivre et des acides les plus variables ; mais ces produits, qui constituent toujours des combinaisons de l'oxyde de cuivre avec l'acide qui le mouille, ne doivent pas être confondus avec le vert-de-gris proprement dit, ou acétate bibasique.

Acétate tribasique, $2(C^4H^3O^3, 3CuO) + 3HO$.

Lorsqu'on a traité le vert-de-gris par l'eau tiède, le résidu insoluble offre la composition d'un acétate tribasique. C'est une poudre d'un vert clair qui ne perd pas d'eau à $+100°$, et qui brûle avec une faible détonation lorsqu'on la chauffe.

Acétate polybasique, $C^4H^3O^3, 48CuO, 24HO$.

L'acétate neutre de cuivre tend à former un sel basique par son ébullition prolongée dans l'eau ; tous les acétates basiques de cuivre tendent à devenir, dans la même circonstance, de plus en plus basiques, et même à se convertir en bioxyde. M. Berzélius croit devoir considérer le sel polybasique qui est indiqué comme une combinaison définie ; il l'obtient en chauffant les sels basiques précédents avec une grande quantité d'eau. Ce sel est brun : il brûle à l'air avec une légère détonation et en lançant des étincelles.

Tous les acétates de cuivre mis en ébullition avec une

solution de sucre fournissent du protoxyde de cuivre d'une belle couleur rouge ; une partie du cuivre reste en dissolution dans un état qui n'est pas encore bien déterminé.

On obtient plusieurs acétates doubles de cuivre et de chaux, de cuivre et de potasse, etc., ainsi que des combinaisons d'acétates avec d'autres sels. On a décrit entre autres, sous le nom de vert de Schweinfurt ou vert de Vienne, un sel qui est composé d'acétate et d'arsénite de cuivre.

C'est une combinaison qui a pour formule :

$$C^4H^3O^3, CuO + 3(AsO^2, CuO).$$

Elle se forme par le mélange d'une solution bouillante d'acide arsénieux (8 part.) et d'une bouillie claire de vert-de-gris (10 part.) délayée dans de l'eau à + 50 + 60°. Cette combinaison, d'un vert éclatant, fournit, lorsqu'on la fait bouillir en présence de la potasse caustique, du protoxyde de cuivre très-pur. En même temps l'acide arsénieux se convertit en arséniate.

Acétate de protoxyde de mercure, $C^4H^3O^3, Hg^2O$.

Il s'obtient très-bien en versant de l'acide acétique concentré dans une solution bouillante de nitrate de protoxyde de mercure ; il cristallise par le refroidissement en lames blanches et brillantes. Dans cet état le sel est anhydre, d'après l'analyse de M. Lefort. Il est peu soluble dans l'eau froide ; insoluble dans l'alcool ; la lumière le noircit facilement.

Acétate de bioxyde de mercure, $C^4H^3O^3, HgO$.

Ce sel se prépare à l'aide du bioxyde de mercure et de l'acide acétique : on concentre ensuite par l'évaporation. Il cristallise en lames ou bien en cristaux volumineux lorsque l'évaporation est spontanée. Les cristaux repris par l'eau froide se dissolvent ; mais l'eau bouillante précipite de l'oxyde rouge de mercure parfaitement pur.

Acétate d'argent, $C^4H^3O^3$, AgO.

Ce sel, peu soluble à froid, s'obtient par l'oxyde d'argent et l'acide acétique, ou bien par double décomposition, en prenant un acétate alcalin et le nitrate d'argent en solution chaude et concentrée.

L'acide nitrique concentré ne le décompose pas même par l'ébullition, tandis que l'acide nitrique affaibli chasse l'acide acétique.

Éther acétique, $C^4H^3O^3$, C^4H^5O.

Cet éther fut découvert par Lauraguais ; Scheele remarqua l'influence d'un acide minéral sur sa production ; MM. Dumas et Boullay en ont déterminé la composition.

On peut obtenir l'éther acétique par l'action directe de l'acide acétique sur l'alcool ; mais l'éthérification ne porte que sur une très-petite portion du mélange.

En distillant :

Acétate de plomb anhydre........	16
Alcool concentré.................	4,5
Acide sulfurique monohydraté.....	6

ou bien :

Acétate de soude.................	10
Alcool concentré.................	6
Acide sulfurique monohydraté.....	15

on obtient une quantité très-notable d'éther acétique.

Le produit de la distillation saturé par de la chaux, puis abandonné quelque temps au contact du chlorure de calcium, en est séparé par une nouvelle distillation.

L'éther ainsi obtenu est limpide, incolore, d'une odeur agréable : il bout à + 74° et pèse 0,89 à + 15°. Il se dissout dans sept parties d'eau et se mêle en toute proportion à l'alcool et à l'éther ; agité au contact du chlorure de calcium, il forme une masse molle et cristalline qui laisse reparaître l'éther en présence de l'eau. L'acide sulfurique le décompose. Les alcalis le convertissent en alcool et acétate alcalin.

M. Malagutti a reconnu quela première action du chlore lui enlève deux équivalents d'hydrogène; il se forme un composé représenté par :

$$C^4H^3O^3, C^4H^3Cl^2O.$$

Au contact d'une solution alcoolique de potasse, cet éther chloré se convertit complétement en acétate et en chlorure.

M. Leblanc a poursuivi cette action du chlore sur l'éther chloré de M. Malagutti[1]; il est arrivé à séparer un nouveau produit qui se représente par :

$$C^8Cl^8O^4.$$

C'est de l'éther acétique dans lequel tout l'hydrogène est remplacé par du chlore.

$$C^8Cl^8O^4. = C^4Cl^3O^3, C^4Cl^5O.$$

Il se forme en même temps du sesquichlorure de carbone et de l'acide acétique. L'aldéhyde chloré de M. Malagutti y prend sans doute naissance aussi.

L'éther acétique perchloré de M. Leblanc est liquide, huileux, il ne bout qu'à + 245°. Il se décompose instantanément au contact des lessives alcalines en acide chloracétique. L'eau opère la même décomposition, mais avec lenteur.

Acide sulfacétique.

M. Melsens prépare cet acide en faisant réagir à chaud l'acide sulfurique anhydre sur l'acide acétique monohydraté $C^4H^4O^4$. Le produit de la réaction est traité par du carbonate de baryte; le sel de baryte brut est décomposé par l'acide sulfurique, puis on sature l'acide sulfacétique par l'oxyde d'argent qui fournit un sel cristallisé.

L'acide sulfacétique peut être obtenu dans son plus

[1] *Annuaire de Chimie*. Paris, 1845, pag. 276.

grand état de pureté, en décomposant le sel d'argent ou de plomb par un courant d'hydrogène sulfuré.

Cet acide qui est déliquescent fond à + 62°, et cristallise par le refroidissement ; chauffé à + 100°, et maintenu quelque temps à cette température, il ne cristallise plus que partiellement ; à + 160°, il dégage une odeur de caramel qui rappelle l'acide tartrique ; vers + 200°, sa décomposition est complète.

Sa saveur franchement acide rappelle celle des acides tartrique et citrique.

L'acide cristallisé a pour formule :

$$C^4H^4O^4, 2SO^3, 3HO.$$

Il perd un équivalent d'eau dans le vide au-dessus de l'acide phosphorique anhydre et devient

$$C^4H^4O^4, 2SO^3, 2HO.$$

Les sels de soude, de potasse, d'ammoniaque, de baryte, de chaux, de fer, de mercure et d'argent sont solubles dans l'eau, insolubles dans l'alcool.

Le sel de potasse a pour formule :

$$C^4H^4O^4, 2SO^3, 2KO.$$

Le sel de baryte cristallise sous deux formes : dans l'une il contient

$$C^4H^4O^4, 2SO^3, 2BaO + HO.$$

Dans l'autre,

$$C^4H^4O^4, 2SO^3, 2BaO.$$

Le sulfacétate de plomb s'exprime par :

$$C^4H^4O^4, 2SO^3, 2PbO.$$

Le sulfacétate d'argent offre la même composition. M. Melsens pense qu'il se produit un acide vinique lorsqu'on décompose par l'acide hydrochlorique gazeux le sulfacétate d'argent suspendu dans l'alcool absolu.

Acide chloracétique.

Cet acide a été découvert et étudié dans ses combinaisons par M. Dumas, qui l'obtient en exposant l'acide acétique monohydraté à l'action du chlore sec, sous l'influence des rayons solaires. Le chlore est introduit d'avance dans des flacons d'une capacité de cinq à six litres ; pour chaque litre de chlore on verse de 0,8 à 0,9 d'acide acétique cristallisable. Après vingt-quatre heures, les parois des flacons sont tapissées d'arborisations et de cristallisations. On débouche les flacons qui restent ouverts quelque temps, afin de se vider des gaz chlorhydrique et chloroxycarbonique qui se sont produits ; puis on ajoute un peu d'eau qui dissout tous les cristaux. Ceux-ci consistent en un mélange d'acides oxalique, acétique et chloracétique. On fait évaporer dans le vide au-dessus de l'acide sulfurique et de la potasse caustique. L'acide oxalique cristallise le premier ; les eaux mères sont décantées et distillées sur de l'acide phosphorique anhydre. L'acide oxalique est décomposé ; l'acide acétique distille le premier; l'acide chloracétique qui ne bout qu'à 200° vient ensuite.

L'acide chloracétique cristallise en lames rhomboédriques ou en aiguilles incolores. Les cristaux ont une faible odeur et une saveur caustique et âpre. Ils attirent rapidement l'humidité de l'air et se liquéfient. Cet acide blanchit la langue, désorganise la peau et produit une vapeur suffocante ; il rougit la teinture de tournesol.

Il fond à + 45° et bout de + 195 à + 200° ; la densité de l'acide fondu est de 1,617 à + 46°. Lorsqu'on le chauffe en présence d'un excès d'alcali, il se transforme en carbonate alcalin et en chloroforme ; ce dernier engendre ensuite du chlorure et du formiate.

$$C^4Cl^3O^3, HO + 2KO = \underset{\text{Chloroforme.}}{C^2HCl^3} + 2(Co^2, KO).$$

Lorsqu'on fait tomber un amalgame contenant 1 de potassium et 150 de mercure dans une solution aqueuse d'acide chloracétique, on régénère, suivant M. Melsens, l'acide acétique.

M. Kolbe a reconnu qu'on pouvait encore obtenir l'acide chloracétique avec le protochlorure de carbone C^4Cl^4. Ce composé est renfermé dans un flacon rempli de chlore, et exposé sous une couche d'eau à l'action de la lumière directe du soleil : il se forme du sesquichlorure de carbone solide C^4Cl^6, et en même temps la couche d'eau qui surnage contient de l'acide hydrochlorique et de l'acide chloracétique.

M. Malagutti a obtenu aussi l'acide chloracétique en versant l'aldéhyde chloré $C^4Cl^4O^2$ dans l'eau.

$$C^4Cl^4O^2 + 2HO = C^4Cl^3O^3, HO + ClH.$$

Les chloracétates sont solubles; les sels métalliques se convertissent par la chaleur en chlorure métallique, oxyde de carbone et acide chloroxycarbonique. Le sel de potasse s'exprime par :

$$C^4Cl^3O^3, KO, 2HO.$$

Il cristallise en aiguilles soyeuses inaltérables dans l'air sec et déliquescentes dans l'air humide. Il se décompose avec une faible explosion lorsqu'on le chauffe.

Le sel d'ammoniaque renferme :

$$C^4Cl^3O^3, AzH^3, HO + 4HO.$$

Chauffé avec un excès d'ammoniaque, il distille et fournit du chloroforme et du carbonate d'ammoniaque.

Le chloracétate d'argent est anhydre ; il a pour formule :

$$C^4Cl^3O^3, Agg.$$

L'éther chloracétique $C^4Cl^3O^3, C^4H^5O$ se prépare en distillant un mélange de chloracétate alcalin ou d'acide chloracétique avec de l'acide sulfurique et de l'alcool. On ajoute de l'eau au produit distillé, et l'éther se sépare sous forme d'une huile. M. Leblanc est parvenu à lui enlever tout l'hydrogène qu'il renferme en le traitant par le chlore qui se substitue. Il a ainsi obtenu un éther perchloré identique avec celui que lui avait donné l'éther chloracétique.

$$C^8Cl^8O^4.$$

§ VII. — Produits dérivés de l'acide acétique.—Hydrogène protocarboné, chloroforme, etc.—Acétone. — Cacodyle.

Hydrogène protocarboné. — Gaz des marais, C^2H^4.

L'acide acétique, soumis à l'action catalytique de la mousse de platine à une température un peu supérieure à l'ébullition du mercure, se partage en acide carbonique et hydrogène protocarboné :

$C^4H^4O^4$	$=$	C^2O^4	$+$	C^2H^4.
Acide acétique.		Acide carbonique.		Hyd. protocarboné.

Les alcalis hydratés produisent le même résultat en agissant sur l'acide acétique; mais l'acide carbonique reste en combinaison avec l'alcali. L'hydrogène protocarboné se rattache ainsi à l'acide acétique; mais il se lie en outre à toute la série alcoolique par les produits qui en dérivent.

L'hydrogène protocarboné obtenu par l'action de la mousse de platine ou des alcalis hydratés sur l'acide acétique, est identique avec le gaz plus anciennement connu sous le nom de *gaz des marais*.

M. Dumas conseille de préparer l'hydrogène protocarboné en mélangeant 10 grammes d'acétate de soude avec 30 ou 40 grammes de baryte caustique : on chauffe ensuite très-doucement le mélange dans une cornue de verre; mais on peut très-bien remplacer la baryte par un mélange de quatre parties de potasse avec six parties de chaux vive. Pour dix parties de ce mélange, on emploie quatre parties d'acétate de soude cristallisé.

M. Persoz a fait connaître le premier cette réaction curieuse de la potasse hydratée sur l'acide acétique. Il y a trouvé un argument favorable à des idées théoriques qui ne sauraient trouver place ici.

L'hydrogène protocarboné se produit spontanément dans la vase des marais, aux dépens des détritus organiques que les végétaux y répandent. Il a, sans doute, une origine analogue dans les houillères où il s'échappe quelquefois avec abondance de certains filons dans lesquels il se trouve comprimé.

Le gaz des marais a une odeur désagréable ; sa pesanteur spécifique est de 0,5589. La chaleur et l'étincelle électrique le décomposent ; le charbon se dépose et l'hydrogène se sépare. Il brûle avec une flamme bleue peu éclairante.

Le chlore réagit vivement sur l'hydrogène protocarboné, et donne naissance à deux produits intéressants : 1° le chloroforme ; 2° le perchlorure de carbone.

Le chloroforme se représente dans sa composition par :

$$C^2\underline{Cl^3H}$$

et le perchlorure de carbone par :

$$C^2Cl^4.$$

On voit que ces deux composés se trouvent dans un rapport numérique très-remarquable avec l'hydrogène protocarboné. L'hydrogène se trouve enlevé par le chlore et remplacé en proportion équivalente :

Hydrogène protocarboné.... C^2H^4.
Chloroforme............. $C^2\underline{Cl^3H}$.
Perchlorure de carbone..... C^2Cl^4.

L'esprit de bois [1] renferme, parmi les termes nombreux

[1] L'esprit de bois dont l'étude a été faite d'une manière si remarquable par MM. Dumas et Péligot, figurera dans la deuxième section des principes organiques, au milieu de la famille des alcools.

auxquels il donne naissance, un produit connu sous le nom d'éther hydrochlorique du méthylène; cet éther a pour composition C^2H^3Cl. Il se rattache ainsi numériquement à l'hydrogène protocarboné; et, en effet, M. Regnault a reconnu qu'on pouvait, en partant de l'éther hydrochlorique du méthylène, remplacer successivement tout l'hydrogène par du chlore, de manière à produire la série suivante :

Hydrogène protocarboné.............	C^2H^4.
Éther hydrochlorique de méthylène....	C^2H^3Cl.
— monochloré............	C^2H^2Cl.
— bichloré ou chloroforme..	C^3HCl^3.
— perchlorure de carbone...	C^2Cl^4.

Chloroforme, C^2HCl^3.

Ce composé s'obtient par l'action du chlore sur l'hydrogène protocarboné, ou bien sur l'éther hydrochlorique du méthylène; il résulte aussi de la décomposition de l'acide chloracétique et des chloracétates en présence des alcalis hydratés; le dédoublement se fait ici exactement comme avec l'acide acétique :

$$\underset{\text{Acide chloracétique.}}{C^4Cl^3O^3, HO} = \underset{\text{Chloroforme.}}{C^2HCl^3} + \underset{\text{Acide carbonique.}}{C^2O^4}.$$

Le chloral hydraté se décompose aussi au contact des alcalis en acide formique et en chloroforme.

$$\underset{\text{Chloral.}}{C^4HCl^3O^2, 2HO} = \underset{\text{Chloroforme.}}{C^2HCl^3} + \underset{\text{Acide formique.}}{C^2HO^3, HO}.$$

Enfin le chloroforme se produit dans l'action des hypochlorites alcalins sur l'alcool, l'esprit de bois et l'acétone.

Le chloroforme a été signalé presque en même temps par M. Soubeiran et par M. Liébig.

Mais c'est à M. Dumas que l'on doit la connaissance exacte de sa composition et des transformations curieuses qu'il subit au contact des alcalis. M. Regnault a contribué aussi à établir quelques-unes des relations intéressantes qui ont été précédemment indiquées.

M. Dumas conseille de préparer le chloroforme en prenant, pour une livre de chlorure de chaux, trois livres d'eau et deux ou trois onces d'esprit-de-vin. On condense avec soin le produit de la distillation dans un ballon fortement refroidi; puis on traite ce produit par le chlorure de calcium, sel qui enlève l'eau. On sépare ensuite le chloroforme par une douce chaleur. Il peut être nécessaire de répéter deux ou trois fois l'action du chlorure de calcium.

L'acétone, substitué à l'alcool, donne une plus grande quantité de chloroforme.

A l'état de pureté, le chloroforme est liquide, incolore, oléagineux, d'une odeur éthérée très-agréable, d'une saveur sucrée; il pèse 1,48 à +18, et bout à 60°, 8. La densité de sa vapeur =4,2. Il brûle difficilement et colore la flamme en vert.

Il se décompose dans un tube incandescent en produisant du charbon, de l'acide hydrochlorique, et un corps cristallisé en grandes aiguilles blanches.

Soluble dans l'alcool, il est insoluble dans l'eau, qu'il rend d'abord lactescente, et au fond de laquelle il forme ensuite une couche huileuse. Le chloroforme distille sans altération au contact de l'acide sulfurique et du potassium.

Le chlore le transforme en perchlorure de carbone sous l'influence des rayons solaires. Une dissolution alcoolique de potasse le convertit en formiate de potasse; il se forme en même temps trois équivalents de chlorure de potassium. C'est un remplacement, équivalent pour équivalent, du chlore par l'oxygène :

$$C^2HCl^3 + 4KO = C^2HO^3, KO + 3KCl.$$

Chloroforme. Formiate.

Perchlorure de carbone, C^2Cl^4.

Ce composé, découvert par M. Regnault, se prépare en faisant passer un courant de chlore dans une cornue contenant du chloroforme. La cornue est exposée aux rayons solaires, et chauffée doucement. Le liquide est reporté de nouveau dans la cornue, et l'on réitère plusieurs fois de suite la distillation dans un courant de chlore. Le liquide est ensuite agité avec du mercure, qui lui enlève le chlore dissous; puis distillé.

Le perchlorure de carbone est liquide; son odeur rappelle celle du sesquichlorure solide de M. Faraday. Sa densité est de 1,599 ; il bout à 78°.

Il distille sans altération avec une dissolution d'hydrosulfate de sulfure de potassium.

La chaleur le détruit, lui fait perdre une partie de son chlore, et donne naissance à plusieurs chlorures de carbone dont la composition est différente, suivant la température à laquelle la décomposition a lieu.

Au rouge vif, c'est surtout le sesquichlorure de M. Faraday qui se forme ; à une température plus élevée, le chlorure de carbone de Julin C^2Cl apparaît en petits cristaux soyeux. M. Regnault a cru remarquer qu'au rouge sombre il se fait un sesquichlorure de carbone, isomère de celui de M. Faraday, mais ayant une densité moindre, égale à 1,082.

Combinaisons du perchlorure de carbone. — En traitant le sulfure de carbone par l'eau régale, M. Berzélius a obtenu une combinaison qui semble devoir se rattacher au perchlorure de carbone de M. Regnault. Cette combinaison, qui s'exprime par :

$$CCl^2, SO^2,$$

a été obtenue par M. Kolbe dans l'action du chlore humide sur le sulfure de carbone.

Ce sulfite de perchlorure de carbone :

$$CCl^2, SO^2,$$

s'attaque à chaud par une dissolution alcaline, et fournit un sel particulier dans lequel se trouve un acide énergique qui peut déplacer l'acide hydrochlorique de ses combinaisons. Cet acide, dont tous les sels se dissolvent dans l'eau et dans l'alcool, est solide, cristallisable en petits prismes déliquescents et volatils sans décomposition. Il est composé de :

$$C^2Cl^3O, 2SO^2, HO.$$

Deux molécules de sulfite de perchlorure de carbone s'unissent et changent, au contact de l'alcali, un équivalent de chlore contre un équivalent d'oxygène.

Le sulfite de perchlorure de carbone cède un équivalent de chlore au protochlorure d'étain, à l'hydrogène sulfuré et à l'acide sulfureux ; il devient ainsi :

$$CCl, SO^2.$$

Ce dernier composé est susceptible de reprendre du chlore pour régénérer le sulfite de perchlorure.

Le sulfite de protochlorure ClC, SO^2 double sa molécule en présence d'une solution saline, fixe deux équivalents d'eau, et constitue alors un acide nouveau qui se représente par :

$$C^2Cl^2, 2SO^2, 2HO.$$

Un équivalent d'eau se remplace, dans ce nouvel acide, par un équivalent de base.

Avant les résultats remarquables dus à M. Kolbe, MM. Woehler et Kolbe avaient fait connaître un procédé très-simple pour obtenir le perchlorure de M. Regnault. Ce procédé consiste à faire passer un courant de chlore sec dans un vase renfermant du sulfure de carbone CS^2 bien sec. Le courant de chlore, entraînant le sulfure de carbone, est ensuite dirigé à travers un tube de porcelaine, garni de fragments de porcelaine et chauffé au rouge. Les produits de la réaction sont condensés dans des flacons fortement refroidis. Ils consistent en perchlorure de carbone et en chlorure de soufre. Ce dernier est détruit au contact de l'eau, dans laquelle on verse peu à peu de l'hydrate de potasse, en refroidissant. Le perchlorure de carbone est ensuite séparé par la distillation.

MM. Wœhler et Kolbe ont aussi reconnu que, dans la réaction de l'acide hydrochlorique et du peroxyde de manganèse sur le sulfure de carbone, on obtient, à la suite d'une digestion de quelques jours, un liquide particulier. Ce liquide jaunâtre, d'une odeur irritante, pèse 1,46, et bout à +70°. Il est composé de :

$$C^2S^2Cl^2,$$

ou bien, si l'on veut, d'équivalents égaux de perchlorure et de persulfure de carbone :

$$C^2S^2Cl^2 = CS^2 + CCl^2.$$

Ce composé, insoluble dans l'eau, inattaquable par les acides, est détruit par la potasse caustique. La potasse réagit sur les éléments du sulfure, et laisse intact le perchlorure de M. Regnault. C'est encore, on le voit, un moyen commode d'obtenir cette dernière combinaison.

Bromoforme, C^2HBr^3.

Ce composé, qui correspond au chloroforme par la substitution du brome au chlore, se prépare en remplaçant le chloral par le bromal, ou bien le chlorure de chaux par un bromure d'oxyde.

Plus pesant que l'acide sulfurique, il pèse 2,10. Il est moins soluble que le chloroforme, et très-facilement converti par les alcalis en formiate et bromure alcalin.

Son odeur est suave, sa saveur sucrée. Il s'obtient encore très-bien en dirigeant dans du brome un courant d'hydrogène protocarboné.

Iodoforme, C^2HI^3.

Il a été obtenu bien avant la découverte du chloroforme

par Sérullas qui le préparait en faisant agir d'abord le potassium et plus tard la potasse caustique sur une solution alcoolique d'iode.

On peut très-bien remplacer la potasse caustique par le carbonate de potasse et même par le bicarbonate.

Sa préparation n'offre aucune difficulté : on fait un mélange de potasse caustique ordinaire et d'alcool affaibli, la potasse se dissout : on fait alors tomber peu à peu cette dissolution dans de l'alcool chargé d'iode, jusqu'à ce que l'iode soit presque complétement dissous, ce qui s'annonce par une décoloration sensible. On évapore alors doucement : l'alcool se volatilise et l'iodoforme se dépose mélangé à l'iodure de potassium. On reprend le mélange par l'eau qui dissout seulement l'iodure de potassium.

L'iodoforme est purifié par des lavages réitérés à l'eau : on peut le dissoudre à chaud dans l'alcool et le purifier ainsi par cristallisation; on peut encore le volatiliser.

L'iodoforme est solide, jaune, d'une odeur de safran : il est insoluble dans l'eau, soluble dans l'alcool, volatil à + 100°. A + 120°, il se décompose en carbone, iode et acide hydriodique.

Une dissolution alcoolique de potasse le convertit en formiate et iodure.

Le chlore le convertit en chloroforme et l'iode se combine au chlore excédant.

Distillé avec du protochlorure de phosphore ou du sublimé, il fournit des composés huileux, chlorés et iodés.

M. Bouchardat a reconnu dans le produit qui résulte de l'action du bichlorure, une composition qu'il exprime par :

$$C^2HCl^2.$$

M. Bouchardat est parvenu à obtenir du sulfoforme C^2HS^3, en distillant une partie d'iodoforme avec trois parties de sulfure de mercure. Il se produit une liqueur jaune, oléagineuse, insoluble dans l'eau, plus pesante que l'acide sulfurique et qui se change par l'action de la potasse en sulfure de potassium et formiate de potasse.

Acétone. — Esprit pyroacétique.

La distillation des acétates fournit plusieurs produits liquides dont le plus abondant a reçu le nom d'*esprit pyroacétique* ou d'*acétone*.

Lorsqu'on retranche un équivalent de carbonate d'un acétate anhydre, on a pour reste l'acétone :

$$
\begin{array}{ll}
 & C^4H^3O^3, KO, \text{ acétate de potasse.} \\
- & C\ \ \ O^2, KO, \text{ carbonate de potasse.} \\
\hline
\text{Reste} & C^3H^3O, \text{ acétone.}
\end{array}
$$

Mais comme l'acétone s'accompagne toujours d'une formation d'eau et de quelques autres produits organiques, il est possible que l'acétone résulte de l'action de l'acide carbonique sur l'hydrogène protocarboné : ces deux principes se combineraient intimement en éliminant de l'eau :

$$
\underset{\text{Hyd. protocarboné.}}{C^2H^4} + \underset{\text{Ac. carbonique.}}{Co^2} = \underset{\text{Acétone.}}{C^3H^3O} + \underset{\text{Eau.}}{HO.}
$$

M. Zeise indique de prendre dans la préparation de l'acétone deux kilogrammes d'acétate de plomb et un kilogramme de chaux pulvérisée; on introduit le tout dans une de ces bouteilles de fer qui contiennent le mercure : on y adapte un tube de fer qui va se rendre dans un appareil de condensation bien refroidi. On abandonne quelque temps au repos, puis on chauffe à feu nu : on élève graduellement la température jusqu'au rouge sombre. Le produit est rectifié une première fois sur du chlorure de calcium et reporté, après cette distillation, sur du chlorure de calcium fondu, au contact duquel l'acétone demeure quelques jours. On sépare ensuite en chauffant au bain-marie les trois quarts du produit, porté la seconde fois sur le chlorure de calcium.

Le dernier quart est surtout propre à fournir un corps

particulier que M. R. Kane a nommé *dumasine*. La dumasine est un corps liquide, incolore, d'une odeur désagréable et d'une saveur brûlante, bouillant à + 120°.

MM. Liébig et Pelouze ont constaté qu'on pouvait produire aussi l'acétone en faisant passer des vapeurs d'acide acétique concentré par un tube de porcelaine chauffé au rouge.

Il faut ajouter que l'acétone se trouve encore dans les produits de la distillation sèche du sucre, de l'acide tartrique, de l'acide citrique, de la mannite et sans doute de tous les composés organiques qui peuvent produire simultanément de l'acide carbonique et de l'hydrogène protocarboné.

L'acétone pur est un liquide limpide et transparent : il possède une odeur et une saveur pénétrantes ; il pèse 0,7921 et bout à + 55°,6. D'après M. Dumas, la densité de la vapeur = 2,022. L'acétone se dissout en toute proportion dans l'eau, l'alcool et l'éther. Mais il suffit d'ajouter de la potasse caustique ou du chlorure de calcium à l'eau qui dissout l'acétone, pour que ce produit surnage l'eau et forme une couche éthérée.

L'acétone brûle très-bien avec une flamme fort éclairante : il est converti en chloroforme par les chlorures d'oxydes.

Quelques réactions de l'acétone ne sont pas sans analogie avec celles de l'alcool. M. R. Kane s'est surtout attaché, dans un travail étendu, à faire ressortir cette disposition. Ainsi, en exprimant l'acétone par :

$$C^6H^6O^2 = C^6H^4, HO, HO,$$

M. R. Kane est parvenu à éliminer successivement un équivalent, puis deux équivalents d'eau, de manière à produire une sorte d'éther C^6H^5O et un hydrogène carboné C^6H^4 qui correspondraient à l'éther de l'alcool et à l'hydrogène bicarboné.

M. R. Kane a aussi obtenu, en correspondance des éthers

hydrochlorique et hydriodique, deux combinaisons qui s'expriment par :

$C^6H^5CL.$
$C^6H^5I.$

Enfin, les acides sulfurique et phosphorique donnent des acides assez rapprochés des acides viniques.

M. R. Kane a proposé pour ces différents produits les dénominations suivantes :

$C^6H^6O^2$... alcool mésityque, acétone.
C^6H^5O.... éther mésityque.
C^6H^5CL... hydrochlorate d'éther mésityque.
C^6H^5I..... hydriodate d'éther mésityque.
C^6H^4...... mésitylène.
$2SO^3, C^6H^5O + \underline{2MO}$, bisulfate mésityque.
$SO^3, C^6H^5O + \underline{MO}$, sulfate mésityque.
$PhO^5, C^6H^5O + \underline{MO}$, phosphate mésityque.

Ces rapprochements intéressants sont néanmoins assez limités, et l'histoire de l'acétone ne paraît pas destinée à recevoir son entier développement en se restreignant aux indications fournies par le système des combinaisons alcooliques et éthérées.

Pour citer quelques réactions qui éloignent l'acétone de l'alcool, lorsqu'on dirige sa vapeur sur de la potasse hydratée, ou bien sur un mélange de chaux et d'hydrate de potasse, on n'obtient pas, suivant MM. Dumas et Stas, un acide correspondant à la formule de l'acétone.

Le potassium ne donne aussi lieu à aucun dégagement gazeux.

Enfin, aucun des produits dérivés de l'acétone, ainsi que le fait très-bien observer M. Liébig, ne peut régénérer l'acétone.

Les produits les plus intéressants auxquels l'acétone donne naissance se rattachent principalement aux réactions de l'acide sulfurique, de l'acide phosphorique, du perchlorure de phosphore, de l'acide nitrique, du chlore, du bichlorure de platine, enfin du soufre et de l'ammoniaque employés simultanément.

Acide sulfurique et acétone. — Lorsqu'on mêle l'acétone avec deux fois son volume d'acide sulfurique concentré, la masse s'échauffe beaucoup; elle devient d'un brun foncé, et il se dégage de l'acide sulfureux. Si l'on ajoute deux ou trois volumes d'eau et qu'on neutralise par les carbonates de chaux et de baryte, on obtient, avec la première de ces bases, un sel que M. R. Kane représente par :

$$2SO^3 + C^6H^5O + 2CaO + HO.$$

L'équivalent d'eau s'enlève par la dessiccation, et le sel noircit.

Le sel de baryte qui cristallise en lames nacrées a pour formule :

$$2SO^3 + C^6H^5O + 2BaO + HO.$$

Lorsque, dans le mélange d'acétone et d'acide sulfurique, ce dernier est employé en petite proportion, de manière, par exemple, que le volume de l'acétone soit double du volume de l'acide, on obtient une liqueur acide qui, saturée par le carbonate de chaux, forme un sel cristallin qui est composé de :

$$SO^3 + C^6H^5O + CaO + HO.$$

Dans ces différents sels l'acide sulfurique a conservé toute sa capacité de saturation : c'est là une différence très-notable avec l'acide sulfovinique.

Lorsqu'on distille deux volumes d'acétone et un volume d'acide sulfurique concentré, on obtient parmi les produits de la distillation le mésitylène de M. R. Kane : C^6H^4 et l'éther mésityque, C^6H^5O.

M. Plantamour a reconnu qu'il se formait aussi de l'acide acétique.

Mésitylène. — Le mésitylène nage à la surface des produits de la distillation; il est séparé, lavé à l'eau et rectifié sur du chlorure de calcium. C'est un liquide oléagineux, incolore, d'une odeur alliacée, plus léger que l'eau et bouillant à $+135°,5$.

Sa formation est accompagnée d'un produit moins volatil.

On retire en mésitylène à peu près le tiers de l'acétone employé.

Le mésitylène traité par le chlore donne un produit solide et cristallin, soluble dans l'éther, insoluble dans l'eau; inattaquable par la potasse, et représenté dans sa composition par :

$$C^6H^3Cl.$$

Éther mésityque. — Si, après avoir mélangé volumes égaux d'acétone et d'acide sulfurique, on plonge le mélange dans l'eau froide jusqu'à ce qu'il soit entièrement refroidi, on peut en séparer l'éther mésityque :

$$C^6H^5O.$$

Il suffit pour cela d'ajouter deux volumes d'eau : on voit monter à la surface un liquide léger que l'on peut enlever avec une pipette et purifier en le distillant sur un peu de chaux. Mais ce produit s'obtient encore plus facilement en dissolvant dans l'alcool de la potasse en même temps que de l'hydrochlorate d'éther mésityque :

$$C^6H^5Cl.$$

Cet éther mésityque est incolore, limpide, d'une saveur de menthe poivrée : il bout à $+120°$.

Acide phosphorique et acétone. — M. R. Kane a très-superficiellement examiné un produit acide qui se forme lorsque l'acide phosphorique monohydrique est dissous dans l'acétone. Le mélange brunit; saturé par la soude, il a fourni un sel cristallisé en petites lames rhomboïdales, qui aurait pour formule :

$$PhO^5, NaO, C^6H^5O, HO + SHO.$$

Perchlorure de phosphore et acétone. — On projette

peu à peu le perchlorure de phosphore dans la moitié de son poids d'acétone. On verse ensuite de l'eau, goutte à goutte, jusqu'à ce qu'on en ait employé quatre fois le volume du mélange : il se sépare un liquide coloré et pesant qu'on lave avec le moins d'eau possible et que l'on porte ensuite sur du chlorure de calcium. Le composé ainsi obtenu est l'hydrochlorate d'éther mésityque :

$$C^6H^5Cl.$$

La distillation tend à le décomposer en acide hydrochlorique et en mésitylène. L'action de l'acide hydrochlorique sur l'acétone donne naissance au même produit ; mais il est moins pur que par le procédé précédent.

Iode, phosphore et acétone. — Ce mélange ne fournit pas l'hydriodate d'éther mésitylique C^6H^5I, d'une manière assez nette pour qu'on puisse affirmer son existence ; mais, après la distillation qui a dû entraîner l'éther, on trouve dans la cornue un résidu liquide, coloré en jaune par un corps qui se dépose en écailles semblables à de l'iodure de plomb. Le liquide surnageant ces écailles se forme par le refroidissement en une masse de cristaux fibreux et soyeux. La matière jaune n'a pas été obtenue en quantité suffisante pour être analysée : elle est soluble dans l'éther, insoluble dans l'eau : volatile par la chaleur, mais à une température voisine du rouge.

Quant aux cristaux soyeux et fibreux ils sont de nature acide et solubles dans l'eau. Saturés par le carbonate de baryte, ils fournissent un produit blanc insoluble et un autre soluble. Ce dernier est évaporé à siccité et traité par l'alcool jusqu'à ce qu'on l'ait séparé de l'iodure de baryum.

Le sel ainsi obtenu a pour formule :

$$PhO, C^6H^5O, BaO, HO.$$

C'est une combinaison d'acide hypophosphoreux et d'acétone.

Chlore et acétone. — Lorsqu'on fait passer un courant de chlore sec dans l'acétone jusqu'à ce que tout dégagement d'acide hydrochlorique ait cessé, on obtient un liquide insoluble dans l'eau, d'une odeur pénétrante insupportable, doué de propriétés vésicantes lorsqu'on l'applique sur la peau.

Ce composé a pour formule probable :

$$C^6H^3Cl^3O^2.$$

Acide nitrique et acétone. — L'acide faible n'agit pas; mais l'acide concentré donne naissance à des produits explosibles qui brisent les vases lorsqu'on cherche à les distiller. R. Kane mêle deux parties d'acétone avec une partie d'acide nitrique concentré dans un ballon de verre; il chauffe jusqu'à ce que la réaction commence, puis il plonge le matras dans de l'eau froide où il reste jusqu'à ce que la réaction soit calmée. Il chauffe de nouveau, puis refroidit encore, et, après avoir répété plusieurs fois ces deux opérations successives, il étend la liqueur acide de cinq à six volumes d'eau. Il se dépose un corps jaune, oléagineux, qu'on lave et qu'on fait digérer ensuite avec du chlorure de calcium. Ce corps liquide est composé de deux produits, l'un *très-fluide,* l'autre *très-épais*, qui ne peuvent être séparés l'un de l'autre.

Plus la réaction est prolongée et plus il se forme de liqueur épaisse.

Le produit *fluide* s'obtient au contraire par une réaction ménagée.

Le produit fluide a une odeur pénétrante, douceâtre, aromatique. Il n'est pas volatil, et lorsqu'on cherche à le distiller, il fait explosion; il est plus lourd que l'eau qui le décompose peu à peu. Les alcalis le dissolvent en le colorant en brun.

Les analyses de ce corps qui offrent d'ailleurs peu de concordance portent M. R. Kane à croire qu'il peut se représenter par :

$$C^6H^3O, AzO^3.$$

Quant à la liqueur *épaisse*, on peut l'obtenir très-pure en faisant agir l'acide nitrique, à chaud, sur le mésitylène, jusqu'à ce que l'acide cesse de produire quelque effet. On lave le produit avec l'eau, puis on le sèche sur le chlorure de calcium ; il se présente alors sous forme d'un liquide jaune ou rouge, lourd, épais, peu coulant, d'une odeur pénétrante et douceâtre. Il est peu soluble dans l'eau ; les alcalis le dissolvent en brun. Le gaz ammoniac s'y combine et forme une masse brune, résinoïde, soluble dans l'eau ; cette solution aqueuse fournit des cristaux lorsqu'on l'évapore ; elle donne, par le nitrate d'argent, un précipité jaune qui, par un excès d'alcali, fournit de l'argent métallique.

Cette liqueur épaisse a pour formule :

$$C^6H^4O^2.$$

On peut la considérer comme de l'éther mésityque dans lequel un équivalent d'hydrogène est remplacé par un équivalent d'oxygène.

$$C^6H^4O^2 = C^6\underline{H^4O}, O.$$

Peroxyde de manganèse et acide permanganique. — Chauffé avec le peroxyde de manganèse et l'acide sulfurique l'acétone fournit les mêmes produits qu'avec l'acide sulfurique seul ; mais avec l'hypermanganate de potasse, il se forme un sel neutre, dont l'acide n'a pas été examiné par M. R. Kane. Ce sel se décompose bientôt en carbonate de potasse, et en un autre sel de potasse contenant un acide également nouveau, mais non encore examiné.

Acide iodique et acétone. — Lorsqu'on verse de l'acétone dans une solution aqueuse d'acide iodique, et qu'on abandonne quelques grammes du mélange dans un tube de verre refroidi par de l'eau, il se fait un dégagement d'aldéhyde très-abondant, et en même temps un liquide huileux très-dense se dépose au fond du tube.

Bichlorure de platine et acétone. — M. Zeise a étudié la réaction qui résulte du mélange de ces deux produits ; il a distillé une partie de bichlorure de platine avec deux parties et demie d'acétone. Le produit de la distillation consistait en acide hydrochlorique et en un corps éthéré, tandis que le résidu de la cornue, acide et brun, renfermait plusieurs substances. Ce résidu traité par l'eau lui cède une combinaison qui se dépose ensuite sous forme de petits cristaux jaunes. L'eau mère, évaporée dans le vide, fournit de nouveaux cristaux semblables aux premiers.

Cette combinaison, qu'on peut appeler *chloroplatinite d'éther mésitylique,* a pour formule :

$$C^6H^5O, PtCl.$$

C'est un corps d'un jaune de soufre, presque sans odeur. Inaltérable dans le vide et à + 100°, il brûle au contact de l'air avec une flamme verte et laisse un résidu de platine d'un blanc d'argent. Soumis à la distillation, il fournit de l'acide hydrochlorique et un corps oléagineux particulier.

Cette combinaison est décomposée par l'eau bouillante ; elle est peu soluble dans l'alcool et insoluble dans l'éther. L'acide hydrochlorique bouillant la dissout sans l'altérer.

M. Zeise a signalé en outre dans cette réaction du bichlorure de platine sur l'acétone, la formation de plusieurs produits résinoïdes moins bien déterminés que celui qui vient d'être décrit.

Action de l'ammoniaque et du soufre sur l'acétone. — M. Zeise sature l'acétone par du gaz ammoniac et ajoute ensuite un excès de soufre réduit en poudre fine. Lorsque le soufre cesse de se dissoudre, il fait arriver un nouveau courant de gaz ammoniac et sature une seconde fois avec du soufre. La liqueur épaisse, brune, alcaline, obtenue par ce traitement, est séparée des produits volatils par une distillation partielle. Le résidu de cette distillation, qui a entraîné du soufre, de l'ammoniaque et de l'acétone, est en partie soluble dans l'éther. Cette dissolution éthérée d'une partie du résidu renferme un corps particulier que M. Zeise nomme *thaccétone*. Ce dernier produit soumis à la distillation a fourni à M. Zeise quatre produits nouveaux qu'il appelle *accétine, mélathine, thérythine* et *élathine*.

Ces quatre composés, isolés et décrits avec grand soin par M. Zeise, ont une composition que ce chimiste habile n'a pas encore fait connaître.

L'élathine est douée d'une odeur pénétrante et insupportable, tellement analogue à celle de l'urine de chat, que M. Zeise pense que cette urine contient réellement de l'élathine.

Liqueur fumante de Cadet. — Cacodyle de M. Bunsen.

Lorsqu'on distille un mélange d'acétate de potasse et d'acide arsénieux, on obtient un liquide fétide, spontanément inflammable, découvert par Cadet et soumis par M. Bunsen à une étude extrêmement remarquable.

Le produit essentiel de cette réaction paraît résulter d'une combinaison intime qui s'effectue entre l'hydrogène protocarboné et l'acide arsénieux. Ces deux principes se réunissent en éliminant deux équivalents d'eau :

$$C^4H^8 + ArO^3 = C^4H^6ArO + 2HO.$$

C^4H^6ArO se comporte, dans ses réactions, comme une base que M. Bunsen appelle *oxyde de cacodyle*.

Cette dénomination se trouve justifiée par l'existence d'un produit particulier que M. Bunsen nomme *cacodyle*, C^4H^6Ar, et qu'il est parvenu à isoler. Le cacodyle peut reprendre de l'oxygène et reproduire l'oxyde de cacodyle ; il peut également se combiner au soufre, au chlore, à l'iode, et former des composés analogues aux sulfures, aux chlorures, aux iodures.

L'oxyde de cacodyle se combine très-bien à deux équivalents d'oxygène, et constitue alors un acide appelé *cacodilyque* :

$$C^4H^6ArO^3.$$

Le cacodyle et le cyanogène sont jusqu'ici les seuls composés organiques qui suivent dans toute son étendue le système de combinaison simple et régulier qui vient d'être indiqué. On peut donner une idée assez exacte de cette disposition particulière de l'affinité du cacodyle en le comparant à un métal; le cyanogène, on l'a reconnu, n'est pas sans analogie avec les métalloïdes. Mais il faut se rappeler que ce point de vue qui s'est présenté dans les réactions saillantes du cyanogène, est loin de suffire à toute son histoire. Sans parler des transformations si intéressantes des composés cyanurés, les combinaisons du cyanogène avec l'hydrogène sulfuré, et les séries nombreuses découvertes par M. Liébig et par M. Woelckel, échappent tout à fait à l'application d'une affinité qui s'exercerait suivant le mode minéral. Les tendances de l'affinité organique et les résultats d'une combinaison intime y reparaissent au contraire à tout propos.

Dans les composés cacodyliques, c'est le système des combinaisons simples qui a été recherché et réalisé avec un rare bonheur par M. Bunsen. Il faut dresser tout un tableau pour faire comprendre l'étendue de ce travail :

Cacodyle.............. C^4H^6Ar.
Protoxyde de cacodyle..... C^4H^6Ar, O.
Bioxyde de cacodyle....... $C^4H^6ArO^2$.
Acide cacodylique........ $C^4H^6ArO^3$.

Sels d'oxyde de cacodyle.

Sulfate.............. C^4H^6ArO, SO^3.
Nitrate.............. C^4H^6ArO, AzO^5.

Sels formés par l'acide cacodylique. — Cacodylates.

Acide cacodylique hydrate.. $C^4H^6ArO^3, HO$.

Cacodylate d'argent....... $C^4H^6ArO^3, AgO, 2HO$.
Nitrocacodylate d'argent... $C^4H^6ArO^3, AgO + AzO^5, AgO$.
Chlorocacodylate de cuivre.. $2(C^4H^6ArO^3, CuO) + 7CuCl$.

Sulfures.

Sulfure de cacodyle........ C^4H^6ArS.
Bisulfure de cacodyle...... $C^4H^6ArS^2$.
Persulfure cacodylique..... $C^4H^6ArS^3$.
Sulfure double............ $C^4H^6ArS + 3CuS$,
Sulfocacodylate d'or....... $C^4H^6ArS^3 + Au^2S$.
Sulfocacodylate de cuivre... $C^4H^6ArS^3 + Cu^2S$.
Sulfocacodylate de plomb... $C^4H^6ArS^3 + PbS$.
Sulfocacodylate d'argent.... $C^4H^6ArS^3 + AgS$.
Sulfocacodylate de bismuth.. $3(C^4H^6ArS^3) + Bi^2S^3$.
Sulfocacodylate d'antimoine. $3(C^4H^6ArS^3) + Sb^2S^3$.
Séléniure de cacodyle.. ... C^4H^6Ar, Se.
Tellurure de cacodyle...... C^4H^6Ar, Te.
Chlorure de cacodyle....... C^4H^6Ar, Cl.
Perchlorure de cacodyle. ... C^4H^6Ar, Cl^3.
Oxychlorure.............. $3(C^4H^6ArCl) + C^4H^6ArO$.
Chlorure double........... $C^4H^6ArCl, CuCl$.
Acide chloroxycacodylique... $C^4H^6ArO^2Cl, 2HO$.
Cacodylate de bichlorure.... $2(C^4H^6ArO^3) + 3(C^4H^6ArCl^2)$.
Chlorocacodylate mercurique. $C^4H^6ArCl^3 + 2HgO + HO$.
Bichlorure de cacodyle mercureux................ $C^4H^6ArCl^2 + Hg^2O$.
Bromure de cacodyle....... C^4H^6ArBr.
Bibromure de cacodyle mercureux................. $C^4H^6ArBr^2 + Hg^2O$.
Acide bromoxycacodylique... $C^4H^6ArBr^3 + 3(C^4H^6OArO^3) + 12HO$
Iodure de cacodyle......... C^4H^6ArI.
Oxyiodure................ C^4H^6ArI, C^4H^6ArO.
Cyanure de cacodyle....... C^4H^6Ar, C^2Az.
Fluorure de cacodyle..... . C^4H^6Az, F.
Acide oxyfluorique de cacod.. $C^4H^6ArF^2O, HO$.

Si l'on réfléchit que la plupart de ces composés s'accompagnent d'une odeur intolérable, qu'ils répandent parfois des vapeurs très-dangereuses, que souvent ils s'enflamment au contact de l'air, enfin que leur analyse offre des difficultés de toute nature, on comprendra les obstacles qu'a dû rencontrer M. Bunsen.

Le travail de M. Bunsen peut seul donner une idée suffisante de tous les détails; il est nécessaire de se restreindre ici aux faits principaux.

Liqueur fumante de Cadet, oxyde de cacodyle. — On distille parties égales d'acétate de potasse et d'acide arsénieux, environ 500 grammes de chacun. La cornue en verre qui contient le mélange se trouve placée dans un bain de sable : on la chauffe jusqu'au rouge, en ayant soin d'entourer de glace les flacons de Woolf où doivent se condenser les produits de la distillation. Il se dégage de l'acide carbonique, quelques gaz inflammables; et de l'arsenic se volatilise. Le liquide condensé se sépare en deux couches, dont l'inférieure contient la plus grande partie du produit cacodylique. On en obtient ainsi 150 grammes à l'état brut.

On soutire cette couche inférieure, on l'agite avec de l'eau, puis on la distille avec de l'eau dans une atmosphère privée d'oxygène. Elle est ensuite rectifiée sur de la chaux ou de la baryte anhydre.

Le produit ainsi purifié consiste en oxyde de cacodyle,

$$C^4H^6AsO.$$

C'est un liquide éthéré, incolore, limpide, d'un pouvoir réfringent très-considérable $=1,762$. Il bout à $+150°$ et se solidifie en paillettes blanches à $-23°$. La densité de sa vapeur égale 7,6.

L'odeur est forte, repoussante, analogue à celle de l'hydrogène arsénié : le liquide porté sur la peau y produit de fortes démangeaisons; pris intérieurement il agit comme un poison énergique.

L'oxyde de cacodyle s'enflamme spontanément à l'air et dans l'oxygène en brûlant avec une flamme blanche nuageuse. Maintenu sous l'eau, où il est insoluble, il se convertit peu à peu en acide cacodylique.

Il dissout le phosphore, le soufre et l'iode. Il s'enflamme dans le chlore.

Il se dissout dans les acides et forme des sels : le sulfate cristallise. L'acide nitrique doit être affaibli, autrement l'oxyde de cacodyle s'enflamme.

Les hydracides substituent leur métalloïde à l'oxygène en formant de l'eau : ils donnent ainsi le chlorure, le bromure, le sulfure de cacodyle.

La potasse le dissout et se colore en brun.

Plusieurs composés sont réduits par l'oxyde de cacodyle : l'acide arsénique et l'indigo sont dans ce cas. Les solutions de mercure, d'argent, d'or sont ramenées à l'état métallique. L'oxyde de cacodyle passe ainsi à l'état d'acide.

Acide cacodylique, $C^4H^6ArO^3$, HO.

Cet acide se produit à la suite des actions oxydantes qui s'exercent sur le protoxyde de cacodyle. Il se forme très-bien en faisant agir sous l'eau le bioxyde de mercure. Tout l'oxyde de cacodyle passe à l'état d'acide cacodylique.

Cet acide forme des cristaux transparents qui ont la forme de prismes obliques équilatéraux, à angles obliques et à faces terminales inégales. Il peut résister à + 200°.

Il est inaltérable à l'air sec; mais il se détruit dans l'air humide.

Il est soluble dans l'eau et l'alcool ; insoluble dans l'éther. Dénué d'odeur, il n'exerce aucune action toxique, même lorsqu'on l'injecte dans le système veineux.

Il peut être détruit par l'acide nitrique très-concentré; il est ramené à l'état d'oxyde par l'acide phosphoreux, le protochlorure d'étain, le zinc métallique.

C'est un acide faible qui décompose les carbonates avec lenteur. Tous les sels sont solubles dans l'eau et dans l'alcool.

L'action des hydracides tend à remplacer tout l'oxygène par du chlore, du soufre : il se forme ainsi des composés exprimés par :

$$C^4H^6ArCl^3 — C^4H^6ArS^3.$$

Chlorure de cacodyle, C^4H^6ArCl.

Lorsqu'on verse une solution faible de bichlorure de mercure dans une dissolution alcoolique étendue d'oxyde de cacodyle, il se forme un composé blanc, abondant, que l'on dissout dans l'eau bouillante et purifie par des cristallisations réitérées. C'est une combinaison de bichlorure de mercure et d'oxyde de cacodyle

$$C^4H^6AzO, 2HgCl.$$

Lorsqu'on distille cette dernière combinaison avec de l'acide hydrochlorique, il se forme du chlorure de cacodyle C^4H^6ArCl. L'oxyde de cacodyle libre, distillé avec l'acide hydrochlorique, fournirait un oxydochlorure.

Ce chlorure est liquide, éthéré, bouillant à + 100° : spontanément inflammable, il est doué d'une odeur extrêmement désagréable. Il suffit d'une quantité très-faible pour gonfler la membrane interne du nez et faire sortir le sang par les yeux.

Sa vapeur, mêlée d'oxygène dans un flacon, détone par la chaleur.

Il est insoluble dans l'eau à laquelle il communique son odeur. Il est soluble en toute proportion dans l'alcool, insoluble dans l'éther. La chaux et la baryte caustique ne lui enlèvent pas le chlore à froid. Les acides sulfurique et phosphorique en dégagent de l'acide hydrochlorique.

Cacodyle, C^4H^6Ar.

On chauffe le chlorure de cacodyle avec le zinc qui retient le chlore et met le cacodyle en liberté. Le fer et l'étain exercent la même action.

Le cacodyle rappelle les principales propriétés de l'oxyde : liquide, spontanément inflammable, d'une odeur insupportable, il bout à + 170° et se solidifie à — 6°.

Il est décomposé par la chaleur en arsenic et carbure d'hydrogène gazeux.

La distillation au contact du chlorure de zinc le détruit en plusieurs produits indéterminés.

Il reprend très-bien l'oxygène qu'on lui fournit peu à peu et reproduit facilement l'oxyde et l'acide cacodyliques.

Cyanure de cacodyle, C^4H^6Ar, C^2Az.

On le prépare en traitant le cyanure de mercure en solution concentrée par l'oxyde de cacodyle. On distille ensuite, le cyanure de cacodyle se rassemble dans le récipient, sous forme huileuse, et ne tarde pas à se prendre en beaux cristaux prismatiques, qui deviennent facilement très-volumineux : on le rectifie sur la baryte, en se tenant autant que possible dans une atmosphère d'acide carbonique.

Ce composé fond à + 32° et bout à + 140°; il est peu soluble dans l'eau, beaucoup plus soluble dans l'alcool et l'éther. C'est le produit le plus dangereux que fournisse le cacodyle. Quelques centigrammes répandus à l'état de vapeur, à la température ordinaire, dans l'atmosphère d'une chambre, suffisent pour déterminer des engourdissements des pieds et des mains, des vertiges et des bourdonnements.

Dans la décomposition ignée du cacodyle et de ses combinaisons oxydées, ainsi que dans la préparation du chlorure, il se produit une matière résinoïde, rougeâtre, appelée *érytrarsine,* dont la composition n'est pas connue.

§ IX. — Produits dérivés des substances hydrocarbonées par une fermentation distincte de la fermentation alcoolique.

Les circonstances qui déterminent la formation des acides lactique et butyrique ou bien de la mannite, aux dépens des éléments de sucre, ont été précédemment indiquées. Il ne s'agit ici que de l'examen chimique de ces produits.

Acide lactique.

L'acide lactique prend naissance dans les circonstances qui ont été indiquées pour la fermentation lactique ; mais on le rencontre encore dans l'infusion aqueuse de noix vomique abandonnée quelque temps à elle-même ; dans la jusée où il se produit pendant le tannage, dans l'eau sure des amidonniers, dans le suc aigri d'un très-grand nombre de racines, dans la colle de farine altérée, dans la choucroute, dans l'eau de farine de riz, dans les farines avariées, etc. ; il a été signalé dans plusieurs produits de l'économie animale, l'urine, le lait, le jaune d'œuf, le suc gastrique.

Il est convenable de recourir à la fermentation lactique pour préparer cet acide. Au lieu de partir du jus de betterave qui fournit des quantités très-abondantes d'acide lactique, on peut, comme l'ont indiqué MM. Pelouze et Gélis, recourir indistinctement à toutes les substances albuminoïdes et à un principe hydrocarboné soluble quelconque, la dextrine, le sucre de raisin, le sucre de lait, etc. L'acide se trouve saturé par le carbonate de chaux ajouté au mélange fermentescible.

Le lactate de chaux est évaporé jusqu'à cristallisation, puis décomposé par les acides sulfurique ou oxalique.

Dans la fermentation du jus de betterave la liqueur acide était évaporée et réduite à siccité ; l'extrait repris par l'alcool se saturait par du carbonate de zinc : le lactate de zinc, peu soluble dans l'eau froide, était purifié par des dissolutions dans l'eau chaude. Enfin le sel de zinc était décomposé par la baryte, et le lactate de baryte, traité à son tour par l'acide sulfurique, mettait l'acide lactique en liberté.

L'acide lactique amené à son plus grand état de concentration, dans le vide, au-dessus de l'acide sulfurique, est un liquide incolore, d'une densité de 1,215 à + 25. Sa saveur est fortement acide : il se mêle en toute proportion à l'eau et à l'alcool.

Sa composition, déterminée par MM. Mitscherlich et Liébig, se représente par :

$$C^6H^5O^5, HO.$$

Un équivalent d'eau peut être remplacé par les bases.

MM. Pelouze et J. Gay-Lussac ont reconnu qu'on ne pouvait le chauffer à une chaleur supérieure à + 130° sans lui faire perdre de l'eau.

Il perd d'abord un équivalent d'eau et devient solide.

Cette première modification s'obtient en chauffant l'acide de + 130 à + 200° : l'acide déshydraté $C^6H^5O^5$, reste dans la panse de la cornue où il a été chauffé. Il est solide, fusible, très-amer, presque insoluble dans l'eau et très-soluble dans l'alcool et l'éther ; il repasse, mais lentement, à l'état primitif, par son contact avec l'eau ou l'air humide. Cet acide forme avec le gaz ammoniac une combinaison qui s'exprime par :

$$C^6H^5O^5, AzH^3.$$

Chauffé à + 250°, l'acide lactique commence à dégager du gaz et fournit entre autres produits une matière solide cristallisable qui s'exprime par :

$$C^6H^4O^4.$$

Cette substance, trouvée par MM. Pelouze et J. Gay-Lussac, est accompagnée d'un autre produit liquide indiqué plus tard par M. Pelouze, et désigné sous le nom de lactone.

L'acide lactique anhydre $C^6H^4O^4$, analogue à l'acide sulfurique anhydre SO^3, reprend son eau avec facilité, et régénère l'acide primitif. L'acide ainsi reproduit est limpide, incolore et parfaitement pur.

Cet acide anhydre fond à + 107° et se sublime sans altération à 250° : il se combine au gaz ammoniac, et forme un composé du même genre que la sulfamide. Cette lactamide $C^6H^4O^4,AzH^3$ se dissout dans l'eau et dans l'alcool sans altération ; elle se sépare de ce dernier dissolvant en cristaux blancs et transparents qui ont pour forme primitive un prisme droit rectangulaire. Les alcalis ne déplacent l'ammoniaque de la lactamide qu'à l'aide de la chaleur et alors la combinaison est détruite.

La lactone $C^{10}H^8O^4$, HO, découverte par M. Pelouze, s'obtient pure en soumettant à une douce chaleur les produits de la distillation de l'acide lactique. Lorsque la température a atteint environ 130°, on arrête la distillation ; on lave avec de petites quantités d'eau le liquide distillé ; une partie se dissout dans cette eau, une autre vient nager à la surface : on fait sécher cette dernière qui est de la lactone sur du chlorure de calcium et l'on distille.

Cette substance est très-avide d'eau ; elle se combine à un équivalent qui ne lui est enlevé que par un séjour très-prolongé sur le chlorure de calcium.

C'est un liquide incolore, jaunissant à l'air, d'une saveur chaude et brûlante, d'une odeur aromatique particulière ; elle est plus légère que l'eau qui la dissout en quantité sensible, elle bout à + 92°, et brûle avec une flamme bleue.

L'acide lactique, chauffé avec cinq à six fois son volume d'acide sulfurique concentré, dégage de l'oxyde de carbone, propriété qui lui est commune avec les acides citrique, camphorique, tartrique, formique et sans doute avec plusieurs autres acides organiques ; il est converti en acide carbonique par l'acide iodique à + 100°, à l'aide d'un contact prolongé.

La distillation sur de la chaux fournit le métacétone, suivant M. Favre.

L'acide lactique dissout une quantité considérable de phosphate de chaux récemment précipité, propriété qui manque à l'acide acétique.

Il coagule le blanc d'œuf; se dissout dans le lait froid sans l'altérer, et le caille lorsqu'on chauffe.

L'acide lactique en solution aqueuse n'altère pas l'amidon qui conserve la propriété de bleuir par l'iode même après une ébullition prolongée en présence de cet acide. L'acide acétique est dans le même cas, mais l'acide arsénieux et la potasse permettent, par l'odeur forte des composés cacodyliques, de retrouver les moindres traces d'acide acétique; et la même réaction ne fournit rien d'analogue avec l'acide lactique.

MM. Bernard et Barreswil ont résumé les caractères de l'acide lactique en vue de le distinguer dans les sécrétions animales, et notamment dans le suc gastrique. Ainsi l'acide affaibli ne fournit à la distillation un liquide acide que vers la fin de la distillation, et alors la cornue retient un produit fort acide, lui-même volatil : l'acide lactique ne déplace pas l'acide hydrochlorique des chlorures tant qu'on ne pousse pas jusqu'à la distillation; mais en distillant l'acide hydrochlorique est déplacé; les lactates de chaux, de baryte, de zinc, de cuivre sont solubles dans l'eau; le lactate de cuivre forme avec la chaux un sel double soluble dont la couleur est plus intense que celle du sel simple. Le lactate de chaux est soluble dans l'alcool et précipitable par l'éther de sa dissolution alcoolique.

Ces caractères servent également à distinguer les lactates.

Les lactates de potasse, de soude e td'ammoniaque sont déliquescents et n'affectent pas de forme régulière.

Le lactate de baryte est très-soluble dans l'eau; il se dessèche sans prendre aucune forme cristalline.

Le lactate de chaux forme des aiguilles blanches partant d'un centre commun; il est beaucoup plus soluble dans l'eau froide que dans l'eau chaude. Il est soluble dans l'alcool bouillant d'où il cristallise par le refroidissement. L'éther le précipite de cette dissolution alcoolique; cette dernière est précipitée par l'acide phosphorique qui enlève la chaux à l'acide lactique ; tandis que dans une solution aqueuse l'acide lactique déplace l'acide phosphorique du phosphate de chaux.

Le lactate de chaux contient six équivalents d'eau et s'exprime par :

$$C^6H^5O^5, CaO, 6HO.$$

Le lactate de magnésie forme de petits cristaux blancs et luisants ; il est soluble dans trente parties d'eau froide.

Sa composition s'exprime par :

$$C^6H^5O^5, MgO, 3HO.$$

Il s'effleurit légèrement à l'air.

Le lactate de zinc est peu soluble dans l'eau froide et insoluble dans l'alcool : c'est à la faveur de ce mode de dissolution que M. Mitscherlich est parvenu à isoler l'acide lactique dans un grand état de pureté.

Ce sel a la même composition que celui de magnésie et s'exprime par :

$$C^6H^5O^5, ZnO, 3HO.$$

Lactate de protoxyde de fer. — Ce sel a la même formule que les deux précédents et s'exprime par :

$$C^6H^5O^5, FeO, 3HO.$$

Il est peu soluble dans l'eau, insoluble dans l'alcool et inaltérable à l'air. Il cristallise en aiguilles blanches, quadrilatères.

On l'obtient en arrosant le fer avec l'acide lactique ; il se fait alors un dégagement d'hydrogène. Mais M. Will a montré qu'on pouvait l'obtenir en opérant la fermentation lactique du sucre de lait, en présence du fer métallique. On fait digérer, pendant plusieurs jours, à une température de + 30 à + 40°, un mélange de trente-deux parties de petit-lait, une partie de sucre de lait pulvérisé et une partie de limaille de fer. Dès que le sucre de lait s'est dissous, on en ajoute une nouvelle portion qui, sous l'influence de la caséine, se transforme de nouveau en acide lactique. Lorsque le lactate commence à se déposer sous forme d'une poudre blanche, cristalline, on porte le tout à l'ébullition et on filtre la liqueur encore chaude dans un vase qui peut être parfaitement fermé. Le lactate est purifié par des cristallisations réitérées.

Le lactate de nickel est assez soluble ; il cristallise, mais très-confusément.

Le lactate de cobalt forme des grains cristallisés, roses, peu solubles.

Le lactate de cadmium est un sel blanc, solide, cristallisé en petites aiguilles, soluble dans huit à neuf parties d'eau froide et dans quatre parties d'eau chaude, insoluble dans l'alcool. M. Lepage a remarqué que la dissolution de ce sel saturée à chaud ne cristallise pas par le refroidissement, même après huit jours de repos. Mais si on la chauffe de nouveau jusqu'à formation de pellicule, tout se prend en masse par le refroidissement.

Le lactate de plomb est un sel gommeux, non déliquescent ; il dissout l'oxyde de plomb et donne deux sous-sels dont l'un est soluble et l'autre insoluble dans l'eau : ces sels bleuissent le papier de tournesol rouge.

Le lactate de cuivre a été soumis par M. Pelouze à un examen particulier.

L'acide lactique dissout l'oxyde de cuivre et donne un sel bleu cristallisé qui a pour forme primitive un prisme rectangulaire droit.

Quelquefois les cristaux sont verts, sans que leur forme ou leur composition diffèrent. Redissous dans l'eau, ils deviennent bleus.

Ce sel se représente par :

$$C^6H^5O^5, CuO, 2HO.$$

Il perd son eau à $+ 120°$; soumis à la distillation, il fournit de l'oxyde de carbone et de l'acide carbonique; le cuivre est réduit à l'état métallique, et la matière contenue dans le vase distillatoire se fond et dégage les produits de décomposition de l'acide lactique libre. Il se fait là de l'acide lactique anhydre :

$$C^6H^4O^4.$$

Le lactate de cuivre traité par une lessive de potasse caustique en excès donne une liqueur bleu foncé; l'acétate de cuivre, au contraire, est complétement précipité. La chaux ne précipite aussi qu'une partie du cuivre contenu dans le lactate. Le sucre est dans le même cas que l'acide lactique; il retient l'oxyde de cuivre dissous, même en présence de la chaux. La chaux précipite au contraire l'oxyde de cuivre dans toutes ses autres combinaisons avec les acides organiques.

Le lactate d'argent $C^6H^5O^5$, AgO, cristallise en aiguilles blanches, déliées et longues, se dissout dans l'eau et noircit à la lumière. Sa dissolution est troublée par l'acide acétique qui en précipite de l'acétate d'argent.

Le lactate de bioxyde de mercure est très-soluble et difficile à obtenir à l'état cristallin.

L'éther lactique s'obtient, suivant M. Lepage, en distillant ensemble deux parties de lactate de chaux sec et pulvérisé, deux parties d'alcool rectifié et une partie et demie d'acide sulfurique à 66°. L'opération doit être arrêtée dès que la matière commence à brunir ; le produit de la distillation est ensuite rectifié sur du chlorure de calcium. L'éther lactique, d'après M. Lepage, est liquide, transparent, incolore, doué d'une odeur qui rappelle celle du rhum; sa densité est de 0,866 à + 9°, il bout à 77°; il se dissout dans l'eau, l'alcool et l'éther; les alcalis le détruisent en régénérant de l'alcool et de l'acide lactique.

Acide butyrique.

L'acide qui doit être envisagé, surtout ici comme produit de fermentation, a été découvert dans cette dernière circonstance par MM. Pelouze et Gélis. M. Chevreul l'avait primitivement retiré du beurre rance.

Lorsque le sucre ou ses congénères ont été transformés suivant les indications fournies précédemment (p. 449), on obtient comme produit de cette fermentation du butyrate de chaux mélangé de lactate et d'acétate. MM. Pelouze et Gélis délaient un kilogramme du mélange brut dans trois ou quatre kilogrammes d'eau. On ajoute ensuite trois ou quatre cents grammes d'acide hydrochlorique du commerce : on introduit ce mélange dans un appareil distillatoire et on le soumet à une ébullition que l'on maintient jusqu'à ce que l'on ait obtenu environ un kilogramme de liquide distillé. Ce liquide est un mélange d'eau, d'acide butyrique et d'une petite quantité d'acides hydrochlorique et acétique.

On le met en contact avec du chlorure de calcium qui détermine la formation de deux liquides de densités différentes. Celui qui vient à la surface est de l'acide butyrique.

On enlève ce liquide, plus léger, et on le distille dans une cornue tubulée munie d'un thermomètre. Les premières portions de la distillation sont aqueuses ; mais l'ébullition s'élève et se fixe à + 164°, terme auquel la température reste stationnaire ; c'est alors de l'acide butyrique à peu près pur qui distille.

On achève de le purifier par des rectifications successives dans lesquelles on commence à recueillir lorsque la température atteint + 164°.

L'acide butyrique se représente dans sa composition par :

$$C^8H^8O^4 = C^8H^7O^3, HO.$$

Un équivalent d'eau peut être remplacé par des bases.

C'est un liquide incolore, transparent, fluide, d'une

odeur de beurre rance lorsqu'il est très-disséminé dans l'atmosphère; exhalé en masse, il se rapproche de l'odeur propre à l'acide acétique.

Il cristallise en larges lames par le froid que produit un mélange d'acide carbonique solide et d'éther. Il bout à + 164° et distille sans altération.

Il est soluble en toute proportion dans l'eau, l'alcool et l'esprit de bois; il est inflammable.

Versé sur la peau, il l'attaque à la manière des acides énergiques; sa vapeur est acide et brûlante.

Il pèse 0,963 à + 15°; sa vapeur donne quatre volumes et pèse 3,09. L'expérience a donné de 3,37 à 3,23.

Il peut dissoudre les corps gras tels que le suif, l'axonge et les huiles fixes.

L'acide sulfurique n'altère l'acide butyrique que sous l'influence d'une température élevée.

Le chlore donne des produits d'altération parmi lesquels se remarquent de l'acide oxalique et des acides chlorés.

Ces acides chlorés conservent le groupement butyrique et se représentent :

Le premier par :

$$C^8H^6Cl^2O^4.$$

Le deuxième par :

$$C^8H^5Cl^3O^4.$$

Ces deux acides sont susceptibles de s'éthérifier.

L'iode se dissout dans l'acide butyrique à chaud, et ne paraît réagir qu'avec difficulté.

Butyrates. — Les principaux faits relatifs aux sels formés par l'acide butyrique ont été surtout développés dans le travail de MM. Pelouze et Gélis; M. Chancel s'est occupé des produits de la distillation du butyrate de chaux.

Les butyrates de soude, de potasse et d'ammoniaque sont très-solubles dans l'eau et cristallisent difficilement.

Le butyrate de chaux est moins soluble à chaud qu'à

froid ; il contient de l'eau de cristallisation qui n'a pas été déterminée.

Le butyrate de baryte cristallise à froid et s'exprime par $C^8H^7O^3$, BaO,4HO ; il produit à la surface de l'eau les mêmes mouvements que le camphre ; les butyrates de potasse, de chaux et de magnésie sont dans le même cas. Ce sel fond dans son eau de cristallisation à + 100°. Le butyrate de baryte cristallisé dans une liqueur chaude ne renferme plus que deux équivalents d'eau de cristallisation :

$$C^8H^7O^3, BaO, 2HO.$$

Il ne fond plus alors à + 100°.

Le butyrate de magnésie est très-soluble dans l'eau ; il renferme :

$$C^8H^7O^3, MgO, 5HO.$$

Le butyrate de plomb se précipite sous forme d'un liquide insoluble ; il reste ainsi longtemps liquide.

Le butyrate de cuivre a pour formule :

$$C^8H^7O^3, CaO, 2HO.$$

Il abandonne un équivalent d'eau par la chaleur.

Le butyrate d'argent est anhydre ; il est peu soluble dans l'eau.

Le butyrate de protoxyde de mercure se précipite par double décomposition, lorsqu'on verse le nitrate de protoxyde de mercure dans le butyrate de potasse.

Éther butyrique et butyramide. — Il suffit de mélanger cent grammes d'acide butyrique, cent grammes d'alcool et cinquante grammes d'acide sulfurique concentré pour produire instantanément l'éther butyrique, qui vient nager à la surface du mélange séparé en deux couches.

La présence de l'eau dans une proportion bien supérieure à celle de l'acide sulfurique n'empêche pas cette éthérification énergique.

L'éther ainsi obtenu est purifié à l'aide de l'eau et du chlorure de calcium. Il est peu soluble dans l'eau, très-soluble dans l'alcool ; il bout à + 110°.

Il se représente par :

$$C^8H^7O^3, C^4H^5O.$$

M. Chancel a reconnu que l'ammoniaque agissait sur l'éther butyrique et le convertissait en butyramide. Cette transformation se fait par une élimination de deux équivalents d'eau :

$$C^8H^8O^4 + AzH^3 = C^8H^7O^2, AzH^2 + 2HO.$$

On introduit pour cette réaction dans un flacon bien bouché une partie d'éther et cinq à six parties d'ammoniaque : l'action n'est complète qu'après huit ou dix jours. L'éther qui surnage disparaît. On évapore, et le butyramide cristallise, par la concentration, en tables nacrées d'un blanc éclatant.

Le butyramide est inaltérable à l'air ; sa saveur est fraîche et sucrée, avec un arrière-goût amer. Elle fond à + 115° et se volatilise sans résidu ; elle est plus soluble dans l'eau à chaud qu'à froid ; également soluble dans l'alcool et l'éther. Sa solution aqueuse est décomposée à chaud par une lessive alcaline en butyrate alcalin et ammoniaque.

Produits de la distillation du butyrate de chaux.

Lorsqu'on distille quelques grammes de butyrate de chaux sec, le produit consiste surtout en *butyrone*, que M. Chancel représente dans sa composition par :

$$C^7H^7O.$$

Lorsqu'on agit sur des quantités de butyrate de chaux plus considérables, il se forme plusieurs substances parmi lesquelles se trouve encore la butyrone, accompagnée alors, entre autres produits, d'un composé défini que M. Chancel nomme *butyral*.

La butyrone bout de + 140 à + 145° et se sépare des autres produits à la faveur de ce point d'ébullition. C'est un liquide incolore, odorant, inflammable, d'une saveur brûlante, d'une densité de 0,83. La butyrone cristallise par le froid d'un mélange d'acide carbonique et d'éther; elle est insoluble dans l'eau et soluble en toute proportion dans l'alcool; elle s'altère au contact de l'air et s'enflamme par l'acide chromique.

L'acide nitrique réagit vivement sur la butyrone et donne naissance à différents produits nouveaux, parmi lesquels se distingue un corps huileux, de nature acide, dont les combinaisons salines peuvent se détruire par la chaleur avec une sorte de déflagration.

Le butyral se sépare aussi par une distillation fractionnée et il se volatilise à + 95°. C'est un liquide incolore, limpide, fluide, d'une odeur vive et pénétrante. Il bout à + 95° et pèse 0,821 à + 22°; il dissout une petite quantité d'eau; il est aussi légèrement soluble dans celle-ci; l'alcool, l'éther, l'esprit de bois et l'huile de pommes de terre le dissolvent en toute proportion. Il brûle avec une flamme éclairante, bordée de bleu. Des cristaux d'acide chromique l'enflamment avec explosion.

Le mélange d'acide carbonique solide et d'éther ne le solidifie pas.

Il s'acidifie au contact de l'air; à la faveur de la mousse de platine, il donne très-promptement de l'acide butyrique.

Chauffé avec l'eau et l'oxyde d'argent, le butyral réduit le métal. Une partie de l'oxyde est dissoute néanmoins comme dans l'action de l'aldéhyde sur le même oxyde. Mélangé à l'eau et au nitrate d'argent légèrement ammoniacal, le butyral se comporte comme l'aldéhyde et recouvre le tube dans lequel on le fait bouillir d'un miroir d'argent.

Le butyral ne paraît pas se combiner à l'ammoniaque.

Ce composé renferme deux molécules d'oxygène de moins que l'acide butyrique :

$C^8H^8O^4—O^2$	$=$	$C^8H^8O^2$.
Ac. butyrique.		Butyral.

Il se trouve ainsi à l'égard de l'acide butyrique dans un rapport de composition semblable à celui qui existe entre l'aldéhyde et l'acide acétique.

Traité par une demi-partie d'acide sulfurique fumant, à une chaleur de + 100°, le butyral se colore. Lorsqu'on dilue ensuite le mélange acide, et qu'on le sature par du carbonate de baryte, on obtient du butyrate de baryte.

L'action du chlore donne naissance à plusieurs produits chlorés dans lesquels le groupement du butyral se conserve. M. Chancel représente en effet ces combinaisons par les formules suivantes :

Butyral.............	$C^8H^8O^2$.
Butyral monochloré....	$C^8\underline{H^7Cl}O^2$.
Butyral bichloré......	$C^8\underline{H^6Cl^2}O^2$.
Butyral quadrichloré...	$C^8\underline{H^4Cl^4}O^2$.

En distillant ensemble une partie de butyral et une partie et demie de perchlorure de phosphore ajouté peu à peu, M. Chancel a obtenu un produit chloré, liquide, bouillant vers +100°. Il l'a nommé *butyrène chloré;* il renferme :

$$C^8H^7Cl.$$

Mannite.

Les conditions de fermentation qui donnent naissance à la mannite sont encore assez mal définies ; elles paraissent voisines de celles qui produisent la fermentation visqueuse. Mais la mannite est très-abondamment répandue dans la végétation.

Elle se trouve surtout dans la manne qui exsude naturellement du *fraxinus rotundifolia*, et du *fraxinus ornus*, espèces de frênes qui croissent dans le midi de l'Europe. La mannite existe aussi dans le suc des oignons, des asperges, des betteraves, où elle n'existe qu'après la fermentation; dans le céleri, dont le jus en renferme jusqu'à sept pour 100; dans l'aubier de plusieurs espèces de pins, dans le suc des cerisiers, des pommiers; et, suivant M. Liébig, le principe extrait d'un grand nombre de champignons, par M. Braconnot, ne différerait pas de la mannite.

M. Frémy assure qu'il a constamment trouvé de la mannite dans le sucre de raisin, et qu'elle peut résulter de l'action de l'acide sulfurique sur l'amidon.

On sépare très-bien la mannite à la faveur de sa grande solubilité dans l'alcool bouillant, d'où elle cristallise par le refroidissement. Si elle était accompagnée de sucre, on pourrait détruire celui-ci par la fermentation qui n'altère point la mannite.

La mannite se retire du suc de betterave fermenté que l'on évapore jusqu'en consistance sirupeuse, lorsque la fermentation visqueuse est terminée, et qu'on mêle avec un volume égal d'alcool bouillant.

En traitant la manne par l'alcool bouillant, on obtient par le refroidissement un dépôt cristallin de mannite que l'on purifie par des cristallisations successives.

Cristallisée dans l'alcool la mannite a la forme de prismes quadrangulaires, anhydres, minces, incolores, transparents et doués d'un éclat soyeux; elle se sépare d'une solution aqueuse en prismes très-volumineux également anhydres.

Sa saveur est douce et sucrée; elle est très-soluble dans l'eau; plus soluble à chaud qu'à froid dans l'alcool. Elle fond par la chaleur sans changer de poids, et se prend par le refroidissement en une masse cristalline; en chauffant davantage on la décompose en produits analogues à ceux que fournit le sucre.

L'acide nitrique convertit la mannite en acides oxalique

et oxysaccharique. Le permanganate de potasse la change en oxalate de potasse; l'acide arsénique concentré lu communique une couleur rouge brique.

Traitée par la potasse caustique, suivant la méthode indiquée par M. Gottlieb, la mannite fournit les mêmes produits que le sucre; on y retrouve également l'acide métacétonique. M. Favre a reconnu qu'elle fournissait aussi de la métacétone C^6H^5O, lorsqu'elle était distillée avec huit fois son poids de chaux; il se fait en même temps un dégagement d'hydrogène.

L'oxyde d'argent est réduit par la mannite qui se combine très-bien avec la potasse, la chaux et la baryte, et résiste à l'ébullition, dans ces composés alcalins, lorsque la dissolution n'est pas très-concentrée. M. Favre, qui a signalé ces combinaisons, a décrit un composé de mannite et d'oxyde de plomb.

Ce composé plombique se prépare en versant une solution aqueuse très-concentrée de mannite dans une dissolution chaude d'acétate de plomb ammoniacal. Ce dernier réactif doit rester en excès. Par le refroidissement il se dépose des lamelles minces, amiantacées qui ont pour formule :

$$C^6H^5O^4, 2PbO.$$

M. Favre admet que deux équivalents d'eau soient éliminés par l'oxyde de plomb. La mannite renferme en effet :

$$C^6H^7O^6.$$

L'acide sulfurique concentré se combine à la mannite; au premier contact il se fait un acide sulfomannitique, que M. Favre représente par :

$$2SO^3 + C^6H^5O^4 + Aq.$$

Dans le sel de plomb basique la composition s'exprimerait par :

$$2SO^3 + C^6H^5O^4 + 4PbO,$$

mais il se forme sans doute là plusieurs combinaisons d'acide sulfurique et de mannite, car MM. W. Knop et Schnedermann représentent les sulfomannitates par :

$$4SO^3 + C^8H^7O^6 + 2MO.$$

Ces derniers chimistes seraient ainsi portés à représenter la mannite par :

$$C^8H^9O^8.$$

FIN DU TOME PREMIER.

ERRATA.

Page 21, ligne 10, au lieu de § IV, *lisez* § III.

Page 101, ligne 3, au lieu de (C^3Az, H^3, AzH) + H, *lisez* C^2AzH, $AzH^3 + H^2$.

Page 339, ligne 17, au lieu de C^6H^6O, *lisez* C^6H^5O.

Page 400, ligne 32, supprimez le renvoi : *Annuaire de chimie*, Paris, 1845, p. 318.

Page 447, ligne 23, au lieu de : et Bontrou, *lisez* et Boutron.

TABLE DES MATIÈRES

DU TOME PREMIER.

LIVRE PREMIER.

Des éléments organiques et des produits simples qui en dérivent.

LIVRE DEUXIÈME.

Classification des principes organiques.

FIN DE LA TABLE DU TOME PREMIER.

www.ingramcontent.com/pod-product-compliance
Ingram Content Group UK Ltd.
Pitfield, Milton Keynes, MK11 3LW, UK
UKHW020254230726
13925UKWH00001B/42